国外现代食品科技系列

人乳生物化学与婴儿配方乳粉工艺学

Human Milk Biochemistry and Infant Formula Manufacturing Technology

［美］ Mingruo Guo　主编

［美］ 郭明若　主译

王喜波　姜云庆　秦兰霞　副主译

中国轻工业出版社

图书在版编目（CIP）数据

人乳生物化学与婴儿配方乳粉工艺学/（美）郭明若（Mingruo Guo）主编译.—北京：中国轻工业出版社，2018.4
（国外现代食品科技系列）
ISBN 978-7-5184-1822-0

Ⅰ.①人… Ⅱ.①郭… Ⅲ.①母乳—生物化学—营养成分—关系—婴儿—保健奶粉—工艺学 Ⅳ.①TS252.51

中国版本图书馆CIP数据核字（2018）第006856号

ELSEVIER
Elsevier (Singapore) Pte Ltd.
3 Killiney Road, #08-01 Winsland House I, Singapore 239519
Tel：(65) 6349-0200；Fax：(65) 6733-1817

Human Milk Biochemistry and Infant Formula Manufacturing Technology
Mingruo Guo
Copyright © 2014 Elsevier Ltd. All rights reserved.
ISBN-13：9781845697242

This translation of Human Milk Biochemistry and Infant Formula Manufacturing Technology by Mingruo Guo was undertaken by China Light Industry Press and is published by arrangement with Elsevier (Singapore) Pte Ltd.
Human Milk Biochemistry and Infant Formula Manufacturing Technology by Mingruo Guo 由中国轻工业出版社进行翻译，并根据中国轻工业出版社与爱思唯尔（新加坡）私人有限公司的协议约定出版。
《人乳生物化学与婴儿配方乳粉工艺学》（郭明若主编译）
ISBN：9787518418220
Copyright © 2018 by Elsevier (Singapore) Pte Ltd.

All rights reserved. No part of this publication may be reproduced or transmitted in any form or by any means, electronic or mechanical, including photocopying, recording, or any information storage and retrieval system, without permission in writing from Elsevier (Singapore) Pte Ltd. Details on how to seek permission, further information about the Elsevier's permissions policies and arrangements with organizations such as the Copyright Clearance Center and the Copyright Licensing Agency, can be found at our website：www.elsevier.com/permissions.

This book and the individual contributions contained in it are protected under copyright by Elsevier (Singapore) Pte Ltd. and China Light Industry Press (other than as may be noted herein).

注　意

本译本由Elsevier (Singapore) Pte Ltd.和中国轻工业出版社完成。相关从业及研究人员必须凭借其自身经验和知识对文中描述的信息数据、方法策略、搭配组合、实验操作进行评估和使用。由于医学科学发展迅速，临床诊断和给药剂量尤其需要经过独立验证。在法律允许的最大范围内，爱思唯尔、译文的原文作者、原文编辑及原文内容提供者均不对译文或因产品责任、疏忽或其他操作造成的人身及/或财产伤害及/或损失承担责任，亦不对由于使用文中提到的方法、产品、说明或思想而导致的人身及/或财产伤害及/或损失承担责任。

Printed in China by China Light Industry Press under special arrangement with Elsevier (Singapore) Pte Ltd. This edition is authorized for sale in the People's Republic of China only, excluding Hong Kong SAR, Macau SAR and Taiwan. Unauthorized export of this edition is a violation of the contract.
本书封底贴有Elsevier防伪标签，无标签者不得销售。

责任编辑：苏　杨　　　　责任终审：张乃东　　　整体设计：锋尚设计
策划编辑：李亦兵　苏　杨　责任校对：吴大鹏　　　责任监印：张　可

出版发行：中国轻工业出版社（北京东长安街6号，邮编：100740）
印　　刷：河北鑫兆源印刷有限公司
经　　销：各地新华书店
版　　次：2018年4月第1版第1次印刷
开　　本：787×1092　1/16　印张：20.5　字数：470千字
书　　号：ISBN 978-7-5184-1822-0　定价：70.00元
著作权合同登记　图字：01-2014-1286
邮购电话：010-65241695　发行电话：010-85119835　传真：85113293
网　　址：http://www.chlip.com.cn　Email：club@chlip.com.cn
如发现图书残缺请与我社邮购联系调换

140938K1X101ZYW

本书翻译人员

主　译：［美］郭明若
副主译：王喜波　姜云庆　秦兰霞
译　者：王翠娜　张兰威　沈　雪
　　　　邓　杰　葛武鹏　郑　健
　　　　刘迪茹　张叔文　姜毓君
　　　　包怡红　叶海青

中文版前言

母乳是哺乳动物繁衍后代时所分泌的液态组织，它不仅为新生儿提供营养、能量，还提供多种生物活性物质，保护新生儿免受环境中各种有害因素侵袭。因此，母乳是新生儿健康成长的最佳物质，应为哺育新生儿的首选。

由于多种原因（例如健康、工作需要、宗教、环境因素和营养状况等），导致母乳不能用于哺育新生儿时，婴儿配方乳粉可成为人乳的替代物之一。婴儿配方乳粉是以人乳化学为依据而配制生产的，其目标是最大可能地接近人乳化学组成。人乳是一个极其复杂的生物体系，即使是生物科学高度发展的今天，我们也没能完全了解人乳的化学组成，尤其是对人乳的生物学特性所知更少，故婴儿配方乳粉无论在化学组分还是生物学功用上均与人乳存在着很大差距。当前，婴幼儿营养学家和食品科学家仍在努力研发更为接近人乳的婴儿配方乳粉。

本人在过去近三十年一直从事人乳生物化学与婴儿配方乳粉组分营养学和工艺学的研究和教学，部分研究成果已应用到婴儿配方乳粉生产中。在总结教学与研究成果的基础上，第一部关于人乳生物化学与婴儿配方乳粉工艺学的专著于2014年在美国出版（*Human Milk Biochemistry and Infant Formula Manufacturing Technology*，Woodhead Publishing Ltd，现已并入 Elsevier Academic Press）。鉴于国内婴儿配方乳粉工业状况和市场需求，有必要将这本英文专著翻译成中文出版，供国内同行参考。由于作者能力所限，本书可能存在许多不足，甚至技术上的错误，敬请读者指教。

本书除绪言外，其余十二章可以归纳为三个部分：第一部分概述人乳的化学组成与变化，第二部分论述婴儿乳粉配方化学与加工工艺学，第三部分主要讨论婴儿配方乳粉的质量标准与控制。

在此衷心感谢参与编译此书的各位同仁及我的研究生，正是他们的努力与付出，使其能以中文出版。同时也要感谢王喜波博士、姜云庆老师和秦兰霞博士在初稿统稿、译校过程中付出的时间与精力。还要感谢王翠娜博士在最后统稿、审译及出版过程中给予的无私帮助。

最后，衷心感谢中国轻工业出版社李亦兵副总编辑和苏杨编辑在本书出版过程中所给予的支持，正是他们的耐心与专业精神使得本书在国内顺利出版。

郭明若

2018年1月于美国伯灵顿

编 撰 人

(* = main contact)

Editor and Chapters 1 and 2
M. Guo
Department of Nutrition and Food Sciences
University of Vermont
Burlington, VT 05405, USA

and

Food Science Department
Agriculture Division
Jilin University
5333 Xi'an Road
Changchun, People's Republic of China

E-mail: mguo@ uvm. edu

Chapters 3 and 9
G. M. Hendricks
University of Massachusetts Medical School
55 Lake Avenue North
Worcester, MA 01655, USA

E-mail: Gregory. Hendricks@ umassmed. edu

M. Guo*
Department of Nutrition and Food Sciences
University of Vermont
Burlington, VT 05405, USA

and

Food Science Department
Agriculture Division
Jilin University
5333 Xi'an Road
Changchun, People's Republic of China

E-mail: mguo@ uvm. edu

Chapter 4
L. Zhang
Harbin Institute of Technology
92 West Dazhi Street
Nan Gang District
Harbin 150001, People's Republic of China

E-mail: zhanglw@ hit. edu. cn

Chapters 5, 6, 7, 10 and 13
M. Guo*
Department of Nutrition and Food Sciences

University of Vermont
Burlington, VT 05405, USA

and

Food Science Department
Agriculture Division
Jilin University
5333 Xi'an Road
Changchun, People's Republic of China

E-mail: mguo@uvm.edu

S. Ahmad
National Institute of Food Science and Technology
Faculty of Agricultural Engineering & Technology
University of Agriculture Faisalabad (UAF)
Faisalabad, Pakistan

E-mail: sarfraz.ahmad@uaf.edu.pk

Chapter 8
Y. J. Jiang
Department of Food Science
Northeast Agricultural University
59 Mucai Street, Harbin
Heilongjiang 150030, People's Republic of China

E-mail: yujun_jiang@163.com

M. Guo[*]
Department of Nutrition and Food Sciences
University of Vermont
Burlington, VT 05405, USA

and

Food Science Department
Agriculture Division
Jilin University
5333 Xi'an Road
Changchun, People's Republic of China

E-mail: mguo@uvm.edu

Chapter 11
Y. J. Jiang
Department of Food Science
Northeast Agricultural University
59 Mucai Street, Harbin
Heilongjiang 150030, People's Republic of China

E-mail: yujun_jiang@163.com

Chapter 12
H. Walsh
University of Vermont
Burlington, VT 05405, USA

E-mail: hfwalsh@uvm.edu

目　　录

1 绪言：母乳喂养的趋势与问题以及婴儿配方乳粉研究进展 ·············· 1
　1.1　引言 ··· 1
　1.2　母乳与婴儿配方乳粉 ·· 1
　1.3　婴幼儿喂养史 ·· 2
　1.4　母乳喂养较人工喂养的益处 ·· 6
　1.5　婴儿配方乳粉的生产 ·· 8
　1.6　婴儿配方乳粉的发展趋势 ·· 10
　1.7　结论 ··· 11
　参考文献 ·· 11

第一部分　人乳的化学组成与变化

2　人乳的化学组成 ·· 16
　2.1　引言：总成分、蛋白质和脂肪酸 ·· 16
　2.2　人乳中的脂溶性维生素 ··· 18
　2.3　人乳中的水溶性维生素 ··· 21
　2.4　人乳中的矿物质：常量元素 ··· 22
　2.5　人乳中的痕量元素/微量元素 ·· 23
　2.6　其他信息和建议获取途径 ·· 26
　参考文献 ·· 26

3　人乳中的生物活性物质 ·· 28
　3.1　引言 ··· 28
　3.2　人乳的益处 ··· 28
　3.3　生物活性蛋白质和肽类 ··· 29
　3.4　人乳中的蛋白质类型 ·· 30
　3.5　生物活性脂质成分 ··· 33
　3.6　基于碳水化合物的生物活性化合物 ··· 35
　3.7　生长因子 ·· 38
　3.8　核苷酸、神经肽以及其他生物活性因子 ·· 38

3.9　结论和未来趋势 …………………………………………………………… 40
　　参考文献 ………………………………………………………………………… 41

4　人乳化学组成的变化 ………………………………………………………………… 46
　　4.1　引言 …………………………………………………………………………… 46
　　4.2　影响人乳组成的因素：哺乳阶段 …………………………………………… 46
　　4.3　影响人乳组成的因素：母亲营养 …………………………………………… 58
　　4.4　影响人乳组成的因素：环境及其他因素 …………………………………… 63
　　4.5　不同国家及地区人乳成分对比 ……………………………………………… 64
　　4.6　人乳中的细菌及婴儿疾病 …………………………………………………… 74
　　4.7　乳腺炎、乳成分与感染 ……………………………………………………… 77
　　4.8　乳中的污染物及其他潜在的有害化学物质 ………………………………… 79
　　参考文献 ………………………………………………………………………… 87

5　人乳的收集、储存与利用 …………………………………………………………… 97
　　5.1　引言 …………………………………………………………………………… 97
　　5.2　人乳的收集和储存 ………………………………………………………… 102
　　5.3　库存人乳的加工处理流程 ………………………………………………… 109
　　5.4　结论 ………………………………………………………………………… 113
　　参考文献 ………………………………………………………………………… 113

第二部分　婴儿乳粉配方与加工

6　婴儿配方乳粉生产指南 …………………………………………………………… 120
　　6.1　引言 ………………………………………………………………………… 120
　　6.2　婴儿配方乳粉的配方设计与营养素含量的监管 ………………………… 122
　　6.3　工艺及配方的问题与监管 ………………………………………………… 128
　　6.4　婴儿配方乳粉的重要功能性成分 ………………………………………… 133
　　6.5　蛋白质含量 ………………………………………………………………… 134
　　6.6　多不饱和脂肪酸和其他与脂肪相关的配料 ……………………………… 136
　　6.7　碳水化合物、益生元、益生菌与低聚糖 ………………………………… 138
　　6.8　加工过程对婴儿配方乳粉质量的影响 …………………………………… 140
　　6.9　小结 ………………………………………………………………………… 141
　　参考文献 ………………………………………………………………………… 141

7　婴儿配方乳粉配料的选择 ………………………………………………………… 146
　　7.1　引言 ………………………………………………………………………… 146

7.2　动物源配料 ………………………………………………………………… 152
　　7.3　植物源配料 ………………………………………………………………… 156
　　7.4　基于组成的配料选择 ……………………………………………………… 159
　　7.5　新配料选择规则 …………………………………………………………… 166
　　7.6　配料的掺假或污染 ………………………………………………………… 168
　　7.7　小结 ………………………………………………………………………… 170
　　参考文献 ………………………………………………………………………… 171

8　婴儿配方乳的加工技术 …………………………………………………………… 181
　　8.1　引言 ………………………………………………………………………… 181
　　8.2　粉状婴儿配方乳 …………………………………………………………… 181
　　8.3　液态婴儿配方乳 …………………………………………………………… 186
　　8.4　特殊需求配方乳粉 ………………………………………………………… 190
　　参考文献 ………………………………………………………………………… 193

第三部分　婴儿配方乳粉质量控制

9　婴儿配方乳粉加工过程中营养成分间的相互作用 …………………………… 198
　　9.1　引言 ………………………………………………………………………… 198
　　9.2　成分间的相互作用 ………………………………………………………… 199
　　9.3　成分间相互作用的营养意义 ……………………………………………… 201
　　9.4　小结 ………………………………………………………………………… 205
　　参考文献 ………………………………………………………………………… 205

10　婴儿配方乳粉质量控制 ………………………………………………………… 209
　　10.1　引言 ……………………………………………………………………… 209
　　10.2　婴儿配方乳粉质量控制体系 …………………………………………… 210
　　10.3　婴儿配方乳粉的微生物含量及控制措施 ……………………………… 214
　　10.4　婴儿配方乳粉的化学污染 ……………………………………………… 218
　　10.5　婴儿配方乳粉的污染物来源：水和空气 ……………………………… 220
　　10.6　婴儿配方乳粉营养成分的质量控制 …………………………………… 222
　　10.7　小结 ……………………………………………………………………… 224
　　参考文献 ………………………………………………………………………… 224

11　婴儿配方食品法规 ……………………………………………………………… 231
　　11.1　引言 ……………………………………………………………………… 231
　　11.2　中国的食品法律法规体系 ……………………………………………… 232

11.3 日本的食品法律法规体系 …… 235
11.4 韩国的食品法律法规体系 …… 238
11.5 澳大利亚和新西兰的食品法律法规体系 …… 241
11.6 美国的食品法律法规体系 …… 244
11.7 欧盟食品法律法规体系 …… 249
11.8 小结 …… 256
参考文献 …… 256

12 婴儿配方乳粉产品分析与检测 …… 260
12.1 引言 …… 260
12.2 法规、检测方法及正确性验证 …… 260
12.3 混合和抽样：产品的分批处理与产品的干混 …… 264
12.4 已开封样品中维生素、营养素的降解 …… 266
12.5 包装的完整性检验 …… 267
12.6 幼儿配方乳粉的营养证实检验、稳定性及发布（上市、销售） …… 267
12.7 抽样（AOAC 985.30） …… 267
12.8 组成成分（AOAC 986.25） …… 269
12.9 水溶性维生素 …… 272
12.10 脂溶性维生素 …… 275
12.11 矿物质 …… 278
12.12 其他成分 …… 279
12.13 功能性成分 …… 281
12.14 小结 …… 284
参考文献 …… 284

13 婴儿配方乳粉与过敏 …… 289
13.1 引言 …… 289
13.2 婴幼儿过敏的类型和诱发因素 …… 290
13.3 营养成分诱发的过敏 …… 298
13.4 组成成分诱发的过敏 …… 301
13.5 减轻婴儿过敏的方法 …… 302
13.6 结论 …… 308
参考文献 …… 308

1 绪言：母乳喂养的趋势与问题以及婴儿配方乳粉研究进展

M. Guo，University of Vermont，USA and Jilin University，People's Republic of China

摘　要：母乳是婴幼儿的最佳食品，不仅提供婴幼儿所需各种营养，而且还有婴幼儿正常生长发育所需的各种生物活性物质。现代婴儿配方乳粉作为母乳替代品，其消费群体主要为1岁以下婴儿。本章主要介绍人工喂养的发展情况，讨论人工喂养与母乳喂养的优势与不足，综述婴儿配方乳粉生产的最新情况以及未来发展趋势。

关键词：母乳　婴儿配方乳粉　发展　人工喂养

1.1　引言

20世纪，人们对于母乳喂养以及替代喂养方式的态度发生了很大的转变。一份有关母乳喂养的分析数据表明，1911—1915年出生的母亲，2/3以上会用母乳喂养第一个孩子，而到20世纪中叶，也就是1946—1950年出生的妇女，选择母乳喂养孩子的大约只有25%。到了20世纪70年代，母乳喂养率又有所上升。来自医院的调查数据表明，母乳喂养率从25%上升到了47%，其他来源数据显示为从25%上升到37%（Hirschman和Butler，1981）。

到2008年，初始母乳喂养率继续增长，达到74.6%，到2009年，这一数据再次增长到76.9%（CDC，2013）。随着人们对母乳优越性认识的提高及相关组织为提高母乳喂养率所做出的努力，母乳喂养率还会继续上升。然而，据报道，目前仍存在父母试图通过网络购买母乳以及在北美一些医院建立母乳库的现象，表明婴儿喂养的相关问题仍需得到重视（Murphy，2012）。

1.2　母乳与婴儿配方乳粉

1.2.1　母乳

传统意义上的母乳被认为仅仅能提供婴幼儿生长所需营养物质，但是，现在这种观点已被否定了，母乳对婴幼儿来说具有广泛的益处。母乳中含有的生物活性物质能够改善婴幼儿的胃肠道功能、影响体循环和器官系统的功能。广义来讲，母乳是一种生物流体或者生物组织（Guo，2007）。母乳是孕妇在妊娠中期和晚期因激素变化刺激而产生的。产后的前4~5d，分泌的乳汁为初乳，初乳中蛋白质含量较高，脂肪和多糖含量低，pH 为碱性。产后 5d，母乳转变为过渡乳，过渡乳持续时间为 3 周，此后，过渡乳转变为成熟乳，成熟乳到泌乳期结束，乳中成分不会发生明显变化。成熟乳中蛋白质含量较低，脂肪和糖类物质含量较高，pH 呈弱酸性（Packard，1982）。

1.2.2 婴儿配方乳粉

现代婴儿配方乳粉是工业化生产的专为婴儿设计的母乳替代品。婴儿配方乳粉一般以牛乳或大豆为原料，试图模拟母乳的营养成分组成，是医疗委员会认可的唯一适合婴儿营养需求的母乳替代食物。

1.3 婴幼儿喂养史

在全世界范围内，婴幼儿喂养方式具有相似的特点。母乳中一些营养成分的优越性，无疑使其成为新生儿最佳营养来源。传统来讲，在婴幼儿能够进食固体食物之前，母乳是唯一的营养物质，但总有一些特殊情况出现，例如可能由于营养不良导致产妇死亡或者泌乳失败。据埃及人记载，早在公元前 1550 年，就出现了替代喂养的概念（Stevens 等，2009）。然而，与母乳喂养相比，其他替代喂养方式的婴幼儿存活率较低。

1.3.1 奶妈喂养

据记载，最早出现的非母乳喂养婴幼儿的方式就是奶妈喂养，即产妇母乳喂养别人的孩子，该种记载可追溯到公元前 2000 年。直到 20 世纪，奶妈喂养仍具有广泛性，并因此出现了相关法律法规。大约公元前 950 年到公元 1800 年里，在许多国家都存在贵族雇用奶妈来喂养他们的孩子作为替代性选择（Stevens 等，2009）。直到 19 世纪，才开始研究用婴儿配方乳粉替代母乳喂养。

1.3.2 医疗发展：19 世纪和 20 世纪

19 世纪，政府和医疗部门开始关注婴幼儿喂养实施情况。这也是科学家开始关注母乳营养特性的部分原因，并且一些厂家开始尝试生产与母乳相近的婴儿配方乳粉。婴儿配方乳粉工业的发展与科学家日渐浓厚的科研兴趣息息相关（Dykes，2006）。例如，1838 年，德国科学家 Johann Simon 对牛乳和母乳营养成分进行了全面的分析（Cone，1981）。

20 世纪，与以前不同，大部分孕妇不再选择家中分娩和恢复，而是选择去医院。到 2006 年，美国 99% 新生儿在医院出生（MacDorman 等，2010）。随着产妇的增多，医院开始制定比较固定的婴儿喂养时间。这种喂养方式可能造成了母婴之间交流的困难，让产妇感觉不适和不安（Dykes，2006）。随着学者对母乳喂养过程的研究，母乳质量以及可及性的问题随之凸显。正如 Wolf 提出的，"人体泌乳功能并非总那么可靠，这种论断已经成为一种普遍的认知，并且这种认知一直持续到了今天"（Wolf，2000）。

商业化利益

1865年,化学家Justus von Liebig发明了以牛乳为原料,添加了小麦、麦芽粉以及碳酸氢钾的配方乳粉,这种配方乳粉即为Liebig配方乳粉(Radbill,1981;Stevens等,2009)。如表1.1所示,这款产品利用了食品尤其是乳品方面多种保藏技术。Liebig配方乳粉打开了婴幼儿食品的市场。截止到1883年,取得授权的婴儿配方乳粉品牌达到27个,这些品牌乳粉一般为添加糖类、淀粉、糊精的牛乳粉状物(Wickes,1953b)。但那时,由于还未充分掌握关于婴幼儿对蛋白质、维生素和矿物质等营养物质需求的知识,这些早期的产品均存在营养素缺乏的特点(Radbill,1981)。

表1.1	商品化婴儿配方乳粉的早期生产发展
1810	Nicholas Appert开发了在密封罐中的杀菌食物
1835	William Newton取得了炼乳专利
1847	Grimsdale申请了炼乳专利
1853	Gale Borden在炼乳中加入了白砂糖,注册Eagle品牌
1866	Nestlé生产了浓缩乳
1885	John B. Myerling生产了无糖炼乳
1915	Gerstenberger开发了源自动物和植物脂肪的人工乳

资料来源:Sonstegard等(1983)和Stevens等(2009)。

截止到20世纪20年代晚期,针对牛乳过敏婴幼儿的以大豆粉为主要原料的婴儿配方食品应运而生(Stevens等,2009)。大豆婴儿配方食品的使用和销售在世界范围内具有地域差异性,美国的销售量保持在10%~25%的范围(McCarver等,2011;DHHS,2010)。初期的大豆配方食品缺乏主要的营养素,特别是维生素(Stevens等,2009)。随着配方乳粉喂养婴幼儿群体的增加,这种缺陷变得越发明显,因此,联邦监管部门就提高婴儿配方乳粉的营养做出了相关规定。牛乳含有活细胞和活性成分,这些成分或者不能添加到婴儿配方乳粉中,或者保质期太短,但是,其他营养成分能够添加到婴儿配方乳粉中。总体而言,社会和科学的变革推动了婴儿配方乳粉向复杂化方向的发展,妇女群体也开始相信这些婴儿配方乳粉是孩子最好的食物,这也是母乳喂养率急剧下降的重要原因。

20世纪婴儿配方乳粉应用标准化

20世纪早期,在人们广泛接受婴儿配方乳粉之前,母乳喂养率达90%。这种较高的母乳喂养率一直持续到配方乳粉生产者直接面向医生进行宣传时(Trostle,2000)。19世纪末期,疾病细菌理论的引入促进了婴儿配方乳粉喂养婴儿的发展。与此同时,儿科医师开始强调配方乳粉在婴幼儿喂养方面的重要性。疾病细菌理论的引入以及相关医师的宣传使那些不能以母乳喂养自己孩子的妇女开始相信母乳在质量和数量上都不能满足孩子的需求。

医生开始鼓励妇女改变她们的生活方式,接受额外添加的营养物质。母乳替代物相关生产者开始涉入其中，将母乳和牛乳混为一谈并强调母乳存在的不足。许多公司故意进行危言耸听的广告宣传。Wolf（2008）等列举了大量的建议，多数是在20世纪初由受尊敬的儿科医师提出的，但是这似乎缺乏科学依据，母乳中的营养成分含量不是太低就是太高，甚至有资料表明在一些家庭中生长较好的孩子都是食用配方乳粉的孩子。Wolf建议当母亲因为某些原因发烧时，应该丢弃刚开始挤下来的乳汁，因为这些乳汁在母体存储过程中已经变酸（Wolf，2000）。

婴儿配方乳粉变得越来越重要，逐渐成为了一种广泛流行的新产品，1929年美国医学会（AMA）认为有必要成立一个组织来保障配方乳粉的质量和安全。到20世纪40—50年代，医师和消费者开始认识到婴儿配方乳粉是一种安全的母乳替代品。20世纪70年代，美国母乳喂养率开始稳步下降（Gilly & Graham，1988；Wolf，2000）。

在工业发达国家，高知群体开始使用饮用水，这为配方乳粉的使用提供了便利。但是，在发展中国家，婴儿配方乳粉的市场营销方式似乎遇到了一些困难。在医院，妇女被鼓励甚至免费使用婴儿配方乳粉。实际上，世界卫生大会在1994年已经禁止了这种做法，但是在1996年，雀巢公司仍然在中国一些医院提供免费的或价格低廉的配方乳粉（IBFAN，2013）。

截止到2008年，美国的乳粉生产厂家仍然会在医院为新生儿提供含有婴儿配方乳粉或者优惠券的礼包（Rosenberg等，2008）。尽管美国许多医院已经开始禁止这种商业赞助的样品，但近期研究结果表明，仍然有55%的医院在派送乳粉（CDC，2013）。来自某个州的针对产后妇女的调查数据结果表明，在医院接受礼包的母亲会比没有接受礼包的母亲母乳喂养时间少10周（Rosenberg等，2008）。来自20个州的调查数据表明，在所调查的医院里，2007年，14%的医院不给母亲提供这些，而到2010年，这一数据上升到28%（Sadacharan等，2011）。妈妈一旦停止喂养自己的孩子，同时就会停止产乳，也没有购买质量好的配方乳粉的经济能力，因此，目前许多妈妈都会用质量差的替代品喂养孩子（Miller，1983）。

尽管许多公司都参与了在医院免费派送乳粉的这种营销方式，雀巢公司却因20世纪70年代参与反对这种行为的活动而出名（Gilly和Graham，1988）。无论是在发达国家还是发展中国家，总体上产生的影响是一样的，就是造成了母乳喂养率的下降。20世纪，凡是有市场的地方，跨国公司都会利用广告进行营销，并宣传母乳喂养的失败、简单和过时，宣传人工喂养则与西方社会的富裕、消费至上以及妇女解放相关（Dykes，2006）。

婴儿配方乳粉的近代发展史

20世纪70年代，美国婴儿配方乳粉行动联盟发起了提高母乳喂养的运动（Fomon，2001）。在美国，这些运动减缓了母乳喂养率的下降趋势。直到1988年，相关立法允许配方乳粉生产厂家直接面向公众进行营销，这使配方乳粉是母乳的最佳替代品的观念回到了主流文化。然而，这种变革并没有持续太长时间，1990年美国儿科协会（AAP）反对公开对婴儿配方乳粉进行广告宣传。美国儿科协会此举主要是基于婴儿配方乳粉公众宣传对母乳喂养产生的负面影响、对医师建议造成的干扰以及对大众造成的误导，而这些负面影响都会导致婴幼儿营养问题。除此之外，美国1980年通过的婴儿配方食品法案授权食品药品管理局监管婴儿配方食品，包括召回程序、营养成分含量以及标签（Stevens等，2009）等。

发展现状

到作者写这本书的时候，美国的母乳喂养已经经历了一个较长时段的衰落期，立法和公共宣传试图提升母乳喂养的地位，将配方乳粉的地位还原到原来在婴幼儿营养中的地位，即只有当经济或者产妇身体条件不能满足需要时，配方乳粉才可作为一种替代品给婴幼儿食用。如图1.1所示为从1970年开始新生儿以及6个月大婴儿母乳喂养的增长情况，呈平稳增长状态，新生儿母乳喂养率从25%增长到约70%（CDC，2012；Ryan等，2002）。如今，婴儿配方乳粉生产厂家也会在婴幼儿乳粉标签上表明母乳是婴幼儿最佳的营养物质。婴儿配方乳粉广告也受到了限制，广告更倾向于针对医疗机构而不是消费者。

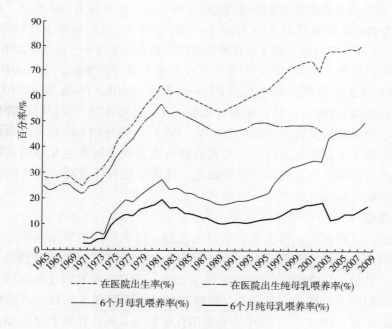

图1.1 母乳喂养趋势
（资料来源：Horwood 等，2001；Montaldo 等，2011）.

美国儿科学会制定了有关母乳喂养的指导方针，建议纯母乳喂养时间至少为6个月，添加辅食后，至少喂养到1岁。世界卫生组织建议，在发展中国家，母乳喂养可以持续到2岁，并表明未经处理的牛乳不能喂养婴幼儿，也不建议喂养未经处理的山羊乳。

近期，婴儿配方乳粉的快速发展主要体现在减少或者去除潜在的过敏原和最大程度上接近人乳上。目前，婴儿配方乳粉的生产厂家多为大型的跨国公司，依赖消费者的购买意愿，因此，为了自己的利益，他们会不断改善这些产品。尽管许多健康组织会倡导母乳喂养，在世界范围内，仍然有大部分 1 岁之内的婴儿在特定时间内接受了配方乳粉喂养（Anonymous，2004）。

1.4 母乳喂养较人工喂养的益处

1.4.1 母乳喂养

常规优势

母乳喂养除了显而易见的营养优势外，还具有方便和经济的优点。母乳喂养能够促进母婴之间感情交流，促进婴儿脸部肌肉发育、语言发育和牙齿的正常发育等（Palmer 等，1993）。混合喂养（配方乳粉和母乳混合）可能会导致 1 岁以后婴儿的不良吮吸习惯，而这些吮吸习惯可能与错颌畸形、开颌、第二前磨牙畸形等牙齿畸形有关（Montaldo 等，2011）。中耳炎是咽鼓管功能障碍引起的一种炎症。中耳炎有很多病因，然而，母乳喂养却被认为能够预防中耳炎（Di Francesco 等，2008）。母乳喂养也能够降低胃肠炎、过敏性皮炎、哮喘、肥胖症、糖尿病以及坏死性结肠炎的发病率（Ip 等，2007）。

关于母乳与婴幼儿认知发展之间是否存在关系一直存在争议，Horwood（2001）和 Smith（2003）等人认为存在某种关系（Horwood 等，2001；Smith 等，2003），但是 Ip 等认为不存在关系（2007）。母乳喂养对母亲也有一定的益处，例如可以降低骨质疏松症、乳腺癌、卵巢癌的发病率（Roseblatt 等，1993），部分妇女出现了体重减轻等，母乳喂养同时有助于子宫壁肌肉收缩。哺乳的妇女也表现出较低的 II 型糖尿病、乳腺癌和卵巢癌及产后抑郁症的发病率。尽管如此，骨质疏松和体重减轻无法明确证实是受母乳喂养的影响（Ip 等，2007）。

免疫和生理益处

与婴儿配方乳粉相比，母乳具有明显的优势。母乳专门为婴幼儿所设计，其营养成分会随着婴幼儿生长发育而发生变化。母乳含有免疫因子（免疫球蛋白 A、乳铁蛋白、溶菌酶、乳过氧化物酶）（Newburg 和 Walker，2007）和易消化的乳清蛋白，但甲硫氨酸和苯丙氨酸含量较低，母乳是牛磺酸（胆汁、眼睛和大脑功能必需物质）的良好来源（Harzer 等，1984）。母乳中含有易消化的脂类，而这些脂类是大脑发育所必需的物质（Uauy 和 Castillo，2003）。母乳中乳糖促进产酸菌的生长（Priem 等，2002），并且能提高钙和其他矿物质元素的吸收（Thatcher，2003）。除此之外，质量较好的母乳中钠和锌的含量较低，铁和钙以易吸收的形式存在（母乳中铁的吸收率达到 50%，而食物中仅为 2%～30%）（NIH，2013a，b）。

随着哺乳期的延长，受生理和外在因素影响，母乳的化学成分也会发生变化。这也是婴儿配方乳粉生产中的一个重要难题，也为评估母亲饮食对母乳营养的影响带来一定难度。

母乳价值

当分析母乳相对于婴儿配方乳粉的优势时，除了营养价值外，母乳还具有经济价值，这一特点往往被忽略。虽然在大部分国家，成立了母乳库，但挪威是唯一将母乳生产列入常规的居民膳食营养表中的国家。例如，2004 年，挪威的人口为 460 万人，记录的母乳量为 1030 万升。在澳大利亚，母乳的价格为 67 澳元/kg，相当于食品支出额的 6%。在较为贫穷的国家，将会提高人均 GDP 收入值。例如，据保守估计，在马里将牛乳加入到人均膳食表中将会使人均 GDP 增长 5%，而在塞内加尔将牛乳加入到人均膳食表中将会使人均 GDP 增长 2%（Dykes 和 Hall–Moran，2009）。

将婴儿配方乳粉的经济价值、社会价值与其化学成分的复杂性与应用相剥离具有重要的意义。尽管目前的婴儿配方乳粉不够完美，但在母乳替代品发展历史上仍具有显的进步和提高，并且，婴儿配方乳粉成分以及质量还处在不断完善中。表 1.2 所示为母乳喂养的益处。

表 1.2　母乳喂养的益处

1	婴幼儿最佳营养来源——安全、新鲜乳汁
2	增强免疫系统
3	促进肠道菌群健康和平衡，减少胃肠道和呼吸系统感染，特别是早产儿坏死性小肠结肠炎的发病风险
4	减少中耳炎感染发病率
5	防止过敏和不耐受症状
6	促进颌骨和牙齿的正常发育
7	与较高智商以及青少年期学习成绩有一定关系
8	减少了诸如肥胖症、Ⅰ型和Ⅱ型糖尿病、心脏病、高血压、高血脂以及婴幼儿白血病等慢性疾病的发病率
9	减少婴儿猝死综合征
10	减少婴幼儿发病率和死亡率
11	促进母婴感情交流
12	减少经济压力

资料来源：James DCS, Dobson B.（American Dietetic Association）2005.

1.4.2　婴儿配方乳粉

简介

Dykes 积极宣扬母乳相对于婴儿配方乳粉的优势，他指出：当配方乳粉作为一种可以用于日常生活而非紧急情况下使用的产品时，它已经由以前的在危急时刻维持婴幼儿生命的角色变成了婴儿快餐。但我们应该将它从厨房食品贮藏柜永久地转移到药品柜中（Dykes 和 Hall–Moran，2009）。这个建议有一定的道理，但有时候母乳喂养并不是最好的选择。

补充

婴儿配方乳粉专为没有母乳或者母乳不足的低体重/早产儿设计（Anonymous，

2004)。或者当母亲接触污染物时，婴儿配方乳粉可能有助于减少对母乳喂养婴幼儿的污染。

疾病

当母亲生病时，如何减少对婴幼儿感染率是一个重要的问题。乳腺炎是一种由微生物感染引起的乳腺炎症，致病菌主要是金黄色葡萄球菌。这种感染能够引起哺乳期的婴幼儿食物中毒、胃痉挛、腹泻和体重减轻。母亲生病时，即便对婴幼儿的健康不造成影响，母乳的质量也会发生变化。钠的含量会发生显著性变化（通常从约3.0mEquiv增长到108mEquiv），使母乳的风味不再适合婴幼儿，从而造成喂养习惯问题。使用抗生素治疗乳腺炎同样存在一定的问题。用药既要保证疗效又要保证对婴幼儿的安全性，这具有一定的难度。在这种情况下，推荐暂时用婴儿配方乳粉替代母乳（Packard，1982）。

药物摄入

用药会对母乳造成明显的影响，母乳中药物水平甚至高于母体血管中的药物水平。这是多种因素导致的：脂溶性的药物能通过脂类转移到母乳中；蛋白质能够结合一些药物，药物若呈弱碱性，则能够吸附或者溶解到母乳中，因为母乳与血浆相比，酸性更高（分别为pH 6.8和pH 7.4）。当母亲服用A类药物时，例如吗啡，将会使婴幼儿对此类药物上瘾。但是并不是所有的药物都能到达母乳中，有一些药物即便能够到达母乳中也可能无危险性。即便如此，也必须考虑用婴儿配方乳粉喂养孩子（Packard，1982）。

人工喂养新生儿的最佳方案

人工喂养可采用与母乳喂养相同的喂养频率和喂养量，然而，还有一些问题必须要考虑到：

- 正确冲调配方乳粉，防止配方乳粉污染
- 正确的婴儿喂养姿势
- 预防奶瓶喂养综合征（又称奶瓶龋齿）。它是指婴儿经常在床上仰卧姿势吃奶、果汁或者其他的甜味汁液（Hamilton et al.，1999）而造成的一些风险，包括对牙齿的损坏
- 婴儿配方乳粉有一定的经济费用

1.5 婴儿配方乳粉的生产

特殊婴儿配方乳粉是专为一些具有过敏史的婴儿、早产儿以及遗传畸形婴儿所设计的产品。

1.5.1 配方设计的复杂性

婴儿配方乳粉中引进的新成分主要的也是唯一的目的就是使其在成分和功能上接近母乳。募集同龄婴幼儿进行新型婴儿配方乳粉的试验是一件相当有难度的事情，因为婴幼儿不能够被随机分配消费配方乳粉或者母乳，并且存在各种混杂变量，例如是否选择母乳喂养、母乳喂养与婴儿配方乳粉喂养比例，除此之外，不同时间段和不同

个体间的母乳成分也会发生变化。婴儿配方乳粉新产品应当与同类老产品以及母乳同时进行对比，以来确定新产品的有效性（Anonymous，2004）。表1.3所示为管理婴儿配方乳粉需要考虑的安全因素。

表1.3	管理婴儿配方乳粉的重要安全性因素
1	婴儿配方乳粉是许多婴幼儿的唯一和主要的营养来源
2	婴儿配方乳粉是在婴幼儿成长敏感期喂食，因此对婴幼儿健康具有短期和长期的影响
3	在考虑婴儿配方乳粉安全性时，动物可能不是最合适的模型
4	统一标准的食物安全模型可能不适合配方中所有的最新添加物
5	婴儿配方乳粉不仅仅是一种食物
6	当在配方乳粉中添加一种新的成分时，在考虑可能的功效的同时也要考虑安全性

资料来源：Anonymous，2004，稍作修改。

表1.4	评估水平的确定
潜在危害的可逆转性	
后果的严重性	
发作时间	
一种新的成分对特定的系统造成危害性的可能性	
影响是具有普遍性还是极少数？	

资料来源：Anonymous，2004，稍作修改。

婴儿配方乳粉新成分添加评估委员会推荐了一种根据危害和潜在副作用而进行分级决策以确定合适的评估水平的评估程序（Anonymous，2004）。如表1.4所示为需要考虑的各种因素。

营养模型

利用膳食营养素参考摄入量（DRI）制定膳食计划和评价膳食的核心是剂量–反应关系，它是将营养素的摄入量与目标结果进行比较。可耐受最高摄入量是对所有个体健康都无任何副作用和危险的平均每日营养素最高摄入量。

市场监测与监控

一种新型的婴儿配方乳粉一旦投放市场，美国食品药品管理局（FDA）即要求相关生产部门记录由于使用该款配方乳粉所引起的消费者投诉并向FDA报告病变、营养失衡、死亡以及其他所有案例。通过实施市场监控确定婴儿配方乳粉中引入新成分的副作用。基于临床前以及临床研究，被动的监测包括监测免费热线或者网络（1级评估）或联系专业医疗机构，简便方法（免费热线）和/或严格方法（临床随访）均可采用。

食物配料模型

美国红皮书（直接食品添加剂和色素的毒理学安全性评价原则）中规定了FDA相关监管和指导方针（FDA，1993）。婴儿配方乳粉中引入新成分由两道程序进行监管，分别是食品添加剂申请以及公认安全公告。这里的食品添加剂可以是任何添加物但并不是公认安全的。

关于配方的特殊规定

婴儿配方乳粉生产厂家必须遵循 FD&C 法案的 412 条相关规定。新法规要求生产者必须证明改变配方的婴儿乳粉能够维持婴儿 120d 以上的正常生长发育（Anonymous，2004）。

药物模型

当考察一种婴儿配方乳粉安全性时，需要考虑多种因素：生物活性、耐受性、过敏性、对肠胃功能的影响和营养平衡（例如辅因子和比例）。与食品安全性模型相似，药物的有效性必须经临床试验证实，有明确和令人信服的证据表明药物所起到的作用，应至少具有目前标准治疗的相同的功效，对相关的副作用进行仔细研究，并进行报道（Anonymous，2004）。

其他考虑因素

在生产婴儿配方乳粉时，还有一些其他需要考虑的因素，例如组分间相互作用对乳粉质量的影响，组分重新分布以及加工危害性或者其他的对营养或功能特性造成影响的副作用。即便不能进行全部营养成分的常规分析，也要对大部分的营养物质进行分析。如果加入一些功能性成分例如益生元和生物活性物质等，将会增加分析的难度。研究表明，在婴儿配方乳粉生产过程中，均质是造成营养成分重新分配和相互作用的最重要的因素。

1.6 婴儿配方乳粉的发展趋势

1.6.1 $\omega-3$ 脂肪酸

花生四烯酸（AA）（$\omega-6$）：二十二碳六烯酸（DHA）比例为 2:1 且占脂类总量的 0.6%~0.7%。这些营养物质不是必需的，因为正常新生儿以及一些早产儿能够自身合成这些物质。必须强调的一点是，当抗氧化物质不充足时，添加多不饱和脂肪酸和大量铁会产生问题。在没有足够的 DHA 时，配方乳粉中添加二十碳五烯酸（EPA）反而会影响婴幼儿生长（Carlson 等，1996）。

1.6.2 核苷酸

核苷酸被认为是新生儿胃肠道系统以及免疫系统发育的活性物质。除此之外，核苷酸在糖类、脂类、蛋白质以及核酸代谢中同样发挥重要的作用。与牛乳相比，母乳中含有较高浓度的核苷酸（Schlimme 等，2000）。膳食中核苷酸可能是必需营养素，尽管这种说法可能只适用于早产儿。对于早产儿来说，坏死性小肠结肠炎导致肠损伤或者腹泻，使其不具备从头开始合成核苷酸的能力。嘌呤代谢方面的先天性畸形能通过膳食中核苷酸得到缓解。推荐的摄入量为 70~80mg/L，其中四种主要核苷酸比例为

1:1:1:1（腺嘌呤、鸟嘌呤、胸腺嘧啶、胞嘧啶）。

1.6.3　益生元和益生菌

低聚糖在母乳中的含量约为 10~12g/L，能够促进双歧杆菌在肠道里生长。这些有益菌通过提高免疫系统保护宿主，服用益生元可以保护正常儿以及早产儿免受致病菌的侵扰。食用强化乳粉的婴幼儿粪便中的双歧杆菌和乳酸杆菌的含量均高于食用未强化乳粉的，并与食用母乳婴幼儿相当。低聚糖中的低聚果糖（FOS）和低聚乳糖（GOS）可以应用在婴儿配方乳粉中，两种低聚糖的比例大约为 1:9。目前市面上已经有了强化益生元的乳粉。

1.6.4　新型蛋白质成分

α-乳白蛋白强化乳粉含有一种专门的蛋白质成分。与母乳相比，牛乳基的婴儿配方乳粉中蛋白质含量过高，这将导致较高的肾脏氮负荷。除此之外，牛乳与母乳中蛋白质含量不同，母乳中，α-乳白蛋白含量大约占总蛋白的 20%~25%，而牛乳中仅为 2%~3%。在一项研究中，将低蛋白、高α-乳白蛋白含量的婴儿配方乳粉与对照组样品进行了比较分析（Lien，2004）。12 周实验结果表明，对照组的婴幼儿表现出了更多的副作用并具有较高的血尿素氮含量（BUN）（Lien 等，2004）。目前，已开发出免疫球蛋白、乳铁蛋白以及其他活性蛋白强化相关产品。

1.6.5　新型脂肪成分——结构脂质

结构脂质是通过化学或者酶法对甘油分子中脂肪酸组成和/或空间结构进行修饰而得到的一种重组的脂质。这种特定设计的脂质可以用于婴儿配方乳粉的生产。市面上已经有专门用于婴儿配方乳粉生产的商品化的结构脂质，例如，为了模拟母乳成分，在甘油分子 Sn-2 位置连接高棕榈酸含量的脂肪成分。

1.7　结论

影响母乳喂养能力的因素较多，包括文化背景、经济、医疗以及环境因素等。在某些情况下，母乳喂养不是最理想的情况或者不能进行母乳喂养。因此，开发与母乳成分相近的婴儿配方乳粉具有重要的意义。随着对母乳相关特性研究的新发现以及新技术的发展、新生物活性成分的可用性、组分间相互作用以及婴儿配方乳粉中生物活性物质的更深了解，这种情况也将不断得到改善。

参考文献

ANONYMOUS. (2004). *Infant Formula: Evaluating the Safety of New Ingredients.* Washington DC: National Academies Press.

CARLSON SE, WERKMAN SH and TOLLEY EA. (1996). Effect of long-chain n-3 fatty acid supplementation on visual acuity and growth of preterm infants with and without bronchopulmonary dysplasia. *Am. J. Clin. Nutr.* **63** (5): 687 – 697.

CDC (2013) Breastfeeding: Maternity Care Practices Survey mPINC Results (2011). Available from: http://www.cdc.gov/breastfeeding/data/mpinc/results.htm.

CONE TE. (1981). History of infant and child feeding: From the earliest years through the development of scientific concepts. In: BOND JT, editor. *Infant and Child Feeding.* New York: Academic Press. pp. 4 – 34.

DHHS. (2010). Final CERHR Expert Panel Report on Soy Infant Formula. NTP Center for the Evaluation of Risks to Human Reproduction. p. 789.

DI FRANCESCO R, PAULUCCI B, NERY C and BENTO RF. (2008). Craniofacial morphology and otitis media with effusion in children. *Int. J. Pediatr. Otorhinolaryngol.* **72** (8): 1151 – 1158.

DYKES F. (2006). *Breastfeeding in Hospital: Mothers, Midwives, and the Production Line:* Taylor & Francis Group.

DYKES F and HALL – MORAN V. (2009). *Infant and Young Child Feeding:* Wiley Blackwell, Ames, IA, USA.

FDA (1993). Toxicological Principles for the Safety Assessment of Direct Food Additives and Color Additives Used in Food: 'Redbook II.': Food and Drug Administration.

FOMON SJ. (2001). Infant feeding in the 20th century: Formula and beikost. *J. Nutr.* **131** (2): 409S – 420S.

GILLY MC and GRAHAM JL. (1988). A macroeconomic study of the effects of promotion on the consumption of infant formula in developing countries. *J. Macromarketing* **8** (1): 21 – 31.

GUO M. (2007). Chemical and nutritional aspects of human milk and infant formula formulation and processing. *B. – Int. Dairy Federation* **417**: 2.

HAMILTON FA, DAVIS KE and BLINKHORN AS. (1999). An oral health promotion programme for nursing caries. *Int. J. Paediatr. Dent.* **9** (3): 195 – 200.

HARZER G, FRANZKE V and BINDELS JG. (1984). Human milk nonprotein nitrogen components: Changing patterns of free amino acids and urea in the course of early lactation. *Am. J. Clin. Nutr.* **40** (2): 303 – 309.

HIRSCHMAN C and BUTLER M. (1981). Trends and differentials in breast feeding: An update. *Demography* **18** (1): 39 – 54.

HORWOOD LJ, DARLOW BA and MOGRIDGE N. (2001). Breast milk feeding and cognitive ability at 7 – 8 years. *Arc. Dis. Child. – Fetal Neonatal Ed.* **84** (1): F23 – F27.

INTERNATIONAL CODE OF BREASTFEEDING (2013) (Accessed 2013 01 10 2013) Available from: http://www.ibfan.org/issue – international_ code – breastfeeding.html.

IP S, CHUNG M, RAMAN G, CHEW P, MAGULA N, TRIKALINOS T and LAU J. (2007). Breastfeeding and maternal and infant health outcomes in developed countries. *Evid Technol Asses* (Full Rep) **153**: 1 – 186.

JAMES DCS and DOBSON B. (2005). Position of the American Dietetic Association: Promoting and supporting breastfeeding. *J. Am. Diet. Assoc.* **105** (5): 810 – 818.

LIEN EL, DAVIS AM, EULER AR and GROUP MS. (2004). Growth and safety in term infants fed reduced – protein formula with added bovine alpha – lactalbumin. *J. Pediatr. Gastroenterol. Nutr.* **38** (2):

170 – 176.

MACDORMAN M, MENACKER F and DECLERCQ E. (2010). Trends and characteristics of home and other out – of – hospital births in the United States, 1990 – 2006. *Natl. Vital Stat. Rep.* **58** (11): 1 – 14.

MCCARVER G, BHATIA J, CHAMBERS C, CLARKE R, ETZEL R, FOSTER W, HOYER P, LEEDER JS, PETERS JM, RISSMAN E, RYBAK M, SHERMAN C, TOPPARI J and TURNER K. (2011). NTP – CERHR expert panel report on the developmental toxicity of soy infant formula. *Birth Defects Res. B: Dev. Reprod. Toxicol.* **92** (5): 421 – 468.

MILLER FD. (1983). Out of the mouths of babes: The infant formula controversy: Social Philosophy & Policy Center.

MONTALDO L, MONTALDO P, CUCCARO P, CARAMICO N and MINERVINI G. (2011). Effects of feeding on non – nutritive sucking habits and implications on occlusion in mixed dentition. *Int. J. Paediatr. Dent.* **21** (1): 68 – 73.

MURPHY B. (2012). *Human Milk Bank Movement Expands with Depot.* Burlington: Burlington Free Press, Gannett. p. 1.

NATIONAL INSTITUTES OF HEALTH (2013a). Dietary Supplement Fact Sheet: Iron. (Accessed 2013 01 17 2013) Available from: http://ods.od.nih.gov/factsheets/Iron – HealthProfessional/.

NATIONAL INSTITUTES OF HEALTH (2013b). Dietary Supplement Fact Sheet: Zinc. (Accessed 2013 01 17 2013) Available from: http://ods.od.nih.gov/factsheets/Zinc – HealthProfessional/.

NEWBURG DS and WALKER WA. (2007). Protection of the neonate by the innate immune system of developing gut and of human milk. *Pediatr. Res.* **61** (1): 2 – 8.

PACKARD VS. (1982). *Human milk and Infant Formula.* New York: Academic Press.

PALMER MM, CRAWLEY K and BLANCO IA. (1993). Neonatal oral – motor assessment scale: A reliability study. *J. Perinatol.: Official J. California Perinat. Assoc.* **13** (1): 28 – 35.

PRIEM B, GILBERT M, WAKARCHUK WW, HEYRAUD A and SAMAIN E. (2002). A new fermentation process allows large – scale production of human milk oligosaccharides by metabolically engineered bacteria. *Glycobiology* **12** (4): 235 – 240.

RADBILL SX. (1981). Infant feeding through the ages. *Clin. Pediatr.* **20**: 613 – 621.

ROSEBLATT KA, THOMAS DB and WHO. (1993). Lactation and the risk of epithelial ovarian cancer. *Int. J. Epidemiol.* **22** (2): 192 – 197.

ROSENBERG KD, EASTHAM CA, KASEHAGEN LJ and SANDOVAL AP. (2008). Marketing infant formula through hospitals: The impact of commercial hospital discharge packs on breastfeeding. *Am. J. Public Health* **98** (2): 290 – 295.

RYAN AS, WENJUN Z and ACOSTA A. (2002). Breastfeeding continues to increase into the new millennium. *Pediatrics* **110** (6): 1103 – 1109.

SADACHARAN R, GROSSMAN X, SANCHEZ E and MEREWOOD A. (2011). Trends in US Hospital Distribution of Industry – Sponsored Infant Formula Sample Packs. Pediatrics.

SCHLIMME E, MARTIN D and MEISEL H. (2000). Nucleosides and nucleotides: Natural bioactive substances in milk and colostrum. *Br. J. Nutr.* **84** (S1): 59 – 68.

SMITH MM, DURKIN M, HINTON VJ, BELLINGER D and KUHN L. (2003). Influence of breastfeeding on cognitive outcomes at age 6 – 8 years: Follow – up of very low birth weight infants. *Am. J. Epidemiol.* **158** (11): 1075 – 1082.

SONSTEGARD LJ, KOWALSKI K, andJENNINGS B. (1983). *Women's Health: Childbearing:* Grune & Stratton.

STEVENS EE, PATRICK TE and PICKLER R. (2009). A history of infant feeding. *J. Perinat. Educ.* **18** (2): 32-39.

THATCHER TD. (2003). Calcium deficiency rickets. In: HOCHBERG Z, editor. *Vitamin D and Rickets.* Basle, Switzerland: Karger. pp. 105-125.

TROSTLE JA. (2000). The ideology of adherence: An anthropological and historical perspective. In: DROTAR D, editor. *Promoting Adherence to Medical Treatment in Chronic Childhood Illness: Concepts, Methods, and Interventions.* New Jersey: L. Erlbaum Associates. pp. 33-49.

UAUY R and CASTILLO C. (2003). Lipid requirements of infants: Implications for nutrient composition of fortified complementary foods. *J. Nutr.* **133** (9): 2962S-2972S.

VEEREMAN-WAUTERS G. (2005). Application of prebiotics in infant foods. *Br. J. Nutr.* **93** (S1): S57-S60.

WICKES IG. (1953a). A history of infant feeding Part II. Seventeenth and eighteenth centuries. *Arch. Dis. Child.* **28** (139): 232-240.

WICKES IG. (1953b). A history of infant feeding: Part IV - Nineteenth century continued. *Arch. Dis. Child.* **28** (141): 416.

WOLF JH. (2000). The social and medical construction of lactation pathology. *Women Health* **30** (3): 93-110.

第一部分

人乳的化学组成与变化

2 人乳的化学组成

M. Guo, University of Vermont, USA and Jilin University, People's Republic of China

摘　要：与牛乳相比，人乳具有独特的化学组成和生物化学性质，人乳乳糖含量更高，蛋白质和灰分含量更低，不含 β - 乳球蛋白和 α_{s1} - 酪蛋白。人乳成分随哺乳的不同时期而变化，生理因素和外部因素都会造成这种变化，有些外部因素会给人乳质量带来不利的影响。本章节主要介绍人乳中的脂溶性维生素和水溶性维生素，然后介绍人乳中的常量和微量（痕量）元素。接下来的章节将会讨论人乳中的生物活性成分，如蛋白质和脂类。

关键词：化学成分　蛋白质图谱　脂肪酸　维生素　矿物质

2.1 引言：总成分、蛋白质和脂肪酸

人乳具有独特的化学成分和生物化学性质，基本情况如表2.1和表2.2所示，表2.1比较了人乳与牛乳的总成分、蛋白质组成和脂肪酸含量。人乳由水、蛋白质、脂肪和灰分组成。水是主要成分，大约占87%，脂肪占近3.8%，提供人乳总能量的50%。人乳中蛋白含量近1%，其中约70%为乳清蛋白。人乳中含有7%的乳糖，在哺乳动物中乳糖含量最高。乳糖提供了人乳总能量的近40%。人乳中灰分含量相对较低，为0.2%（而牛乳中为0.7%）。

表 2.1　　人乳和牛乳的成分、蛋白质和脂肪酸

	人乳	牛乳
总成分/%		
蛋白质	1.00	3.40
酪蛋白	0.3	2.6
乳清蛋白	0.7	0.8
酪蛋白：乳清蛋白	30:70	80:20
脂肪	3.80	3.50
乳糖	7.00	5.00
总固形物	12.40	12.50
灰分	0.20	0.70
酪蛋白（占总含量）/%		
α_{s1} - 酪蛋白	—	40

续表

	人乳	牛乳
α_{S2} - 酪蛋白	—	8
β - 酪蛋白	85	38
κ - 酪蛋白	15	12
胶束大小/nm	50	150
乳清蛋白（占总含量）/%		
α - 乳清蛋白	26	17
β - 乳清蛋白	—	43
乳铁蛋白	26	痕量
血清白蛋白	10	5
溶菌酶	10	痕量
免疫球蛋白	16（IgA）	10（IgG）
脂肪酸（占总含量）/%		
饱和脂肪酸	48.2	65.6
丁酸（4:0）	—	3.5
己酸（6:0）	—	1.9
辛酸（8:0）	—	1.3
癸酸（10:0）	1.4	2.5
月桂酸（12:0）	6.2	2.8
肉豆蔻酸（14:0）	7.8	10.7
棕榈酸（16:0）	22.1	27.8
硬脂酸（18:0）	6.7	12.6
单不饱和脂肪酸	39.8	30.3
棕榈油酸（16:1）/%	3.1	2.5
油酸（18:1）/%	35.5	26.5
顺-二十二碳-9-烯酸（20:1）/%	0.96	痕量
鲸蜡烯酸（22:1）/%	痕量	痕量
多不饱和脂肪酸	10.82	4.5
亚油酸（18:2）	8.9	2.9
亚麻酸（18:3）	1.2	1.6
十八碳四烯酸（18:4）	—	痕量
花生四烯酸（20:4）	0.72	痕量
二十碳五烯酸（20:5）	痕量	痕量

资料来源：郭明若和 Hendricks（2007）。

人乳成分随哺乳的进行而变化。生理学因素和外部因素都会造成这种变化，然而有些外部因素会给人乳质量带来不利的影响。例如，在人乳中可以检测到环境污染物（如重金属）和多种药物。母亲膳食也会影响人乳成分，虽然很难衡量这种影响。研究发现，母亲脱水将减少人乳分泌量，因为脱水会影响身体中水的通量。母亲营养不良会影响人乳的质量（郭明若，2007）。

本章主要介绍人乳中的脂溶性维生素和水溶性维生素，然后介绍人乳中的常量和微量（痕量）元素。接下来的章节将会讨论人乳中的生物活性成分，如蛋白质和脂类。

2.2 人乳中的脂溶性维生素

人乳中包含所有的脂溶性维生素和水溶性维生素。与牛乳相比，人乳含有更多的维生素A、维生素E、维生素C、烟酸和肌醇。人乳中维生素B_1、维生素B_2、维生素B_6、维生素B_{12}、维生素K、生物素、泛酸和胆碱的含量较低（表2.2）。除维生素D和维生素K外，人乳中富含满足婴儿生长的大多数维生素，但是严格素食饮食的母亲喂养的婴儿需要补充维生素B_{12}来防止维生素B_{12}的缺乏。本部分主要介绍脂溶性维生素，接下来的部分将会介绍水溶性维生素。

2.2.1 维生素A

维生素A是一种必需营养素，它的缺乏与婴儿一系列的临床疾病有关，当产妇营养良好时，人乳会提供丰富的维生素A。尽管维生素A含量随着哺乳的进行而减少，但婴儿摄入人乳量会增加，所以婴儿会继续获得充足数量的维生素A。母亲营养不良会导致人乳中维生素A含量低，这会导致婴儿处于危险中。

维生素A（反式视黄醇）包括一系列具有不同视黄醇活性的化合物，人乳中具有维生素A活性的化合物有视黄酯、视黄醇和β-胡萝卜素。尽管乳腺细胞中类视黄醇的储存、活化和分泌的调节机制还是未知的，但是已有研究表明血清中视黄醇结合蛋白的浓度决定了视黄醇转移到人乳中的量，分娩前后补充维生素A（尤其是在较低的摄入量时）可以显著增加人乳中维生素A水平。

表2.2　　　　　　　　　　人乳和牛乳中的维生素、矿物质含量

	人乳	牛乳
维生素		
维生素A/（mg/mL）	0.53	0.37
胡萝卜素/（mg/mL）	0.24	0.21
胆钙化醇（维生素D）/（mg/mL）	0.001	0.0008
生育酚（维生素E）/（mg/mL）	5.4	1.1
维生素K/（mg/mL）	0.015	0.03

续表

	人乳	牛乳
硫胺素（维生素 B_1）/（mg/mL）	0.15	0.42
核黄素（维生素 B_2）/（mg/mL）	0.37	1.72
吡哆醇（维生素 B_6）/（mg/mL）	0.10	0.48
钴胺素（维生素 B_{12}）/（mg/mL）	0.0003	0.0045
烟酸/（mg/mL）	1.7	0.92
叶酸/（mg/mL）	0.043	0.053
抗坏血酸（维生素 C）/（mg/mL）	47	18
生物素/（mg/mL）	0.007	0.036
泛酸/（mg/mL）	2.1	3.6
肌醇/（mg/mL）	300	160
矿物质		
锌/（μg/mL）	1~3	4
铜/（μg/mL）	0.2~0.4	0.05~0.2
锰/（ng/mL）	3~6	21
碘/（ng/mL）*	12~178	70~219
氟/（ng/mL）	4~15	19
硒/（ng/mL）**	15~20	10
铝/（ng/mL）	4~14	27
铬/（ng/mL）	0.2~0.4	5~15
钼/（ng/mL）	1~2	22
钴/（μg/mL）	~0.1	

资料来源：Picciano（2000）。

* 人乳和牛乳中碘的浓度都与摄入量有关，美国碘盐使用普遍的地区，乳汁中碘水平普遍偏高。

** 牛乳和人乳中的硒含量各异，在硒缺乏地区，牛乳和人乳的硒值分别为 2~7ng/mL 和 3~8ng/mL，中国硒中毒高发地区，人乳中的硒值可高达 283ng/mL。

2.2.2 维生素 D

维生素 D 是骨骼代谢中一个重要的物质并且有助于免疫系统的调节。婴儿能在晒太阳时，通过皮下组织自身合成维生素 D 或者通过膳食摄入维生素 D。我们通常用 25-OH-D（25-羟基胆钙化醇）（维生素 D 的活性代谢产物）的血清浓度来表示维生素 D 的状况。膳食中的麦角钙醇（维生素 D_2）和胆钙化醇（维生素 D_3）可以转化为活性代谢产物 25-OH-D（25-羟基胆钙化醇）。人乳中的 25-OH-D 水平很低，这与母亲血清中 25-OH-D 水平和维生素 D 的膳食摄入有关，同时也受种族、季节和纬度的影响。完全母乳喂养的婴儿，当维生素 D 摄入量低于最小推荐摄入量或远低于推荐膳食摄入量甚至濒临缺乏时将会导致婴儿骨矿化不足和佝偻病,尤其在阳光不足时更为明显。新生儿体内正常储存的维生素 D 会在出生后 8 周耗尽。

一般来说,食用配方乳粉的婴儿血清中维生素 D 代谢产物浓度高于母乳喂养的婴儿。产妇每日补充 400~2000IU 维生素 D 会增加人乳中维生素 D 的含量,但是只有补充剂量为 2000IU 时,才能符合婴儿对 25-OH-D 的需求。由于人乳中维生素 D 含量偏低,欧洲和美国北部的母乳喂养的婴儿应补充维生素 D。

2.2.3 维生素 E

维生素 E 是一种抗氧化剂,在细胞膜中具有清除自由基和保护多不饱和脂肪酸(PUFA)的作用。人乳中维生素 E 活性最强的化合物是 α-生育酚,维生素 E 不能自由通过胎盘,所以新生儿组织中维生素 E 含量较低。新生儿维生素 E 缺乏会造成溶血性贫血,婴儿出生后需要通过膳食补充维生素 E。人乳中维生素 E 含量能满足足月婴儿的需求,但是对于一出生就缺乏维生素 E 的早产儿来说是不够的。早产儿比足月儿更有可能出现溶血性贫血。维生素 E 水平降低与多不饱和脂肪酸、铁和硒的浓度有关,所以食用添加多不饱和脂肪酸和铁的配方乳粉的婴儿维生素 E 水平可能会偏低。因此,非母乳喂养的足月婴儿应该食用富含维生素 E 和 LC-PUFA(长链多不饱和脂肪酸)的配方乳粉。

很多因素会影响人乳中维生素 E 含量,其中包括个体差异和泌乳期。母亲膳食消耗量也会影响维生素 E 含量,但是适度摄入维生素 E 的母亲并未明显影响其人乳中维生素 E 含量。另外,研究发现一些低水平维生素 E 的摄入群体,人乳中维生素 E 含量却很充分,表明在哺乳期妇女体内的维生素 E 可以转移到乳汁中以确保维生素 E 的充足供应。

2.2.4 维生素 K

维生素 K 是凝血蛋白的必需成分。研究表明维生素 K 对于一些血浆蛋白和器官是必不可少的,包括维护骨骼正常结构的蛋白。具有维生素 K 活性的化合物包括在饮食中存在的维生素 K_1 和胃肠道中细菌合成的维生素 K_2(甲基萘醌类)。维生素 K 位于乳脂肪球的脂质核心而不是膜上。

维生素 K 跨过胎盘运输非常有限,所以在新生儿体内这种维生素的浓度通常极低。人乳中维生素 K 含量在泌乳超过 6 个月后仍保持恒定,不能满足婴儿的需求。对于母亲维生素 K 摄入量与人乳中维生素 K 含量的关系的研究调查结果各不相同,有的认为并没有联系,而有的则说母亲补充维生素 K 能增加血浆和乳汁中维生素 K 的含量。

然而,即使在母亲维生素 K 消耗量非常高的情况下,严格的母乳喂养婴儿也达不到推荐膳食摄入量,其血浆中的浓度比配方乳粉喂养的婴儿低。母乳喂养的婴儿由于维生素 K 的缺乏更有可能发生出血性疾病。所以,推荐婴儿出生后补充维生素 K。早产儿比足月儿更加容易出现缺乏,因而更需要补充维生素 K。

2.3 人乳中的水溶性维生素

因为水溶性维生素在体内难以储存,所以可以推测母亲膳食摄入对人乳中水溶性维生素含量的影响大于脂溶性维生素。而让母亲补充维生素可以增加乳汁中维生素的含量这一问题,得到的结论却不尽一致。研究表明,母亲在维生素含量水平比较低时,补充维生素能提高人乳中维生素的浓度,但是对于维生素含量水平正常的母亲,补充维生素对人乳中维生素含量则没有影响。

2.3.1 硫胺素

人乳中硫胺素的平均含量为 0.15mg/L。研究表明,母亲硫胺素的缺乏将会导致人乳中硫胺素的偏低,但是营养充足的母亲增加硫胺素的摄入量也没有作用。营养充足的母亲持续 6 周每天补充 1.3~3.4mg 的硫胺素不会增加人乳中硫胺素水平。补充硫胺素产妇的尿液中硫胺素含量增高,这表明可以转移到人乳中的硫胺素数量受到限制。

2.3.2 核黄素

母亲摄入核黄素较少时会导致人乳中的核黄素浓度低,适度补充(2mg/d)核黄素可以有效提高人乳的核黄素水平。产妇每天摄入 2.5mg 核黄素足以维持泌乳过程中核黄素的充足。

2.3.3 生物素

人乳中生物素浓度在 5~12mg/mL,当人乳中生物素含量水平较低时,补充生物素能提高人乳中生物素含量,但当人乳中生物素水平含量正常时,补充生物素对人乳生物素含量影响不明显。

2.3.4 维生素 B_6

维生素 B_6 摄入量在每日膳食中营养素供给量(RDA)推荐的 2.5mg/d 左右时,人乳中维生素 B_6 的浓度约为 210μg/L。当母亲的维生素 B_6 摄入量较低时,人乳中维生素 B_6 水平能低至 120μg/L。研究发现,维生素 B_6 补充量在 RDA 值之上时并不能改变乳中维生素 B_6 水平。应该注意的是在哺乳期补充高水平的维生素 B_6 会抑制泌乳。

2.3.5 叶酸

人乳中叶酸浓度随哺乳时间延长而增加,从哺乳早期的 15~20μg/L 到成熟乳中 40~70μg/L。正常营养的母亲补充 0.8mg/L 叶酸并不能改变乳汁中叶酸浓度。然而,当母亲叶酸摄入量较低(RDA 的 60%)时补充叶酸,乳汁中叶酸水平会增加。

2.3.6 氰钴胺素（维生素 B_{12}）

母亲摄入维生素 B_{12} 较少时，乳中维生素 B_{12} 浓度随之降低。正常营养的母亲，乳汁中维生素 B_{12} 平均水平在 $0.97\sim1.10\text{ng/mL}$；摄入量较低的母亲，乳汁中维生素 B_{12} 平均为 $0.55\mu\text{g/mL}$。母亲额外补充 40d 维生素 B_{12}，乳汁中维生素 B_{12} 的水平可升高到 0.79ng/mL。正常营养的母亲额外补充维生素 B_{12}，乳汁中维生素 B_{12} 的浓度并未增加。维生素 B_{12} 是一种蛋白质结合维生素，一些人乳汁中维生素 B_{12} 含量可能较低，尤其是长期素食者，因此婴儿需要补充来防止缺乏。

2.3.7 维生素 C

通常发达国家女性（如美国）维生素 C 含量为 50mg/L 左右。营养正常的女性，高水平（800mg/d）补充维生素 C 并不能影响人乳中维生素 C 的含量。维生素 C 转移到人乳中呈现出一个上限，超过上限后额外补充不能增加乳中的含量水平。

2.3.8 烟酸

每日摄入量在 $15\sim23\text{mg}$ 时，人乳中烟酸水平为 1.96mg/L。每日摄入烟酸 120mg，$6\sim14\text{d}$ 后这一水平会增加到 3.9mg/L。

2.3.9 泛酸

1986 年 Lonnerdal 研究发现人乳中泛酸水平受母亲泛酸摄入量的影响，乳汁中泛酸浓度与母亲先前 24h 摄入量相关。1981 年 Johnson 等研究发现每日摄入 7.6mg 泛酸，乳汁中含量为 6.7mg/L；每日摄入 $15\sim25\text{mg}$ 时，乳汁中泛酸含量为 $9\sim12\text{mg/L}$。

2.4 人乳中的矿物质：常量元素

人体中的矿物质以很多种化学形态存在，包括离子、盐以及作为其他有机分子的组成部分（蛋白质、脂肪、核酸）。常量元素具有多种生理功能，是构成机体组织和许多酶及重要生物分子的必需成分。人乳和牛乳中的常量元素和微量元素含量如表 2.2 所示。钠、钾、氯、钙、镁、磷和硫是人乳中的常量元素。

人乳中常量元素含量主要决定于泌乳期。随着哺乳进行，钠和氯含量降低而钾、钙、镁和游离磷酸盐含量增加。人乳中矿物质含量受母亲营养状况影响，还有其他因素，如环境因素。

2.4.1 钠、钾和氯

1992 年 Flynn 和 2000 年 Picciano 的研究表明，钠是细胞外液主要的阳离子，它通过控制渗透压、酸碱平衡、细胞主动运输和细胞跨膜电位调节细胞外液的体积；钾是细胞内主要的阳离子，钾在细胞内浓度是细胞外液的 30 倍，存在于细胞外液的钾帮助传输神经脉冲、维持血压、控制骨骼肌收缩。氯是主要细胞外阴离子，它在维持体液和电解质平衡中起关键作用。

正常情况下，人们膳食中含有充足的钠、钾、氯，只有在极端状况下它们的含量才会下降，比如在慢性腹泻、大量出汗或者肾脏疾病情况下才会出现钠和氯的缺乏。严重的营养缺乏或者肾脏疾病会造成钾的缺乏。

在人乳中，这些离子的浓度随哺乳时间的增加而减少，研究表明钠、钾、氯的含量从初乳中的480、740、850mg/L分别减少到160、530、400mg/L，并且它们的浓度并不依赖于母亲的摄入量。

2.4.2 钙

成人体内约有1200g的钙，其中99%是以钙磷酸盐的形式存在于牙齿和骨骼中的，以维持骨骼结构和强度；1%位于细胞外液、细胞内结构和细胞膜中，调节控制着正常心跳、激素分泌、凝血、神经传导、肌肉收缩、酶的激活和细胞膜完整等功能。

对于足月儿，人乳中含有足够量的钙。以每日平均泌乳750mL计，约含200mg钙，但钙含量随泌乳过程而变化。在泌乳早期，钙含量从第1天的250mg/L增加到第5天的320mg/L，在泌乳36d后保持恒定约为300mg/L。在接下来的九个月，钙含量减少约30%。虽然这一含量对于足月儿是足够的，但对于早产儿可能不够。已发现哺乳期妇女每日补充摄入1000mg钙乳汁中钙浓度不会增加。

2.4.3 镁

成熟乳中镁浓度为30~35mg/L。研究表明初乳中镁的浓度比成熟乳中高30%。镁对于各种生理过程至关重要，包括神经肌肉传导、肌肉收缩、蛋白和核酸代谢、骨骼生长和酶活性。镁浓度并不会随母亲正常膳食镁的摄入量而变化，只有在严重营养失调和发生疾病的情况下，镁含量才会降低。

2.4.4 磷

磷以有机和无机磷形式存在于所有组织和体液之中。它是机体许多成分的必需物质，包括脂肪、蛋白质、碳水化合物和核酸。磷在机体代谢和钙磷酸盐形成中扮演重要角色，是牙齿和骨骼的主要结构成分。人体通常可以通过膳食消化吸收充分的磷，人乳可以提供足够的磷。在人乳中，磷含量从哺乳期第1天100mg/L增加到第8天的170mg/L，但第36天后减少至130mg/L。

2.5 人乳中的痕量元素/微量元素

痕量元素（微量元素）是一类构成机体质量小于0.01%的物质。人乳中微量元素包括铁、锌、铜、锰、硒、碘、氟、钼、铝、钴、铬、镍。

2.5.1 铁

铁的主要功能是参与氧的运输、存储和利用，因为它是血红蛋白、肌红蛋白、细胞因子和其他蛋白中亚铁血红素的一部分，铁缺乏能造成贫血。人乳中铁含量随哺乳的进行而减少，从初乳中大约 1mg/L 到成熟乳 0.3～0.6mg/L。人乳中铁浓度不受母亲膳食中铁摄入量的影响。每日补充 30mg 铁并不能影响人乳中铁的浓度。在人乳中，铁与乳铁蛋白、低分子量化合物和乳脂肪球膜结合。人乳中三分之一含量的铁与乳铁蛋白结合，因为乳铁蛋白浓度高于铁，只有 3%～5% 乳铁蛋白是被铁饱和的。然而，乳铁蛋白还可以结合在消化过程中从其他成分中释放的铁，尤其是结合从胰液释放的碳酸氢盐。其他与铁结合成分可能包括低分子质量成分的柠檬酸和脂肪球中的黄嘌呤氧化酶。人乳中只有很少一部分的铁与酪蛋白结合（Lonnerdal，1989）。

2.5.2 锌

锌是维持机体正常生长、发育、性成熟和创面愈合的必需矿物元素，还是维持免疫系统的功能和其他生理过程的重要成分。锌还是性激素、DNA、RNA 和蛋白质合成必需元素，它是涉及大部分主要代谢过程中许多酶的辅助因子（Flynn，1992；Picciano，2000；Guo and Hendricks，2007）。锌缺乏会造成侏儒症、性发育受损和贫血。哺乳期前 6 个月的成熟乳中锌平均浓度约为 2mg/L，其含量变化范围很大，在 0.65～5.3mg/L 之间。膳食摄入锌与人乳锌含量不相关，锌充足的膳食补充并不能显著影响其在人乳中的浓度。人乳中锌主要存在于三种组分中：乳清中的血清白蛋白、柠檬酸盐及脂肪球膜中碱性磷酸酶。

2.5.3 铜

铜在铁的利用中是必须的，是葡萄糖代谢过程酶系的辅因子，也是血红蛋白、磷脂和结缔组织合成的辅因子。除了在严重营养失调情况下体内的铜很少缺乏。成熟乳中铜浓度为 0.3mg/L。铜浓度随哺乳的进行而减少，从哺乳期第 1～2 周的 0.6mg/L 降低到第 6～8 周的 0.36mg/L，在第 20 周时浓度为 0.21～0.25mg/L。人乳中铜浓度与膳食铜摄入量没有显著的相关性。人乳中的铜与血清白蛋白和柠檬酸盐结合，也与脂肪球膜中的某种成分结合。

2.5.4 锰

锰是糖基转移酶的辅因子，作用于黏多糖的合成，还是很多其他酶的非特异性辅因子。已经被鉴定的两种锰金属酶为：超氧化物歧化酶和丙酮酸羧化酶（Hurley and Keen，1987）。由于锰在食物中分布广泛，在人类膳食中没有发现缺乏（Flynn，1992；Picciano，2000；Guo 和 Hendricks，2007）。在成熟乳中，锰平均浓度约为 10μg/L，可随哺乳的延长而减少。还没有报道人类婴儿中锰缺乏的案例，所以完全母乳喂养的婴儿可以摄入足量的锰（Lonnerdal 等人，1983）。人乳中的锰主要与乳铁蛋白结合，但浓度很低，与乳铁蛋白结合的铁大约是锰的 2000 倍（Lonnerdal，1989）。

2.5.5 硒

硒是谷胱甘肽过氧化物酶的重要组成，作为抗氧化剂，和维生素 E、过氧化氢酶和超氧化物酶协同作用，保护细胞免受氧化损伤。人乳中硒浓度约为 16μg/L，而在初乳中更高，约为 41μg/L。人乳中硒含量与孕妇血硒和血浆谷胱甘肽过氧化物酶活性相关，这表明乳中硒含量受母亲硒状况影响（Levander 等，1987）。人乳中的硒能够满足婴儿所需。

2.5.6 碘

碘对于甲状腺激素、甲状腺素和三碘甲状腺原氨酸是必须的，它能帮助调节基础能量代谢和繁殖。碘缺乏造成甲状腺肿大，形成甲状腺肿。过量的膳食碘摄入会减少甲状腺对碘的吸收，会产生同样症状。人体对膳食中的碘摄入充足，女性通常不需要补充。人乳中碘浓度约为 142μg/L（范围：21～281μg/L）。已经观察到增加膳食碘摄入可以增加乳中碘浓度。可以使用碘盐来增加乳中碘的浓度（American Academy of Pediatrics，2005）。

2.5.7 钼

钼存在于醛氧化酶、黄嘌呤氧化酶和亚硫酸盐中，是酶的重要成分。还没有证明人类是否特异性需要钼、钼喋呤或者前体，只有长期全肠外营养的病人才会发生膳食缺乏。人乳中钼的含量取决于哺乳阶段，钼含量从第 1 天的 15μg/L 减少到第 14 天的 4.5μg/L，一个月后降为 2μg/L。

2.5.8 铬

铬对于机体健康至关重要，缺铬首先表现为葡萄糖耐受不良。但缺铬只在病人长期全肠外营养时发生，成熟乳中铬平均含量为 0.27μg/L。

2.5.9 钴

钴是维生素 B_{12} 的基本成分，成熟乳中钴浓度约为 0.1μg/L。只有在母亲膳食中不能提供充足的钴时，补充摄入才能增加乳中维生素 B_{12} 的水平。

2.5.10 氟化物

氟化物对于人类健康不是必须的，但其在骨骼和牙齿中积聚有益于预防蛀牙。过量的氟化物会造成氟中毒、氟斑牙，影响骨骼健康和肾脏功能。在成熟乳中氟化物平均含量大约为 16μg/L。母乳喂养或者那些用无氟化物水制备的浓缩的或粉末的婴儿配方乳喂养的婴儿需要补充氟化物。

2.5.11 其他微量元素

人们已对动物体内镍、硅、砷、铝和硼进行了大量的研究，这些微量元素大部分对人类也是必须的。然而，它们的营养功能目前尚不明确（NRC，1989）。成熟乳中镍、硅和砷浓度分别为 1.2μg/L、700μg/L 和 0.2~0.6μg/L（Renner，1983）。根据西班牙一项最新研究，人乳中平均铝含量约为 23μg/L，明显低于牛乳（70μg/L）。其浓度在哺乳期变化不显著（Fernandez – Larenzo 等，1999）。足月产妇乳汁中的硼含量约为 30μg/L，且在哺乳期保持含量稳定（Hunt 等，2004）。

2.6 其他信息和建议获取途径

Adkins Y and Lonnerdal B (2002)，'Mechanisms of vitamin B_{12} absorption in breast Fed infants'，*Journal of Pediatric Gastroenterology and Nutrition*，35，192 – 198.

Colman N, Hettiarachchy N and Herbert V (1981)，'Detection of a milk factor that facilitates folate uptake by intestinal cells'，*Science*，211，1427 – 1428.

Lonnerdal B (2003)，'Nutritional and physiologic significance of human milk proteins'，*American Journal of Clinical Nutrition*，77，1537S – 1543S.

Lonnerdal B (1989)，'Trace element nutrition infants'，*Annual Review of Nutrition*，9，109 – 125.

Wagner C and Forsythe D (2000)，'Effect of human milk and recombinant EGF, TGFalpha, and IGF – I on small intestinal cell proliferation'，*Advances in Experimental Medicine and Biology*，847，373 – 374.

参考文献

AMERICAN ACADEMY OF PEDIATRICS (2005)，'Breastfeeding and the use of human milk'. *Pediatrics*, **115**, 496 – 506.

FERNANDEZ – LORENZO JR, COCHO JA, REY – GOLDAR ML, COUCE M. and FRAGA JM. (1999), Aluminum contents of human milk, cow's milk and infant formulas. *Journal of Pediatric Gastroenterology and Nutrition*, **28**, 270 – 275.

FLYNN A. (1992), 'Minerals and trace elements in human milk'. *Advances in Food & Nutrition Research*, **36**, 209 – 252.

GUO MR. (2007), Chemical and nutritional aspects of humanmilk and infant formula formulation and processing. *Bulletin of the International Dairy Federation*, **417**/2007, 2 – 26.

GUO M and HENDRICKS G. (2007), 'Human milk and infant formula'. *Functional Foods: Principles and Technology*, **9**, 299 – 337.

HUNT CD, FRIEL JK and JOHNSON LK. (2004), Boron concentrations in milk from mothers of full term and premature infants. *The American Journal of Clinical Nutrition*, **80**, 1327 – 1333.

HURLEY L and KEEN C. (1987), 'Manganese'. In W. Mertz, *Trace Elements in Human and Animal Nutrition, Academic Press, San Diego, USA.

JOHNSON L, VAUGHAN L and FOX HM. (1981), Pantothenic acid content of human milk. *The American Journal of Clinical Nutrition*, **34**, 2205 – 2209.

LEVANDER O, MOSER P and MORRIS V. (1987), 'Dietary selenium intake and selenium concentrations of plasma, erythrocytes and breast milk in pregnant and postpartum lactating and nonlactating women'. *The American Journal of Clinical Nutrition*, **46**, 694 – 698.

LÖNNERDAL B. (1986), 'Effect of maternal dietary intake on human milk consump – tion'. *Journal of Nutrition*, **116**, 499 – 513.

LÖNNERDAL B, KEEN C, OHTAKE M and TAMURA T. (1983), 'Iron, zinc, copper, and manganese in infant formulas'. *American Journal of Diseases of Children*, **137**, 433 – 437.

NRC (1989), *Recommended Daily Allowances*, 10th edn, National Academy of Science, National Research Council. Washington, DC.

PICCIANO M. (2000), 'Trace elements and mineral nutrition during lactation'. *Clinical Nutrition of Essential Trace Elements and Minerals*; *The Guide for Health Professionals*, 139 – 152.

RENNER E. (1983), '*Milk and Dairy Products in Human Nutrition*,' Volkswirtschaftlicher Verlag, Munich, Germany.

WAGNER C. and FORSYTHE D. (2000), 'Effect of human milk and recombinant EGF, TGFalpha, and IGF – I on small intestinal cell proliferation', *Advances in Experimental Medicine and Biology*, **847**, 373 – 374.

3 人乳中的生物活性物质

G. M. Hendricks, University of Massachusetts, Medical School, USA and M. Guo, University of Vermont, USA and Jilin University, People's Republic of China

摘　要：人乳中含有脂质、水和一系列具有生物活性的组分。这些生物活性组分不仅可以补偿婴儿胃肠道的缓慢生长过程，而且也促进了能抑制肠道病原菌和病毒的共生菌群的生长。研究表明这些活性组分与中枢神经和周围神经系统的正常生长和发育相关。本章概述了人乳中的生物活性组分。虽然人乳化学还有许多没被认知，如何优化婴儿营养替代品也没有定论，但新的信息正不断被发现。

关键词：人乳　生物活性组分　酪蛋白　乳清蛋白　生长因子

3.1 引言

20世纪60年代，人们通常认为人乳只能为婴儿提供营养素（如蛋白质、碳水化合物、脂肪、矿物质和维生素）。尽管越来越多的实验和临床证据得到的是相反的结论（Goldman，2000）这一观点仍被广泛接受。那时人们相信婴儿配方乳粉替代母乳是符合婴儿营养的发展方向的，但一系列新的发现正改变着这种观点。

- 人乳中存在大量的生物活性组分（Goldman等，1997；Koldovsky和Goldman，1999）
- 在胃肠道中，这些活性组分的大量潜在的作用靶点被确定
- 有证据表明，母乳喂养的婴儿胃肠道的某些功能被改变
- 人乳中的成分不但与胃肠道相互影响，而且可以被婴儿体循环完整地吸收，同时这些组分似乎对许多器官系统的功能及完整性具有较深的影响（Goldman，2000）

由于生化的复杂性、哺乳期人乳的定性和定量的动态变化、可疑生物活性组分极低的浓度以及定量这些生物活性物质的试剂的缺乏，研究人乳的超常保护机能是一个困难的过程。尽管如此，在过去的30年时间里人乳中的大量生物活性物质如激素、生长因子、免疫因子被证实（Garofalo和Goldman，1998），太多这样的活性物质存在于人乳中，以至于现在人乳都被认为是一种生物流体或组织。

3.2 人乳的益处

人乳中种类繁多的蛋白质赋予了人乳的独特性。许多蛋白质被消化后，为婴儿的快速生长提供均衡的氨基酸来源。一些蛋白质，如耐胆汁盐脂肪酶、淀粉酶、κ-酪蛋

白、乳铁蛋白、结合咕啉、α_1抗胰蛋白酶可以促进人乳中微量营养素和常量营养素的消化和利用。众所周知人乳中含有多种具有生物活性的蛋白质、多肽和类固醇（Grosvenou 等，1992）。人乳中的这些组分可以不被婴儿消化道中的蛋白酶水解，这些组分的完好无损或部分被消化的形态对母乳喂养婴儿抵抗病原性细菌和病毒可能起到防御作用。比如促进像乳酸菌和双歧杆菌这样的有益菌生长的益生元活性，或许也可以由人乳中的蛋白质所提供（Guo and Hendricks，2008）。这种类型的活性通过降低肠道的 pH 可以限制一些病原菌的生长（Lönnerdal，2003）。

人乳对婴儿的益处已经被熟知。这些益处包括减少新生儿的坏死性小肠结肠炎、胃肠炎和呼吸感染的风险以及对疾病的免疫（Lucas and Cole，1990；Wagner 等，1996；Schanler 和 Atkinson，1999）。人乳中的免疫球蛋白对特定抗原能起到免疫保护作用。然而，人乳中的很多组分是以非特异性方式提供保护的，因此可提供广谱的抗感染能力（Lönnerdal，2003）。人乳对新生儿从刚出生到几周后的胃肠道发育能起到保护作用（Wagner 等，1996；Takeda 等，2004）。人乳中有大量的生长因子，包括：

- 表皮生长因子（EGF）
- 转化生长因子 - α（TGF）
- 胰岛素样生长因子（IGF）

它们促进肠细胞的增殖以及黏膜屏障的形成（Corps 和 Brown，1987；Ichiba 等，1992；Wagner 等，1996）。在它们当中，表皮生长因子（EGF）被认为是对细胞的增生最重要的，EGF 可以使肠细胞有规则地排列而且可以促进黏膜层的形成（Grosvenor 等，1992）。

3.3 生物活性蛋白质和肽类

人乳中的蛋白质约占 1%。大约 70% 的蛋白质是由大量的生长因子和乳清蛋白所组成。这些蛋白质有很多益处，包括：

- 促进肠道菌群的生长与发育
- 提供氨基酸
- 促进乳汁中其他营养物质的消化和吸收，如铁、钙和维生素 B_{12}
- 增加对病原性的细菌、病毒和酵母菌的防御作用，提高免疫力（Lönnerdal，2003）

哺乳早期，人乳中的蛋白质浓度为 1.4~1.6g/dL，在哺乳期 3~4 个月时，人乳中蛋白质的浓度为 0.8~1.0g/dL，到哺乳期 6 个月时浓度为 0.7~0.8g/dL。然而人乳中的蛋白质在人乳喂养婴儿的粪便中被完整地发现，因此人们认为不是所有的氨基酸都可以被婴儿所消化。这暗示着被婴儿利用的氨基酸数量不能通过乳中蛋白质的百分数准确的表示出来。然而，未被消化的生物活性蛋白质对母乳喂养的婴儿一直具有生理上的益处，因此对于营养上的损失来说或许是微不足道的。

蛋白质通过多种方式促进营养物质的吸收，使得母乳喂养婴儿成功利用人乳中的营养物质。蛋白质可以将人体必需的营养物质结合在一起，从而有助于维持它们的溶解度和肠黏膜的吸收。蛋白酶抑制剂可以帮助这些结合蛋白保持生理功能和相对稳定性，因此促进了这些营养物的吸收过程。蛋白酶抑制剂通过限制能降解这些蛋白质的酶而发挥作用。

3.4 人乳中的蛋白质类型

主要的乳清蛋白有：
- α-乳白蛋白
- 乳铁蛋白
- 分泌型免疫球蛋白 A（SIgA）

其他主要的蛋白质包括：
- 溶菌酶
- 叶酸盐结合蛋白（FBP）
- 双歧杆菌生长因子
- 酪蛋白
- 脂肪酶和淀粉酶
- α_1-抗胰蛋白酶和抗凝乳蛋白酶
- 结合咕啉

3.4.1 α-乳白蛋白

α-乳白蛋白占人乳乳清蛋白含量 25% 以上。它在生物合成乳糖、结合钙离子和锌离子的过程中是必不可少的。然而，在人乳中的总钙含量中只有一小部分被发现是结合在 α-乳白蛋白上的。人们认为或许 α-乳白蛋白可以产生肽，肽可以参与促进二价阳离子的吸收，从而促进了对矿物质的吸收。

3.4.2 乳铁蛋白

乳铁蛋白紧紧结合着铁（1 分子乳铁蛋白可以结合 2 分子铁），促进机体对铁的吸收，从而阻碍了潜在病原菌的传播。这使得菌群难以获得铁离子。乳铁蛋白也可通过扰乱细菌对碳水化合物的消化，从而限制细菌的生长。因此，乳铁蛋白可以有效减缓包括金黄色葡萄球菌在内的生物体的繁殖，同时可预防婴儿感染疾病。

3.4.3 分泌型免疫球蛋白 A（SIgA）

SIgA 是一种抗体。人乳中含有 IgA、IgM、IgD、IgE 基本抗体类型。其中在这些抗体（免疫蛋白）中，IgA 含量最为丰富。它通常是以 SIgA 的形式存在。SIgA 是由 2 分子 IgA 与 1 分子分泌片结合在一起，分泌片为抗体分子提供防御机制，保护抗体不被胃酸和消化酶所破坏。SIgA 分子可以由母体传递给婴儿并使婴儿受益，这远远超出了它们结合和破坏细菌的基本功能。

母体传递给婴儿的抗体对婴儿体内的病原具有较高的攻击能力（Cunningham，1991）。当母体吸入或摄入能引起疾病的生物体后，就会在母体内产生这些抗体。母体产生的这些抗体对生物体或母体遇到的感染因子是专一性的，这就是说抗体结合在单一的蛋白质或抗原或感染因子上。因为母体针对感染媒介产生的抗体是在母体环境中产生的，她的婴儿接收这种抗体的保护最需要面对的是最有可能遇到的这种感染媒介。因此，母乳喂养立刻就可以攻击这些目标（Lawrence，2005）。

因为这些抗体是以一种结合或屏蔽的形态传递给婴儿，在被吸收前是不活跃的，同时对肠道中的正常存在的有益菌没有反应（Lovelady 等，2003）。这将帮助婴儿建立肠道有益菌群，抑制病原体的生长，因此这也提供了另一种抵抗病原体的措施（Newman，1995）。

与大多数抗体相比，SIgA 进一步使婴儿远离伤害还在于，它们可以抵挡疾病而不引起炎症——各种化学破坏微生物的过程对机体健康组织有潜在的伤害（Goldman，1993）。婴儿不断发育的消化系统是非常容易受到损伤的，而且这些过量的化学物质对发育中的黏膜也具有相当大的破坏作用。有趣的是，SIgA 似乎可以保护除了肠黏膜以外的黏膜表面。在许多发展中国家，特别是在中东、南美和北非，妇女们把她们的乳汁滴到婴儿的眼中以治疗眼睛的感染。这从来没有进行过科学的实验论证，但从理论上来讲，这样做是有一定的作用的。至少这样做在一定的时间内可能是起作用的，否则这种行为早就消失了（Newman，1995）。

3.4.4 溶菌酶

人乳中的溶菌酶是一种抗感染成分，它是由包含糖蛋白的 130 种氨基酸所组成，可水解细菌细胞壁中 N - 乙酰葡糖氨和 N - 乙酰胞壁酸的 β - 1，4 糖苷键（Newburg，2001）。像乳铁蛋白一样，溶菌酶存在于其他外分泌物中。虽然革兰阴性菌似乎对它更易感，但它却裂解多数的革兰阳性菌和少数革兰阴性菌。和人乳中的其他保护性蛋白质（如抗体和乳铁蛋白）不同，人乳中的溶菌酶随着泌乳期的延长而持续增加。人乳中的溶菌酶浓度比血浆中的浓度高，而且人乳中的浓度要比牛乳中的浓度高 1000 倍（Hamosh，2001）。各种蛋白质的生物活性及非营养功能如表 3.1 所示。

表 3.1　　　　　　　　　　　　　人乳中蛋白质的生物活性

蛋白化合物	生物功能
κ - 酪蛋白	离子载体、抑制微生物对黏膜的粘连
α - 乳白蛋白	离子载体（Ca^{2+}），乳糖合成酶的一部分
乳铁蛋白	抗感染、铁载体
溶菌酶	抗感染
胆盐依赖性脂肪酶	产生具有杀虫和抑菌活性的游离脂肪酸
谷胱甘肽过氧化物酶	消炎（防止脂质过氧化）

续表

蛋白化合物	生物功能
血小板活化因子（PAF）：乙酰水解酶	对坏死性小肠结肠炎的防护（PAF 的水解）
细胞因子	调节免疫系统的功能与成熟
SIgA	免疫保护
IgM	免疫保护
IgG	免疫保护
IgD	免疫保护
IgE	免疫保护

3.4.5 叶酸盐结合蛋白（FBP）

叶酸盐结合蛋白是人乳中另一种重要的蛋白质。叶酸盐结合蛋白在人乳中是以微粒和溶解状态存在的。可溶性叶酸盐结合蛋白大约有 22% 被糖基化，这可能有助于避免蛋白被水解、消化。叶酸盐结合蛋白已经表现出对较低的胃 pH 的耐受性以及在新出生的山羊体内抵抗蛋白质的水解。人乳中的叶酸盐结合蛋白可能在婴儿体内具有同样的稳定性。对大鼠肠细胞的实验已经表明与叶酸盐结合蛋白结合的叶酸比游离形式的叶酸摄取较高，这可以认为叶酸盐结合蛋白促进了叶酸的吸收。也有人提出叶酸盐结合蛋白实际上可能放缓叶酸在小肠中的释放与吸收，通过平稳的释放和吸收可以增加组织对叶酸的利用（Pickering 等，2004）。

3.4.6 双歧因子

双歧因子或 B_{12} 结合蛋白，它是在人乳中已知的最古老的抗病因子之一。它可以促进有益微生物双歧杆菌的生长，因此被添加到很多酸乳产品和益生菌补充剂中。B_{12} 结合蛋白，正如名字所暗示的，在肠道中可以结合 B_{12}、阻止有害微生物的吸收。

3.4.7 酪蛋白

酪蛋白对于人乳的氨基酸构成模式很重要，而且极易被消化。从机能上来讲，酪蛋白最重要的性质是可以成为钙和磷的稳定来源。这使得人乳中这些矿物质比可溶性矿物质单独存在时具有更高的浓度。酪蛋白以胶束的形式存在于胶体分散系中，牛乳酪蛋白胶束直径在 100~150nm，而人乳酪蛋白胶束直径在 20~50nm。

在哺乳早期，酪蛋白和乳清蛋白的含量发生明显变化。在哺乳初期，乳清蛋白的浓度更高，而酪蛋白几乎检测不到。随着哺乳期的延长，乳腺中酪蛋白的合成和分泌量增加，乳清蛋白的浓度逐渐下降。因此，乳清蛋白和酪蛋白的比率并不是固定的，这个比率在哺乳早期是在 70:30~80:20 之间浮动，在哺乳末期达到 50:50（Lönnerdal，2003）。

人乳中的酪蛋白主要是 β-酪蛋白，它是一种高度磷酸化的蛋白质。在消化过程中产生的磷酸肽通过增加钙的溶解度而增强了钙的吸收，从而使得人乳中的钙具有较高的生物利用率。而且在 β - 酪蛋白的 N 端有大量成簇的被磷酸化的苏氨酸和丝氨酸残基，它可以络合钙离子（Lönnerdal，2003）。酪蛋白磷酸肽也可以促进锌离子和其他二价阳离子的吸收。

κ - 酪蛋白是一种高度糖基化的人乳蛋白，对感染起防御作用。现已证实它可以抑制幽门螺旋杆菌在胃黏膜上的附着以及抑制肺炎链球菌和流感嗜血杆菌在呼吸道上皮细胞上的附着（Hamosh，2001）。它也可促进两歧双歧杆菌的生长，双歧杆菌作为一种产酸的厌氧菌，可以减弱母乳喂养婴儿肠道病原微生物的生长，这应归功于 κ - 酪蛋白 C 端蛋白质水解产物的生成。

3.4.8 脂肪酶和淀粉酶

存在于人乳中的脂肪酶和淀粉酶可以增加一些微量营养物的消化和利用（Lönnerdal，2003）。新生儿特别是早产儿因脂肪酶活性较低，不能很好利用脂类而遭受痛苦。胆盐激活的脂肪酶可水解二酰甘油、三酰甘油、胆固醇酯类、二酰基磷酸酯甘油、胶束以及水溶性的基质，从而增加对脂类的消化。在人乳中存在大量的 α - 淀粉酶并没有相应的底物，因此它在人乳中的出现被人们认为或许是对新生儿唾液和胰腺中的低淀粉酶活性的补偿。淀粉酶也可以增加母乳喂养期后不久婴儿对辅食物中复杂碳水化合物的消化。

3.4.9 α_1 - 抗胰蛋白酶和抗凝乳蛋白酶

α_1 - 抗胰蛋白酶和抗凝乳蛋白酶是存在于人乳中的蛋白酶抑制剂，它们共同限制胰腺酶的活性。体外试验已经表明，α_1 - 抗胰蛋白酶可以使乳铁蛋白抵抗蛋白酶的水解。然而研究者认为，α_1 - 抗胰蛋白酶和抗凝乳蛋白酶可能只是延缓蛋白质的降解，而不是阻止其降解（Lönnerdal，2003），因为它对母乳喂养婴儿的总氮平衡没有本质上的影响。

3.4.10 结合咕啉

结合咕啉（过去指的是维生素 B_{12} 结合蛋白）被认为是婴儿早期吸收 B_{12} 的主要手段。结合咕啉和 B_{12} 结合成全结合咕啉的复合体，这种复合体可以与人的小肠刷状缘膜相连，使得结合咕啉结合的 B_{12} 被肠道细胞吸收。在以后的生活中，B_{12} 的吸收是通过胃黏膜所分泌的内因子帮助下完成的。虽然在出生不久的母乳喂养的婴儿粪便中存在着这种物质，但它的存在量不足以通过受体方式促进维生素 B_{12} 的吸收（Adkins and Lönnerdal，2001）。因此，结合咕啉是婴儿体内维生素 B_{12} 吸收的主要渠道。对结合咕啉的抑菌效果的研究认为，它还具有抑制细菌生长的作用。

3.5 生物活性脂质成分

人乳中含有 3% ~ 5% 脂质，以乳化的脂肪球形式存在。脂肪球的直径为 2 ~ 4μm，并且含有来源于乳腺组织分泌细胞的蛋白膜。人乳中脂质可以分成四类：
- 三酰甘油
- 脂肪酸
- 固醇类
- 磷脂

三酰甘油是乳中主要的脂质，大约占脂肪含量的98%。其他三类脂质含量较少。有0.5%~1%的脂质是磷脂。0.2%的乳脂肪分布在乳脂肪球膜上以固醇形式存在，例如，胆固醇以及类胡萝卜素、甘油、视黄醇和三十碳六烯。这些都是脂类水解的副产物。脂类水解就是三酰甘油分解成脂肪酸和甘油的过程。

尽管脂质是人乳中重要的化合物，受到哺乳期的影响，但在乳汁中脂类组成相当稳定。脂质的主要作用是它的营养价值和重要的能量来源以及能量的储存。它们还有其他的作用，如帮助转移和吸收脂类化合物（包括脂溶性化合物维生素 A、维生素 D、维生素 E 和维生素 K）。

就脂肪酸的组成而言，人乳和牛乳有很大的区别。牛乳中含有大量的 $C_{4:0}$ - $C_{10:0}$ 短链饱和脂肪酸，大约2%（脂肪的质量分数）的 $C_{18:2}$ 亚油酸，几乎没有其他的长链多不饱和脂肪酸。然而在人乳中，只有少量的短链脂肪酸（$C_{4:0}$ - $C_{10:0}$）、10%~14%的亚油酸（18:2ω-6），和少量的多不饱和脂肪酸。甘油三酯的结构也不同于牛乳：大量 Sn-2 位被 $C_{16:0}$ 所占据。人乳中长链多不饱和脂肪酸二十二碳六烯酸（DHA）（22:6ω-3）和十二碳五烯酸（EPA）（20:5ω-3），对视网膜和大脑组织的发育有着重要作用。

人乳中主要包含的是10~20个碳原子的脂肪酸，油酸（$C_{18:1}$）、棕榈酸（$C_{16:0}$）、亚油酸（$C_{18:2}$ω-6），α-亚油酸（$C_{18:3}$ω-3）是人乳中最为丰富的。亚油酸（$C_{18:2}$ω-6）和α-亚油酸（$C_{18:3}$ω-3）被公认为是膳食必需脂肪酸，因为人体中缺少对碳链上 C-9 前的双键进行酶法合成的途径（Hendricks and Guo，2006）。

一些不饱和脂肪酸能够抵抗微生物，对人体提供保护作用。这可能的机制是不饱和脂肪酸破坏了病毒的包膜（Thormar and Hilmarsson，2007）。然而，已有相关资料证实了脂肪酸对蓝氏贾第鞭毛虫（*Giardia lamblia*）等肠道寄生虫入侵的防御功能（Roher 等，1986）。其他的脂肪酸，例如二十二碳六烯酸（DHA）和十二碳五烯酸（EPA）等必需脂肪酸，对于中枢神经和视网膜的生长发育是至关重要的（Uauy 等，1990）。

必需脂肪酸不能在人体内合成，但对于婴儿正常的生长发育以及体重的增加有最重要的作用，因此从食物中提供必需脂肪酸是至关重要的。必需脂肪酸一般是含18、20或者22个碳原子的不饱和脂肪酸。在顺式构型中，它们拥有2~6个亚甲基间断双键。婴儿和成年人身体自身无法合成，意味着必须从膳食中获取。必需脂肪酸有重要的作用：它们是脂质膜结构的重要组成成分，作为形成前列腺素以及相关物质的前体，并提供其他脂溶性激素的前体。

脂质也构成了人乳的乳脂组分。乳脂是由乳脂肪球组成。乳脂肪球的外膜来源于乳腺上皮细胞，由糖蛋白构成，外膜内包裹着脂肪微滴。黏蛋白（MUC1）、乳凝集素和嗜乳脂蛋白是形成膜的三种糖蛋白（Peterson 等，1997）。尽管它们作用的机制不一样，但对于阻碍微生物污染是有益的，MUC1 阻止了 S - 毛缘大肠杆菌（S - fimbriated *Escherichia coli*）对消化道中口腔上皮细胞的依附和入侵，阻止了如败血症、脑膜炎等系统性感染的进一步发展（Schroten 等，1992）。

母乳喂养婴儿体内的乳凝集素也显现出对轮状病毒（symptomatic rotavirus）有抑制作用，但机制尚不清楚（Schroten 等，1992；Newburg 等，1998）。乳凝集素对轮状病毒所导致的腹泻的抗感染特性似乎在于其有结合病毒的能力，因此阻碍了病毒与婴儿消化道细胞的结合。然而，Peterson 等人（1998）提出这种效应也可能是由于一个间接调节机制所引起的，即促进了肠黏膜的发育（Peterson 等，1998）。因为乳凝集素在胃里不易被破坏并且大量地分布在母乳喂养婴儿的消化道中，人乳中的乳凝集素实际上除了轮状病毒，对其他病原微生物也可能提供保护。嗜乳脂蛋白被认为是牛乳脂肪球薄膜的结构成分，但它并未表现出抗感染性能（Taylor 等，1996）。

多不饱和脂肪酸（PUFA）依据碳链末端甲基最近的双键位置被分为两类，即 $n-6$、$n-3$ PUFA。一般来说，脂肪酸链中碳原子是从链末端连续命名（羧基上的碳原子为数字1）。这种命名法被化学家广泛采用。然而，Ralph Holman 博士和其他人提出从分子的最远末端甲基（CH_3-）命名不饱和脂肪酸，并以希腊字母 ω 来命名，这种命名法被大多数生物学家和营养学家支持。在 ω 概念中，第二个冒号后的数字代表着双键的数目。$n-3$ PUFA 的第一个双键在 $C-3$ 原子上。

人乳中包含长链多不饱和脂肪酸 DHA（$22:6\omega-3$）和 EPA（$20:5\omega-3$），对视网膜和脑细胞的发育起重要作用。在人乳中 EPA 和 DHA 是主要的长链多不饱和脂肪酸，并且作为前列腺素和白细胞三烯的前体。前列腺素合成经过两个途径：环氧酶途径和脂肪氧合酶途径。膳食中适当的摄入 EPA 和 DHA 可以调控前列腺素和白细胞三烯的生成，特别是早产儿。膳食摄入研究显示出补充 DHA 和 EPA 提高了血清中 DHA 和 EPA 水平，并且母亲血浆和乳汁中 DHA 和 EPA 水平有相关性，而且乳汁和婴儿血浆中 DHA 和 EPA 水平也有相关性（Guo，2009）。

PUFA 也可以是共轭的，如共轭亚油酸（CLA）。口服摄入 CLA 可以阻止肠炎的发生（Zulet 等，2005）；然而它最被大家所熟知的生物特性是抗癌性（Lee 等，2008；Amarù 和 Field，2009；Coakley 等，2009）。母亲吃传统食物的情况下，人乳中的 CLA 浓度为 3.1~8.5mg/g 脂肪。但 Hare Krishna（一种印度教）的母亲乳汁中的 CLA 浓度在 9.1~12.5mg/g 脂肪（这被认为是 Hare Krishna 信徒食用了大量的奶油、酥油以及干酪的缘故）。

3.6 基于碳水化合物的生物活性化合物

人乳中包含大量的基于碳水化合物的具有生物活性的化合物，其中包括低聚糖、黏液素、神经节糖苷和其他的 $N-$乙酰神经氨酸成分（表3.2）。这些复合物中的糖一般属于乳糖。

人乳中的碳水化合物包括：
- 单糖，例如葡萄糖和半乳糖
- 二糖，例如乳糖和乳果糖
- 低聚糖
- 更复杂的碳水化合物，例如糖蛋白

乳糖是基本的碳水化合物，它最不容易受到母亲营养包括营养不良或者能量补充在内的影响。一个仅以人乳喂养的婴儿每天每千克体重能获得 10~14g 乳糖。乳糖在人乳中的含量相对稳定在 7% 左右，它对维持人乳中的恒定渗透压非常关键。

据报道，人乳中的乳糖有助于矿物质的吸收，其中最为显著的就是钙元素。这很可能是由于乳糖可以通过肠道菌群转化为乳酸，从而降低 pH，导致钙盐的溶解度增加。这也可能是因为人乳的缓冲能力低，且蛋白质和磷的含量少。

乳糖最可能由于新陈代谢障碍导致营养吸收障碍和耐受综合征，例如乳糖不耐症、乳糖吸收障碍和半乳糖血症。

乳糖可以被转化成乳果糖和低聚乳糖，两者都可以促进对于消化和肠道至关重要的益生菌生长。乳果糖是由半乳糖和果糖组成的双糖，是双歧杆菌和嗜酸乳杆菌的促生长因子和能量来源。婴儿不能对乳果糖进行大量的水解，乳果糖常用于商业生产的婴儿配方乳粉中。乳糖和乳果糖都不能在上消化道被水解，并且它们只能在临近肠道处被极少量地水解。低聚乳糖经常被用作益生菌生长的促进剂。

表 3.2　　　　　　　　碳水化合物类生物活性成分

化合物	微生物	可能的作用机制
低聚糖	梭状芽孢杆菌，大肠杆菌，各种病原体	益生元；促进双歧杆菌生长，抑制病原体生长
低聚糖	轮状病毒	益生元；促进双歧杆菌生长，提高机体的免疫应答
低聚糖	空肠弯曲菌	结合细菌
低聚糖	肺炎链球菌	结合细菌
果糖低聚糖	肠毒素大肠杆菌	结合稳定的毒素
黏蛋白	大肠杆菌	结合细菌
GM1 神经节苷脂	霍乱弧菌	结合毒素
GM1 神经节苷脂	空肠弯曲菌	结合毒素
GM1 神经节苷脂	产肠毒素性大肠杆菌	结合不稳定毒素
甘露糖的糖蛋白	肠出血性大肠杆菌	结合毒素

资料来源：Guo 和 Hendricks（2008）。

低聚糖作为益生菌的可溶性纤维，在婴儿出生后肠道菌群的发育中扮演着重要的角色。人乳中除了含有 7% 乳糖，还含有约 1% 的中性寡糖以及约 0.1% 的酸性寡糖。

这些低聚糖在人乳中占很大比例，和蛋白质水平相当。到目前为止，这些复杂的低聚糖的生物学功能还没有完全被弄清楚。它们主要被认为能通过婴儿的肠道而不被消化（Chaturvedi 等，2001）。然而有证据表明，人乳中的低聚糖有重要的益生作用（特别是对双歧杆菌），同时具有抗感染和预防人乳过敏的作用。

人乳低聚糖的特性之一是具有大量的半乳糖。人乳低聚糖的骨架是基于乳糖（一分子乳糖包括一分子的半乳糖和一分子的葡萄糖），加上一个远端的半乳糖残基，形成三种不同的半乳糖苷乳糖，即 3′ - 半乳糖苷乳糖、4′ - 半乳糖苷乳糖和 6′ - 半乳糖苷乳糖。更大的低聚糖由 N - 乙酰半乳糖单位重复添加到核心乳糖而形成。这个骨架通过加入海藻糖和唾液酸残基而被进一步修饰。迄今为止大致有 130 种不同的中性的和酸性的低聚糖已经具有这个特征。人乳低聚糖的模式很大程度上取决于母亲的路易斯血型（Lewis blood group）（Thurl 等，1997）。

人乳中低聚糖的浓度范围为 10～20g/L。人乳中的低聚糖的类型和数量都要比牛乳多。人乳中低聚糖也可能包含部分糖复合物，如糖脂和糖蛋白。人乳中的糖蛋白会抑制肠出血性大肠杆菌与肠壁的结合（Newburg 和 Newbauer，1995）。

人乳中的低聚糖似乎抑制了产肠毒素性大肠杆菌、空肠弯曲菌以及肺炎链球菌与肠壁的结合，因此避免了许多严重的腹泻疾病（Sindayikengara 和 Wenshui，2005）。黏蛋白是人乳中的另一种长链高分子化合物，与低聚糖相连。人乳黏蛋白复合物（即黏蛋白结合乳凝集素）与轮状病毒相结合，抑制了轮状病毒与周围的靶组织相结合，同时覆盖在病毒颗粒的表面，从而使病毒无害（Newburg 等，1995）。

人乳中含有上百种复杂的低聚糖，这些低聚糖对双歧杆菌生长有促进作用。这些化合物充当了上皮细胞的受体类似物来阻止病原菌的黏附，或者可以灭活毒素。人乳中的糖肽和糖蛋白也被认为能够刺激双歧杆菌的生长。果糖低聚糖的保护作用以及糖蛋白和糖脂对产毒素性大肠杆菌的抵抗作用已经被报道过（Kelleher 和 Lönnerdal，2001）。这种抑制似乎与唾液酸神经节苷脂等酸性糖脂有关。

人乳中的低聚糖占 0.8%～1.4%，分布从三糖到八糖。经鉴定人乳中含有至少 21 种不同类型的低聚糖，由 130 多个分子组成。其中包括简单的糖类和糖类衍生物，例如糖醛酸，这些低聚糖可以是酸性的、中性的、直线型的或者分支状的。小分子的低聚糖与许多复杂的果糖低聚糖和唾液酸低聚糖普遍存在于人乳中。人乳中的低聚糖分成无氮低聚糖和含有 N - 乙酰葡糖胺或 N - 乙酰神经氨糖酸（唾液酸）的低聚糖。

低聚糖的一些成分被认为与免疫系统有关，而其他的成分可能与特定肠道菌群的发育有关。母乳喂养婴儿肠道富含双歧杆菌和乳酸杆菌，这些菌群的能量来源于人乳低聚糖。乳酸杆菌发酵乳糖转化成乳酸，降低了 pH，促进了双歧乳杆菌的生长。同时，它也有助于增长双歧因子乳果糖、低聚糖、糖蛋白和糖肽，这些成分最有可能在含氮的低聚糖中被发现。基于牛乳的婴儿配方乳粉中添加的低聚糖包括低聚半乳糖和菊粉，它们已证实能够刺激双歧杆菌和乳酸杆菌的生长。

3.7 生长因子

一些重要的人乳蛋白质的主要功能是对致病菌、病毒以及真菌提供抗微生物活性。人乳蛋白参与母乳喂养婴儿免疫系统功能已经得到了很好的证明。人乳中同样包含许多细胞因子，如肿瘤坏死因子 α、转化生长因子 β 和白细胞介素（IL）1β、IL-6、IL-8、IL-10。所有这些细胞因子具有免疫调节活性，它们中的大多数可以减轻感染，具有抗炎功能。这些细胞因子以游离的形式被发现，也可以从人乳细胞中释放（Lönnerdal, 2003）。人乳中同样含有乳铁蛋白，它可以促进细胞因子的产生与释放，如 IL-1、IL-8、肿瘤坏死因子 α、一氧化氮、粒-巨噬细胞集落刺激因子，它们同样可以影响人体的免疫系统（Hernell 和 Lönnerdal, 2002）。乳铁蛋白在小肠中与受体结合，这可能引起影响下游细胞因子生产的信号传导事件，或者内化乳铁蛋白与细胞核结合影响核转录因子 B，进而影响细胞因子的表达。最近研究证明乳铁蛋白具有激活哺乳动物细胞中 IL-1b 转录的功能，这也表明了乳铁蛋白与细胞核的直接交互作用。

几种蛋白质也影响婴儿肠道的发育及其功能性，包括生长因子、乳铁蛋白和酪蛋白肽。研究表明 IGF-Ⅰ 和 IGF-Ⅱ 可刺激 DNA 合成，同时促进许多不同类型细胞在培养基上的生长，因此它们对于婴儿胃肠道发育具有重要作用。

人体中酪蛋白尤其是 β-酪蛋白可以生成几种具有生理活性的肽（Lönnerdal, 2003）。尽管这些蛋白质已经可以在体外形成，但它们已经在肠内容物中被发现，这暗示着它们也可以在活的有机体内形成（Lönnerdal, 2003）。

添加乳铁蛋白配方乳粉与未添加的相比喂养婴儿的体重要高（Parodi, 2006）。乳铁蛋白可以加强实验动物小肠的增生以及隐窝细胞的发育，也已经被证明。哺乳的新生儿的肠黏膜的快速发育被推测部分是由于乳铁蛋白促进肠黏膜细胞的有丝分裂。母乳喂养的早产儿排泄尿液中发现了完整的乳铁蛋白，这证实了乳铁蛋白能被婴儿肠道完整无缺地吸收（Goldman, 2000）。

乳脂肪已经显示出有促进骨骼生长的功能（Weinsier 和 Krumdieck, 2000）。这种促进作用可能是由于增加乳脂肪摄入量的同时也增加了钙的吸收（Kulkarni 等, 1994）。这些结果表明乳脂肪本身可能对骨骼健康影响很小（但可测量）。

3.8 核苷酸、神经肽以及其他生物活性因子

核苷酸（天然存在于人乳中）似乎对于肠上皮细胞和淋巴细胞这种快速分裂组织是必要的营养成分。除了对于胃肠道的作用，核苷酸也被认为对于免疫系统有着重要的作用（表3.3）。核苷酸以及它们的代谢产物存在于人乳及动物乳中。核苷酸以及核酸的含量占人乳中非蛋白氮含量的20%。这些外源的核苷酸可能对于免疫应答的发育和调节扮演重要角色，在过去的 15~20 年，这种可能性一直被研究（Van Buren 等, 1985; Carver 等, 1990）。

对膳食核苷酸的实验和临床调查从三个方面进行，即：免疫功能、肠道功能和脂蛋白代谢。与膳食核苷酸有关的免疫功能的实验研究已经说明随着膳食核苷酸的丧失，T-淋巴细胞的功能下降，但是反应机制尚不明确（Savaiano和Cliffaord，1981；Carver等，1991）。然而，在断乳期间，在膳食中补充核苷酸会增加杀伤细胞和巨噬细胞的活性（Janas和Picciano，1982）。

核苷酸由基本的嘌呤和嘧啶构成，人类能够通过膳食获得或者从氨基酸的前体从头合成。然而这些合成方式存在于足月的婴儿中，合成一个腺嘌呤分子需要六个三磷酸腺苷（ATPs），而补救途径只需要两个（Graf等，1984；Van Buren等，1985）。因此，核酸的回收利用和再循环利用相对更加节能。细胞内的核苷酸库通过补救途径或者从头合成途径来维持。所使用的特定的途径取决于可从饮食获得或者通过核苷的回收利用的碱基。

人乳中每100mL含游离核苷酸5~8mg。因此，假设这些游离核苷酸都可以用于新陈代谢，它们可以提供日常核苷酸需求的25%，显著节省了从头合成所需能量（Van Buren等，1985）。

在人乳中，也有大量的神经肽、生长因子和释放因子（表3.3）。甘丙肽广泛地分布在神经和内分泌系统以及肠道中（Hernandez-Ledesma等，2007）。这似乎利于发育及修复在周围神经系统和肠道的感觉神经元。加上促甲状腺激素释放激素，促性腺激素释放激素和生长激素释放激素，各种生长因子释放激素已经显示出直接作用于肠道组织发育，绒毛延长以及提高乳糖分解酶、麦芽糖酶和蔗糖酶活性（Ichiba等，1992；Hernandez-Ledesma等，2007）。有证据表明某些因子可能不仅会与胃肠道发育相互影响，而且可能会被吸收到体循环来作用于其他的靶组织（Hmosh，2001）。

其中一种神经肽是 δ-睡眠肽（DSIP）。DSIP是一种自然产生的物质，可存在于兔子的大脑中。它能够促进兔子、小鼠、大鼠、猫和人类睡眠，并且有效促进一种特殊睡眠类型，这种睡眠类型的特点是 δ 节律脑电图（EEG）的增加（Graf等，1984；Schusdziarra，1992）。已经证实DSIP血浆浓度与人类昼夜节律直接相关，但是DSIP浓度是否与人类新生儿睡眠周期有关还不清楚（Wynic等，1998；Pollar和Pomfrett，2001）。

DSIP是一种包含9种氨基酸残基的寡肽，其中包括一种在下丘脑中合成的氨基酸exyteein。它在血液中存在，但是含量很少；它在人乳中的浓度很高，初乳中的浓度为30ng/mL，哺乳期2个月过后降为10ng/mL（Schusdziarra，1992）。大脑和血浆DSIP在一天内的浓度也不同，早晨浓度低，下午浓度高。DSIP与其他肽类不同，它能自由渗透于血-脑屏障，在未被酶解的情况下经肠道吸收。

人类乳汁通过这些生物活性物质向婴儿提供被动保护或主动调节婴儿肠道黏膜和全身免疫系统的生长发育。另一组激素类蛋白质（如细胞因子、趋化因子和集落刺激因子）可能通过参与先天免疫和特异性免疫同样对人乳的生物活性作出贡献。这些分子表现出了许多生物活性性能，这些性能在组内不同分子之间共享，使得它们在婴儿的免疫系统中形成功能网络。

集落刺激因子是调节造血期间细胞增殖和细胞分化的特异性蛋白，如各种类型血细胞的形成与分化，在 1983 年被 Sinha 和 Ynis 首次记录其存在于人类乳汁中。此后，人乳汁中粒细胞集落刺激因子、巨噬细胞集落刺激因子和粒细胞-巨噬细胞集落刺激因子已经全部被具体确定（Eglinton 等，1994；Gilmore 等，1994；Hara 等，1995）。趋化因子是一类同样被发现存在于乳汁中的新的细胞因子（Stivastava 等，1996）。趋化因子是小的趋化分子，具有靶向细胞选择性并已被证明是活跃的白细胞（如单核细胞、巨噬细胞、嗜碱性粒细胞、嗜酸性粒细胞和中性粒细胞），因此具有对炎症进行有效调节的潜能。ILs 和干扰素（如细胞因子等）同样被发现在乳中存在相当高的浓度，表明它们的出现与相关的抗病毒活性有关（Srivastava 等，1996）。然而，到目前为止，没有任何证据表明细胞因子受体在婴儿的肠黏膜内表达，细胞因子在胃肠道黏膜的被动吸收也没有被记录。

脱离人类和动物模型实验数据的深入探讨充其量只能算推理过程。然而，有理由考虑某些成分可能存在于下消化道而且能被完整地吸收。例如，细胞因子对消化过程有相对抵抗性。此外，众所周知人类乳汁包含许多抗蛋白酶可干扰蛋白水解，而且有记载表明婴儿的消化道在出生后的一段时间内并未发育完全（Grosvenor 等，1992；Goldman，2000）。

表 3.3　　　　　　　　　　　　　　人乳中其他的生物活性组分

核苷酸：五个基本成分，腺嘌呤、鸟嘌呤、胞嘧啶、尿嘧啶和胸腺嘧啶 与一分子戊糖、一分子磷酸盐结合形成核苷酸	除了作为 DNA 和 RNA 的合成前体，核苷酸还参与各种各样的生理过程。它们作为高能源 ATP 的底物，作为调控信号（环腺苷酸（AMP）和环鸟苷酸（GMP）），作为辅酶的主要成分，而且是重要的甲基供体。
酪啡肽	阿片类的物质具有除了一系列的其他功能外，可能会影响婴儿的行为和心情。
δ-睡眠肽	促睡眠肽
甘丙肽、神经肽 Y、神经降压素、物质 P、生长激素抑制素和血管活性肽	神经肽甘丙肽广泛地分布于神经和内分泌系统。它能够促进周围神经系统和肠中感觉神经元的生长和修复。一些因子能够加强某些免疫应答。此外，物质 P 诱发巨噬细胞产生白介素（IL）-12。免疫系统的很多细胞存在这些神经肽的受体。
促甲状腺素释放激素、促性腺激素释放激素、生长激素释放激素	这些释放激素的生长因子能直接作用于肠道组织的生长发育，延长肠绒毛，增强乳糖酶、麦芽糖酶、蔗糖酶的活性。证据表明一些因子不仅对胃肠道有交互影响，还能被吸收进入体循环作用于其他靶组织。

3.9　结论和未来趋势

人乳中包含大量的生物活性物质。在婴儿营养上，它被认为是黄金标准。由于人乳具有平衡的营养，具有免疫防护和其他促进生长的营养物质，因此对于婴儿来说，母乳被认为是优选食品。比较所有的婴儿营养食品，母乳是最好的选择，具有专一性。尽管对于人乳的知识，我们还没有完全了解，但对于婴儿营养品替代物的优化，新的信息正不断地被发现。对于人乳的生物活性物质和生物学功能的探究仍然是人乳化学和食品营养工业热门的话题。

随着人类的进化，人乳提供了大量的非营养方面的好处。乳中的生物活性组分带来的好处有：
- 弥补了婴儿生物活性物质合成能力发展缓慢的问题
- 解决了婴儿从子宫内生活到子宫外生活必需的胃肠功能的变更问题
- 促进能够抑制病原菌生长或刺激胃肠道生物活性的肠道细菌的定植
- 抗菌剂和抗炎症保护
- 细胞程序设计
- 组织的增强

从婴儿的成长、发育到胃肠道、大脑和周围神经系统的功能，人乳中的生物活性组分对婴儿具有全面的影响。

关于人乳中充当"程序设计药剂"（programming agents）的生物活性组分的能力还有许多可以被研究：
- 在人乳中生物活性组分的物理分布及其定量模式是什么
- 在哺乳期中这些活性组分的物理分布及其定量模式是如何变化的
- 这些摄入的药剂的物理结构和功能是否会受婴儿的消化过程影响而发生改变
- 发挥功能的精确的解剖学、细胞和分子位点
- 它们的作用将产生的短期或长期分子生物学及生化结果

无创成像程序（noninvasive imaging procedures）的发展应该能够使我们测定器官的功能，如血流量、新陈代谢途径的活力、吞噬作用和其他免疫功能，以至于我们能更全面地分析人乳中生物活性因子的效应。

参考文献

ADKINS Y and LÖNNERDAL B (2001), 'Binding of transcobalamin Ⅱ by human mammary epithelial cells', *Bioactive Components of Human Milk*, **501**, 469-477.

AMARÙ DL and FIELD CJ (2009), 'Conjugated linoleic acid decreases MCF-7 human breast cancer cell growth and insulin-like growth factor-1 receptor levels', *Lipids*, **26** (5), 449-458.

CARVER J, COX W and BARNESS L (1990), 'Dietary nucleotide effects upon murine natural killer cell activity and macrophage activation', *Journal of Parenteral and Enteral Nutrition*, **14**, 18-22.

CARVER J, PIMENTEL B, COX W and BARNESS L (1991), 'Dietary nucleotide effects upon immune function in infants', *Pediatrics*, **88**, 359-363.

CHATURVEDI P, WARREN C, BUESCHER C, PICKERING L and NEWBURG D (2001), 'Survival of human milk oligosacchardies in the intestine of infants', *Bioactive Components of Human Milk*, **34**, 315-325.

COAKLEY M, BANNI S, JOHNSON MC, MILLS S, DEVERY R, FITZGERALD G, PAUL ROSS R and STANTON C (2009), 'Inhibitory effect of conjugated alpha – linolenic acid from bifidobacteria of intestinal origin on SW480 cancer cells', *Lipids*, **44** (3), 249 – 256.

CORPS A and BROWN K (1987), 'Stimulation of intestinal epithelial cell proliferation in culture by growth factors in human and ruminant mammary secretions', *Journal of Endocrinology*, **113**, 285 – 290.

CUNNINGHAM A (1991), 'Breastfeeding and health in the1980's: A global epidemiological review', *Journal of Pediatrics*, **118**, 659 – 666.

EGLINTON BA, ROBERTON DM and CUMMINS AG (1994), 'Phenotype of T cells, their soluble receptor levels, and cytokine profile of human breast milk', *Immunology Cell & Biology*, **72**, 306 – 313.

GAROFALO RP and GOLDMAN AS (1998), 'Cytokines, chemokines and colony – stimulating factors in human milk: The 1997 update'. In: *Biology of the Neonate, Human Milk and Infant Development*. Ed. MARGOIT HAMOSH, **74** (2), 134 – 142.

GILMORE WS, MCKELVEY – MARTIN VJ, RUTHERFORD S, STRAIN JJ, LOANE P, KELL M and MILLAR S (1994), 'Human milk contains granulocyte – colonystimulating factor (G – CSF)', *European Journal of Clinical Nutrition*, **48**, 222 – 224.

GOLDMAN A (2000), 'Modulation of the gastrointestinal tract of infants by human milk. interfaces and interactions. An evolutionary perspective', *Journal of Nutrition (Supplement)*, **130**, 426 – 431.

GOLDMAN A (1993), 'The immune system of human milk: antimicrobial, anti – inflammatory and immunomodulation properties', *Pediatric Infectious Disease Journal*, **12**, 664 – 671.

GOLDMAN A, CHHEDA S and GAROFALO R (1997), 'Spectrum of immunomodulating agents in human milk', *International Journal of Pediatric Hematology Oncology*, **4**, 491 – 497.

GRAF M, HUNTER C and KASTIN A (1984), 'Presence of delta – sleep – inducing peptide – like material in human milk', *Journal of Clinical Endocrinology & Metabolism*, **59**, 127 – 132.

GROSVENOR C, PICCIANO M and BAUMRUCKER C (1992), 'Hormones and growth factors in milk', *Endocrine Reviews*, **14**, 710 – 728.

GUO MR (2009), *Functional Foods: Principles and Technology*, Woodhead Publishing Limited, Cambridge and CRC Press LLC, Florida.

GUO M and HENDRICKS G (2007), 'Human milk and infant formula'. *Functional Foods: Principles and Technology*, **9**, 299 – 337.

GUO MR and HENDRICKS GM (2008), 'Chemistry and biological properties of human milk'. *Current Nutrition and Food Science*, **4** (4), 305 – 320.

HAMOSH M (2001), 'Bioactive factors in human milk', *Pediatric Clinics of North America*, **48**, 69 – 86.

HARA T, IRIE K, SAITO S ICHIJO M, YAMADA M, YANAI N and MIYAZAKI S (1995), 'Identification of macrophage colony – stimulating factor in human milk and mammary epithelial cells', *Pediatric Research*, **37**, 437 – 443.

HENDRICKS GM and GUO MR (2006), 'Significance of milk fat in infant formulae', *Advanced Dairy Chemistry, Lipids*. 3rd ed., P. F. Fox and P. L. H. McSweeney (Eds). Elsevier Press, **2**, 467 – 479.

HERNÁNDEZ – LEDESMA B, QUIRÓS A, AMIGO L and RECIO I (2007), 'Identification of bioactive peptides after digestion of human milk and infant formula with pepsin and pancreatin', *International Dairy Journal*, **17**, 42 – 49.

HERNELL O and LöNNERDAL B (2002), 'Iron status of infants fed low iron formula: no effect of added bovine lactoferrin or nucleotides', *American Journal of Clinical Nutrition*, **76**, 858 – 864.

ICHIBA H, KUSUDA S, ITAGANE Y, FUJITA K and ISSIKI G (1992), 'Measurement of growth promoting activity in human milk using a fetal small intestinal cell line', *Biology of the Neonate*, **61**, 47 – 53.

JANAS L and PICCIANO M (1982), 'The nucleotide profile of human milk', *Pediatric Research*, **16**, 659 – 662.

KELLEHER S and LÖNNERDAL B (2001), 'Immunological activities associated with milk, Immunological properties of milk', *Advanced Nutrition Research*, **10**, 39 – 65.

KOLDOVSKY O and GOLDMAN A (1999), '*Growth Factors and Cytokines in Milk*', Academic Press, San Diego.

KULKARNI A, RUDOLPH F and VAN BUREN C (1994), 'The role of dietary sources of nucleotides in immune function: a review', *Journal of Nutrition*, **124**, 1442S – 1446S.

LAWRENCE R (2005), 'Host – resistance factors and immunologic significance of human milk. Breastfeeding: A guide for the medical profession', *Elsevier Health Sciences*, **6**, 171 – 214.

LEE Y, THOMPSON JT, DE LERA AR and VANDEN HEUVEL JP (2008), 'Isomer – specific effects of conjugated linoleic acid on gene expression in RAW 264.7', *Journal of Nutritional Biochemistry*, **26** (11), 848 – 859, 859.

LÖNNERDAL B (2003), 'Nutritional and physiological significance of human milk proteins', *American Journal of Clinical Nutrition*, **77** (Suppl), 15375 – 15435.

LOVELADY C, HUNTER C and GEIGERMAN C (2003), 'Effect of exercise on immunologic factors in breast milk', *Pediatrics*, **111**, e148 – e152.

LUCAS A and COLE T (1990), 'Breast milk and neonatal necrotizing enterocolitis', *Lancet*, **336**, 1519 – 1523.

NEWBURG D (2001), 'Bioactive components of human milk: evolution, efficiency, and protection', *Bioactive Components of Human Milk*, D. S. Newburg (Ed.), New York.

NEWBURG D and NEWBAUER S (1995), 'Carbohydrates in milk', *Handbook of Milk Composition*'. R. G. Jensen (Ed.), Academic Press, San Diego, 273 – 349.

NEWBURG D, PICKERING L, MCCLUER R and CLEARY T (1990), 'Fucosylated oligosaccharides of human milk protect suckling mice from heat stable enterotoxin of Escherichia coli', *Journal of Infectious Diseases*, **162**, 1075 – 1080.

NEWBURG D, PETERSON J, RUIZ – PALACIOS G, MATSON D, MORROW A, SHULTZ J, LOURDES M, CHATURVEDI P, NEWBURG S, SCALLAN C, TAYLOR M, CERIANI R and PICKERING L (1998), 'Protection of breast – fed children against symptomatic rotavirus infection by human milk lactadherin', *Lancet*, **351**, 1160 – 1164.

NEWMAN J (1995), 'How breast milk protects newborns', *Scientific American December*, **273**, 6 – 76.

PARODI P (2006), 'Nutritional significance of milk lipids', *Advanced Dairy Chemistry*, **2**, 601 – 640.

PETERSON J, PATTON S and HAMOSH M (1998), 'Glycoproteins of the human milk fat globule in the protection of the breast – fed infant against infection', *Biology of the Neonate*, **74**, 143 – 162.

PETERSON J, SCALLAN C, HENDERSON T, MEHTA N, CERIANI R and HAMOSH M (1997), 'Human milk fat globule (HMFG) glycoproteins: Their association with lipid micelles in slim milk and survival in the stomach of milk – fed preterm infants', *Pediatric Research*, **41**, 87A.

PICKERING L, MORROW A, RUIZ – PALACIOS G and SCHANLER R (2004), "protecting infants through human milk', *Advance in Experimental Medicine and Biology*, Kluwer Academic/Plenum Publishers, New York.

POLLARD B and POMFRETT C (2001), 'Delta sleep – inducing peptide', *European Journal of Anaesthesiology*, **18**, 419 – 422.

ROHRER L, WINTERHALTER K, ECKERT J and KOHLER P (1986), 'Killing of Giardia lamblia by human milk is mediated by unsaturated fatty acids', *Antimicrobial Agents and Chemotherapy*, **30**, 245 – 257.

SAVAIANO D and CLIFFAORD A (1981), 'Adenine, the precursor of nucleic acids in intestinal cells unable to synthesize purines de novo', *Journal of Nutrition*, **14**, 1816 – 1822.

SCHANLER R and ATKINSON S (1999), 'Effects of nutrients in human milk on the recipient premature infant', *Journal of Mammary Gland Biology and Neoplasia*, **4**, 297 – 307.

SCHROTEN H, HANISCH F, HACKER J, NOBIS – BOSCH R and WAHN V (1992), 'Inhibition of adhesion of S – fimbriated E. coli to buccal epithelial cells by human milk fat globule membrane components: a novel aspect of the protective function of mucins in the nonimmunoglobulin fraction', *Infection and Immunity*, **60**, 2893 – 2899.

SCHUSDZIARRA V (1992), Physiological role of beta – casomorphins, *Mechanisms Regulating Lactation and Infant Nutrient Utilization*, WileyLiss, New York.

SINDAYIKENGERA S and WENSHUI X (2005), 'Milk biologically active components as nutraceuticals', *Critical Reviews in Food Science and Nutrition*, **45**, 645 – 656.

SINHA SK and YUNIS AA (1983), 'Isolation of colony stimulating factor from milk', *Biochemical and Biophysical Research Communications*, **114**, 797 – 803.

SRIVASTAVA MD, SRIVASTAVA A, BROUHARD B, SANETO R, GROH – WARGO S and KUBIT J (1996), 'Cytokines in human milk', *Research Communications in Molecular Pathology & Pharmacology*, **93**, 263 – 287.

TAKEDA T, SAKATA M, MINEKAWA R, YAMAMOTO T, HAYASHI M, TASAKA K and MURATA Y (2004), 'Human milk induces fetal small intestinal cell proliferation involvement of a different tyrosine kinase signaling pathway from epidermal growth factor receptor', *Journal of Endocrinology*, **181**, 449 – 457.

TAYLOR M, PETERSON J, CERIANI R and COUTO J (1996), 'Cloning and sequence analysis of human butyrophilin reveals a potential receptor function', *Biochemistry and Biophysica Acta*, **1306**, 1 – 4.

THORMAR H and HILMARSSON H (2007), 'The role of microbicidal lipids in host defense against pathogens and their potential as therapeutic agents', *Chemistry and Physics of Lipids*, **150**, 1 – 11.

THURL S, HENKER J, SIEGEL M, TOVAR K and SAWATZKI G (1997), 'Detection of four human milk groups with respect to Lewis blood group dependent oligosaccharides', *Glycoconjugate Journal*, **14**, 795 – 799.

UAUY R, BIRCH D, BIRCH E, TYSON J and HOFFMAN D (1990), 'Effect of dietary omega – 3 fatty acids on retinal function of very – low – birth – weight neonates', *Pediatric Research*, **28**, 485 – 492.

VAN C, KULKARINI A, FANSLOW W and RUDOLPH F (1985), 'Dietary nucleotides: a requirement for helper/induced T lymphocytes', *Transplantation*, **40**, 694 – 697.

WAGNER C, ANDERSON D and PITTARD W (1996), 'Special properties of human milk', *Clinical Pediatrics*, **35**, 283 – 293.

WEINSIER R and KRUMDIECK C (2000), 'Dairy foods and bone health: examination of the evidence', *American Journal of Clinical Nutrients*, **72**, 681 – 689.

WYNICK D, SMALL C, BLOOM S and PACHNIS V (1998), 'Targeted Disruption of the Murine Galanin Genea Annals', Wiley, New York Academy of Sciences, **863**, 22–47.

ZULET MA, MARTI A, PARRA MD and MARTÍNEZ JA (2005), 'Inflammation and conjugated linoleic acid: mechanisms of action and implications for human health', *Journal of Physiology and Biochemistry*, **61** (3), 483–494.

4 人乳化学组成的变化

L. Zhang, Harbin Institute of Technology, People's Republic of China

摘　要：母乳的组成成分并非保持不变，会受到很多因素的影响。母乳成分在整个哺乳期都会变化，并受母体个体差异的影响，也随婴儿的需求而发生改变，如婴儿的体重、哺乳时间、乳汁是否被吮吸等。地域、母亲的社会经济地位也能影响母乳的组成，例如不同城市阶层或农村群体的母乳组成是不同的。妊娠时间也影响母乳组成，早产儿母乳的蛋白质、钠、氯含量较高，而乳糖含量较少。本章将讨论能够对母乳化学组成造成影响的各种因素。

关键词：母乳　化学组成　含量　影响因素

4.1 引言

新生儿处于快速生长的阶段，因此他们对营养物质有很高的需求。母乳能够给婴儿提供最好的生理性营养，而且其组成也用于评价婴儿的营养需求，指导婴幼儿乳粉的配方设计。母乳的组成并非恒定不变，它们受到哺乳阶段、孕期营养、环境、生活条件以及母亲的个体状况等多种因素的影响。而且，婴儿的需求、婴儿体重、哺乳时间、乳汁是否被吮吸也是影响母乳组成的重要因素。不仅如此，哺乳期常见的乳腺炎（母乳中、乳晕和胸部皮肤含有病原体和一些常见的细菌）及污染物暴露，也会影响母乳的组成。

母亲的膳食结构和营养状态对母乳组成具有重要作用。母亲的日常饮食影响母乳中脂肪含量和所蕴含的能量，也影响母乳的脂肪酸构成和免疫特性，也对母乳中蛋白质或乳糖的含量具有很大影响。此外，一些证据表明母乳中维生素含量在很大程度上受母亲摄入量的影响。虽然母亲年龄、居住环境、家庭收入、妊娠期的长短和婴儿的体重等都能够影响母乳中必需微量元素的含量，但母亲的微量元素的摄入量对其影响更大。然而，对于这些因素的有效性也存在很多争论（Leotsinidis 等，2005）。

4.2 影响人乳组成的因素：哺乳阶段

同一母亲的泌乳量和母乳组成在一天的不同时间、吮吸过程以及不同哺乳时期都会发生变化，表4.1总结了不同哺乳阶段的母乳平均化学组成。母乳化学组成发生显著变化，尤其是产后第一周变化最大。在产后最初几天的初乳中，蛋白质、维生素A、维生素 B_{12}、维生素 K 和免疫球蛋白的含量高于成熟乳中的含量，但初乳中脂肪含量和能量水平却低于成熟乳（Emmett 和 Rogers，1977）。

表4.1　　　　　　　　　　　不同哺乳阶段母乳的化学组成

营养素	母乳（每100mL）			营养素	母乳（每100mL）		
	初乳	过渡乳	成熟乳		初乳	过渡乳	成熟乳
水/g	88.2	87.4	87.1	氯/mg	—	86	42
蛋白质/g	2	1.5	1.3	锰/mg	痕量	痕量	痕量
脂肪/g	2.6	3.7	4.1	硒/μg	—	2	1
碳水化合物/g	6.6	6.9	7.2	碘/μg	—	—	7
能量/kcal	56	67	69	视黄醇/μg	155	85	58
总氮/g	0.31	0.23	0.2	胡萝卜素/μg	135	37	24
饱和脂肪酸/g	1.1	1.5	1.8	维生素 D/μg	—	—	0.04
不饱和脂肪酸/g	1.1	1.5	1.6	维生素 E/μg	1.3	0.48	0.34
多不饱和脂肪酸/g	0.3	0.5	0.5	硫胺素/mg	痕量	0.01	0.02
胆固醇/mg	31	24	16	核黄素/mg	0.03	0.03	0.03
总糖/g	6.6	6.9	7.2	烟酸/mg	0.1	0.1	0.2
钠/mg	47	30	15	色氨酸/60/mg	0.7	0.5	0.5
钾/mg	70	57	58	维生素 B_6/mg	痕量	痕量	0.01
铬/mg	28	25	34	维生素 B_{12}/μg	0.1	痕量	痕量
镁/mg	3	3	3	叶酸/μg	2	3	5
磷/mg	14	16	15	泛酸/mg	0.12		0.25
铁/mg	0.07	0.07	0.07	生物素/μg	痕量	0.2	0.7
铜/mg	0.05	0.04	0.04	维生素 C/mg	7	6	4
锌/mg	0.6	0.3	0.3				

资料来源：Emmett 和 Rogers（2004）。

4.2.1　蛋白质

在哺乳初期，母乳中蛋白质的种类和含量变化幅度较大。在哺乳的第一个月内，蛋白质的总含量持续下降，但随后几个月几乎保持不变（Jackson 等，2004）。如表4.2所示，在哺乳早期，总蛋白含量明显不同于 29～35d 成熟乳汁（Montagne 等，2000）。尽管不同个体之间存在差异，但是在产后的早期阶段（1～4d），免疫球蛋白 A（IgA）和乳铁蛋白（LF）是人初乳的两种主要蛋白。

表4.2　　　　　　　　　哺乳期前3个月母乳中蛋白质含量的变化

天数	n	蛋白质含量/（g/L）						
		TP	LA	CN	SA	IgA	LF	LZ
1	11	48.3±24.6*	3.8±1.2*	1.4±1.1*	0.34±0.30*	33.5±25.8*	9.9±5.4*	0.47±0.41*
2	26	37.1±18.5*	4.3±0.6*	1.9±2.0*	0.33±0.22*	21.1±18.0*	9.2±4.8*	0.44±0.34*

续表

天数	n	蛋白质含量/（g/L）						
		TP	LA	CN	SA	IgA	LF	LZ
3	45	22.9±8.3*	4.4±0.7*	2.1±1.8*	0.34±0.20*	9.5±8.2*	5.2±2.4*	0.32±0.19
4	49	17.3±3.8*	4.6±0.7*	2.8±1.4*	0.36±0.14*	4.3±2.5*	4.6±2.0*	0.32±0.23
5	42	16.1±3.3*	4.7±0.7*	3.6±1.7	0.40±0.15*	3.1±2.1*	4.1±1.7*	0.34±0.24
6	30	15.2±2.6*	4.7±0.7*	4.5±2.0*	0.51±0.13*	2.9±2.3*	4.0±1.5*	0.34±0.30
7	29	14.2±2.3*	4.7±0.9*	4.3±1.7*	0.54±0.18*	2.2±1.2*	3.4±0.8*	0.35±0.28
8	25	13.7±2.5*	4.9±1.0*	4.3±1.7*	0.58±0.15	1.9±0.8*	3.0±0.7*	0.28±0.05
9	22	13.9±2.9*	4.7±1.0*	4.3±1.1*	0.57±0.16	2.0±0.8*	3.0±0.6*	0.27±0.05
10	19	13.7±2.3*	4.6±0.8*	4.5±1.7*	0.62±0.15	1.6±0.7*	3.0±0.7*	0.26±0.07
11	19	13.3±2.0*	4.4±0.6*	4.3±1.8*	0.63±0.14	1.4±0.5*	2.9±0.6*	0.29±0.09
12	18	12.7±1.7*	4.3±0.7*	4.7±2.1*	0.64±0.17	1.3±0.4*	2.9±0.8*	0.30±0.11
13	15	11.8±1.5*	4.1±0.6*	4.2±1.8*	0.66±0.17	1.4±0.5*	2.6±0.8*	0.26±0.07
14	19	12.2±1.1*	3.8±0.8*	4.7±1.8*	0.67±0.15	1.3±0.6*	2.7±0.7*	0.31±0.07
15	21	12.5±1.4*	3.6±0.7*	4.8±1.9*	0.65±0.15	1.1±0.4	2.7±0.7*	0.28±0.10
16	19	11.7±1.3*	3.6±0.7*	4.2±1.4*	0.66±0.08	1.2±0.3	2.8±0.6*	0.29±0.06
17	16	11.7±1.0*	3.5±0.6*	4.6±1.4*	0.71±0.16	1.1±0.3	2.7±0.4*	0.29±0.10
18	16	11.3±1.2*	3.4±0.6	4.6±1.3*	0.73±0.21	1.2±0.3	2.5±0.3*	0.28±0.10
19	18	11.6±0.5*	3.4±0.6	4.9±1.5*	0.72±0.20	1.2±0.4	2.7±0.5*	0.29±0.10
20	28	11.3±0.9*	3.3±0.4	4.8±1.4*	0.67±0.16	1.2±0.4	2.5±0.6*	0.27±0.11
21	24	11.4±0.9*	3.2±0.3	4.6±1.8*	0.72±0.14	1.1±0.5	2.5±0.5*	0.31±0.12
22	26	11.2±1.0*	3.3±0.3	4.5±1.3*	0.68±0.16	1.2±0.3	2.4±0.7	0.25±0.05
23	26	10.8±1.0*	3.3±0.3	4.0±0.8*	0.64±0.21	1.1±0.2	2.1±0.5	0.24±0.04
24	19	10.8±0.9*	3.3±0.3	4.3±1.5*	0.66±0.15	1.0±0.5	2.2±0.5	0.28±0.14
25	14	10.2±1.2	3.3±0.3	4.8±0.9*	0.70±0.17	1.0±0.4	2.3±0.5	0.31±0.14
26	19	10.2±0.6	3.3±0.4	4.0±1.1	0.63±0.15	1.0±0.3	2.3±0.9	0.26±0.12
27	15	10.3±1.0	3.2±0.4	4.3±1.1*	0.62±0.16	1.0±0.3	2.2±0.7	0.27±0.14
28	12	10.2±0.2	3.1±0.2	4.2±0.8*	0.66±0.21	1.1±0.2	2.2±0.8	0.28±0.06
29~35	54	9.9±0.7	3.1±0.4	3.5±1.0	0.69±0.27	1.1±0.3	2.1±0.7	0.27±0.09
36~42	21	9.8±1.2	3.2±0.6	2.7±0.8*	0.59±0.26	1.0±0.2	2.0±0.8	0.32±0.08*
43~49	22	10.1±1.5	3.1±0.7	2.3±0.7*	0.55±0.21*	1.0±0.2	2.0±0.8	0.34±0.06*
50~56	13	9.5±1.6	3.1±0.3	2.2±0.9*	0.62±0.28	1.0±0.1	2.7±0.7*	0.37±0.09*
57~70	15	10.5±1.3*	2.9±0.3	2.1±0.6*	0.51±0.07*	1.2±0.2	3.0±0.8*	0.67±0.15*
71~84	13	12.0±1.1*	3.2±0.3	2.3±0.6*	0.59±0.07	1.4±0.2*	3.8±0.5*	1.02±0.19*

资料来源：Jackson 等（2004）。

* $P<0.05$，与 29~35d 成熟乳对比

TP，总蛋白（total proteins）；LA，α-乳白蛋白（α-lactalbumin）；CN，β-酪蛋白（β-casein）；SA，血清蛋白（serum albumin）；IgA，免疫球蛋白A（immunoglobulin A）；LF，乳铁蛋白（lactoferrin）；LZ，溶菌酶（lysozyme）。

哺乳期，母乳中总的酪蛋白（Casein，CN）含量也会发生变化。根据 Kroening 的研究，酪蛋白含量占总蛋白含量的 22.5%~45.8%，其中 β-酪蛋白在整个哺乳期都在不断变化。在哺乳初期，β-酪蛋白占酪蛋白总量的 67%~84%，而在哺乳末期只占 53%~67%（Kroening 等，1998）。酪蛋白的含量在产后 9~18d 较高且保持稳定，但在产后 19~28d 时开始下降。

在产后 50~84d，母乳中乳铁蛋白（LF）、溶菌酶（LZ）绝对和相对浓度明显增加，说明在抵抗能力较弱的婴儿体内，这些天然免疫因子可以作为有效的抗感染成分，也可以作为乳腺自身的保护成分，以降低急性乳腺炎发生的风险。

表 4.3　　　　　　　　哺乳期母乳中 α-乳清蛋白含量的变化

样品	哺乳期/d	α-乳白蛋白/（g/L）	样品	哺乳期/d	α-乳白蛋白/（g/L）
1	11	4.95±0.03	10	41	4.16±0.02
2	11	3.46±0.02	11	60	3.73±0.08
3	11	4.14±0.04	12	120	2.03±0.02
4	11	4.54±0.02	13	120	3.42±0.04
5	11	8.25±0.06	14	120	3.42±0.04
6	41	4.16±0.02	15	150	3.02±0.06
7	41	4.16±0.02	16	150	3.02±0.06
8	41	4.16±0.02	17	180	3.02±0.06
9	41	4.16±0.02	18	180	1.60±0.01

资料来源：Santos 等（2007）。

α-乳清蛋白（LA）是母乳中主要蛋白质之一，具有重要的营养功能。不同哺乳阶段 α-乳清蛋白含量的变化如表 4.3 所示，通过方差分析（ANOVA）发现，在同一哺乳阶段，不同个体母乳中 α-乳清蛋白含量显著不同（$P<0.05$），在整个哺乳期，α-乳清蛋白含量呈下降趋势，但是下降程度因个体不同而有所差异。

免疫球蛋白 A（IgA）是母乳中的主要免疫球蛋白亚类。Tregoat 等（2003）利用免疫散射浊度法测定了来自于 79 位母亲哺乳期前 12 周母乳中免疫球蛋白 A 及其亚类免疫球蛋白 A_1（IgA_1）和免疫球蛋白 A_2（IgA_2）、κ 和 λ 免疫球蛋白轻链、补体 C_3 和 C_4 以及甘露聚糖结合凝集素（MBL）的含量。结果发现，在产后的早期（1~4d），初乳中所有的免疫蛋白含量迅速下降（表 4.4 和表 4.5）；补体 C_3 和 C_4 的相对含量在产后 5~12d 出现波动；在第三个阶段（产后 13~44d），IgA、IgA_1、IgA_2、κ、λ、C_3、C_4 和 MBL 的总体含量只是稍有下降或者保持稳定，但是免疫球蛋白轻链和 IgA 亚类所占的比例却出现变化。在 45~84d 和哺乳最后阶段，不同于稳定或下降的 C_3、C_4 和 MBL 含量，IgA 含量、IgA_1/IgA_2 的比值、免疫球蛋白的轻链含量均出现增长。数据显示，母乳中免疫成分的含量在哺乳期会发生细微的调整，并以一种特定的方式来满足新生儿的需求并保护乳腺免受感染。

钙结合蛋白 S100B（可作为一种神经营养因子）的含量在哺乳期会发生变化，其在成熟乳中含量比在初乳中含量高，且在产后 7d 和 14d，S100B 蛋白在成熟乳中含量明显高于过渡乳中的含量（表 4.6）。

表 4.4　母乳中免疫球蛋白 A、免疫球蛋白轻链、C_3 和 C_4 补体在哺乳期前三个月含量的变化　　　　单位：g/L

天数	IgA	κ	λ	C_3	C_4
1	33.5 ± 25.8*	2.32 ± 1.47*	6.13 ± 4.08*	0.506 ± 0.437*	0.265 ± 0.231*
2	21.1 ± 18.0*	2.19 ± 1.62*	2.61 ± 1.90*	0.384 ± 0.247*	0.219 ± 0.228*
3	9.5 ± 8.2*	1.05 ± 0.71*	1.10 ± 0.99*	0.192 ± 0.121*	0.092 ± 0.091*
4	4.3 ± 2.5*	0.46 ± 0.31*	0.40 ± 0.41*	0.133 ± 0.098*	0.072 ± 0.064*
5	3.1 ± 2.1*	0.27 ± 0.15*	0.31 ± 0.18*	0.089 ± 0.057*	0.069 ± 0.069*
6	2.9 ± 2.3*	0.29 ± 0.12*	0.36 ±021*	0.072 ± 0.066*	0.080 ± 0.070*
7	2.2 ± 1.2*	0.28 ± 0.10*	0.31 ± 0.15*	0.084 ± 0.107*	0.089 ± 0.099*
8	1.9 ± 0.8*	0.24 ± 0.14*	0.29 ± 0.15*	0.066 ± 0.079*	0.069 ± 0.066*
9	2.0 ± 0.8*	0.25 ± 0.12*	0.34 ± 0.28*	0.065 ± 0.072*	0.081 ± 0.060*
10	1.6 ± 0.7*	0.20 ± 0.09*	0.26 ± 0.22*	0.045 ± 0.039*	0.051 ± 0.038*
11	1.4 ± 0.5*	0.17 ± 0.09	0.33 ± 0.41*	0.044 ± 0.049*	0.052 ± 0.047*
12	1.3 ± 0.4*	0.23 ± 0.10n	0.25 ± 0.13*	0.030 ± 0.014*	0.041 ± 0.038
13	1.4 ± 0.5*	0.16 ± 0.06	0.13 ± 0.06	0.034 ± 0.019*	0.041 ± 0.040
14	1.3 ± 0.6*	0.14 ± 0.05	0.10 ± 0.02	0.026 ± 0.014	0.040 ± 0.044
15	1.1 ± 0.4	0.14 ± 0.04	0.11 ± 0.03	0.025 ± 0.014	0.043 ± 0.048
16	1.2 ± 0.3	0.15 ± 0.04	0.18 ± 0.13	0.029 ± 0.014*	0.048 ± 0.042*
17	1.1 ± 0.4	0.22 ± 0.09	0.17 ± 0.08	0.037 ± 0.025*	0.054 ± 0.057*
18	1.2 ± 0.3	0.17 ± 0.06	0.13 ± 0.02	0.038 ± 0.033*	0.064 ± 0.082
19	1.2 ± 0.4	0.19 ± 0.03	0.11 ± 0.02	0.033 ± 0.030	0.058 ± 0.074
20	1.2 ± 0.4	0.19 ± 0.05	0.12 ± 0.03	0.026 ± 0.021	0.042 ± 0.051
21	1.1 ± 0.5	0.15 ± 0.02	0.08 ± 0.05	0.027 ± 0.019	0.041 ± 0.050
22	1.2 ± 0.3	0.12 ± 0.02	0.08 ± 0.05	0.034 ± 0.033	0.057 ± 0.081
23	1.1 ± 0.2	0.14 ± 0.01	0.09 ± 0.01	0.033 ± 0.031	0.047 ± 0.072
24	1.0 ± 0.5	0.16 ± 0.04	0.10 ± 0.02	0.020 ± 0.012	0.027 ± 0.022
25	1.0 ± 0.4	0.13 ± 0.01	0.08 ± 0.05	0.031 ± 0.026	0.044 ± 0.040
26	1.0 ± 0.3	0.17 ± 0.04	0.09 ± 0.04	0.021 ± 0.011	0.033 ± 0.034
27	1.0 ± 0.3	0.16 ± 0.05	0.10 ± 0.01	0.030 ± 0.017	0.034 ± 0.017
28	1.1 ± 0.2	0.13 ± 0.01	0.11 ± 0.02	0.024 ± 0.015	0.036 ± 0.039
29~35	1.1 ± 0.3	0.16 ± 0.06	0.12 ± 0.11	0.020 ± 0.009	0.026 ± 0.014

续表

天数	IgA	κ	λ	C_3	C_4
36~42	1.0±0.2	0.13±0.04	0.09±0.02	0.021±0.009	0.027±0.006
43~49	1.0±0.2	0.12±0.03	0.10±0.02	0.026±0.009	0.025±0.018
50~56	1.0±0.1	0.17±0.10	0.10±0.02	0.026±0.009	0.018±0.012
57~70	1.2±0.2	0.16±0.03	0.12±0.03	0.020±0.005	0.015±0.005*
71~84	1.4±0.2*	0.23±0.08n	0.16±0.06	0.013±0.005*	0.013±0.002*

* $P<0.05$，与 29–35d 成熟乳对比。

资料来源：Tregoat 等（2003）。

表 4.5　母乳中免疫球蛋白 A 亚类和 MBL 在哺乳期前三个月含量的变化

天数	IgA1[a]	IgA2[a]	MBL[b]	天数	IgA1[a]	IgA2[a]	MBL[b]
1	30.37±22.53*	42.78±23.91*	—	4~7	1.66±1.92	1.97±2.21	0.31±0.28
2	8.30±6.57*	14.45±14.81*	0.80±0.52*	8~14	1.08±1.34	1.18±1.18	0.17±0.09
3	8.55±9.04*	10.48±12.94*	0.66±0.39*	15~75	0.36±0.23	0.27±0.19	0.17±0.12

a 平均值±SD．（g/L）。
b 平均值±SD．（mg/L）。
* $P<0.05$，与 15~75d 成熟乳对比。
资料来源：改编自 Tregoat 等（2003）。

表 4.6　S100B 在初乳、过渡乳和成熟乳中的含量　　　　　　　　　　单位：mg/L

乳	初乳（第1天）	过渡乳		成熟乳（第30天）
		（第7天）	（第14天）	
S100B protein	74.6±37.6	92.7±37.8	106.7±38.1	117.9±36.7

资料来源：Gazzolo 等（2004）。

Jarmolowska 等（2007）发现初乳中 β-酪啡肽（BCM，源于 β-酪蛋白的生物活性阿片肽）的含量显著高于（$P<0.01$）成熟乳中的含量。母乳中第二个月母乳中 BCM 的含量与第四个月的含量相当，但在整个哺乳期内，BCM 的含量呈现连续下降的趋势（表 4.7）。

表 4.7　　　　　　　　　β-酪啡肽在哺乳期含量的变化

	初乳：3~4d		1 个月		4 个月	
	BCM-5	BCM-7	BCM-5	BCM-7	BCM-5	BCM-7
样品总数	30	30	30	30	22	22
范围/（μg/mL）	0~19.77	0~26.78	0~10.56	0~1.5	0.1~4.94	0~2.84
平均值±S.E.M./（μg/mL）	5.03±1.02	3.10±0.89	0.98±0.35	0.39±0.07	0.58±0.21	0.33±0.13

资料来源：Jarmolowska 等（2007）。

在对胃溃疡和肠道疾病模型的体内研究中发现,三叶因子族(TFFs)对于损伤的胃肠道黏膜具有保护和愈合效果。哺乳动物的 TFFs 包括:与乳腺癌相关的多肽 TFF1、解痉多肽(TFF2)和肠三叶因子(TFF3)。Vestergaard 等(2008)发现,在产后前 4 周和之后 4 周的 46 位母亲的母乳中,TFF3 含量较高、TFF1 含量较低、TFF2 几乎没有(表 4.8)。在此期间,母乳样品中的 TFF1 和 TFF3 的浓度具有显著的变化。观察结果显示,三叶因子浓度(以 pmol/g 蛋白计)在产后前 2 周快速地下降。

表 4.8　　　　　　　　哺乳第一个月母乳中 TFF1 和 TFF3 的浓度

哺乳天数/d	TFF1		TFF3	
	pmol/L	pmol/g 蛋白	pmol/L	pmol/g 蛋白
0~7	320	13.8	1540	55.3
8~14	120	5.2	310	15.6
15~28	70	3.9	120	6.3
>29	60	2.9	80	4.5

资料来源:Vestergaard 等(2008)。

4.2.2　脂肪

通常情况下,在哺乳期,母乳中脂肪的含量为 3.5%~4.5%。在哺乳过程中,脂类含量逐渐增加,而磷脂和胆固醇含量会下降(Jensen,1996)。表 4.9 列出了初乳、过渡乳和成熟乳中各种磷脂所占比例(w/w)及浓度的变化情况(Sala – Vila 等,2005)。

表 4.9　　　　　　　不同哺乳阶段母乳磷脂的构成　　　　　　　　单位:%

乳	初乳(1~5d)	过渡乳(6~15d)	成熟乳(15~30d)
磷脂酰乙醇胺	5.86±0.63	8.55±1.16[†]	12.76±1.18[†‡]
磷脂酰肌醇	6.03±0.61	5.21±0.54	5.89±0.47
磷脂酰丝氨酸	7.91±1.12	8.17±1.04	10.35±1.29[†]
磷脂酰胆碱	38.40±3.09	37.69±4.88	31.26±4.77[†‡]
鞘磷脂	40.49±3.57	39.20±3.63	41.03±3.41

[†] 代表与初乳相比 $P<0.05$。
[‡] 代表与过渡乳相比 $P<0.05$。
资料来源:Sala – Vila 等(2005)。

鞘磷脂(SM)和磷脂酰胆碱(PC)是母乳中的主要磷脂。鞘磷脂含量在哺乳期间保持稳定,而磷脂酰胆碱在成熟乳中的比例比其他时期乳中的含量低很多。磷脂酰乙醇胺(PE)和磷酯酰丝氨酸(PS)的含量从初乳到成熟乳有所提高。

表 4.10 为哺乳期不同阶段磷脂的脂肪酸组成。初乳比过渡乳和成熟乳含有更多的 $C_{20:2}\omega-6$ 和 $C_{22:5}\omega-3$ 脂肪酸,但初乳中 $C_{18:2}\omega-6$ 和 $C_{18:3}\omega-3$ 脂肪酸含量较少。成熟

乳中的 $C_{22:2}\omega-6$ 脂肪酸含量比初乳和过渡乳多,但 DHA 含量后两者较少。从初乳到成熟乳的过程中, $C_{20:5}\omega-3$ 脂肪酸的浓度上升,而 $C_{22:4}\omega-6$ 脂肪酸的浓度下降。$C_{18:1}\omega-9$、$C_{20:2}\omega-6$ 和 $C_{20:5}\omega-3$ 脂肪酸的浓度显著升高。

表 4.10 列出了各哺乳期阶段乳汁中甘油三酯(Tgs)的含量。初乳到成熟乳过程中 $C_{18:1}\omega-9$、$C_{20:2}\omega-6$ 和 $C_{20:5}\omega-3$ 浓度显著增加。而在过渡乳和成熟乳中,单不饱和脂肪酸、花生四烯酸(AA)和 $C_{22:5}\omega-3$ 的含量低于初乳,饱和脂肪酸和 $C_{18:0}$ 脂肪酸却高于后者。在哺乳期间,乳汁中 $C_{18:3}\omega-3$ 的含量升高,而 $C_{16:0}$、$C_{20:3}\omega-6$、DHA、总 $\omega-6$ 和 $\omega-3$ 多不饱和脂肪酸含量下降(Sala-Vila 等,2005)。

表 4.10　哺乳期母乳中三酰基甘油和磷脂的脂肪酸组成* 　　　　　单位:%

脂肪酸	三酰基甘油			磷脂		
	初乳 (1~5d)	过渡乳 (6~15d)	成熟乳 (15~30d)	初乳 (1~5d)	过渡乳 (6~15d)	成熟乳 (15~30d)
$C_{16:0}$	23.35±1.364	23.35±1.31	21.08±0.57†	23.38±0.93	23.23±1.38	24.32±1.64
$C_{18:0}$	6.92±0.71	7.81±0.41†	7.62±0.45†	24.00±1.18	24.04±1.35	23.49±1.07
$C_{18:1}\omega-9$	36.64±1.15	35.58±1.99†	34.57±1.03†	13.39±1.17	13.90±1.66	14.00±0.85
$C_{18:2}\omega-6$	15.19±1.25	15.44±1.12	15.93±1.40	16.16±1.62	17.98±1.63†	18.57±1.41†
$C_{18:3}\omega-3$	0.34±0.02	0.36±0.04	0.49±0.04†‡	0.17±0.01	0.27±0.01†	0.27±0.01†
$C_{20:2}\omega-6$	1.05±0.08	0.72±0.07†	0.50±0.04†‡	0.12±0.01	0.01±0.00†	0.01±0.00†
$C_{20:3}\omega-6$	0.49±0.04	0.45±0.03	0.37±0.03†‡	0.62±0.03	0.61±0.04	0.60±0.05
$C_{20:4}\omega-6$	0.60±0.07	0.48±0.04†	0.41±0.05†	3.66±0.17	3.97±0.28	3.95±0.26
$C_{22:2}\omega-6$	0.24±0.02	0.15±0.01	0.11±0.01†	0.44±0.03	0.45±0.02	0.55±0.03†‡
$C_{20:5}\omega-3$	0.17±0.02	0.10±0.01†	0.06±0.01†‡	0.34±0.02	0.48±0.04†	0.81±0.04†‡
$C_{24:1}\omega-9$	0.28±0.02	0.08±0.01†	0.07±0.01†	0.30±0.01	0.31±0.01	0.31±0.01
$C_{22:4}\omega-6$	0.02±0.00	0.02±0.00	0.02±0.00	0.27±0.01	0.15±0.07†	0.06±0.00†‡
$C_{22:5}\omega-3$	0.16±0.02	0.12±0.02†	0.10±0.01†	0.83±0.08	0.67±0.07†	0.65±0.04†
$C_{22:6}\omega-3$	0.33±0.04	0.32±0.01	0.18±0.02†‡	1.53±0.14	1.34±0.14	0.97±0.12†‡
总饱和脂肪酸§	40.70±2.58	43.75±2.85†	44.15±2.78†	57.96±2.82	56.18±2.00	56.80±2.46
总单不饱和脂肪酸&	40.08±2.48	38.03±2.03†	37.14±2.67†	17.91±1.17	16.65±1.78	16.60±1.64
$\omega-6$ 长链多不饱和脂肪酸	2.39±0.21	1.81±0.16†	1.41±0.13†	5.10±0.26	5.28±0.33	5.26±0.32
$\omega-3$ 长链多不饱和脂肪酸	0.66±0.16	0.54±0.14	0.33±0.03†‡	2.69±0.26	2.55±0.25	2.45±0.19

* 数值以平均值±标准偏差,数值中用符号表示统计学显著性。

† 代表与初乳相比 $P<0.05$。

‡ 代表与过渡乳相比 $P<0.05$。

§ 总饱和脂肪酸(Total SFA)包括:$C_{8:0}$、$C_{10:0}$、$C_{12:0}$、$C_{14:0}$、$C_{15:0}$、$C_{16:0}$、$C_{17:0}$、$C_{18:0}$、$C_{20:0}$、$C_{22:0}$ 和 $C_{24:0}$。

& 总单不饱和脂肪酸(Total MUFA)包括:$C_{14:1}\omega-5$、$C_{16:1}\omega-7$、$C_{18:1}\omega-9$、$C_{20:1}\omega-9$、$C_{22:1}\omega-9$ 和 $C_{24:1}\omega-9$。

资料来源:Sala-Vila 等(2005)。

Pan 和 Izumi（1999）检测了哺乳期间母乳中神经节苷酯组成随时间的变化，发现了六种神经节苷酯：GM_3、GD_3、GX_1、GX_2、GX_3 和 GX_4。其中，GD_3 是初乳中主要的神经节苷酯。在产后前 8d，乳汁中 GM_3 的百分比含量急剧升高，然后再逐步升高。$GX_1 \sim GX_4$ 的含量具有个体差异，但在初乳和后期的乳中没有明显的不同（表4.11）。哺乳期 GM_3 和 GD_3 的变化可能具有一定生物学意义，如免疫活性、身体生长和神经系统发育等。

表4.11　　　　　　　　　　哺乳期母乳中神经节苷酯的组成

时间	蛋白/(mg/mL)	T–LBSA[a]/(mg/mL)	神经节苷酯成分					
			GM_3/%	GD_3/%	GX_1/%	GX_2/%	$GX_3 \sim GX_4$/%	GM_3/GD_3
第2天	34.39±3.82	9.97±1.64	2.91±1.99	52.99±13.6	18.22±6.65	7.71±8.54	9.75±7.05	0.06±0.05
第3天	37.48±8.55	10.37±1.30	3.65±2.39	46.15±10.3	26.76±7.73	1.15±1.99	12.18±5.20	0.08±0.06
第4天	29.98±5.02	9.82±2.02	2.22±1.67	46.88±3.12	17.09±7.68	4.22±4.31	21.40±5.99	0.05±0.04
第5天	28.68±3.54	9.10±1.99	3.72±2.01	46.74±9.95	25.27±2.58	3.49±4.21	15.04±8.3	0.08±0.05
第6天	25.14±4.21	8.59±0.81	3.91±1.73	52.08±7.94	16.55±9.81	7.20±9.59	8.92±8.71	0.08±0.04
第7天	25.48±9.29	8.99±1.50	6.50±3.68	50.45±10.3	20.45±3.95	3.86±3.56	12.10±7.21	0.13±0.06
第8天	29.05±4.84	9.10±1.02	27.79±5.74	32.22±6.24	22.75±14.4	5.5±5.98	4.93±5.42	0.87±0.11
第9天	27.78±3.92	8.87±1.57	27.16±9.23	32.64±9.48	20.93±10.7	3.34±2.95	8.44±10.3	0.84±0.08
第10天	25.68±4.21	9.92±0.20	26.69±5.88	31.22±7.59	23.33±12.4	4.45±3.65	8.49±3.31	0.89±0.26
第11天	22.20±7.02	9.25±0.67	33.14±9.40	29.54±5.54	15.69±8.97	1.25±1.08	12.40±6.75	1.15±0.36
第12天	25.16±4.68	8.29±0.47	27.00±7.66	23.66±7.51	28.63±15.2	0±0	16.20±7.12	1.39±0.93
第13天	26.36±4.33	9.42±0.01	44.62±8.16	16.89±3.96	15.81±5.5	5.55±7.84	6.45±0.2	3.48±0.58
第14天	21.79	9.33	43.75	37.06	14.17	1.57	2.02	1.18
第3周	32.41	7	36.38	40.52	19.82	0	1.56	0.9
第4周	29.77±2.61	8.96±1.63	32.11±7.62	19.95±2.12	28.36±6.07	1.87±2.22	9.95±5.12	1.63±0.43
第6周	27.38±1.39	9.59±0.70	40.42±12.8	25.59±7.59	10.02±12.7	6.08±6.89	9.99±3.81	1.60±0.39
第7周	14.46	6.54	34.11	12.78	16.31	7.43	16.17	2.67

[a] T–LBSA 总的脂结合的唾液酸。
资料来源：Pan 和 Izumi（1999）。

4.2.3 碳水化合物

哺乳期间，母乳中乳糖含量相当稳定，仅有微弱的增长。不同寡糖（核心基寡糖、岩藻糖基寡糖、唾液酸基寡糖和岩藻唾液酸基寡糖）的浓度始终处于变化之中（Testa 等，2008）。Martin–Sosa 等在 2003 年发现哺乳期间，母乳中寡糖结合唾液酸（Oligo-saccharide–Bound Sialic Acids，OBSA）的含量不断降低（表4.12）。

表 4.12　　　　　　　　　　母乳和牛乳中寡糖－结合唾液酸

	初乳	过渡乳	成熟乳	末乳
人（$n=12$）	1018 ± 229	696 ± 245[a]	365 ± 133[a,b]	—
牛（$n=6$）	231 ± 75	38 ± 10[a]	33 ± 8[a]	54 ± 18[a]

[a] 与初乳相比差异极其显著（$P<0.001$）。
[b] 与过渡乳相比差异极其显著（$P<0.001$）。
注：对于母乳，初乳（1~4d）、过渡乳（12~17d）和成熟乳（28~32d）；对于牛乳，初乳（1d）、过渡乳（7d）和成熟乳（3个月）。牛乳的末乳（10个月）。
资料来源：Martin-Sosa 等（2003）。

4.2.4　维生素

在哺乳期间，水溶性维生素浓度不断上升，如硫胺素、烟酸、维生素 B_6、叶酸、泛酸酯和生物素等。其他维生素浓度下降，如维生素 B_{12} 和维生素 C。核黄素的浓度保持不变。

脂溶性维生素的浓度在哺乳期呈现下降的趋势（表4.13）（Kamao 等，2007）。产后 10d 内的母乳中视黄醇、β-胡萝卜素、25-羟维生素 D_2 和 α-生育酚的浓度明显高于后期母乳中的浓度（$P<0.05$）。维生素 A 和维生素 E 的含量通常在初乳中较高，随后降低。脂肪浓度变化不明显。

表 4.13　　　　　　　　　　母乳中脂溶性维生素的含量

产后/d	0~10	11~30	31~90	91~180	181~270
年龄/年	27.6 ± 6.3	32.0 ± 3.6	30.3 ± 4.5	30.4 ± 5.6	28.6 ± 4.3
样本数	8	43	18	8	5
视黄醇/（μg/mL）	1.026 ± 0.398	0.418 ± 0.138	0.384 ± 0.145	0.359 ± 0.219	0.267 ± 0.117
β-胡萝卜素/（μg/mL）	0.188 ± 0.112	0.059 ± 0.037	0.033 ± 0.023	0.033 ± 0.031	0.043 ± 0.048
维生素 D_3/（ng/mL）	0.075 ± 0.046	0.103 ± 0.169	0.079 ± 0.056	0.075 ± 0.079	0.035 ± 0.016
维生素 D_2/（ng/mL）	0.129 ± 0.076	0.073 ± 0.199	0.066 ± 0.084	0.014 ± 0.005	0.181 ± 0.099
25-羟维生素 D_3/（ng/mL）	0.072 ± 0.047	0.085 ± 0.038	0.084 ± 0.034	0.068 ± 0.037	0.073 ± 0.041
25-羟维生素 D_2/（ng/mL）	0.007 ± 0.003	0.003 ± 0.002	0.003 ± 0.002	0.003 ± 0.003	0.003 ± 0.001
α-生育酚/（μg/mL）	16.590 ± 9.635	4.079 ± 1.795	3.911 ± 1.798	3.296 ± 1.962	2.454 ± 1.045
维生素 K_1/（ng/mL）	5.122 ± 2.561	3.938 ± 2.450	3.528 ± 1.454	2.294 ± 1.220	3.409 ± 1.462
维生素 K_2-4/（ng/mL）	2.561 ± 1.207	1.802 ± 0.664	1.785 ± 0.553	1.195 ± 0.343	1.510 ± 0.419
维生素 K_2-7/（ng/mL）	3.044 ± 2.901	1.675 ± 2.732	0.798 ± 0.746	1.363 ± 1.292	0.917 ± 0.916
脂肪/（mg/mL）	24.92 ± 11.55	32.64 ± 11.52	30.24 ± 7.91	21.39 ± 14.12	20.72 ± 10.08

Kojima 等（2004）发现母乳中维生素 K_1 和维生素 K_2-4 在初乳中含量高，而在哺乳过程中逐渐下降，这表明在母乳中由维生素 K 所衍生的维生素 K_2-4 的浓度受不同哺乳期的影响。

脂肪含量与 25 - 羟维生素 D_3、α - 生育酚、维生素 K_1 和维生素 K_2 - 4 具有密切关系，能对其合成有促进作用（Kamao 等，2007）。因此，脂肪含量可能对母乳中维生素 E 和维生素 K 的浓度有着显著的影响。除了脂肪，其他因素如结合蛋白，可能有助于母乳中维生素 A 和维生素 D 的合成。

胆碱是一种重要的胺类物质，在细胞膜结构完整性、甲基代谢、跨膜信号传递、脂 - 胆固醇转运代谢和大脑发育过程中起到重要作用。胆碱在孕期和哺乳期母亲体内大量增加，这可能是胆碱要通过胎盘输送给胎儿和分泌到乳中所导致。

胆碱是由游离胆碱、磷酰胆碱和磷酰胆碱甘油组成的必需营养元素。乳汁中游离胆碱的水平与哺乳天数相关（$r=0.520$；$P<0.001$），乳汁中游离胆碱、磷酰胆碱和磷酰胆碱甘油含量在产后 7～21d 中快速上升。表 4.14 表示母乳初乳和成熟乳中游离胆碱、磷脂结合胆碱、磷脂酰胆碱、鞘磷脂、磷酰胆碱和磷酰胆碱甘油的平均浓度。游离胆碱、磷酰胆碱和磷酰胆碱甘油是母乳中的主要胆碱化合物，它们在成熟乳中的浓度显著高于初乳中的浓度。在哺乳期，母乳中磷脂结合胆碱、磷脂酰胆碱和鞘磷脂的总浓度基本保持稳定（Ilcol 等，2005）。

表 4.14　自由胆碱和胆碱化合物在母乳中的浓度　　　　单位：μmol/L

样本[#]	n	FCh	PC	SM	GPCh	PCh	总 Ch
初乳	21	132 ± 21	146 ± 18	129 ± 13	176 ± 13	93 ± 26	767 ± 35
成熟乳							
12～180d	95	228 ± 10[*]	104 ± 11	94 ± 9	499 ± 16[*]	551 ± 33[*]	1476 ± 48[*]
12～28d	14	299 ± 36[*]	103 ± 9	91 ± 14	596 ± 83[*]	506 ± 42[*]	1595 ± 82[*]
75～90d	12	286 ± 21[*]	155 ± 21	97 ± 26	465 ± 40[*]	438 ± 69[*]	1441 ± 84[*]
165～180d	11	132 ± 15	97 ± 23	84 ± 18	629 ± 135[*]	407 ± 48[*]	1349 ± 105[*]

[#]初乳（产后 0～2d）、成熟母乳（产后 12～180d）、游离胆碱（FCh）、磷脂酰胆碱（PC）、鞘磷脂（SM）、磷酰胆碱甘油（GPCh）及磷酰胆碱（PCh）。

[*] $P<0.001$ 与初乳的值相比。

资料来源：改编自 Ilcol 等，2005。

4.2.5　矿物质

表 4.15～表 4.18 列出了母乳中各种矿物质的含量。在过渡乳中，除铜以外的所有金属元素含量都很低。铜元素的含量可能受吸烟影响，在不吸烟者乳中的含量较高。此外，来自城区的母乳中铅元素含量较高（Leotsinidis 等，2005）。

表 4.15　初乳（3d）和过渡乳（14d）中矿物质的含量　　　　单位：μg/L

元素	镉	铅	铜	锌	锰	铁
初乳	0.190 ± 0.152	0.48 ± 0.60	381 ± 132	4905 ± 1725	4.79 ± 3.20	3544 ± 348
过渡乳	0.142 ± 0.121	0.15 ± 0.25	390 ± 108	2990 ± 920	3.13 ± 2.00	458 ± 311

资料来源：Leotsinidis 等（2005）。

在哺乳期第一个月里,除了钴、铅和镍元素以外的所有元素浓度都表现出下降的趋势。锌、硒的下降趋势最为显著,相对于初始浓度的平均值,它们分别下降了大约23%和44%(Almeida 等,2008)。

表 4.16　　　　　初乳(2d)和成熟乳(30d)中矿物质的含量　　　单位:μg/L

元素	锰	砷	铅	钴	镍	铜	锌	硒
初乳	7.7±5.0	7.8±2.2	1.55±1.38	0.69±0.36	7.6±7.9	760±484	12137±4714	72.2±36.4
成熟乳	4.9±1.8	5.8±1.1	0.94±1.05	0.72±0.18	5.8±1.8	498±143	2785±1205	32.1±8.3

资料来源:Almeida 等(2008)。

Rossipal 和 Krachler(1998)研究了必需微量元素(钴、铜、锰、钼和锌)及有毒元素(镉、汞、铅和钛)在不同哺乳期母乳中的浓度变化。在哺乳期内,除钴元素浓度增加了100%以外,其他必需元素的浓度均发生下降。一般而言,早期成熟乳中有毒元素如镉、汞和钛的浓度会比初乳少11%~20%,而铅含量下降幅度较小(表4.17)。Yamawaki(2005)等报道了乳中常量元素和微量元素浓度的变化(表4.18),除上述元素外,初乳中其他元素的浓度,如钡(0.9~47μg/L)、铍(<0.05~0.9μg/L)、镧(<0.05~3.7μg/L)、锂(<0.08~1.3μg/L)和锑(<0.4~6.9μg/L),均高于成熟乳。哺乳期间,乳中的铋(<0.09~2.0μg/L)、铯(1.7~7.7μg/L)和锶(15~117μg/L)浓度没有明显变化(Rossipal 和 Krachler,1998)。

表 4.17　　　　　　　哺乳期间母乳元素的变化　　　　　　　单位:μg/L

元素	初乳(1~3d)	成熟乳(42~60d)	成熟乳(97~293d)
钴	1.48±0.53	1.83±0.93 [§]	4.02±2.58 [§]
铜	570±336	228±114 [**]	148±52 [**]
锰	9.4±6.0	4.2±1.6 [*]	4.5±1.7 [*]
钼	8.88±3.74	1.43±1.77 [***]	1.78±1.62 [***]
锌	6040±3590	760±600 [***]	470±310 [***]
镉	1.3±1.2	0.22±0.26	0.26±0.19
汞	7.7±11.0	0.85±1.23	<0.52
铅	2.3±2.9	2.4±3.3	0.9±1.7
钛	0.15±0.10	<0.08	<0.08

显著性:[*] $P<0.05$;[**] $P<0.005$;[***] $P<0.001$;[§] 没有显著性。
资料来源:Rossipal 和 Krachler(1998)。

表 4.18　　　　　哺乳期间各样本中矿物质的含量　　　　单位:mg/100mL

矿物质	哺乳期					
	1~5d	6~10d	11~20d	21~89d	90~180d	181~365d
氯	34.1±12.5	33.8±14.8	38.3±27.0	33.4±16.3	39.3±14.6	28.6±14.0
钠	32.7±17.0	24.1±11.1	24.2±10.1	13.9±7.2	10.7±6.9	11.6±6.1

续表

矿物质	哺乳期					
	1~5d	6~10d	11~20d	21~89d	90~180d	181~365d
镁	3.2±0.5	3.0±0.9	2.9±0.6	2.5±0.7	2.7±1.1	3.3±0.7
磷	15.9±4.0	19.0±6.1	17.6±3.0	15.6±3.4	13.8±3.7	13.0±2.5
钾	72.3±12.7	70.9±22.8	63.9±10.4	46.6±8.3	43.4±10.3	43.2±7.0
钙	29.3±7.2	31.0±9.7	30.4±4.1	25.7±6.3	23.0±7.4	26.0±5.4
铬	1.7±1.0	3.5±5.4	4.5±5.3	5.0±3.3	7.6±5.4	2.5±1.7
锰	1.2±0.8	1.8±5.3	2.5±6.6	0.8±2.2	1.2±1.1	0.9±1.1
铁	110±54	96±70	136±83	180±327	52±143	85±66
铜	37±15	48±10	46±10	34±19	36±25	16±5
锌	475±248	384±139	337±89	177±108	67±80	65±43
硒	2.5±0.7	2.4±0.6	2.7±0.8	1.8±0.4	1.5±0.6	1.3±0.4

资料来源：Yamawaki 等，2005。

缺少电解质可能是导致母乳喂养的婴儿出现生长障碍的潜在原因。Wack 等在 1997 年分析了母乳中电解质和乳糖含量之间的关系。由表 4.19 可以看出：钠、钾和氯的浓度在整个哺乳期维持稳定，只在前 4 个月有轻微的下降。回归分析表明钠和氯的浓度与乳糖呈负相关（$P<0.01$），氯离子和钾离子之间存在显著的相关性，而钠和钾之间的相关性较弱。

表 4.19　　母乳中电解质和乳糖含量

哺乳期/d	0~60	61~120	121~180	181~240	241~300	301~360	>360
样本数量	21	20	25	29	17	14	8
钠/（mg/L）	182±83	129±61	136±76	139±142	124±65	122±123	126±49
钾/（mg/L）	585±124	490±85	485±66	473±63	470±72	445±53	461±89
氯离子/（mg/L）	459±124	402±97	339±161	460±232	420±133	384±197	397±125
乳糖/（g/L）	66±4	70±4	70±3	71±4	70±4	71±4	71±4

资料来源：Wack 等（1997）。

4.3　影响人乳组成的因素：母亲营养

母乳组成成分也受到哺乳期妇女营养状态的影响。不同营养物质对乳汁成分变化的影响能力显著不同，一些营养物质对乳成分变化没有影响。哺乳期妇女的营养状况可能影响乳中脂肪、蛋白质、乳糖、维生素和矿物质的浓度，然而，大多数矿物质的摄入量几乎不影响其在母乳中的浓度。

4.3.1 脂肪

脂肪是母乳中主要的能量来源，同时也是变化程度最大的大分子营养物质，因哺乳期妇女营养水平及个体差异出现显著性变化。Michaelsen 等（1994）报道：在丹麦，18%的母乳脂肪变化由哺乳期妇女体重的增加所造成的，而且体重增加越多，乳中脂肪含量越高。在一项对孟加拉国妇女的研究中发现，母乳中脂肪和能量的含量与母亲三头肌皮褶厚度和臂围有着明显的正相关性（Brown 等，1986a）。Garg 等在 1988 年发现，食物供给不足导致印度妇女的初乳中脂肪含量要比正常膳食妇女的低（依据体重指数 BMI 判断）。在冈比亚，摄入高能量补充剂的哺乳期妇女的体重在一年内可增加 1.8kg，同时乳中脂肪含量也增加。

Karmarkar 和 Ramakrishnan 在 1960 年研究了 60 位印第安健康妇女饮食中脂肪含量和母乳中脂肪含量的关系并发现：母乳中脂肪含量随着饮食中脂肪含量增加而增加，增加量为 37~60g 脂肪/d，有明显的阈值效应；而且饮食中脂肪酸的组成也对母乳中脂肪酸的组成有显著的影响。众所周知，乳中短链、中链脂肪酸的数量受到碳水化合物和能量供应的影响，多不饱和脂肪酸（PUFA）和长链多不饱和脂肪酸（LCPUFA）可能源于产妇自身储备，或者产妇从饮食中直接获取。

Hamprecht 研究了不同饮食习惯妇女的母乳中脂肪酸的组成差异。英国素食主义者女性母乳中 $C_{18:2}$ 脂肪酸是杂食性女性母乳的 5 倍。在荷兰，养生饮食女性要比杂食女性的母乳中含有更少的饱和脂肪酸 C_{15-20} 和更多的多不饱和脂肪酸，杂食女性乳中 $C_{16:0}$ 和 $C_{18:0}$ 的含量要比素食女性更高，相反，素食女性乳中必须脂肪酸 $C_{18:2}\omega-6$ 的含量更高。而从不吃鱼的女性母乳中 $C_{22:6}\omega-3$ 脂肪酸浓度更低（Hamprecht 等，1984；Finley 等，1985；Dagnelie 等，1992）。

花生四烯酸（$20:4\omega-6$，AA）和二十二碳六烯酸（$22:6\omega-3$，DHA）是大脑发育过程所需最重要的长链多不饱和脂肪酸，长链多不饱和脂肪酸在围产期是条件必需脂肪酸，因为胎儿和早产的新生儿不能分别从前体亚油酸（$18:2\omega6$，LA）和亚麻酸（$18:3\omega3$，ALA）合成足够的花生四烯酸和 DHA。母乳中这些脂肪酸的含量在一定程度上依赖于母亲膳食摄入。摄入海鲜或长链多不饱和脂肪酸 $\omega-3$ 含量丰富的蛋类食物能使母乳中的 DHA 水平升高。另一方面，乳中花生四烯酸含量似乎不受饮食习惯的影响（Hamprecht 等，1984；Peng 等，2009）。

此外，多个研究表明（Harris 等，1984；Helland 等，1998），在膳食中补充鱼油时，鱼油的食用量对母乳的二十碳五烯酸（$20:5\omega-3$；EPA）和 DHA 有明显影响（表 4.20）（Harris 等，1984；Helland 等，1998），而鱼油或 DHA 补充剂对花生四烯酸水平均无明显影响，只是个别情况下会导致其略有下降。Smit 等在 2000 年发现单独摄入花生四烯酸对母乳的花生四烯酸水平没有影响，但 $\omega-3$ 长链多不饱和脂肪酸的水平可能会降低，与此相反，补充花生四烯酸+DHA 的母乳中花生四烯酸含量呈增加的趋势。

母乳中反式脂肪酸的含量主要取决于母亲近期的饮食摄入情况，尤其是摄入氢化植物油、人造奶油、起酥油和其所加工的食品的情况。摄入人造奶油会导致母乳中反式脂肪酸的含量比摄入天然奶油的母乳更高。产后的体重损失比也可以影响母乳中反式脂肪酸的含量,产后体重降低显著影响反油酸($C_{18:1}t$)含量,产后 5 周体重减少 0~2kg,反油酸含量为 1.5%~2.0%;体重减少 4~7kg,其含量为 2.8%~3.5%(Hayat 等,1999)。

有研究者使用同位素标记棕榈酸、油酸和亚油酸来研究脂肪酸的摄入和母乳中脂肪酸浓度的关系(Hachey 等,1987;Hachey 等,1989),他们将这些含有标记的脂肪酸用于饮食受控的母亲的膳食,并且收集这些母亲一个乳房所分泌的母乳,另一乳房直接喂养婴儿。检测结果表明:当母亲处于能量平衡状态时,在母乳中可以检测到大约 30% 被标记的脂肪酸;大约 60% 的脂肪酸来自于组织的合成和体内脂肪存储;当母亲食用低脂肪和低卡路里的饮食时,身体所存储的脂肪将更大比例地用于母乳脂肪的合成。因此,饮食中总脂肪和能量会间接影响母乳的脂肪酸组成。

表 4.20　　　　　　　饮食中鱼油对母乳中 $\omega-3$ 脂肪酸的影响

脂肪酸/ (g/100g)	饮食中 鱼油含量	鱼油总量			
		基线	4 周 5g/d	2 周 10g/d	8 天 47g/d
10:0	痕量	痕量	1.0±0.4	痕量	1.2
12:0	0.1	4.2±1.3	6.3±4.1	6.0±1.5	7.4
14:0	7.4	5.9±0.7	6.4±1.9	7.4±2.0	9.6
16:0	16.8	22.8±1.6	21.1±1.8	21.5±2.0	18.4
16:1n7	9.5	2.5±0.6	2.1±0.3	2.5±0.7	2.7
18:0	9.3	8.2±1.2	7.5±0.5	7.1±1.4	5.3
18:1n9	15.0	32.6±3.3	27.5±3.2	29.6±4.6	25.1
18:2n6	1.2	15.3±3.3	18.2±4.3	15.8±3.5	15.2
18:3n3	0.5	0.8±0.5	1.0±0.8	1.0±0.2	0.8
20:1n9	2.3	0.5±0.1	0.5±0.1	0.4±0.1	0.5
20:3n6	0.2	0.3±0.1	0.2±0.1	0.2±0.1	0.1
20:4n6	痕量	0.4±0.1	0.4±0.1	0.4±0.1	0.4
20:5n3	17.1	痕量	0.3±0.15	0.5±0.1	1.8
22:5n3	2.6	痕量	0.2±0.09	0.36±0.1	0.8
22:6n3(DHA)	10.7	0.1±0.1	0.5±0.09	0.83±0.17	1.9
其他	13.3	6.4	6.8	6.4	8.8

资料来源:Harris 等(1984)。

4.3.2　蛋白质

关于"母体营养状况对母乳中蛋白质影响"的多个研究结果存在相互矛盾。所采用的蛋白质检测方法各异使研究结果不一且易造成混淆,例如检测蛋白时考虑与不考虑非蛋白氮容易使结果不同（Forsum 和 Lonnerdal，1980）。比如，有研究发现，营养状况良好的母亲比营养不良母亲初乳中蛋白质含量更高（分别为 6.0 和 4.5g/100mL）（Garg 等，1988），Karmarkar 和 Ramakrishnan（1960）发现饮食中蛋白质和母乳中蛋白质密切相关，而且蛋白质每日摄入量在 40~50g 时存在明显的阈值效应，其他研究者也发现来自印度和危地马拉营养不良妇女乳中蛋白质含量明显偏低。

但是，在针对巴基斯坦卡拉奇营养不良的妇女研究中，"真正的蛋白质含量"采用酸水解后通过交换色谱法测定，但测定结果与瑞典、比利时和日本等国营养良好的妇女相似，没有显著差异。Jelliffe（1952）的早期研究表明：伊巴丹的低收入约鲁巴女性母乳中蛋白质的含量与营养良好的欧洲妇女水平相似，即使在泌乳后期也没有明显降低。此外，孟加拉国女性个人体质指标与母乳中氮含量没有关系（Brown 等，1986b）。

蛋白质补充实验结果也不一致，而且很难确定膳食补充给母亲的蛋白质是增强母乳蛋白而不是替代。而对冈比亚哺乳期妇女膳食补充蛋白质研究发现，可以提高母乳中 7% 的蛋白质含量（Prentice 等，1983）。母乳总氮和蛋白氮与母体蛋白质代谢有着密切的相关性。在一项研究中，三位营养状况良好的瑞典妇女蛋白质摄入量从能量占比 8% 增加到 20% 后，其乳中总蛋白质和非蛋白氮的浓度有所增加（Motil 等，1989）。

4.3.3 乳糖

母乳中乳糖的含量完全不受母体饮食和营养状况影响。在一项对冈比亚哺乳期女性的研究中发现，给营养不良的哺乳期妇女补充高能量和均衡的营养后，母乳中乳糖含量下降，而蛋白质和脂肪均略有增加，所以总能量保持不变。这可能说明母体产生乳糖从代谢角度看来更具经济性（Prentice 等，1983）。

4.3.4 维生素

合理膳食的母亲所分泌母乳能够提供婴幼儿所需的维生素和矿物质。一般情况下，它们具有较高的生物利用度，因此，即使在低浓度下，它们也可以很好地被利用。母乳的微量营养素含量因人而异，并且与母亲饮食摄入或营养状况有关。一般来说，母乳中水溶性维生素比脂溶性维生素更容易受到饮食的变化的影响，母乳中许多维生素的浓度可以随着母体摄入的增加而增加，直至达到稳定状态，但考虑单一微量营养素的时候经常会出现相反的情况。

水溶性维生素

许多研究表明，多种水溶性维生素与饮食摄入量呈现线性关系。膳食中补充维生素可以显著增加冈比亚哺乳期妇女乳中水溶性维生素（硫胺素、核黄素、烟酸和抗坏血酸）的含量（Prentice 等，1983）。在一项针对美国女性的研究中，母体摄入维生素 B_6 会导致其在母乳中所占比例的增大，婴儿体内维生素 B_6 状态也同样会受到影响（Kang - Yoon 等，1992）。同样，南印度女性泛酸、核黄素、烟酸、抗坏血酸和维生素 B_1 摄入量与母乳中这些维生素的浓度有显著的正相关性（Deodhar 和 Ramakrishnan，1960）。

在多个第三世界国家，新鲜水果和蔬菜的供应季节的变化会影响维生素 C 的摄入。检测发现，营养不良的博茨瓦纳女性乳中维生素 C 含量在旱季为 1.7mg/100mL、雨季为 2.7mg/100mL（Squires，1952）。大量研究发现乳中维生素 B_{12} 的含量与母亲饮食有关系（Specker，1990）。

但是，在怀孕期间补充叶酸对任何阶段母乳中叶酸含量均无影响。在工业发达的国家，母体血清中的叶酸浓度也与母乳中叶酸浓度没有明显关系。有证据表明，叶酸被优先分配到乳腺组织中，并且通常先消耗母体叶酸以保持母乳中叶酸的水平（Deodhar 和 Ramakrishnan，1960）。

脂溶性维生素

一些报告表明，乳中维生素 A 的浓度与怀孕或哺乳期间膳食中维生素 A 浓度有关系。Stoltzfus 等（1993）对 153 对印度尼西亚母婴，补充高剂量的维生素 A 或安慰剂，进行随机双盲试验。在第 6 个月时，维生素 A 加强组母亲的血清视黄醇平均浓度较高，母乳中视黄醇浓度也较高。然而，又有研究认为补充维生素 A 对人类乳成分并没有影响；在加拿大，Chappell 等（1985）发现加强维生素 A 和胡萝卜素摄入的母亲与营养充足母亲的母乳组成没有差别。

补充单一药理剂量的维生素 K 可以导致乳中维生素 K 含量短期上升，但其浓度在几天之内会恢复到正常水平。然而，有研究者（Pietschnig 等，1993）发现，以接近每日建议摄入量（RDA）的水平长期服用维生素 K 的补充剂对母乳中的维生素 K 含量无影响。关于膳食摄入维生素 E 对母乳中维生素 E 含量的影响也有相关研究：Garg 等（1988）发现，不论在营养充足还是营养不良的母亲的初乳中，维生素 E 的浓度没有明显差别；乳中维生素 E 的浓度与母体摄入量没有相关性（Chappell 等，1985）。

4.3.5 矿物质

母乳中大多数矿物质不受母体摄入量的影响。在营养不良与营养充足的印度母亲的初乳中，铁、铜和锌的含量没有显著性差异。铁摄入量在 8.0~40mg 时，母乳中铁含量无明显差别。同样，补充锌也不会对母乳中锌浓度产生影响（Garg 等，1988）。

母亲体内的铁，不论是缺乏还是过量或者是正常水平，都对母乳中铁含量不产生影响。如缺铁性贫血的母亲补充铁时，血液中的金属铁浓度显著增加，但是并没有影响母乳中的铁离子浓度（Dorea，2000）。Zapata 等评估了哺乳期妇女在产后 3 个月内适量补充铁（40mgFe/d，$FeSO_4$）对乳中铁离子、乳铁蛋白（LF）、总铁离子配体和锌的影响，发现补铁没有显著改变母乳中铁和锌的含量，并且铁与 LF 保持较低的比例，以确保 LF 对婴儿的重要功能；然而，母乳中总铁离子配位体出现增长，总铁结合力及 LF 在总蛋白质中的比例也增加，因此，补铁女性的乳汁中 LF 水平往往较高。

母亲饮食对母乳中钙和镁浓度的影响不大。一项研究表明，芬兰女性母乳中铬含量不受膳食摄入量影响（Kumpulainen 等，1980）。而有证据表明，母乳中硒含量会受到母亲饮食影响，增加硒的摄入量会导致母乳中硒含量增加。

产妇碘摄入量的不同也会使母乳中碘浓度不同。额外补充或者从天然食品中吸收碘都可以快速影响母乳中碘的含量。因为母体的甲状腺和乳腺腺体能通过 Na^+/I^- 同向转运系统获取碘,所以人体很容易从食物、补充来源、含碘药物或者分娩过程使用的含碘消毒液中获取碘。在该系统中,跨膜载体蛋白能够逆浓度梯度方向输送碘。母乳中含碘激素主要为甲状腺素(T_4,四碘分子),甲状腺素的分泌也依赖于母体的碘摄入量。在对母体碘缺陷的研究中,与对照组相比较,未经处理的甲状腺肿大对母乳中碘含量没有影响(Dorea,2002)。

4.4 影响人乳组成的因素:环境及其他因素

地域因素被认为是影响乳汁成分变化的主要原因,并且环境污染也可以对母乳中的微量元素产生影响——在分析检测前,尤其是在 ng/mL 水平,样品可能会被环境污染。而一些其他因素,包括母亲年龄、身体脂肪、居住地和怀孕周期也会对乳汁成分产生影响。

1984 年以来,芬兰就已经将硒酸钠添加到所有农用化肥中。Kantol 和 Vartiainen(2001)发现,这一措施使芬兰人母乳中硒含量从 1984 年之前的低于 $10\mu g/L$ 提高到 1993 年的 $20\mu g/L$。另一项研究也表明,在 1993—1995 年,农村地区母乳中硒含量显著高于市区。

但进一步研究发现,母乳中锌和硒之间存在反比关系,而且母体中硒的状态会影响乳中锌与蛋白质的结合方式。

麝香合成化合物常被用于大多数洗涤剂、织物软化剂、清洁剂和化妆品的香料中,例如肥皂、洗发水和香水。由于葵子麝香对大鼠具有神经毒性、对人类具有潜在光敏性,所以已经被逐步淘汰,并于 1995 年被欧洲委员会禁止使用。Duedahl – Olesen 等(2005)通过气相色谱/高分辨率质谱(GC/HRMS)从初产母亲的母乳中定量检测到硝基麝香和多环麝香的化合物,但由于缺少关于母亲的信息,合成麝香化合物对母乳中成分的影响尚无定论。

其他潜在因素也非常重要。Mello – Neto 等(2009)评估了巴西母乳中维生素 A 浓度和母亲特征之间的关系,这些特征包括年龄、职业、文化程度、家庭收入、身体脂肪和使用口服避孕药的情况。结果发现,积极外出工作的女性母乳中有较高的维生素 A 水平,家庭收入和教育水平不影响这一结果,这表明外出工作的女性更容易获得营养均衡的饮食,但这种假设还需要进一步具体调查。

这项研究还显示,母亲的年龄也是重要因素,年龄与血清中维生素 A 浓度呈正相关,多元回归模型分析也能表现相同结果。尽管避孕药的成分并未报道,但使用口服避孕药与母乳中维生素 A 水平也呈正相关。而哺乳期女性体内的脂肪比例与母乳中维生素 A 水平呈负相关。母乳中的脂肪是运输维生素 A 等脂溶性维生素的必需物质,过多的身体脂肪是有害的,会增加包括维生素 A 在内的各种抗氧化剂的消耗。这些研究结果表明,一些营养学、产科学和社会经济人口因素可能会影响成熟乳中维生素 A

浓度。

妊娠过程也对母乳成分有影响。早产儿母乳比足月儿母乳中含有更高浓度的蛋白质、钠、氯化物以及更低浓度的乳糖，但是两者乳中的热量相似，钾、钙、磷和镁的浓度也相似，早产儿母乳似乎比其他母乳更能满足早产儿的营养需求（Gross 等，1980）。

在相似的研究中，Butte 等（1984）测定了足月儿母亲（N=13）和早产儿母亲（N=8）母乳中的蛋白氮（PN）、非蛋白氮（NPN）、能量、脂肪、钠（Na）、钙（Ca）、磷（P）、镁（Mg）和锌（Zn）的浓度。结果发现，早产儿和足月儿母乳中 PN、Ca 和 P 含量在统计学上具有显著性差异，早产儿母乳中平均 PN 浓度显著高于足月儿母乳，其比值为 198:164，与之相反，早产儿母乳中 Ca 和 P 浓度均低于足月儿母乳，含量比值分别为（220:261）和（125:153）。

一项研究收集了 21 位早产儿母乳和 21 位足月儿母乳，检测了母乳中的总蛋白和免疫球蛋白 A、G 和 M 的浓度及其他项目。发现，前者乳中寡糖含量比后者更高，而且乳糖的浓度的降低速率也比后者慢。前者乳中蛋白和免疫球蛋白的水平显著较高，特别是 IgA。这表明早产儿的母亲提供的母乳在营养和免疫学性质方面很独特，这可能是为了满足较低体重新生儿的较高需求（Chandra，1982；Testa 等，2008）。

Atinmo 和 Omololu 在 1982 年测定分析了 15 个早产儿的母亲和 20 个足月儿母亲所产母乳中铜、锌和铁的含量。结果如表 4.21 所示，在哺乳早期，早产母亲的母乳中铜、锌和铁的含量要高于足月产母亲母乳中的铜、锌和铁的含量。

表 4.21　　　　　早产儿和足月儿母乳中铜、锌和铁的含量　　　　　单位：μg/mL

矿物质	早产（$n=15$）		足月产（$n=20$）	
	初乳	第八周	初乳	第八周
铜	0.54	0.30	0.34	0.27
锌	7.14	5.36	5.98	3.93
铁	1.05	0.70	0.56	0.43

资料来源：Atinmo and Omololu（1982）。

4.5　不同国家及地区人乳成分对比

不同国家和地区的人乳成分受人口自然变化的影响，不同地域会影响母乳中蛋白质、脂肪酸、维生素和矿物质的含量，母亲的营养状况及地域差异是影响人乳中矿物质含量的主要因素。

4.5.1　蛋白质

研究表明：母乳中蛋白质成分的变化主要是由不同国家和地区人口自然变化所造成的。Jackson 等（2004）对母乳中 α-乳清蛋白的含量开展了多国家研究，结果发现被检测的各国母乳样本中 α-乳清蛋白的平均含量为 2.44±0.64g/L，其中美国和墨西哥母乳中 α-乳清蛋白的平均含量分别是 3.23±1.00g/L 和 2.05±0.51g/L，母乳含氮量在 2.10g/L（墨西哥母乳）和 2.79g/L（智利母乳）之间变化。由表 4.22 可以发现：除了墨西哥和加拿大以外，几乎所有国家的母乳中总氮含量与 α-乳清蛋白的含量成显著正相关（$P<0.05$）。

早在 1987 年，西班牙的 Sanchez-Pozo 等人就对不同国家母乳中 α-乳清蛋白的含量进行了研究。其中菲律宾和中国母乳中 α-乳清蛋白的平均含量分别为 2.40g/L 和 2.38g/L，这一结果与上述 Jackson 等的研究结果 2.44±0.64g/L 相似。北美的不同国家之间母乳中 α-乳清蛋白的含量差别较为明显，墨西哥和加拿大母乳中 α-乳清蛋白的含量最低，而美国女性母乳中的含量要高于其他国家（Jackson 等，2004）。在过去的研究中，埃塞俄比亚的成熟乳中 α-乳清蛋白的含量与瑞典的相似（Lonnerdal 等，1976）。

表 4.22　不同国家母乳中 α-乳清蛋白的含量

国家	总氮含量/（g/L）	α-乳清蛋白的氮含量/（g/L）	α-乳清蛋白的氮含量占总氮含量的比率/（% of N）	α-乳清蛋白的氮含量与总氮含量的相关系数（R）
澳大利亚	2.37	0.38	16.5	0.366*
加拿大	2.41	0.34	14.2	0.114
智利	2.79	0.38	14.0	0.445*
中国	2.65	0.38	14.2	0.487*
日本	2.56	0.39	15.4	0.311*
墨西哥	2.10	0.31	16.0	0.172
菲律宾	2.31	0.39	16.9	0.488*
英国	2.56	0.41	15.9	0.460*
美国	2.40	0.50	20.8	0.496*
平均值	2.46	0.39	16.0	0.315*

* $P<0.05$. 总样本数为 452。
LA：α-乳清蛋白，N：氮，R：相关系数。
资料来源：Jackson 等（2004）。

表 4.23 为不同国家母乳中 β-酪蛋白的含量，虽然表中的 β-酪蛋白的含量变化范围是 1.66~10.87mg/mL，但不同国家母乳中 β-酪蛋白的含量并没有真正的差别，不同之处在于乳中各种价态的磷酸化 β-酪蛋白的比例不同（表 4.24）。通常，母乳中 β-酪蛋白的主要存在形式包括：未被磷酸化、二价磷酸盐和四价磷酸盐形式，而三价、五价磷酸盐形式很少出现。不同国家母乳中磷含量也有显著差异，如在整个研究中未被磷酸化的 β-酪蛋白和四价磷酸盐 β-酪蛋白的含量的变化可以从几乎检测不出（<0.1%）到 >50% 的水平。

表 4.23　不同国家母乳中 β-酪蛋白的含量　　　　　单位：mg/mL

国家	n	中间值	范围	平均值±标准差
法国	12	4.98	2.87~8.20	5.22±1.16
德国	12	4.29	2.04~10.87	4.68±1.95
意大利	18	4.11	2.36~6.33	4.30±0.95
美国	16	4.88	1.66~7.88	4.85±1.49
合计	58	4.65	1.66~10.87	4.72±1.44

资料来源：Kroening 等（1998）。

表 4.24　不同国家母乳中 β-酪蛋白磷酸形式百分率　　　　　单位：%

磷酸形式	国家			
	法国	德国	意大利	美国
无	17.15±7.00	15.44±12.36	19.58±9.25	16.08±8.02
单	10.85±6.17	10.21±5.74	10.03±6.63	17.68±6.73
二	23.44±5.28	24.62±5.54	21.21±5.90	24.95±4.81
三	8.97±5.94	10.72±2.32	10.70±9.26	10.84±2.99
四	30.52±8.33	29.41±6.87	28.58±9.74	23.63±6.79
五	9.32±7.73	9.73±5.65	10.24±5.72	6.78±3.43

资料来源：Kroening 等（1998）。

有人研究了女性社会经济地位对母乳成分的影响，对埃塞俄比亚无特权和有特权的母亲进行了母乳中总氮含量、NPN 型、乳糖和乳蛋白质含量（包括：LF、α-乳清蛋白、血清白蛋白、免疫球蛋白和 IgM）的测定。所得到的数据以及每餐母乳量都与营养良好的瑞典母亲相应结果作比较，发现两组埃塞俄比亚母亲间以上母乳成分和母乳量没有明显差别。但是，对比发现，无特权组乳汁中的铁和蛋白质的含量明显高于特权组（表 4.25）。

表 4.25　埃塞俄比亚和瑞典母乳产量及其中氮的分布和乳糖含量比较

孩子的月龄/月	埃塞俄比亚母亲		瑞典母亲
	无特权	有特权	
总氮含量/（mg/mL）			
0~0.5	—	3.14±0.83	3.05±0.59
0.5~1.5	2.50±0.17c	2.89±0.59d	1.93±0.24
1.5~3.5	1.77±0.33	1.97±0.29b	1.61±0.21
3.5~6.5	1.69±0.30b	—	1.48±0.17
NPN/（mg/mL）			
0~0.5	—	0.46±0.06	0.53±0.09
0.5~1.5	0.43±0.05	0.46±0.08	0.46±0.03

续表

孩子的月龄/月	埃塞俄比亚母亲		瑞典母亲
	无特权	有特权	
1.5~3.5	0.36±0.05	0.41±0.05	0.41±0.04
3.5~6.5	0.34±0.05	—	0.38±0.07
乳糖/（%，w/v）			
0~0.5	—	6.46±0.89	5.93±0.58
0.5~1.5	7.42±0.51	6.60±0.63	7.02±0.56
1.5~3.5	7.43±0.48	7.64±0.16	7.33±0.47
3.5~6.5	7.49±0.31	—	7.64±0.35
乳量/mL			
0~0.5	—	197±94	—
0.5~1.5	157±131	169±91	124±26
1.5~3.5	153±66	126±61	145±44
3.5~6.5	188±88	—	206±70
乳铁蛋白/（mg/mL）			
0~0.5	—	3.75±0.93	3.53±0.54
0.5~1.5	2.64±0.06c	3.37±0.71	1.94±0.38
1.5~3.5	1.67±0.51	1.89±0.51	1.65±0.29
3.5~6.5	1.72±0.67	—	1.39±0.26
α-乳清蛋白/（mg/mL）			
0~0.5	—	3.70±0.31	3.62±0.59
0.5~1.5	3.58±0.28	3.72±0.35b	3.26±0.47
1.5~3.5	2.76±0.29	2.92±0.39	2.78±0.49
3.5~6.5	2.65±0.35	—	2.68±0.59
血清白蛋白/（mg/mL）			
0~0.5	—	0.42±0.09	0.39±0.06
0.5~1.5	0.43±0.02	0.47±0.11	0.41±0.07
1.5~3.5	0.36±0.07	0.38±0.06	0.39±0.04
3.5~6.5	0.36±0.08	—	0.38±0.04
IgG/（mg/mL）			
0~0.5	—	0.087±0.070	0.156±0.095d
0.5~1.5	0.094±0.090b	0.045±0.025	0.027±0.023
1.5~3.5	0.029±0.013	0.033±0.028	0.021±0.015
3.5~6.5	0.030±0.180	—	0.016±0.012

续表

孩子的月龄/月	埃塞俄比亚母亲		瑞典母亲
	无特权	有特权	
	IgM/（mg/mL）		
0~0.5	—	0.068±0.042b	0.032±0.023
0.5~1.5	0.045±0.012	0.067±0.020d	0.027±0.018
1.5~3.5	0.033±0.011	0.046±0.012c	0.027±0.011
3.5~6.5	0.048±0.024	—	0.027±0.014

b（$0.01<P<0.05$）；c（$0.001<P<0.01$）；d（$P<0.001$）：VS. 瑞典的相应数据
资料来源：Lonnerdal 等（1976）。

4.5.2 脂肪酸的成分

脂肪酸是人乳中差别最大的组分。如表4.26所示，影响人乳中脂肪酸成分的主要因素是地域差异。

表4.26　　　　　不同国家人乳中脂肪酸的成分　　　　　单位：g/100g 乳脂肪

脂肪酸	国家		
	科威特[a]	巴西[b]	巴西[c]
饱和脂肪酸			
8:0	0.15±0.03	0.20±0.15	0.11±0.04
10:0	1.29±0.37	1.68±0.49	1.35±0.44
12:0	6.01±1.79	6.88±2.79	5.30±1.90
14:0	6.41±1.97	7.02±3.07	5.64±1.84
15:0	0.41±0.17	0.27±0.17	0.41±1.04
16:0	21.79±3.09	17.3±2.24	19.21±4.89
17:0	0.37±0.09	0.32±0.11	0.40±0.17
18:0	6.53±0.98	5.43±1.26	7.94±3.79
20:0	0.39±0.16	0.12±0.03	0.28±0.18
总量	42.86±5.18	39.7±7.03	41.46±6.11
单不饱和脂肪酸			
14:1	0.36±0.13	0.17±0.15	—
16:1	2.94±0.84	1.99±0.74	2.45±1.04
17:1	0.31±0.08	0.17±0.06	—
18:1	32.49±3.68	—	30.12±6.61
20:1	0.93±0.32	0.26±0.06	0.60±0.31
22:1	—	—	0.13±0.14
24:1	0.54	痕量	—
总量	37.25±3.75	27.6±3.94	33.31±4.92

续表

脂肪酸	国家		
	科威特[a]	巴西[b]	巴西[c]
多元不饱和脂肪酸 $\omega-6$ 系			
18∶2	17.44±4.53	20.3±6.48	20.62±4.91
18∶3	0.37±0.11	0.10±0.04	
20∶2	0.44±0.24	0.42±0.12	
20∶3	0.50±0.17	0.42±0.13	
20∶4	0.54±0.16	0.53±0.14	0.71±0.18
22∶2	0.54	痕量	
总 $\omega-6$ 长链多不饱和脂肪酸	2.02	1.40±0.31	
总 $\omega-6$ 系	19.64±4.88	21.8±6.66	
多元不饱和脂肪酸 $\omega-3$ 系			
18∶3	0.42±0.14	1.43±0.66	1.93±1.31
20∶5	0.67±0.23	痕量	0.16±0.08
22∶5	0.49±0.03		
22∶6	0.60±0.24	0.14±0.05	0.34±0.19
总 $\omega-3$ 长链多不饱和脂肪酸	1.76	0.16±0.05	
总 $\omega-3$ 系	1.02±0.71	1.59±0.67	
总多元不饱和脂肪酸	20.27±4.72	23.4±7.22	25.03±5.23
总反式脂肪酸	2.80±1.75	2.36±1.76	

资料来源：a Hayat 等（1999），b Silva 等（2005），c Cunhaet 等（2005）。

2002 年，Smit 等对荷兰、加勒比、耶路撒冷、坦桑尼亚和巴基斯坦的 465 个不同的人乳样本中 28 种脂肪酸组分的生物学差异（CV_{biol}）进行了检测分析。结果显示：除巴基斯坦以外的 455 个样本中各脂肪酸的平均 CV_{biol} 值从 12.7%（16∶0）、18.9%（18∶1ω9）到 68%（22∶6ω3）和 100%（20∶5ω3）变化。20∶4ω6、18∶2ω6 和 18∶3ω3 脂肪酸的 CV_{biol} 值分别为 28.0%、33.0% 和 37.3%（表 4.27）。

在科威特的母乳样本中，反式脂肪酸的总含量为 2.8%，而加拿大和德国的母乳样本中的反式脂肪酸总含量分别为 7.2% 和 4.4%。造成这种差异的原因主要是地域和饮食习惯的不同（Hayat 等，1999）。

4.5.3 维生素

1976 年，Gebre-Medhin 等对不同哺乳期的无特权、有特权的埃塞俄比亚母亲和瑞典母亲的乳汁中维生素 A 和 β-胡萝卜素的含量进行了检测分析（表 4.28）。哺乳期 0.5~1.5 个月，瑞典和埃塞俄比亚的母乳中的维生素 A 含量明显不同；产后的

表 4.27　荷兰、加勒比海地区、耶路撒冷、坦桑尼亚和巴基斯坦的成熟乳中脂肪酸的组成

单位：mol%

	全部($n=55$)		荷兰($n=222$)		加勒比海地区($n=159$)		耶路撒冷($n=63$)		坦桑尼亚($n=11$)		巴基斯坦($n=10$)	
	中间值	范围	中间值	范围	中间值	范围	中间值	范围	中间值	范围	中间值	范围
6:0	0.28	0.03~0.69	0.30	0.17~0.52	0.17	0.03~0.48	0.32	0.07~0.69	0.35	0.21~0.54	0.32	0.16~0.42
8:0	0.66	0.11~1.76	0.66	0.45~0.94	0.67	0.24~1.76	0.57	0.11~1.30	0.86	0.66~1.26	0.46	0.28~0.77
10:0	3.00	0.57~6.15	2.73	1.58~4.27	3.62	0.57~6.15	2.80	0.75~5.58	3.83	2.17~4.84	2.28	1.43~3.32
12:0	9.78	2.14~34.90	8.20	2.92~15.75	13.82	4.12~34.90	9.67	2.14~16.53	19.87	11.28~28.43	10.03	5.05~11.87
14:0	8.84	1.57~27.61	7.89	3.68~14.21	11.54	4.09~26.00	7.98	1.57~15.93	13.22	7.75~27.61	10.99	4.94~14.04
16:0	21.90	12.68~29.61	23.21	14.45~28.82	20.89	14.29~29.21	18.97	12.68~28.19	18.57	14.16~28.65	27.94	18.99~34.36
18:0	6.35	1.08~9.68	7.18	4.84~9.68	5.45	2.14~8.77	4.93	2.57~8.11	3.63	1.08~4.44	5.20	3.97~7.70
20:0	0.20	0.03~0.91	0.21	0.03~0.37	0.20	0.07~0.91	0.14	0.08~0.23	0.10	0.05~0.12	0.17	0.12~0.19
22:0	0.09	0.00~0.34	0.10	0.05~0.21	0.09	0.00~0.34	0.07	0.02~0.13	0.05	0.00~0.07	0.07	0.05~0.11
24:0	0.07	0.00~0.31	0.07	0.03~0.16	0.07	0.00~0.31	0.06	0.03~0.13	0.05	0.00~0.07	0.06	0.03~0.09
MCSAFA	22.41	4.65~67.92	19.81	9.19~35.20	30.62	9.90~67.92	21.74	4.65~35.25	39.72	23.91~59.14	25.36	12.77~27.79
LCSAFA	38.35	25.53~47.15	38.89	27.28~46.09	39.09	27.07~47.15	32.51	5.53~42.31	38.49	32.93~43.97	44.48	33.71~49.59
18:3ω3	0.92	0.27~2.72	1.02	0.64~2.71	0.67	0.27~2.00	0.97	0.46~2.01	0.82	0.44~1.84	0.34	0.25~1.84
20:5ω3	0.05	0.00~1.18	0.05	0.00~0.29	0.05	0.00~0.36	0.04	0.00~1.18	0.06	0.00~0.21	0.02	0.00~0.09
22:5ω3	0.120	0.00~0.31	0.12	0.08~0.24	0.13	0.00~0.31	0.10	0.05~0.23	0.11	0.00~0.21	0.05	0.04~0.14
22:6ω3	0.21	0.08~1.63	0.19	0.09~0.84	0.33	0.09~1.63	0.16	0.00~0.49	0.17	0.10~0.40	0.06	0.03~0.19
LCPω3	0.38	0.10~1.68	0.36	0.20~1.33	0.52	0.16~1.68	0.32	0.13~0.78	0.40	0.10~1.54	0.14	0.09~0.38
ω3	1.30	0.16~3.08	1.42	0.90~3.08	0.98	0.16~2.79	1.25	0.73~2.43	1.17	0.54~2.16	0.53	0.37~2.21
14:1ω5	0.28	0.03~0.69	0.37	0.03~0.69	0.23	0.05~0.52	0.12	0.04~0.36	0.18	0.10~0.36	0.13	0.07~0.27
18:2ω6	12.67	3.51~30.03	12.84	6.01~28.21	11.26	3.51~25.94	16.57	10.48~30.03	12.47	5.15~23.56	8.73	7.13~22.71
18:3ω6	0.09	0.00~0.33	0.09	0.03~0.20	0.07	0.00~0.23	0.15	0.00~0.33	0.10	0.05~0.22	0.05	0.00~0.12
20:2ω6	0.31	0.08~0.99	0.31	0.17~0.57	0.32	0.08~0.99	0.28	0.16~0.63	0.23	0.11~0.39	0.16	0.14~0.37
20:3ω6	0.36	0.18~0.78	0.33	0.18~0.78	0.38	0.20~0.68	0.42	0.22~0.78	0.32	0.18~0.50	0.21	0.15~0.36

续表

	全部($n=55$)		荷兰($n=222$)		加勒比海地区($n=159$)		耶路撒冷($n=63$)		坦桑尼亚($n=11$)		巴基斯坦($n=10$)	
	中间值	范围	中间值	范围	中间值	范围	中间值	范围	中间值	范围	中间值	范围
20∶4ω6	0.42	0.19~0.99	0.37	0.21~0.62	0.50	0.19~0.99	0.48	0.28~0.81	0.49	0.31~0.71	0.26	0.20~0.44
22∶4ω6	0.09	0.00~0.50	0.07	0.04~0.16	0.120	0.00~0.50	0.10	0.05~0.20	0.10	0.07~0.12	0.06	0.04~0.08
22∶5ω6	0.04	0.00~0.18	0.03	0.00~0.08	0.05	0.00~0.18	0.04	0.00~0.120	0.06	0.00~0.07	0.02	0.00~0.05
LCPω6	1.23	0.59~3.25	1.11	0.71~1.72	1.40	0.59~3.25	1.34	0.91~2.11	1.30	0.73~1.46	0.69	0.57~1.30
ω6	14.08	4.14~31.35	14.04	7.22~29.53	12.80	4.14~27.36	18.18	11.99~31.35	13.92	5.92~25.06	9.35	7.78~24.10
16∶1ω7	2.33	0.65~5.89	2.33	0.76~4.99	2.58	0.89~5.89	1.79	0.65~4.21	1.94	1.28~5.07	2.23	1.20~5.02
18∶1ω7	2.89	0.50~7.63	3.13	1.57~5.34	2.98	0.79~7.63	1.74	0.73~4.00	1.48	0.50~4.53	4.05	2.22~5.80
ω7	5.36	1.65~10.34	5.50	2.66~9.40	5.55	1.96~10.34	3.73	1.65~6.51	3.96	1.83~7.75	6.17	4.35~9.31
18∶1ω9	25.20	7.17~40.05	26.49	19.06~34.47	21.38	7.17~34.59	28.14	18.46~40.05	17.31	7.83~23.94	24.19	21.22~28.94
20∶1ω9	0.35	0.06~1.10	0.37	0.22~0.67	0.38	0.06~1.10	0.26	0.15~0.54	0.15	0.06~0.26	0.25	0.21~0.32
20∶3ω9	0.05	0.00~0.20	0.05	0.00~0.09	0.06	0.00~0.20	0.05	0.00~0.09	0.05	0.03~0.08	0.06	0.03~0.07
24∶1ω9	0.05	0.00~0.46	0.04	0.00~0.46	0.05	0.00~0.27	0.05	0.02~0.10	0.00	0.00~0.04	0.04	0.02~0.07
ω9	25.60	7.28~40.45	26.99	19.48~35.11	21.84	7.28~35.23	28.61	18.78~40.45	17.64	7.95~24.23	24.53	21.52~29.31
MUFA	31.48	9.54~46.60	33.04	22.20~44.74	28.06	9.54~42.91	33.18	21.85~41.60	22.37	9.95~30.86	30.93	26.31~36.77
PUFA	15.49	5.03~32.24	15.53	8.41~32.15	13.93	5.03~27.82	19.90	12.93~32.24	15.57	7.12~26.11	9.96	8.22~26.36
LCPω3+LCPω6	1.64	1.02~3.96	1.50	1.05~2.21	1.92	1.09~3.94	1.68	1.12~2.89	1.64	1.02~3.00	0.86	0.68~1.68
LCPω6/LCPω3	3.18	0.40~9.85	3.19	0.67~5.73	2.87	0.40~9.62	4.21	2.39~9.85	3.08	0.95~9.09	4.94	2.25~8.76
ω6/ω3	10.36	3.54~101.38	9.56	3.54~23.95	11.04	3.71~101.38	13.62	7.99~36.04	9.24	5.14~24.63	19.02	10.89~27.24
20∶3ω9/20∶4ω6	0.12	0.00~0.47	0.13	0.00~0.23	0.11	0.00~0.47	0.09	0.00~0.20	0.11	0.04~0.19	0.20	0.11~0.29
20∶4ω6/22∶6ω3	1.97	0.15~5.71	2.04	0.30~3.75	1.60	0.15~3.83	2.88	1.60~5.71	2.24	1.52~4.77	4.23	1.65~7.78
18∶2ω6/18∶3ω3	13.44	4.77~42.89	11.81	4.77~30.55	14.53	9.13~32.91	17.24	9.02~40.85	13.55	6.04~42.88	26.90	12.37~33.94

注:"全部"指除巴基斯坦人乳数据外的其他所有人乳样本的数据,巴基斯坦的人乳数据。

资料来源:Smit 等(2002)。

1.5~6.5个月,瑞典和无特权组埃塞俄比亚母亲母乳中维生素 A 的含量差异显著;哺乳期 1.5~3.5 个月期间,三者母乳中 β-胡萝卜素存在显著差异,并且 0.5~1.5 个月期间,瑞典和特权组埃塞俄比亚母亲之间母乳中 β-胡萝卜素含量也明显不同。

表 4.28　埃塞俄比亚母亲和瑞典母亲的产乳量及维生素 A 和 β-胡萝卜素的含量比较

孩子的月龄	埃塞俄比亚母亲						瑞典母亲		
	无特权			有特权					
	样本数	平均值	标准差	样本数	平均值	标准差	样本数	平均值	标准差
每天第一餐后产生的人乳的量/mL									
0.5~1.5	3	157	131	15	169	91	12	124	26
1.5~3.5	14	153	66	5	126	61	12	145	44
3.5~6.5	26	188	88	—	—	—	11	206	70
维生素 A 的含量/(μg/dL)									
0.5~1.5	3	29.0	9.5	14	36.2	7.7	15	47.8	16.2
1.5~3.5	14	33.1	14.8	5	36.4	7.9	10	53.1	33.7
3.5~6.5	25	28.1	15.0				12	40.0	11.0
β-胡萝卜素的含量/(μg/dL)									
0.5~1.5	3	25.3	12.8	14	28.1	16.1	15	16.3	7.5
1.5~3.5	14	23.9	8.8	5	26.2	12.0	10	17.1	7.5
3.5~6.5	25	25.6	12.3	—	—	—	12	20.8	10.2

资料来源:Gebre-Medhin 等(1976)。

2007 年,Jackson 和 Zimmer 对墨西哥、日本以及英国的母乳中叶黄素和玉米黄素含量进行了检测分析,结果如表 4.29 所示。这三个国家的母乳中叶黄素和玉米黄素含量均不相同,主要体现为:日本母乳中的叶黄素含量比英国母乳中的含量高,而墨西哥母乳中玉米黄素含量比英国母乳的高。而且叶黄素和玉米黄素的含量呈显著相关性,在所有上述国家的母乳中都具有相似的相关性($r_{墨西哥}=0.80$,$r_{日本}=0.82$,$r_{英国}=0.87$;$P<0.001$)。

表 4.29　不同国家的人乳中叶黄素和玉米黄素的含量

	墨西哥	日本	英国
叶黄素/(nmol/L)	47.9±20.8	51.1±37.5	21.8±13.7
玉米黄素/(nmol/L)	20.7±9.6	12.8±6.7	8.7±5.4
叶黄素/玉米黄素	2.47±0.87	3.77±1.16	3.13±2.15
叶黄素/乳脂肪/(nmol/g)	1.51±0.74	1.64±1.02	0.66±0.53
玉米黄素/乳脂肪/(nmol/g)	0.66±0.35	0.42±0.20	0.28±0.23

资料来源:Jackson 和 Zimmer(2007)。

4.5.4 矿物质

地域差异是造成人乳中矿物质含量差异的主要因素。同时，环境的污染也会引起母乳中微量元素发生变化。Bocca 等对来自意大利 6 个地区的共 60 个母乳样本中钙、铜、铁、镁、锰和锌的含量进行了检测分析。结果显示，当环境因素作为考察因素时，城市生活的妇女，母乳中只有铜的含量会相对偏高一些（表 4.30）。这项研究显示出不同区域的母乳中部分元素浓度差异，如镁和锌，或者锰和钙（差异程度相对较小）。表 4.31 是不同国家的人乳中 Zn 的含量。大多数国家的母乳中锌含量在每个哺乳期阶段都十分接近，但也存在个体差异。

表 4.30　　　　　　　　意大利六个地区的人乳中元素的总浓度　　　　　　　单位：mg/mL

中心（城镇）	钙	铜	铁	镁	锰/（ng/mL）	锌
布林迪西	223.00 ± 5.28	0.12 ± 0.01	0.41 ± 0.01	2.73 ± 0.04	22.2 ± 0.55	1.42 ± 0.02
费拉拉	261.00 ± 17.00	0.49 ± 0.02	0.23 ± 0.02	22.70 ± 0.34	19.9 ± 1.00	0.29 ± 0.04
维罗纳	263.00 ± 18.20	0.46 ± 0.04	1.84 ± 0.19	53.50 ± 1.11	56.60 ± 3.90	0.19 ± 0.01
罗马	237.00 ± 7.59	0.26 ± 0.02	0.68 ± 0.02	51.10 ± 1.31	12.60 ± 0.70	3.41 ± 0.13
科森扎	658.00 ± 18.70	0.70 ± 0.07	0.23 ± 0.02	4.92 ± 0.19	57.70 ± 6.80	1.89 ± 0.06
都灵	96.60 ± 3.82	0.16 ± 0.01	0.49 ± 0.01	4.92 ± 0.19	13.80 ± 0.60	9.09 ± 0.19

资料来源：Bocca 等（2000）。

表 4.31　　　　　　　　不同国家的人乳中锌的含量　　　　　　　单位：μg/mL

国家	哺乳时间	n	浓度水平	参考文献
孟加拉国	6 个月	11	0.9 ± 0.4	Simmer 等，1990
巴西	2~3 个月	41	1.4 ± 0.9	Lehti，1990
布隆迪	2 个月	6	1.6 ± 0.1	Benemariyal 等，1995
	4 个月	5	1.3 ± 0.3	
埃及	6 个月	52	0.8[a]	Karra 等，1988
冈比亚	2 个月	—	3.4	Arnaud 等，1991
	4 个月	—	1.7	
科特迪瓦	6 个月	7	2.3 ± 0.9	Lauber 和 Reinhardt，1979
危地马拉	3 个月	84	2.6 ± 0.3	
尼日利亚	3 个月	18	1.7 ± 0.2	
菲律宾	3 个月	65	2.0 ± 0.1	Parr 等，1991
刚果（金）	3 个月	69	1.9 ± 0.1	
匈牙利	3 个月	71	1.2 ± 0.1	
瑞典	3 个月	32	0.7 ± 0.1	

续表

国家	哺乳时间	n	浓度水平	参考文献
德国	117d	—	1.2 (0.6~1.9)	Sievers 等，1992
芬兰	6~8 个月	151	1.9±0.7	Vuori 等，1980
日本	3 个月	—	1.1	Higashi 等，1982
英国	2 个月	—	1.3	Bates 和 Tsuchiya，1990
	4 个月		0.7	
澳大利亚	8~23 周	38	1.6±5.4	Cumming 等，1983
美国/安纳波利斯	3 个月	20	1.3±0.1	Moser 和 Reynolds，1983
	6 个月	18	1.1±0.1	
美国/休斯顿	2 个月	45	1.5±0.6	Butte 等，1987
	4 个月	45	1.0±0.6	

a. 此处浓度单位用 μg/g。
资料来源：Benemariyal 等（1995）。

4.5.5 核苷酸

总核苷酸（TPAN）是游离核苷、游离核苷酸、含核苷酸加合物以及核苷酸聚合物（主要是 RNA）之和。测定分析来自中国香港、菲律宾和新加坡地区的 135 个健康哺乳期女性的 160 个乳样本发现，人乳中 TPAN 的平均浓度是 203μmol/L（6.49mg/L），并且不同国家、不同哺乳阶段的人乳中 TPAN 没有显著差异。

4.6 人乳中的细菌及婴儿疾病

人乳除了满足婴儿的营养需求之外，还可以保护新生儿免于疾病的感染。但是，产妇的乳腺却经常发生感染。人们从乳汁、乳晕以及乳房皮肤中均可以检测到病原体和一些常见的细菌。

4.6.1 人乳中细菌的多样性

人乳是婴儿肠道中共生菌或者潜在益生菌的优质可持续来源，如葡萄球菌、链球菌和乳酸菌。这些细菌对于降低婴儿在哺乳期间被感染的几率和程度有着重要的作用。有趣的是，从这种生理性液体中分离到的一些乳酸菌可以抑制广谱的病原体——主要通过竞争性抑制或者产生一些抗菌物质而发挥作用，如细菌素、有机酸和氢过氧化物。

埃希氏大肠杆菌（*Escherichia coli*，*E. coli*）和梭状芽孢杆菌（*Clostridia*）可能是健康婴儿肠道中最早出现的细菌。婴儿的肠道菌群可以在一定程度上反映出人乳中微生物的构成，这也能够表明人乳中的一些细菌会在哺乳期间转移到婴儿体内。

Jimenez 等（2008）对 35 个健康女性的初乳进行了细菌多样性分析。结果显示：表皮葡萄球菌（*Staphylococcus epidermidis*）和粪肠球菌（*Enterococcus faecalis*）是主要菌群,其次是轻型链球菌(*Streptococcus mitis*)、痤疮丙酸杆菌(*Propionibacteriumacnes*)和路邓葡萄球菌(*Staphylococcus lugdunensis*)。目前还没有迹象表明,人初乳中含有有害细菌。

Martin 等(2007)通过扩增16SrRNA 基因,进一步增加了健康女性母乳的细菌多样性和支配菌群的相关知识(表4.32)。虽然细菌看上去具有宿主特异性,但识别序列是革兰阴性菌和革兰阳性菌所共有的。绝大多数的革兰阳性菌的识别序列与乳酸菌、链球菌(*Streptococci*)或葡萄球菌(*Staphylococci*)一致。从物种水平上来看,乳酸乳球菌(*Lactococcus lactis*)和柠檬明串珠菌(*Leuconostoc citreum*)是母乳中分布最广泛的细菌——在4个母乳样品中的3个样品中均检测到了这两种细菌。

表 4.32 对比四位母亲的乳汁中发现的菌落

种类[a]	剖腹产		自然分娩	
	母亲1	母亲2	母亲3	母亲4
葡萄球菌属(*Staphylococcus*):				
表皮葡萄球菌(*Staphylococcus epidermidis*)	+	+	+	
溶血性葡萄球(*Staphylococcus hominis*)	+			
链球菌(*Streptococcus*):				
唾液酸链球菌(*Streptococcus salivarius*)	+			+
轻型链球菌(*Streptococcus mitis*)	+	+	+	
副血链球菌(*Streptococcus parasanguis*)	+		+	
肺炎链球菌(*Streptococcus pneumoniae*)			+	
链球菌属(*Streptococcus spp.*)	+	+	+	
乳酸菌(*Lactic acid bacteria*):				
柠檬明串珠菌(*Leuconostoc citreum*)	+	+	+	
乳酸乳球菌(*Lactococcus lactis*)	+	+	+	
植物乳杆菌(*Lactobacillus plantarum*)		+		
粪肠球菌(*Enterococcus faecalis*)		+		
屎肠球菌(*Enterococcus faecium*)		+		
魏斯氏乳酸菌(*Weissella cibaria*)		+		
融合魏斯氏菌(*Weissella confusa*)			+	
其他微生物:				
痤疮丙酸杆菌(*Propionibacterium acnes*)		+		
埃希氏大肠杆菌(*Escherichia coli*)	+	+	+	
沙雷菌(*Serratia proteomaculans*)		+		
不动杆菌属(*Acinetobacter spp.*)			+	
韦荣球菌属(*Veillonella sp.*)			+	
溶血孪生球菌(*Gemella haemolysans*)			+	
产黄假单胞菌(*Pseudomonas synxantha*)				+
总计	10	12	12	2

a 种类命名依据近亲物种远近关系。
资料来源:Martin 等(2007)。

3 个母乳样品中出现了与 *E. coli* 相一致的序列。此外，Martin 还对分娩方式（剖腹产或者自然分娩）对母乳中细菌构成的影响进行了研究。他多次表示，在分娩过程中，婴儿的嘴巴可能会先被污染，在随后的哺乳过程中污染菌会进一步感染到乳房。然而，这一说法并没有得到科学数据的支持。实际上，在 Martin 的研究中，剖腹产组的 2 号妈妈表现出更复杂的细菌多样性。此外，在 4 号妈妈（自然分娩）母乳中发现了假单胞菌（*Pseudomonas*）序列。因此，很难确定分娩方式是否对母乳中的细菌构成有影响。

4.6.2 真菌感染

研究表明，人类的母乳可以抑制真菌的生长，尽管已经有一些在婴儿感染真菌方面的研究，但关于真菌在母乳中分布的研究非常有限。白色念珠菌（*Candidaalbican*）是一种能够感染婴儿的真菌，感染婴儿的嘴巴和咽喉，并给婴儿带来痛苦，白色念珠菌所引起的疾病，被称作鹅口疮，大约 5% 的新生儿会被白色念珠菌感染。免疫缺陷的新生儿感染鹅口疮的可能性更大。尽管真菌感染会导致乳头突然出血或皲裂，但并没有证据显示该真菌是来自母乳。白色念珠菌通常在皮肤表面或者其他地方生存，但可以随时进入口腔或者咽喉，从而引起感染。

4.6.3 病毒感染

人乳、牛乳对虫媒病毒、鼻病毒和流感病毒都具有抵抗效果。乳铁蛋白可以有效抑制病毒，如单纯疱疹病毒（HSV）1 型和 2 型、人巨细胞病毒（HCMV）、人免疫缺陷病毒（HIV）、人丙型肝炎病毒（HCV）、呼吸道合胞病毒（RSV）和汉坦病毒。人类母乳中的病毒与母亲的健康状况有密切关系，以下是一些可以来源于母乳的重要传染病病毒：

- 人类免疫缺陷病毒（HIV）
- 轮状病毒
- 人类巨细胞病毒（HCMV）

据估计，每年大约有 50 万儿童通过母婴传播感染 I 型艾滋病病毒。大多 I 型艾滋病病毒传播发生在妊娠期间或者婴儿出生时，5%～15% 的婴儿在出生后通过乳汁感染 I 型艾滋病病毒。

从 75 名肯尼亚女性中采集母乳样品——30 名处于产后初期（初乳）、23 名处于产后 8～90d、22 名处于产后 3～12 个月。其中，29 个人检测到 HIV-1 RNA（39%）。此外，在产后初期母乳检测到的 HIV-1 RNA 比例低于其他哺乳期（分别是 27% 和 47%）。在第一周中，母乳中 HIV-1 RNA 感染率相似，0～3d 是 29%，4～7d 是 23%。在被检测出感染 HIV-1 RNA 的 29 个人中，13 个人（45%）的 HIV-1 病毒浓度已经超过了检测线。在这 13 个人的母乳中，HIV-1 含量为 240～8100 拷贝数/mL，平均 1687 拷贝数/mL（SD=2087），中间值是 946 拷贝数/mL（Lewis 等，1998）。

在另外一份研究中，Semba 检测了马拉维的 334 个感染了 HIV-1 女性（产后 6 周）的母乳中 HIV-1 载量和钠含量。在被传染婴儿的母亲的母乳中 HIV-1 的中间值为700拷贝数/mL,而未传染婴儿的母亲母乳中HIV-1未检出(<200拷贝数/mL)($p<0.0001$)。16.4%的艾滋病患者患有乳腺炎且母乳中钠含量升高,并且钠含量也与HIV-1母婴传播程度的增加相关($P<0.0001$),这表明通过母乳感染艾滋病病毒的风险会因乳腺炎和母乳中HIV-1病毒负荷量而增加。关于乳腺炎的影响将会在4.7中进一步进行讨论。

在世界范围内,轮状病毒是引起婴幼儿腹泻最常见的发病原因。在美国,大约50%婴儿的肠胃炎是由轮状病毒引起的。在保育中心、养老院以及接触患病儿童的成年人中爆发的腹泻也可能与轮状病毒有关。

无论是在发展中国家还是在发达国家,母乳喂养都会降低婴儿发生腹泻的几率。虽然一些研究发现母乳喂养和配方乳喂养的儿童中发生轮状病毒感染的概率相近,但更多的研究指出,母乳喂养的婴儿感染轮状病毒引起腹泻的程度明显轻于配方乳粉喂养的婴儿。在母乳中发现了能够抗轮状病毒的抗体,而其他的保护因素并不能完全解释母乳对感染的抵抗力。

母乳喂养对后天发生HCMV感染的流行病学研究有着重要的影响。Diosi(1967)等人从母乳中分离得到了HCMV。此病毒(病毒分泌在乳中)在产后3个月内的母乳中分布十分广泛,大约占27%。根据Stagno(1980)等人的研究,母乳中的HCMC比初乳中含量多,并且58%的足月儿是在母乳喂养期被感染的。

大约32%的血清阳性的母亲会将病毒分泌到乳汁中,其中69%的婴儿会被传染。所有足月儿都经历了正常的分娩过程,而2个早产儿得了肺炎(Dworsky等,1983)。在哺乳期,HCMV会再次被激活,由此引发的病毒传染可能和早产儿严重的HCMV感染有关(Hamprecht等,2008)。好在重度病毒感染的早产儿比例相对较低,并且感染较长时间后患后遗症的风险很小。此外,对存在高病毒传播风险的母亲进行筛选,同时通过主要临床表现鉴定新生儿的疾病状态。尽管HCMV重度感染的比例在早产儿中很低,我们仍希望能够从母乳中去除HCMV,同时不破坏母乳的保护成分。

冷冻保存或者长时间的巴氏杀菌可以对母乳中的HCMV进行灭活。Hamprecht等人(2004)评估了冷冻保存的母乳的病毒学和生化性质,并与传统的巴氏杀菌和短时巴氏杀菌作了对比。结果显示,冷冻保存(-20℃,4d)的条件,虽然能使病毒失活,但并不能完全破坏病毒的感染性,尤其是病毒在乳汁中处于高峰期时。62.5℃,30min的巴氏杀菌可以完全消除病毒的传染性,并与病毒的负载量没有关系,但是乳汁中的酶、抗体和一些其他的热敏性蛋白也会破坏。通过高温短时灭菌(5s内温度升到72℃),病毒可以完全被清除,但是碱性磷酸酶的主要活性也会被破坏。然而在冷冻或者热处理过程中病毒DNA比较稳定,所以定量PCR并不能有效地测定分析灭活病毒传染性。

4.7 乳腺炎、乳成分与感染

乳腺炎是一种常见的乳房炎症,它能引起母乳中钠含量的升高。流行病学研究表明，临床上20%~30%的哺乳期女性会发生乳腺炎。

针对澳大利亚1075名女性的前瞻性调查表明，20%的乳腺炎发生在产后6个月内（Kinlay等，1998）；一项针对美国女性的研究表明，大约1/3的哺乳期女性会得乳腺炎（Riordan和Nichols，1990；Jonsson和Pulkkinen，1994）；另外一项针对306位哺乳期间女性的调查研究显示，27%的哺乳期女性会在产后3个月内患乳腺炎，发生乳腺肿胀的概率为0.4%~11%（Fetherston，1997）。

在工业国家，乳腺炎主要由金黄色葡萄球菌（*Staphylococcus aureus*）引起，40%~50%的母乳中含有该细菌。55%的乳腺炎病例中可以通过脓液培养分离出该菌。皮肤破裂能为病原微生物提供感染进口，成为乳房感染的一个主要原因。32%的脓肿发生在乳头皲裂之前（Eryilmaz等，2005）。有研究认为白色念珠菌是引起哺乳期乳腺炎的一个重要致病菌，然而Carmichael和Dixon（2002）认为支持这一观点的直接证据略显不足。

在哺乳期，女性乳房的炎症可分为乳汁淤滞、非感染性炎症和感染性乳腺炎（表4.33）。乳汁淤滞持续时间较短，并且根据治疗情况可以很好地被治愈。而非感染性炎症则会在无治疗的情况下持续数天，并且半数的感染者会发展成感染性乳腺炎。乳腺的排空会显著降低症状的持续时间并且有助于患者康复。如果不经过治疗，感染性乳腺炎患者中只有15%会预后良好，而11%的患者会发展成乳腺脓肿。乳腺排空可以将治愈率提升到50%，并且明显降低炎症的持续时间。治疗中加入抗生素可以将治愈率提高到96%，并且进一步缩短炎症的持续时间。

表4.33 基于白细胞细菌计数的炎症症状分类

炎症症状	白细胞计数/（个/mL）	细菌计数/（个/mL）
乳汁淤滞	$<10^6$	$<10^3$
非感染性炎症	$>10^6$	$<10^3$
感染性乳腺炎	$>10^6$	$>10^3$

资料来源：Thomsen等（1983，1984）。

乳牛患有乳腺炎可能会导致挤出的牛乳中的钠和氯含量升高，同样，这种情况也会发生在人乳中。正常人乳中，钠浓度一般为5~6mmol/L，而且乳中的钠浓度受到严格的调控。由于乳腺腺泡细胞紧密连接，母乳与其他体液相隔离，所以钠离子浓度在成熟乳中（产后2周）含量较低。然而，在患者患乳腺炎期间，炎症细胞会进入乳汁，允许细胞内液和血浆通过腺泡细胞间的旁细胞路径进入到乳汁中。因此，乳汁的高钠水平被认为是乳腺炎的一个敏感性指标。

母乳中包含许多重要的免疫因子，可以抵抗感染并且调节腺泡细胞的炎症。Semba等（1999b）进行了一项横断面研究，研究母乳中钠离子浓度和LF、LZ、分泌性白细胞蛋白酶抑制剂（SLPI）、白细胞介素-8（IL-8）水平以及调节活化正常T细胞表达和分泌趋化因子（RANTES，由CD_8^+淋巴细胞产生一种趋化因子，能够杀伤细胞和乳腺上皮细胞）之间的关系。通过对96位产后6周的马拉维布兰太尔女性调查发现：患有乳腺炎的女性表现为乳汁高浓度钠（15.6%）。表4.34列出了乳腺炎患者和无乳腺炎女性的其他因素水平的中间值。

表4.34　　　　　　　　　患有乳腺炎的、未患有乳腺炎女性的特征[a]

变量	中位数（Q_1，Q_3）[c]		P值[b]
	乳腺炎（$n=15$）	无乳腺炎（$n=81$）	
年龄/年	21（16，26）	23（21，28）	0.11
BMI指数	23.0（21.5，25.3）	22.5（21.3，24.3）	0.42
出生重量/g	2950（2550，3115）	3000（2000，3200）	0.16
乳汁中物质含量			
乳铁蛋白/（mg/L）	1230（983，1731）	565（443，778）	0.0007
溶菌酶/（mg/L）	266（178，451）	274（137，389）	0.55
SLPI/（mg/L）	76（42，106）	17（10，28）	0.0002
IL-8/（ng/L）	338（63，2000）	25（0，63）	0.0001
RANTES/（ng/L）	82（16，164）	3（0，14）	0.0001

注：a 乳腺炎的实验室诊断依据的人乳中钠浓度 >12mmol/L。
b 经 Wilcoxon rank-sum test 获得数值。
c Q_1 指第一四分位数（25%），Q_3 指第三四分位数（75%）。
资料来源：Semba 等（1999b）。

与无乳腺炎的女性相比，患有乳腺炎的女性所分泌的乳汁中，表现出更高水平的 LF、SLPI、IL-8 和 RANTES，而 LZ 水平、年龄和 BMI 指数之间的差异并不明显。这项研究的不足之处在于，未对母乳进行微生物培养和白细胞计数。但研究确实说明了乳中高水平的钠和乳腺炎之间的相关性。此研究进一步支持了乳中高钠离子浓度与高水平炎症因子和免疫介质（如 LF、SLPI、IL-8 和 RANTES）之间存在着关联。与用钠/氯来表示相对比例，单独考察会发现母乳中钠离子浓度与其他因子之间的相关性更强，说明单独用钠离子可以更好地显示乳腺炎。

Prentice 等人（1985）研究乳中抗菌因子在乳房部位防御乳腺炎的作用，分析了10名冈比亚乳腺炎患者母乳中 IgA、IgG、IgM、C3、C4、LF 和 LZ 水平。研究发现，急性乳腺炎常伴随着乳中高浓度的免疫蛋白类因子出现（来源于血清）。乳糖、钠盐和传送水平的改变都表明这是由于旁细胞路径暂时开放引起的。在感染乳腺炎一周后检测到了免疫蛋白（IgA、LF 和 LZ）的分泌增加，表现出免疫应答延迟。乳腺炎患者与其他哺乳期女性相比，乳汁中明显缺乏 IgA、C_3 和 LF。

4.8　乳中的污染物及其他潜在的有害化学物质

尽管对于婴儿来说，母乳是公认的营养丰富的食物，但是婴儿食用母乳的同时也会摄入多种化学物质，这会影响他们的健康以及日后的成长。这些化学物质可分为以下几种：母亲摄入的药物；母亲摄入的可能上瘾的药物；母亲饮食中的污染物，如持久性、生物蓄积性、毒性（PBT）化学物质、重金属和挥发性有机化合物等。

4.8.1 化学药品

药物和化学品可以通过多种途径从母体的血浆进入乳腺腺泡细胞，如被动扩散、细胞间扩散及利用载体分子（如蛋白质）进行载体间扩散。乳中的内源性化合物，如脂质、蛋白质和碳水化合物，与药物或化学品的结合作用尚不清楚。

超过90%的母亲在产后的第一周会摄入一种或多种药物。大约17%的药物是抗生素，16%为抗惊厥药，13%为抗抑郁剂，还有13%是镇静剂。这些药物可能对新生儿和较小的婴儿产生不利的影响，但是只有4%的研究报告认为，这些药物会对超过6个月的婴儿具有不利影响（Atkinson 和 Begg，1990；Anderson 等，2003；Berlin 和 Briggs，2005）。

血栓性静脉炎是一种静脉炎症，常见于妊娠期和产褥期。因为血栓性静脉炎的诊断比较困难，所以其发病率的统计数字并不确切。治疗此病需要使用特殊药物，已被证实一些药物在哺乳期使用是安全的。肝素就是其中之一，因为它的分子量很大，不能进入乳汁中。华法令阻凝剂（Warfarin）是另外一种在哺乳期能安全使用的药物，因为它能够与母体血浆中的蛋白高度结合（>99%），所以在母乳或婴儿血清中均检测不到。

人们认为母体所摄入的药物有一部分可能会传递给婴儿。一些β-阻断剂的传递剂量比例如下：醋丁洛尔为3.5%、阿替洛尔为5.7%~19.2%、拉贝洛尔为0.07%、普萘洛尔为0.2%~0.9%、索他洛尔为22%。这些β-受体阻滞剂可能引发较小婴儿的β-封锁症状，包括低血压、心动过缓或呼吸急促等。

大多数口服哺乳期药物在乳汁中会呈现出与母体血浆相似的浓度。婴儿日常所接触的量通常会少于母体剂量的1%，而且这类接触物引起的不良反应非常稀少，但对小于6月龄的婴儿影响较大。对于大多数产妇而言，安全药物不会引起婴儿的不良反应。

4.8.2 咖啡因、尼古丁及吸烟的影响

咖啡因（1,3,7-三甲基黄嘌呤）、可可碱（3,7-二甲基黄嘌呤）和茶碱（1,3-二甲基黄嘌呤）是最重要的天然形式的甲基黄嘌呤。它们是天然的生物碱，对全身各系统都会产生生理影响，包括中枢神经、心血管、胃肠道、呼吸道和肾功能系统等。咖啡因是咖啡或者其他饮料中的组成成分。

可可碱和茶碱存在于可可、茶和巧克力制品中。茶碱是一种被广泛使用的支气管扩张剂，使用剂量相对较小。副黄嘌呤（1,7-二甲基黄嘌呤）未在食品中发现，但它也是咖啡因的主要代谢产物。

尼古丁是香烟烟雾的组成成分，是导致烟草成瘾的主要原因。尼古丁有助于治疗一些人类疾病，包括心血管和生殖疾病。大量证据表明，吸烟母亲通过母乳喂养会使自己的孩子接触到浓度高达114mg/L的尼古丁。

母亲在哺乳期间吸烟也可能影响母乳的组成。每天吸烟超过 10 支的哺乳期女性，乳中镉含量较高，父亲吸烟时，母亲也可通过被动吸烟导致母亲乳中镉含量的增加。但也有研究表明，母亲的吸烟习惯和其乳中镉含量之间不存在任何关系，人体内可能存在自我平衡调节机制来阻止镉转移到乳汁中（Kantol 和 Vartiainen，2001）。母乳中铜的含量可能会受吸烟状况的影响，有趣的是，非吸烟者的乳汁中铜的含量较高（Leotsinidis，2005）。

表 4.35　　　　　　　　　人乳样品中个体的多环芳香烃含量　　　单位：μg/kg 乳脂肪

成分	吸烟者（n=11）	非吸烟者（n=21）		
		城市（n=10）	农村（n=11）	总和
萘	10.539±6.076	6.825±2.176	4.418±1.167	5.564±2.081
苊烯	7.729±11.947	9.091±3.082	4.106±3.621	6.480±4.164
苊	10.545±17.733	3.120±1.792	1.366±1.310	2.201±1.763
芴	5.128±9.447	1.498±1.599	0.064±0.211	0.747±1.308
菲	3.665±2.392	0.973±0.509	0.640±0.584	0.799±0.562
蒽	0.162±0.452	0.710±1.565	0.210±0.556	0.448±1.150
荧蒽	2.861±2.604	0.535±0.756	0.526±1.025	0.530±0.885
芘	1.028±1.253	1.402±3.014	0.205±0.299	0.775±2.123
䓛	0.895±2.093	0.591±0.944	4.418±1.167	0.281±0.702

资料来源：Zanieri 等（2007）。

2007 年，Zanieri 收集了 32 个吸烟和非吸烟哺乳期女性母乳中的多环芳香烃（PAH）数据（表 4.35）。结果表明，母乳喂养婴儿的 PAH 的接触量取决于母亲的每日吸烟量和 PAH 的浓缩量，也受到个体的代谢活动和吸烟习惯的影响，包括吸烟时间、哺乳前的吸烟频率以及最近一次吸烟和哺乳之间的时间间隔等。

由于香烟烟雾中存在二噁英，二噁英和二噁英类似物多氯联苯（PCBs）在母乳中的含量也受到母亲吸烟习惯的影响。乳中的二噁英类似物多氯联苯含量在从不吸烟的母亲的乳中最高，其次是曾吸烟的母亲，含量最低的是在当前吸烟的母亲（表 4.36）。

表 4.36　　　　按年龄分层对比四类不同吸烟习惯母亲的母乳中二噁英的含量

毒性/（pg TEQ/g 脂肪）	平均值（95% 置信区间）			
母亲年龄/岁	当前吸烟者	曾经吸烟者 1[a]	曾经吸烟者 2[b]	从未吸烟者
PCDDs				
20~29	8.5（7.3~10.0）	7.1（6.6~7.7）	7.4（6.5~8.4）	8.4（8.1~8.8）
30~39	8.1（6.4~10.2）	7.9（7.2~8.7）	8.2（7.0~9.6）	9.8（9.4~10.2）
PCDFs				
20~29	4.2（3.5~5.0）	3.8（3.6~4.1）	4.1（3.4~4.9）	4.5（4.3~4.7）
30~39	3.8（3.0~4.8）	4.2（3.8~4.7）	4.3（3.8~5.0）	5.1（4.9~5.4）

续表

毒性/（pg TEQ/g 脂肪）	平均值（95%置信区间）			
母亲年龄/岁	当前吸烟者	曾经吸烟者 1[a]	曾经吸烟者 2[b]	从未吸烟者
PCDDs + PCDFs				
20~29	12.8（10.9~14.9）	11.0（10.0~11.8）	11.6（10.1~13.3）	13.1（12.5~13.6）
30~39	12.0（9.8~14.7）	12.2（11.1~13.5）	12.6（10.9~14.5）	15.1（14.5~15.6）
二噁英类似物 PCBs				
20~29	6.7（5.4~8.3）	6.6（6.1~7.1）	6.7（5.7~7.8）	8.5（8.1~8.9）
30~39	6.3（4.6~8.5）	8.0（7.2~9.0）	8.3（7.3~9.4）	10.1（9.7~10.5）
二噁英总和				
20~29	19.7（16.9~23.1）	17.8（16.7~19.0）	18.5（16.2~21.2）	21.8（20.9~22.6）
30~39	18.6（14.9~23.2）	20.6（18.7~22.7）	21.0（18.4~239）	25.4（24.5~26.3）

注：a：是指在妊娠时停止吸烟的曾吸烟者。

b：是指在妊娠前停止吸烟的曾吸烟者。

TEQ = 毒性当量；PCDDs = 多氯代二苯并 - 对 - 二噁英；PCDFs = 多氯二苯并呋喃；PCBs = 多氯联苯；pg = 10~12g。

资料来源：改编自 Uehara 等（2007）。

4.8.3 非法药物

哺乳期的母亲不应使用非法毒品，如可卡因、麻醉剂、安非他明、苯环己哌啶、大麻等。

4.8.4 持久性、生物蓄积性和毒性（PBT）化学品

PBT 包括一些有机氯（OCS）、多氯联苯、二噁英和呋喃以及多溴联苯醚（PBDEs）。乳中的这些化学物质和药物含量会对婴儿造成伤害。这些外源物质可通过食物、饮料、药剂和药物被摄取或吸入或由皮肤吸收进入到母乳中（LaKind 等，2004）。

采用世界卫生组织的标准方法收集数据进行调查研究，研究结果可以判定一段时间内或不同国家 PBTs 含量的趋势。然而，许多其他案例采用了不同的研究方法，使不同调查研究之间的比较更加困难。通常，母乳中 PBTs 的监测结果以脂质为参考，即母乳中每克脂质中化学药品的含量。

表 4.37　人乳中有机氯浓度的比较　　　　　　　　单位：ng/g 乳脂肪

国家/地区	调查年份	PCBs	DDTs	HCHs	CHLs	HCB	参考文献
发展中国家							
中国/大连	2002	42	2100[a]	1400[b]	16[c]	81	Kunisue 等，2004
中国/沈阳	2002	38	870[a]	550[b]	6.7[c]	56	

续表

国家/地区	调查年份	PCBs	DDTs	HCHs	CHLs	HCB	参考文献
中国/香港	1999	42	2900[a]	950[c]	—	—	Wong 等, 2002
中国/广州	2000	33	3600[d]	1100[e]	—	—	
土耳其	1995—1996	—	2400[d]	480[b]	—	50	Cok 等, 1997
巴西	1992	150	1700[a]	280[b]	—	12	Paumgartten 等, 2000
墨西哥	1997—1998	—	4700[f]	60[b]	—	30	Waliszewski 等, 2001
越南/河内	2000	74	2100[d]	58[e]	2.0[i]	3.9	Minh 等, 2004
越南/胡志明市	2001	79	2300[d]	14[e]	6.9[i]	2.5	
肯尼亚	1991	—	470[f]	96[g]	—	—	Kinyamu 等, 1998
俄罗斯/布里亚特	2003—2004	240	660	810	19	100	Tsydenova 等, 2007
俄罗斯/伊尔库茨克市	1988—1989	—	2000	2100	18	312	Schecter 等, 1990
俄罗斯/巴伦支海	1996—1997	360	1200	320	34	93	Polder 等, 2003
俄罗斯/科拉半岛	1993	460	860	800	46	120	Polder 等, 1998
捷克共和国	1996	1160	1050[d]	70[e]	—	—	Schoula 等, 1996
柬埔寨	2000	42	1600[d]	5.5[e]	1.8[e]	1.7	Kunisue 等, 2002
印度	2000	30	420[d]	650[e]	0.9[i]	1.0	
菲律宾	2000	72	190[d]	4.7[e]	15[e]	—	
发达国家							
日本	1998	200	290[d]	210[e]	85[e]	14	Konishi 等, 2001
瑞典	1997	300	170[d]	—	—	12	Norm and Meironyte, 2000
德国	1995—1997	550	240[d]	40[e]	—	80	Schade 和 Heinzow, 1998
加拿大	1996	250	470[h]	23[b]	140[c]	43	Newsome 和 Ryan, 1999
西班牙	1991	—	610[d]	280[b]	—	0.6	Hernandez 等, 1993
英国	1997–1998	—	470[d]	100[i]	—	43	Harris 等, 1999
澳大利亚	1995	500	1200[d]	350[e]	—	—	Quinsey 等, 1995
美国/马萨诸塞州	1993	320[j]					Knrrick 和 Altshul, 1998

—无数据

a. $p,p'-\text{DDE} + p,p'-\text{DDT} + p,p'-\text{DDD}$。
b. $\alpha-\text{HCH} + \beta-\text{HCH} + \gamma-\text{HCH}$。
c. Oxychlordane + trans – nonachlor + cis – nonachlor。
d. $p,p'-\text{DDE} + p,p'-\text{DDT}$。
e. 仅 $\beta-\text{HCH}$。
f. $p,p'-\text{DDE} + p,p'-\text{DDT} + p,p'-\text{DDD} + o,p'-\text{DDT}$。
g. $\alpha-\text{HCH} + \beta-\text{HCH}$。
h. $p,p'-\text{DDE} + p,p'-\text{DDT} + o,p'-\text{DDT}$。
i. $\beta-\text{HCH} + \gamma-\text{HCH}$。
j. 全部

资料来源:Kunisue 等(2004)。

母乳中含有的有机氯农药包括氯丹（CHL）、二氯二苯基三氯乙烷（DDT）的化合物、狄氏剂、七氯化合物、六氯苯（HCB）和六氯环己烷（HCH）（表4.37）。由于发达国家已经停止使用这些农药，包括瑞典、挪威、比利时和加拿大，这些国家的母乳中上述有机氯农药及其代谢产物的水平显著较低（Kunisue等，2004）。

当前，母乳中的PCB水平的数据并不充分。因此，一些国家尽管限制使用多氯联苯，但仍然很难判断母乳中PCB水平是否随时间的延长而下降。但从瑞典收集的1972—1992年母乳中多氯联苯数据来看，多氯联苯的含量在逐年下降。

多氯代二苯并-对-二噁英和多氯二苯并呋喃（PCDFs）主要来自工业生产氯化有机化合物和燃烧过程中产生的大量的环境污染物。通常，二噁英的浓度高于呋喃（Paumgartten等，2000；Costopoulou等，2006）。根据北约公布的以2,3,7,8-TCDD毒性当量（I-TEQ）表示，并依照世界卫生组织（WHO）重新评估计算的母乳样品中二噁英/呋喃的水平如表4.38和表4.39所示。

表4.38　　　　　　　　不同国家和地区人乳中PCDD/F的浓度

地区/国家，年份	I-TEQ/（pg/g乳脂肪）	参考文献
巴黎/法国，1990	20.1	Gonzalez等，1996
马德里/西班牙，1990	13.3	
塔拉戈纳/西班牙，1996	11.8	Schuhmacher等，1999
卡丹/捷克，1993	12.1	Bencko等，1998
乌尔斯克拉迪斯特/捷克，1993	18.4	
加拿大，1986—1987	15.0	Ryan等，1993
德国，1995	16.0	Papke，1998
德国，1990	31	Alder等，1994
总人口/中国	2.6	Schecter等，1994
五氯酚暴露人口/中国	5.4	
河内/越南，1988	2.1	
越南南部，1985—1988	5.2-11.0	Schecter，1998
里约热内卢/巴西，1992	8.1	Paumgartten等，2000

资料来源：Kunisue等（2002）。

数据表明，在奥地利、比利时、丹麦、芬兰、德国、匈牙利、日本、荷兰、挪威、巴基斯坦、瑞典、英国、乌克兰、越南和南斯拉夫等国家，母乳中二噁英/呋喃的含量随着时间的推移表现出下降趋势。德国的数据对"母乳二噁英/呋喃的水平随着时间的推移而下降"的观点提供了有力的支持。加拿大卫生部对过去25年来加拿大母乳中二噁英/呋喃的数据进行了收集，结果显示，二噁英的毒性当量下降。

另一组有机卤素化合物的杂质是PBDEs。PBDEs具有亲脂性，也是一类在世界范围内的环境和人体中具有持久性的有机污染物。PBDEs的接触途径尚不清楚，可能包括食物、空气和灰尘。母乳、空气和灰尘中的溴二苯醚 BDE-47 和 BDE-209 的平均浓度分别为：4.2 和 0.3ng/g 脂肪、25 和 7.8pg/m³ 空气、56 和 291ng/g 灰尘。空气和母乳中的 BDE-99、灰尘中的 BDE-153 和母乳中的 BDE-183 的浓度表现出较高的相关性，但这种相关性并不能解释它们之间的因果关系。没有任何假说可以解释为什么灰尘中的 BDE-153 和乳中的 BDE-183 是相关的。另一项研究表明，2002—2003 年和 2007—2008 年，PBDEs 浓度有轻微的下降，但这也有可能是由于取样和分析的差异所造成（Toms 等，2009）。

表 4.39　不同国家人乳中 PCDDs/Fs，二噁英类似物 PCBs 和 PCBs 指示剂的浓度

国家	PCDDs/Fs/ （pg/g 脂肪，WHO-TEQ）	二噁英类似物 PCB/ （pg/g 脂肪，WHO-TEQ）	PCBs 指示剂/ （ng/g 脂肪）
埃及	22.33	5.48	106
荷兰	18.27	11.57	192
比利时	16.92	12.60	191
卢森堡	14.97	13.67	217
意大利	12.66	16.29	253
德国	12.53	13.67	220
西班牙	11.56	9.42	241
乌克兰	10.04	19.95	136
瑞典	9.58	9.71	146
芬兰	9.44	5.85	91
俄罗斯	9.36	13.45	126
斯洛伐克共和国	9.07	12.60	443
罗马尼亚	8.86	8.06	173
中国香港特别行政区	8.69	4.73	45
捷克共和国	7.78	15.24	502
爱尔兰	7.72	4.57	60
希腊（雅典）	7.83	5.57	67
挪威	7.30	8.08	119
美国	7.18	4.61	54
新西兰	6.86	3.92	37
匈牙利	6.79	2.87	34
克罗地亚	6.40	7.17	135
保加利亚	6.14	4.21	42
澳大利亚	5.57	2.89	30
菲律宾	3.94	2.38	26
巴西	3.92	1.77	16
斐济共和国	3.34	1.75	17

资料来源：Costopoulou 等（2006）。

斯德哥尔摩母乳中心收集的从 1972—1997 年的母乳样品数据显示：1972—1997 年，母乳中 PBDEs 的含量持续增加，每 5 年 PBDEs 浓度增加约一倍（Noren 和 Meironyte，2000）。

这种结果的出现受许多因素的影响，包括年份、样本数量、数据的有效性以及哺乳阶段等。Ryan 和 PATRY（2000）发现：1992 年，加拿大母乳中 PBDEs 水平与同一时间在欧洲部分地区收集的样品含量相当。他们还列举了母乳样本中 PBDEs 六种同类物的数据，其中 PBDEs 存在较大的地区差异（例如：安大略省为 2.57ng/g 乳脂肪，沿海诸省为 19.08ng/g 乳脂肪）。2002—2003 年至 2007—2008 年间，母乳中 PBDEs 的浓度有轻微下降，但这可能是由于取样和分析的差异造成。来自不同国家和地区的母乳样品中的 PBDEs 含量如表 4.40 所示。

表 4.40　　　　　　　不同国家和地区人乳样品中 PBDES 含量　　　　　　单位：ng/g 脂肪

国家	年份	PBDES	参考文献
俄罗斯	2003—2004	0.96	Tsydenova 等，2007
美国	2002	73.9	Schecter 等，2003
加拿大	2001—2002	22.1	Gill 等，2004
英国	2001—2003	6.6	Kalantzi 等，2004
法罗群岛（丹）	1999	7.2	Fangstrom 等，2004
瑞典	1996—1999	4.0	Lind 等，2003
日本	1999—2000	1.7	Akutsu 等，2003
日本	2000	3.8	
中国	2004	6.2	
马来西亚	2003	3.5	
韩国	2004	2.6	
菲律宾	2000	2.6	
柬埔寨	2000	1.7	Sudaryanto 等，2005
印度尼西亚	2001—2003	1.3	
越南	2000	1.1	
印度	2000	0.6	
澳大利亚	2002—2003	11.1	Toms 等，2007
德国	2001—2003	2.2	Vieth 等，2004

资料来源：Toms 等（2009）。

4.8.5　重金属

人为排放物，如化石燃料的燃烧、垃圾焚烧和工业用途的燃烧，会导致高水平的金属污染，包括城市环境中的镉、铅、锑。这些普遍且长期存在的环境污染物对生长发育有潜在的毒性。即使铅水平相对较低，长期与铅接触也可能造成严重的影响，如贫血、心神不宁和神经系统损伤。儿童更容易受到铅的神经毒性伤害，接触相对较低水平的铅也能降低他们的智商，造成学习障碍、学习成绩差和暴力行为的发生。

空气污染、食品和饮料、吸烟和喝酒是成年人通常接触镉、铅或锑污染的几种主要方式。对于新生儿和婴儿来说，存在于饮食（母乳或配方乳和断乳食品）、粉尘和土壤中的污染也必须加以考虑。

20 世纪 70 年代末，检测多国家的空气中镉的年均水平发现，城市地区浓度为 $1 \sim 150 ng/m^3$，而农村地区为浓度 $1 \sim 5 ng/m^3$。同时，农村地区空气中铅含量为 $0.1 \sim 0.3 \mu g/m^3$，城市地区铅含量为 $0.5 \sim 3 \mu g/m^3$（Patriarca 等，2000）。WHO 文件指出，在通常情况下，母乳中镉、铅、锑的含量分别为 $1 \sim 5 \mu g/L$、$2 \sim 5 \mu g/L$ 和 $1 \sim 4 \mu g/L$（排除了一些特别区域的低值或高值）。

4.8.6 芳香族化合物

苯和甲苯是碳氢化合物，因污染而扩散，污染主要来自运输和以苯、甲苯为溶剂的工厂废弃物。这两种化合物对人体都有急性和慢性毒性，长期暴露于含有苯的环境中会导致骨髓纤维化，这是一种骨髓增生性疾病——纤维状组织替代了骨髓。接触高浓度的苯也可引起人类的白血病。

母乳中苯浓度的变化范围在 $0.01 \sim 0.18 \mu g/kg$，多数样品中的苯浓度低于 $0.1 \mu g/kg$，平均值为 $0.06 \mu g/kg$。另外，甲苯的浓度也呈现较大的变化幅度，最低为 $0.04 \mu g/kg$，最高可达 $2.54 \mu g/kg$，平均水平为 $0.76 \mu g/kg$。

烷基酚（APEs）是一类环境污染物，能够干扰人类的正常内分泌系统。许多工业和家用产品将其作为非离子表面活性剂。Ademollo 等人（2008）研究了意大利母乳中壬基酚（NP）、辛基苯酚（OP）、壬基苯酚单乙氧基（NP1EO）和两个辛基苯酚乙氧基化物（OPEOs）（即 OP1EO 和 OP2EO）的含量。污染物中 NP 浓度最高，平均浓度为 32ng/mL，比 OP（0.08ng/mL）、OP1EO（0.07ng/mL）和 OP2EO（0.16ng/mL）约高出了两个数量级。相关研究还发现，鱼类膳食与乳汁中 NP 的水平呈正相关。在意大利，海鲜食品是该类污染物的最重要来源之一。

参考文献

ADEMOLLO N, FERRARA F and DELISE M (2008),'Nonylphenol and octylphenol in human breast milk', *Environment International*, **34**, 984 – 987.

AKUTSU K, KITAGAWA M and NAKAZAWA H (2003), 'Time – trend (1973 – 2000) of polybrominated diphenyl ethers in Japanese mother's milk', *Chemosphere*, **53**, 645 – 654.

ALDER L, BECK H and MATHAR W (1994), 'PCDDs, PCDFs, PCBs, and other organochlorine compounds in human milk – levels and their dynamics in Germany', *Organohalogen Compounds*, **21**, 39 – 44.

ALMEIDA A, LOPES C and SILVA A (2008), 'Trace elements in human milk: Correlation with blood levels, inter – element correlations and changes in concentration during the first month of lactation', *Journal of Trace Elements in Medicine and Biology*, **22**, 196 – 205.

ANDERSON P, POCHOP S and MANOGUERRA A (2003), 'Adverse drug reactions in breastfed infants: less than imagined', *Clinical Pediatrics*, **42**, 325-340.

ARESTA A, PALMISANO F and ZAMBONIN C (2005), 'Simultaneous determination of caffeine, theobromine, theophylline, paraxanthine and nicotine in human milk by liquid chromatography with diode array UV detection', *Food Chemistry*, **93**, 177-181.

ARNAUD J, FAVIER A and ALARY J (1991), 'Determination of zinc in human milk by electrothermal atomic absorption spectrometry', *Journal of Analytical Atomic Spectrometry*, **6**, 647-652.

ATINMO T and OMOLOLU A (1982), 'Trace element content of breastmilk from mothers of preterm infants in Nigeria', *Early Human Development*, **6**, 309-313.

ATKINSON H and BEGG E (1990), 'Concentration of beta-blocking drugs in human milk', *Journal Pediatrics*, **116** (1), 156.

BEASLEY S and SARIS P (2004), 'Nisin-producing Lactococcus lactis strains isolated from human milk', *Applied and Environmental Microbiology*, **70**, 5051-5053.

BENCKO V, SKULOVA Z and KREEMEROVA M (1998), 'Selected polyhalogenated hydrocarbons in breast milk', *Toxicology Letters*, **96/97**, 341-345.

BENEMARIYAL H, ROBBERECHT H and DEELDTRA H (1995), 'Copper, zinc and selenium concentrations in milk from middle-class women in Burundi (Africa) throughout the first 10 months of lactation', *The Science of the Total Environment*, **164**, 161-174.

BERLIN C and BRIGGS G (2005), 'Drugs and chemicals in human milk', *Seminars in Fetal and Neonatal Medicine*, **10**, 149-159.

BOCCA B, ALIMONTI A and CONI E (2000), Determination of the total content and binding pattern of elements in human milk by high performance liquid chromatography-inductively coupled plasma atomic emission spectrometry, *Talanta*, **53**, 295-303.

BROWN K, AKHTAR N and ROBERTSON A (1986a), 'Lactational capacity of marginally nourished mothers; Relationships between maternal nutritional status and quantity and proximate composition of milk', *Pediatrics*, **78**, 909-919.

BROWN K, ROBERTSON A and AKHTAR N (1986b), 'Lactational capacity of marginally nourished mothers infants' milk nutrient consumption and patterns of growth', *Pediatrics*, **78**, 920-927.

BUTTE N, CUTBERTO G and CARMEN A (1984), 'Longitudinal changes in milk composition of mothers delivering preterm and term infants', *Early Human Development*, **9**, 153-162.

CARMICHAEL A and DIXON J (2002), Is lactation mastitis and shooting breast pain experienced by women during lactation caused by Candida albicans, *The Breast*, **11**, 88-90.

CHANDRA R (1982), 'Immunoglobulin and protein levels in breast milk produced by mothers of preterm infants', *Nutrition Research*, **2**, 27-30.

CHAPPELL J, FRANCIS T and CLANDININ M (1985), 'Vitamin A and E content of human milk at early stages of lactation', *Early Human Development*, **11**, 157-167.

COK I, BILGILI A and OZDEMIR M (1997), 'Organochlorine pesticide residues in human breast milk from agricultural regions of Turkey', *Bulletin of Environment Contamination and Toxicology*, **59**, 577-582.

CONNER A (1979), 'Elevated levels of sodium and chloride in milk from mastitic breast', *Pediatrics*, **63**, 910-911.

COSTOPOULOU D, VASSILIADOU I and PAPADOPOULOS A (2006), 'Levels of dioxins, furans and

PCBs in human serum and milk of people living in Greece', *Chemosphere*, **65**, 1462 – 1469.

DA CUNHA J and DA COSTA T H M and ITO M K (2005), 'Influences of maternal dietary intake and suckling on breast milk lipid and fatty acid composition in low – income women from Brasilia, Brazil', *Early Human Development*, **81** (3), 303 – 311.

DAGNELIE P C, STAVEREN W A and ROOS A H (1992), 'Nutrients and contaminants in human milk from mothers on macrobiotic and omnivorous diets', *European Journal of Clinical Nutrition*, **46**, 355 – 366.

DEODHAR A D and RAMAKRISHNAN C V (1960), 'Relation between dietary intake of lactating women and the chemical composition of the milk with regard to vitamin content', *Journal of Tropical Pediatrics*, **6**, 44 – 47.

DIOSI P, BABUSCEAC L and NEVINGLOVSCHI O (1967), 'Cytomegalovirus infection associated with pregnancy', *Lancet*, **1**, 1063 – 1066.

DOREA J G (2002), 'Iodine nutrition and breast feeding', *Journal of Trace Elements in Medicine and Biology*, **16**, 207 – 220.

DOREA J G. (2000), 'Iron and copper in human milk', *Nutrition Research*, **16**, 209 – 220.

DUEDAHL – OLESEN L, CEDERBERG T and PEDERSEN K (2005), 'Synthetic musk fra – grances in trout from Danish fish farms and human milk', *Chemosphere*, **61**, 422 – 431.

DWORSKY M, YOW M and STAGNO S (1983), 'Cytomegalovirus infection of breast milk and transmission in infancy', *Pediatrics*, **72**, 295 – 299.

EMMETT P and ROGERS I (1997), 'Properties of human milk and their relationship with maternal nutrition', *Early Human Development*, **49**, S7 – S28.

ERYILMAZ R., SAHIN M and TEKELIOGLU M (2005), 'Management of lactational breast abscesses', *The Breast*, **14**, 375 – 379.

FABIETTI F, AMBRUZZI A and DELISE M (2004), 'Monitoring of the benzene and tolu – ene contents in human milk', *Environment International*, **30**, 397 – 401.

FANGSTROM B, STRID A and ATHANASSIADIS I (2004), 'A retrospective time trend study of PBDEs and PCBs in human milk from the Faroe Islands', *Organohalogen Compounds*, **66**, 2829 – 2832.

FETHERSTON C (1997), 'Characteristics of lactation mastitis in a Western Australian cohort', *Breastfeed Review*, **5**, 5 – 11.

FINLEY D A, LONNERDAL B and DEWEY K (1985), 'Breast milk composition: fat con – tent and fatty acid composition in vegetarians and non – vegetarians', *The American Journal of Clinical Nutrition*, **41**, 787 – 800.

FORSUM E and LONNERDAL B (1980), 'Effect of protein intake on protein and nitro – gen composition of breast milk', *The American Journal of Clinical Nutrition*, **33**, 1809 – 1813.

GARG M, THIRUPURAM S and SAHA K (1988), 'Colostrum composition, maternal diet and nutrition in North India', *Journal of Tropical Pediatrics*, **34**, 79 – 87.

GAZZOLO D, BRUSCHETTINI M and LITUANIA M (2004), 'Levels of S100B protein are higher in mature human milk than in colostrum and milk – formulae milks', *Clinical Nutrition*, **23**, 23 – 26.

GEBRE – MEDHIN M, VAHLQUIST A and HOFVANDER Y (1976), 'Breast milk composition in Ethiopian and Swedish mothers. I. Vitamin A and beta – carotene', *The American Journal of Clinical Nutrition*, **29**, 441 – 451.

GILL U, CHU I and JOHN J (2004), 'Polybrominated diphenyl ethers: human tissue levels and toxicology', reviews of environmental contamination and toxicology, **183**, 55 – 97.

GONZALEZ M, JIMENEZ B and HERNANDEZ L (1996), 'Levels of PCDDs and PCDFs in human milk from populations in Madrid and Paris', *Bulletin of Environment Contamination and Toxicology*, **56**, 197 – 204.

GROSS S, DAVID R and BAUMAN L (1980), 'Nutritional composition of milk produced by mothers delivering preterm', *The Journal of Pediatrics*, **96**, 641 – 644.

HACHEY D, SILBER G and WONG W (1989), 'Human lactation II: Endogenous fatty acid synthesis by the mammary gland', *Pediatric Research*, **25**, 63 – 68.

HACHEY D, THOMAS M and EMKEN E (1987), 'Human lactation: Maternal transfer of dietary triglycerides labelled with stable isotopes', *Journal of Lipid Research*, **28**, 1185 – 1192.

HAMPRECHT K, MASCHMANN J and JAHN G (2008), 'Cytomegalovirus transmission to preterm infants during lactation', *Journal of Clinical Virology*, **41**, 198 – 205.

HAMPRECHT K, MASCHMANN J and MULLER D (1984), 'Will dietary omega – 3 fatty acids change the composition of human milk', *The American Journal of Clinical Nutrition*, **40**, 780 – 785.

HAMPRECHT K, MASCHMANN J and MULLER D (2004), 'Cytomegalovirus (CMV) inactivation in breast milk: reassessment of pasteurization and freeze – thawing', *Pediatric Research*, **56**, 529 – 535.

HARRIS C, HAGAN S and MERSON G (1999), 'Organochlorine pesticide residues in human milk in the United Kingdom 1997 – 8', *Human and Experimental Toxicology*, **18**, 602 – 606.

HARRIS W, CONNOR W and LINDSEY S (1984), 'Will dietary ù – 3 fatty acids change the composition of human milk', *The American Journal of Clinical Nutrition*, **40**, 780 – 785.

HAYAT L, AL – SUGHAYER M and AFZAL M (1999), 'Fatty acid composition of human milk in Kuwaiti mothers', *Comparative Biochemistry and Physiology Part B: Biochemistry and Molecular Biology*, **124**, 261 – 267.

HAYES K, DANKS D, GIBAS H and JACK I (1972), 'Cytomegalovirus in human milk', *New England Journal of Medicine*, **287** (4), 177 – 178.

HEIKKILA M and SARIS P (2003), 'Inhibition of Staphylococcus aureus by the commensal bacteria of human milk', *Journal of Applied Microbiology*, **95**, 471 – 478.

HELLAND I, SAAREM K and SAUGSTAD O (1998), 'Fatty acid composition in maternal milk and plasma during supplementation with cod liver oil', *European Journal of Clinical Nutrition*, **52**, 839 – 845.

HERNANDEZ L, FERNANDEZ M and HOYAS E (1993), 'Organochlorine insecticide and polychlorinated biphenyl residues in human breast milk in Madrid (Spain)', *Bulletin of Environment Contamination and Toxicology*, **50**, 308 – 315.

HIGASHI A, IKEDA T and UCHARA T (1982), 'Zinc and copper contents in breast milk of Japanese women', *Tohoku Journal of Experimental Medicine*, **137**, 41 – 47.

ILCOL Y, OZBEK R and HAMURTEKIN E (2005), 'Choline status in newborns, infants, children, breast – feeding women, breast – fed infants and human breast milk', *The Journal of Nutritional Biochemistry*, **16**, 489 – 499.

JACKSON J and ZIMMER J (2007), 'Lutein and zeaxanthin in human milk independently and significantly differ among women from Japan, Mexico, and the United Kingdom', *Nutrition Research*, **27**, 449 – 453.

JACKSON J, JANSZEN D and LONNERDAL B (2004), 'A multinational study of α – lactalbumin concentrations in human milk', *The Journal of Nutritional Biochemistry*, **15**, 517 – 521.

JARMOLOWSKA B, SIDOR K and IWAN M (2007), 'Changes of β – casomorphin content in human milk during lactation', *Peptides*, **28**, 1982 – 1986.

JELLIFFE D (1952), 'The protein content of the breast milk of African women', *British Medical Journal*, **22**, 1131 – 1132.

JENSEN R (1996), 'The lipids in human milk', *Progress in Lipid Research*, **35**, 53 – 92.

JIMENEZ E, DELGADO S and FERNANDEZ L (2008), 'Assessment of the bacterial diversity of human colostrum and screening of staphylococcal and enterococcal populations for potential virulence factors', *Research in Microbiology*, **159**, 595 – 601.

JONSSON S and PULKKINEN M (1994), 'Mastitis today: incidence, prevention and treatment', *Annales Chirurgiae et Gynaecologiar Supplement*, **208**, 84 – 87.

KALANTZI O, MARTIN F and THOMAS G (2004), 'Different levels of polybrominated diphenyl ethers (PBDEs) and chlorinated compounds in breast milk from two UK regions', *Environmental Health Perspectives*, **112**, 1085 – 1091.

KAMAO M, TSUGAWA N and SUHARA Y (2007), 'Quantification of fat – soluble vitamins in human breast milk by liquid chromatography – tandem mass spectrometry', *Journal of Chromatography B*, **859**, 192 – 200.

KANG – YOON S, KIRKSEY A and GIACOIA G (1992), 'Vitamin B – 6 status of breast – fed neonates: influence of pyridoxine supplementation on mothers and neonates', *The American Journal of Clinical Nutrition*, **56**, 548 – 558.

KANTOL M and VARTIAINEN T (2001), 'Changes in selenium, zinc, copper and cadmium contents in human milk during the time when selenium has been supplemented to fertilizers in Finland', *Journal of Trace Elements in Medicine and Biology*, **15**, 11 – 17.

KARMARKAR M and RAMAKRISHNAN C (1960), 'Relation between the dietary intake of lactating women and the chemical composition of the milk with regard to principal and certain inorganic constituents', *Acta Paediatrica Scandinavica*, **49**, 599 – 604.

KARRA M V, KIRKSEY A, GALAL O, BASSILY N S, HARRISON G G and JEROME N W (1988), 'Zinc, calcium, and magnesium concentrations in milk from American and Egyptian women throughout the first 6 months of lactation', *The American Journal of Clinical Nutrition*, **47** (4), 642 – 648.

KINLAY J, CONNELL D and KINLAY S (1998), 'Incidence of mastitis in breastfeeding women during the first six months after delivery: a prospective cohort study', *The Medical Journal of Australia*, **169**, 310 – 312.

KINYAMU J, KANJA L and SKAARE J (1998), 'Levels of organochlorine pesticides residues in milk of urban mothers in Kenya', *Bulletin of Environmental Contamination and Toxicology*, **60**, 732 – 738.

KOJIMA T, ASOH M and YAMAWAKI N (2004), 'Vitamin K concentrations in the maternal milk of Japanese women', *Acta Paediatrica*, **93**, 457 – 463.

KONISHI Y, KUWABARA K and HORI S (2001), 'Continuous surveillance of organochlorine compounds in human breast milk from 1972 to1998 in Osaka, Japan', *Archives of Environmental Contamination and Toxicology*, **40**, 571 – 578.

KORRICK S and ALTSHUL L (1998), 'High breast milk levels of polychlorinated biphenyls (PCBs) among four women living adjacent to a PCB – contaminated waste site, *Environmental Health Perspectives*, **106**,

513-518.

KROENING T, MUKERJI P and HARDS R (1998), 'Analysis of beta-casein and its phosphoforms in human milk', *Nutrition Research*, **18**, 1175-1186.

KUMPULAINEN J, VUORI E and MAKINEN S (1980), 'Dietary chromium intake of lactating Finnish mothers: effect on the chromium content of their breast milk', *British Journal of Nutrition*, **44**, 257-263.

KUNISUE T, SOMEYA M and KAYAMA F (2004), 'Persistent organochlorines in human breast milk collected from primiparae in Dalian and Shenyang', China. *Environmental Pollution*, **131**, 381-392.

KUNISUE T, WATANABE M and SOMEYA M (2002), 'PCDDs, PCDFs, PCBs and organochlorine insecticides in human breast milk collected from Asian developing countries: risk assessment for infants', *Organohalogen Compound*, **58**, 285-287.

LAKIND J, WILKINS A and BERLIN C (2004), 'Environmental chemicals in human milk: a review of levels, infant exposures and health, and guidance for future research', *Toxicology and Applied Pharmacology*, **198**, 184-208.

LAUBER E and REINHAARDT M (1979), 'Studies on the quality of breast milk during 23 months of lactation in a rural community of the Ivory Coast', *The American Journal of Clinical Nutrition*, **32**, 1159-1173.

LEHTI K (1990), 'Breast milk folic acid and zinc concentrations of lactating, low socioeconomic, Amazonian women and the effect of age and parity on the same two nutrients', *European Journal of Clinical Nutrition*, **44**, 675-680.

LEOTSINIDIS M, ALEXOPOULOS A and KOSTOPOULOU-FARRI E (2005), 'Toxic and essential trace elements in human milk from Greek lactating women: Association with dietary habits and other factors', *Chemosphere*, **61**, 238-247.

LEWIS P, NDUATI R and KREISS J (1998), 'Cell-free human immunodeficiency virus type1 in breast milk', *Journal of Infectious Diseases*, **177**, 34-39.

LIND Y, DARNERUD P and ATUMA S (2003), 'Polybrominated diphenyl ethers in breast milk from Uppsala County, Sweden', *Environmental Research*, **93**, 186-194.

LONNERDAL B, FORSUM E and GEBRE-MEDHIN M (1976), 'Breast milk composition in Ethiopian and Swedish mothers. II. Lactose, nitrogen, and protein contents', *The American Journal of Clinical Nutrition*, **29**, 1134-1141.

MARTIN R, HEILIG H and ZOETENDAL E (2007), 'Cultivation-independent assessment of the bacterial diversity of breast milk among healthy women', *Research in Microbiology*, **158**, 31-37.

MARTIN R, LANGA S and REVIRIEGO C (2003), 'Human milk is a source of lactic acid bacteria for the infant gut', *Journal of Pediatrics*, **143**, 754-758.

MARTIN R, OLIVARES M and MARIN M (2005), 'Probiotic potential of 3 lactobacilli strains isolated from breast milk', *Journal of Human Lactation*, **21**, 8-17.

MARTIN-SOSA S, MARTÍN M and GARCÍA-PARDO L (2003), 'Sialyloligosaccharides in human and bovine milk and in infant formulas: Variations with the progression of lactation', *Journal of Dairy Science*, **86**, 52-59.

MELLO-NETO J, RONDO P and OSHIIWA M (2009), 'The influence of maternal factors on the concentration of vitamin A in mature breast milk', *Clinical Nutrition*, **28**, 178-181.

MICHAELSEN K, LARSEN P and THOMSEN B (1994), 'The Copenhagen cohort study on infant nutrition and growth: breast–milk intake, human milk macronutrient content, and influencing factors', *The American Journal of Clinical Nutrition*, **59**, 600–611.

MINH N, SOMEYA M and MINH T (2004), 'Persistent organochlorine residues in human breast milk from Hanoi and Hochiminh City, Vietnam: contamination, accumulation kinetics and risk assessment for infants', *Environmental Pollution*, **129**, 431–441.

MONTAGNE P, CUILLIERE M and MOLÉC M (2000), 'Dynamics of the main immunologically and nutritionally available proteins of human milk during lactation', *Journal of Food Composition and Analysis*, **13**, 127–137.

MOSER P and REYNOLDS R (1983), 'Dietary zinc intake and zinc concentrations of plasma erythrocytes, and breast milk in antepartum and postpartum lactating and nonlactating women: a longitudinal study', *The American Journal of Clinical Nutrition*,, 101–108.

MOTIL K, MONTANDON C and HACHEY D (1989), 'Relationships among lactation performance, maternal diet, and body protein metabolism in humans', *European Journal of Clinical Nutrition*, **43**, 681–691.

NEWSOME W and RYAN J (1999), 'Toxaphene and other chlorinated compounds in human milk from northern and southern Canada: A comparison', *Chemosphere*, **39**, 519–526.

NOREN K and MEIRONYTE D (2000), 'Certain organochlorine and organobromine contaminants in Swedish human milk in perspective of past 20–30 years', *Chemosphere*, **40**, 1111–1123.

PAN X and IZUMI T (1999), 'Chronological changes in the ganglioside composition of human milk during lactation', *Early Human Development*, **55**, 1–8.

PAPKE O (1998), 'PCDD/PCDF: Human background data for Germany, a 10–year experience', *Environmental Health Perspectives*, **106**, 723–731.

PARR R, MAEYER E and IYENGAR V (1991), 'Minor and trace elements in human milk from Guatemala, Hungary, Nigeria, Philippines, Sweden and Zaire', *Trace Element Research*, **29**, 51–75.

PATRIARCA M, MENDITTO A and ROSSI B (2000), 'Environmental exposure to metals of newborns, infants and young children', *Microchemical Journal*, **67**, 351–361.

PAUMGARTTEN F, CRUZ C and CHAHOUD I (2000), 'PCDDs, PCDFs, PCBs, and other Organochlorine compounds in human milk fromRio de Janeiro, Brazil', *Environmental Research*, **83**, 293–297.

PENG Y, ZHOU T and WANG Q (2009), 'Fatty acid composition of diet, cord blood and breast milk in Chinese mothers with different dietary habits', *Prostaglandins, Leukotrienes and Essential Fatty Acids*, **81**, 325–330.

PIETSCHNIG B, HASCHKE F and VANURA H (1993), 'Vitamin K in breast milk: no influence of maternal dietary intake', *European Journal of Clinical Nutrition*, **47**, 209–215.

POLDER A, BECHER G and TATJANA N (1998), 'Dioxins, PCBs and some chlorinated pesticides in human milk from the Kola Peninsula, Russia', *Chemosphere*, **37**, 1795–1806.

POLDER A, ODLAND J and TKACHEV A (2003), 'Geographic variation of chlorinated pesticides, toxaphenes and PCBs in human milk from sub–arctic and arctic locations in Russia', *The Science of the Total Environment*, **306**, 179–195.

PRENTICE A, PRENTICE A and LAMB W (1985), 'Mastitis in rural Gambian mothers and the protection of the breast by milk antimicrobial factors', *Transactions of the Royal Society of Tropical Medicine and Hygiene, **79**, 90 – 95.

PRENTICE A, ROBERTS S and PRENTICE A (1983), 'Dietary supplementation of lactating Gambian women. I. Effect on breast – milk volume and quality', *Human Nutrition: Clinical Nutrition*, **37**, 53 – 64.

QUINSEY P, DONOHUE D and AHOKAS J (1995), 'Persistence of organochlorines in breast milk of women in Victoria, Australia', *Food and Chemical Toxicology*, **33**, 49 – 56.

RIORDAN J and NICHOLS F (1990), 'A descriptive study of lactation mastitis in long – term breastfeeding women', *Journal of Human Lactation*, **6**, 53 – 58.

ROSSIPAL E and KRACHLER M (1998), 'Pattern of trace elements in human milk during the course of lactation', *Nutrition Research*, **18**, 11 – 24.

RYAN J and PATRY B (2000), 'Determination of brominated diphenyl ethers (BDEs) and levels in Canadian human milks', *Organohalogen Compound*, **47**, 57 – 60.

RYAN J, LIZOTTE R and PANOPIO L (1993), 'Polychlorinated dibenzo – p – dioxins (PCDDs) Canada in 1986 – 87', *Food Additives and Contaminants*, **10**, 419 – 428.

SALA – VILA A, CASTELLOTE A and RODRIGUEZ – PALMERO M (2005), 'Lipid composition in human breast milk from Granada (Spain): Changes during lactation', *Nutrition*, **21**, 467 – 473.

SANCHEZ – POZO A, MORALES J and IZQUIERDO A (1987), 'Protein composition of human milk in relation to mothers' weight and socioeconomic status', *Human Nutrition: Clinical Nutrition*, **41**, 115 – 125.

SANTOS L and FERREIRA I (2007), 'Quantification of α – lactalbumin in human milk: Method validation and application', *Analytical Biochemistry*, **362**, 293 – 295.

SCHADE G and HEINZOW B (1998), 'Organochlorine pesticides and polychlorinated biphenyls in human milk of mothers living in northern Germany: Current extent of contamination, time trend from 1986 to 1997 and factors that influence the levels of contamination', *The Science of The Total Environment*, **215**, 31 – 39.

SCHECTER A (1998), 'A selective historical review of congener – specific human tissue measurements as sensitive and specific biomarkers of exposure to dioxins and related compounds', *Environmental Health Perspectives*, **106**, 737 – 742.

SCHECTER A, FURST P and FURST C (1990), 'Levels of chlorinated dioxins, dibenzo furans and other chlorinated xenobiotics in food from the Soviet Union and the south of Vietnam', *Chemosphere*, **20**, 799 – 806.

SCHECTER A, JIANG K and PIPKE O (1994), 'Comparison of dibenzodioxin levels in blood and milk in agricultural workers and others following pentachlorophenol exposure in China', *Chemosphere*, **29**, 2371 – 2380.

SCHECTER A, PAVUK M and PAPKE O (2003), 'Polybrominated diphenyl ethers (PBDEs) in US mothers' milk', *Environmental Health Perspectives*, **111**, 1723 – 1729.

SCHOULA R, HAJLOVA J and BENCKO V (1996), 'Occurrence of persistent organochlorine contaminants in human milk collected in several regions of Czech Republic', *Chemosphere*, **33**, 1485 – 1494.

SCHUHMACHER M, DOMINGO J and LLOBET J (1999), 'PCDD/F concentrations in milk of nonoccupationally exposed women living in Southern Catalonia, Spain', *Chemosphere*, **38**, 995 – 1004.

SEMBA R, KUMWENDA N and HOOVER D (1999a), 'Human immunodeficiency virus load in breast milk, mastitis, and mother – to – child transmission of human immuno – deficiency virus type 1', *The*

Journal of Infectious Diseases, **180**, 93 – 98.

SEMBA R, KUMWENDA N and TAHA T (1999b), 'Mastitis and immunological factors in breast milk of lactating women inMalawi', *Vaccine Immunology*, **6**, 671 – 674.

SIEVERS E, OLDIGS H and DIIRNER K (1992), 'Longitudinal zinc balances in breast – fed and formula – fed infants', *Acta Paediatrics*, **81**, 1 – 6.

SILVA M H L, SILVA M T C, BRANDÄO S C C, GORMES J C, PETERNELLI L A and FRANCESCHINI S C C (2005), 'Fatty acid composition of mature breast milk in Brazilian women', *Food Chemistry*, **93** (2), 297 – 303.

SIMMER K, AHMED S and CARLSSON L (1990), 'Breast milk zinc and copper concentrations in Bangladesh', *British Journal of Nutrition*, **63**, 91 – 96.

SMIT E, KOOPMANN M and BOERSMA E (2000), 'Effect of supplementation of arachidonic acid (AA) or a combination of AA plus docosahexaenoic acid on breastmilk fatty acid composition', *Prostaglandins, Leukotrienes and Essential Fatty Acids*, **62**, 335 – 340.

SMIT E, MARTINI I and MULDER H (2002), 'Estimated biological variation of the mature human milk fatty acid composition', *Prostaglandins, Leukotrienes and Essential Fatty Acids*, **66**, 549 – 555.

SPECKER B (1990), 'Vitamin B12: low milk concentrations are related to low serum concentrations in vegetarian women and to methylmalonic aciduria in their infants', *The American Journal of Clinical Nutrition*, **52**, 1073 – 1076.

SQUIRES B (1952), 'Ascorbic acid content of the milk of Tswana women', *Transactions of the Royal Society of Tropical Medicine and Hygiene*, **46**, 95 – 98.

STAGNO S, REYNOLDS D and PASS R (1980), 'Breast milk and the risk of cytomegalo virus infection', *New England Journal of Medicine*, **302**, 1073 – 1076.

STOLTZFUS R, HAKIMI M and MILLER K (1993), 'High dose vitamin A supplementation of breastfeeding Indonesian mothers: Effects on the vitamin A status of mother and infant', *Journal of Nutrition*, **123**, 666 – 675.

SUDARYANTO A, KAJIWARA N and TSYDENOVA O (2005), 'Global contamination of PBDEs in human milk from Asia', *Organohalogen Compounds*, **67**, 1315 – 1318.

TESTA T, BERTINO E and COPPA G (2008), 'Preterm human milk oligosaccharides: Quantitative and qualitative modifications through lactation', *Early Human Development*, **84**, 102 – 103.

THOMSEN A, ESPERSEN T and MAIGAARD S (1984), 'Course and treatment of milk stasis, noninfectious inflammation of the breast, and infectious mastitis in nursing women', *American Journal of Obstetrics and Gynecology*, **149**, 492 – 495.

THOMSEN A, HANSEN K and MOLLER B (1983), 'Leukocyte counts and microbiologic cultivation in the diagnosis of puerperal mastitis', *American Journal of Obstetrics and Gynecology*, **146**, 938 – 941.

TOMS L, HARDEN F and SYMONS R (2007), 'Polybrominated diphenyl ethers (PBDEs) in human milk from Australia', *Chemosphere*, **68**, 797 – 803.

TOMS L, HEARN L and KENNEDY K (2009), 'Concentrations of polybrominated diphenyl ethers (PBDEs) in matched samples of human milk, dust and indoor air', *Environment International*, **35**, 864 – 869.

TREGOAT V, CUILLIERE M and MOLE C (2003), 'Dynamics of innate and cognitive immune components in human milk during lactation', *Journal of Food Composition and Analysis*, **16**, 57 – 66.

TSYDENOVA O, SUDARYANTO A and KAJIWARA N (2007), 'Organohalogen compounds in human breast milk from Republic of Buryatia, Russia', *Environmental Pollution*, **146**, 225 – 232.

UEHARA R, NAKAMURA Y and MATSUURA N (2007), 'Dioxins in human milk and smoking of mothers', *Chemosphere*, **68**, 915 – 920.

VESTERGAARD E, NEXO E and WENDT A (2008), 'Trefoil factors in human milk', *Early Human Development*, **84**, 631 – 635.

VIETH B, HERRMANN T and MIELKE H (2004), 'PBDE levels in human milk: the situation in Germany and potential influencing factors – a controlled study', *Organohalogen Compounds*, **66**, 2643 – 2648.

VUORI E, MAKINEN S and KARA R (1980), 'The effect of dietary intakes of copper, iron, manganese, and zinc on the trace element content of human milk', *The American Journal of Clinical Nutrition*, **33**, 227 – 231.

WACK R, LIEN E and TAFT D (1997), 'Electrolyte composition of human breast milk beyond the early postpartum period', *Nutrition*, **13**, 774 – 777.

WALISZEWSKI S, AGUIRRE A and INFANZON R (2001), 'Organochlorine pesticide levels in maternal adipose tissue, maternal blood serum, umbilical blood serum, and milk from inhabitants of Veracruz', *Archives of Environmental Contamination and Toxicolo*, Mexico, **40**, 432 – 438.

WONG C, HOEKSTRA P and KARLSSON H (2002), 'Enantiomer fractions of chiral organochlorine pesticides and polychlorinated biphenyls in standard and certified reference materials', *Chemosphere*, **49**, 1339 – 1347.

YAMAWAKI N, YAMADA M andKAN – NO T (2005), 'Macronutrient, mineral and trace element composition of breast milk from Japanese women', *Journal of Trace Elements in Medicine and Biology*, **19**, 171 – 181.

ZANIERI L, GALVAN P and CHECCHINI L (2007), 'Polycyclic aromatic hydrocarbons (PAHs) in human milk from Italian women: influence of cigarette smoking and residential area', *Chemosphere*, **67**, 1265 – 1274.

ZAPATA C, DONANGELO C and TRUGO N (1994), 'Effect of iron supplementation during lactation on human milk composition', *The Journal of Nutritional Biochemistry*, **5**, 331 – 337.

5 人乳的收集、储存与利用

M. Guo，University of Vermont，USA and Jilin University，People's Republic of China and S. Ahmad，University of Agriculture Faisalabad，Pakistan

摘　要：在经济发达国家，母乳库为新生儿重症监护室供应母乳。当早产儿或低体重新生儿的妈妈没有足够的乳汁时，新生儿科医生会优先选择母乳库中捐献的母乳喂养新生儿，尽可能避免用配方乳粉喂养婴儿。世界卫生组织和联合国儿童基金会等国际组织支持建立母乳库，并将建立母乳库的项目作为促进和支持母乳喂养计划的一部分。本章综合介绍了母乳库流程及其对母乳成分的影响，以便于合理安全利用母乳。

关键词：母乳库　母乳喂养　挤乳　巴氏杀菌　储藏

5.1 引言

从出生到6月龄，婴儿每天每千克体重需要95~115kcal的能量；其中8%~12%的能量来源于蛋白质，30%~50%来源于脂肪，40%~60%来源于碳水化合物。如果满足上述营养需求，婴儿在0~3月龄每天增重25~40g，3~6月龄每天增重15~20g。有大量的相关文献证实了母乳的免疫性和抗感染性等特性。2001年，Lawrence研究证实了母乳对新生儿有很多益处，特别是对早产儿。母乳喂养是包括早产儿、极低出生体重儿（VLBW）和患病的新生儿等在内的所有新生儿的首选喂养方式。采用妈妈的乳汁喂养早产儿，对于早产儿的宿主防御、感觉神经发育、肠道成熟和营养状况方面，有显著的益处（Schanler，2001）。有研究发现，用捐献的母乳喂养早产儿，早产儿体重增加缓慢，捐献母乳喂养是否为早产儿最佳的喂养方式，尚有争议（Modi，2006；Leaf 和 Winterson，2009）。

母乳能够激活机体的防御机制，加之其独特的脂肪结构，母乳喂养仍然是极低体重新生儿的首选喂养方式（Schanler，1985）。已有研究证实了母乳喂养能够降低早产儿感染性疾病的发病率。在新生儿重症监护室中，越来越多的新生儿采用母乳喂养方式。

大部分新生儿过早停止母乳喂养是因为母亲乳汁分泌量不足，而乳汁分泌过量也会带来很多麻烦。当妈妈乳汁分泌过量时，宝宝通常会有下列症状：烦躁不安、拉扯乳头、绞痛式的哭闹、胀气、呕吐、打嗝。乳汁过多的妈妈也会因乳房胀痛、输乳管堵塞和乳腺炎等问题感到苦恼。过度的乳汁释放反射和前乳/后乳比例失调导致了乳汁分泌过量。若妈妈的喷乳反射过强，宝宝无法适应喷进嘴里的大量乳汁，就会出现噎住、窒息和喷出的状况。将过量的乳汁捐献给母乳库，就可以较容易地解决乳汁分泌过量的问题。

"母乳库"指的是收集、加工及储存哺乳期妇女自愿捐献的乳汁,并将其免费供应给其他宝宝(UKAMB,2003)。自1909年起,母乳库逐渐受到全世界的关注,它的普及受到以下因素的影响,如婴儿配方乳粉的发展、艾滋病的出现、新生儿护理的改善使得极低出生体重儿的存活率提升(Leaf和Winterson,2009)。目前,全世界人民对母乳库的关注度在迅速增加,也有一些母乳库正在经历复苏(Tully等,2004)。

5.1.1 母乳库历史

为母亲没有乳汁或者乳汁分泌不足的新生儿提供母乳的行为与人类历史一样悠久。历史上,当母亲不能为宝宝提供母乳时,可以由其他处于哺乳期的妇女代其喂养宝宝,最初被称为乳母,现代称之为交叉哺乳(Lawrence,2001)。乳母一词可以追溯到公元前2250年,《汉谟拉比法典》里曾描述了合格的乳母所具有的特征。当时,人们认为孩子的身体、精神和情感特征遗传于为其哺乳的乳母,因此,选择乳母很重要。在13世纪的欧洲,乳母是对妇女开放的职业中收益最为可观的。

当母亲和乳母不能为宝宝提供乳汁时,人们就用其他的食物来喂养宝宝。在19世纪中期之前,当时人们微生物污染观念淡薄,喂养食物不当造成了婴儿死亡的现象非常普遍。在19世纪晚期,人们开始进行人乳分析,首款婴儿乳粉问世。到20世纪早期,疾病传播意识的增强阻碍了乳母喂养婴儿的普遍现象,人工喂养婴儿的产品开始增多。20世纪早期,随着综合卫生状况、乳牛养殖技术、牛乳收集运送均得到了显著的改善,母乳喂养的婴儿,也经常添加一些配方乳粉来喂养。家用冰箱的出现确保了配方乳粉和牛乳储存的安全性,到20世纪20年代,由于婴儿喂养中添加了橙汁和鱼肝油,大大降低了婴儿坏血病和佝偻病的发病率。尽管配方乳粉(如铁强化配方乳粉)代替了家庭配方食品,但对于4~6个月龄后停止母乳或配方乳粉喂养的婴儿,缺铁现象仍较为普遍。

在20世纪前半叶,由于文化变迁,如分娩医疗化、内科医生和女性角色的改变、科学影响力的增加以及配方乳粉的广告宣传,配方乳粉代替母乳成为了普遍的婴儿喂养产品。20世纪30—60年代,由于过早地用牛乳及固体和半固体食物喂养婴儿,导致母乳喂养率下降(Fomon,2001)。到20世纪50年代,发达国家中的大多数医院和卫生保健专业人员提倡人工喂养为首选的喂养方式。从1970年到1999年,母乳喂养被再次提倡,这与配方乳粉喂养时间的延长和铁强化配方乳粉应用增加有关。20世纪80年中期,在母乳中发现了免疫缺陷病毒,因此母乳喂养相对减少(Simmer和Hartmann,2009)。到20世纪末,用婴儿配方乳粉基本替代了用鲜牛乳喂养较大月份的婴儿,很大程度地减少了铁缺乏症的流行(Fomon,2001)。

随着科技的发展,自19世纪晚期开始,人工喂养产品因其营养良好,得到医生的一致认可,已在市场上出售。这次销售成为迄今为止最为成功的营销活动,使得大众和许多营养专家认为配方乳粉是安全的、最优的产品,等同甚至更优于母乳。幸运的是,在21世纪初,母乳喂养再次成为婴儿喂养的推荐喂养方式,现在专家建议纯母乳喂养6个月,并按照月龄添加适合的辅食,坚持母乳喂养直至幼儿两岁甚至更久。

当宝宝妈妈的乳汁量不足或者不分泌乳汁时,使用经巴氏消毒的捐献母乳喂养婴儿为次优选择,尤其对于高风险疾患病婴儿或早产儿。因此,母乳库很重要。在过去的100年中,不同的社会群体提倡母乳喂养和利用捐献的母乳喂养婴儿,但是,母乳库的普及在这段时间内经历了兴衰成败。冷藏技术的发展及更多的食品加工安全知识被掌握,使母乳收集和储藏成为可能。1909年,世界上首个母乳库在奥地利首都维也纳成立。10年后,美国和德国分别成立了另外两家母乳库。有过量母乳的妈妈可通过直接哺乳或者挤乳的方式为患病婴幼儿提供母乳。早在20世纪初期,美国设想了现代母乳库作为母乳医疗化的版本。

20世纪30年代,位于加拿大魁北克北部早产的五胞胎是母乳库最知名的受益者,他们接受了来自加拿大和美国捐献者的226.8kg母乳。一年后,英国四胞胎接受了夏洛特王后村母乳库捐献的母乳,夏洛特王后村母乳库至今仍在运行。大部分早期的母乳库收集和分配未经过加工的母乳给患病婴儿和早产儿。随着儿科的发展及发达国家母乳库增多,患病婴儿和早产儿的存活率有了提升。在20世纪最后的20年里,婴儿配方乳粉的发展、疾病传播导致的安全性问题、缺乏相关的临床研究等都对母乳库产生了消极的影响(Arnold,2001)。20世纪80年代中期,艾滋病的出现对母乳库数量产生了巨大的冲击,人们因担心未知的捐献者和母乳处理过程,使大部分母乳库几乎一夜之间倒闭。到80年代末,北美仅有8~9个母乳库幸存。

1985年,北美母乳库协会在美国成立,其主要目标之一是建立北美母乳库标准。北美母乳库标准于1990年首次出版,是全世界其他母乳库文件的基础。北美母乳库协会每年都对这些标准进行审查和校正。20世纪90年代,母乳的安全性和营养价值得到证实,母乳库再次兴起。世界上的许多发达国家,有的已经建立母乳库,有的正在考虑建立母乳库。许多家庭已经意识到了人工喂养产品的问题,正在申请捐献的母乳,尤其是那些育有患病新生儿或者早产儿的家庭、母亲母乳不足或者没有母乳的家庭。另外,随着对知情选择、以家庭为中心的护理、最佳做法的重视,保健专业医生正在探索如何建立母乳库。

在过去的100年中,尽管人工喂养产品不断更新,但母乳可以提供无法替代的营养价值,人们的关注点兜转了一圈又回到了母乳。另外,对于婴幼儿来说,母乳是无法替代的,安全的捐献母乳可支持母乳喂养。自21世纪起,母乳库蓬勃发展。

5.1.2 母乳库的重要性

世界卫生组织和联合国儿童基金会等国际组织建议,新生儿从出生开始纯母乳喂养6个月,母乳喂养是婴儿的最佳喂养方式(WHO,2009)。早产儿的免疫系统没有足月儿发育完全,因此,出生后前6个月纯母乳喂养对早产儿的存活和成长更加重要。母乳的一些成分能够帮助婴儿消化吸收营养物质。早期纯母乳喂养降低产后I型艾滋病病毒传播风险,增加未感染免疫缺陷病毒婴儿的存活率(Iliff等,2005;Coovadia等,2007)。

母乳优于配方乳粉已得到证实,母乳中存在的生物活性物质有助于肠道耐受、宿主防御、抗感染腹泻和呼吸道疾病,预防迟发性败血症和坏死性小肠结肠炎(NE)。2006年,Rigotti等研究证实了配方乳粉喂养与过敏体质、糖尿病和儿童肥胖有关。坏死性小肠结肠炎和迟发性败血症是导致早产儿死亡的主要原因。2007年,Quigley等研究发现,用配方乳粉喂养早产儿和低出生体重婴儿,使患坏死性小肠结肠炎的风险高于用捐献的母乳喂养的婴儿。近10%体重小于1.5kg的婴儿,受坏死性小肠结肠炎影响,死亡率高达50%,甚至更高(Springer等,2009)。meta分析(元分析)发现:配方乳粉喂养的婴儿可能发展成为坏死性小肠结肠炎的可能性高于捐献母乳喂养的3倍,已经确诊的坏死性小肠结肠炎患者中,配方乳粉喂养是捐献母乳喂养的4倍(McGuire和Anthony,2003)。母乳喂养的婴儿患病出院后再次因病住院的几率小。2010年,Nisi指出,重症监护室内的新生儿只有在临床状况许可的情况下才能给予肠道喂养。重症监护室内的新生儿早期经常采用的典型方法是静脉补充营养、肠外给养和/或微量胃肠喂养。具有坏死性小肠结肠炎高患病风险的低出生体重儿经常采用上述喂养方法。基于上述情况,应采用存贮的母乳进行早期单一的肠道喂养,随后进行母乳喂养是最佳的选择。危重新生儿指的是体重750~1249g及孕周>26周的新生儿,这些新生儿不能进行肠道喂养,然而其他一些新生儿在临床状况许可的情况下可以进行单一的肠道喂养。

母乳有较高的营养价值,不仅能增强婴儿的免疫力,还能促进婴儿神经系统的发育。神经发育的研究显示,在新生儿阶段,母乳喂养对长期的精神和运动发育、智商、青少年的视力有显著的积极作用。而且,成长为青少年时的身体组成也与新生儿重症监护室应用母乳喂养有关。配方乳粉喂养与代谢综合征的发展相关性大。母乳特有的营养也和认知发育良好密切相关(Lucas等,1992)。一项基于三个实验研究的Meta分析发现,捐献的母乳与配方乳粉相比,降低了新生儿患坏死性小肠结肠炎的风险(联合相对风险0.21,95% CI 0.06~0.76),但用捐献的母乳喂养婴儿的方式与出生后早期低体重增长有关(Boyd等,2007)。

尽管了解了母乳喂养的益处,一些妈妈仍旧因为某些原因不能够亲自喂养自己的宝宝,如疾病或者工作地点离家很远等,因此通常选择特定年龄段的婴儿配方乳粉代替母乳喂养宝宝。对于这个问题更好的解决方法是将母乳挤出,冷藏后喂养宝宝,但需要在挤乳和冷藏时注意卫生。

5.1.3 国际组织和发达国家的母乳库计划

世界卫生组织和联合国儿童基金会共同支持建立母乳库,作为提倡支持母乳喂养国际影响的一部分。"仅在特殊的情况下,妈妈的乳汁才不适合自己的宝宝。由于健康状况,妈妈不能或不应该喂养自己的宝宝时,健康的哺乳期妇女的乳汁或母乳库的母乳成为了婴儿的最佳选择。在特殊情况下,这些替代母乳是比配方乳粉更安全的喂养食物"(WHO/UNICEF,2003)。Simmer和Hartmann(2009)提出新生儿重症监护室就是一个特殊情况。美国儿科学会认为,当妈妈母乳不足或者不能分泌乳汁时,母乳库提供的母乳成为了最佳的替代品（ACP，2005）。

北美母乳库协会（HMBANA）于1985年成立，旨在促进、保护、支持母乳库的建立。北美母乳库协会是一家推进母乳库的建立和运行的非盈利性组织，在加拿大、墨西哥和美国，它是与母乳库相关的唯一的专业学会，并承担为母乳库制定标准和指南的职责。北美母乳协会成立的目的有以下几点。

- 制定母乳库实行指南
- 建立供专业人士针对母乳库相关话题的交流平台
- 提供关于母乳库母乳的益处和正确使用相关信息
- 鼓励和促进以治疗和营养为目的的母乳特性和临床应用的相关研究
- 成为母乳库和政府管理机构有效沟通的桥梁
- 促进各个母乳库成员之间互通有无，以确保所有患者都能够获得母乳
- 根据北美母乳库协会标准，积极发展母乳库新成员

没有数据明确显示在整个欧洲国家中具体的母乳库数量、母乳库覆盖范围以及捐献的母乳的使用情况。欧洲母乳库协会致力于促进欧洲母乳库的发展及鼓励欧洲母乳库国际合作。目前，欧洲母乳库协会下属共有166家母乳库在运营。1997年，英国母乳库协会建立，并于2001年制定了相关指南，成功地指导了哺乳妈妈如何为自己的孩子收集、储存、处理母乳。指南中并没有建议对母乳进行巴氏杀菌或者是常规微生物检测，但提供了对收集母乳的器具进行消毒或者灭菌处理方法（UKAMB，2001）。目前，欧洲有17家母乳库正在运行中，为包括早产儿和低出生体重婴儿在内的婴儿提供捐献的母乳。在法国，母乳库以"lacteriums de france"协会形式运营。

2006年7月，澳大利亚西部珀斯的皇家爱德华医院（Simmer和Hartmann，2009）建立了母乳库。当地各类团体较快地接受了母乳库的观念，捐献的母乳和处理过的母乳需求量远远超出预期。

5.1.4 母乳库的发展与要求

母乳库是完全的非营利性组织。国际组织和协会为母乳库服务，如北美母乳库协会、英国母乳库协会、欧洲母乳库协会和PREM（The Perron Rotary Express Milk）等，为其他国家和地区建立各自的母乳库树立了榜样。北美母乳库协会出版发行了两本书，《母乳库的建立和运行管理指南》（HMBANA，2011a）和《在医院、家庭、托儿所挤乳、储存和处理母乳的最佳方法》（HMBANA，2011b）。结构化的调查评估成为特定区域最佳实践指南发展的有效工具，建立母乳库并不会减少母乳喂养（Simmer和Hartmann，2009）。

与相关领域的组织机构咨询后，就可以在当地开启母乳收集库。收集的信息必须包括：三级重症监护室的数量及它们所能容纳的床位；分配到住院和门诊的捐献母乳的大致数量；新生儿出生率；母乳喂养率；妇产科、新生儿科、儿科、家庭医疗、哺乳顾问、护士、营养师等医疗团体的支持及支持书信和正式协议；在意向书中，当地医院重症监护室和母婴监护室应声明是否有意向储存捐献的母乳。程序中的其他步骤

包括：建立一个工作小组，小组成员包括新生儿科、儿科和妇产科；对潜在的和已提供财务支持的赞助者列一个清单；用时间折线图规划未来母乳库。另外，必须要考虑到伦理问题。

2003年，北美母乳库协会在英国出版发行了《母乳库的建立和运行管理指南》。为了确保母乳库的安全性，需满足适当的推荐标准，如法典中良好操作规范（血液和组织）和加工过程的风险评估（危害分析关键点控制）的要求。母乳库中推荐的筛选捐献者和质量标准需要持续再评估（Simmer 和 Hartmann，2009）。

5.2 人乳的收集和储存

母乳处理的常规做法与实践有很大不同。吸出、收集和储存挤出母乳为微生物污染和交叉感染创造了机会。为了确保挤出母乳的安全性，必须要在母乳收集的方法、吸乳器及储存袋的清洁和消毒方面对妈妈们进行指导。运输、储存和处理母乳的补充建议目的是确保母乳免受微生物污染、保证完整的营养和免疫特性（Jones，2011）。妈妈为自己的孩子提供母乳和捐献母乳的管理是不同的。在医院中，妈妈为自己的孩子提供母乳，挤乳和储存并不会受到医院的严格管理。当母乳要捐献给其他的宝宝时，就要遵守严格的规定。母乳收集的方法、收集母乳的容器、储存母乳的容器和储存条件这些相关因素，对捐献母乳的稳定性影响很大（Lawrence，2001）。

5.2.1 卫生的挤乳方式

在医院和其他非医疗机构对收集母乳容器（挡片、阀门、管）的消毒方法是不同的。在医院时，收集器在用过之后丢弃或者进入消毒设备进行消毒处理。病房里妈妈偶尔用次氯酸盐或者酶清洁剂对母乳收集器进行消毒，妈妈在家中也常用这种方法对挤乳用的工具进行消毒。根据 Cossey 等（2012）最新研究显示，大部分出院的妈妈在家里对母乳收集器进行清洁和消毒。

产假结束后，处于哺乳期的妈妈们不能继续亲自哺乳。例如产假不足 6 个月而不能继续纯母乳喂养的妈妈，她们要选择如何喂养自己的宝宝。妈妈在家时应亲自母乳喂养宝宝，在外出时用挤出的母乳来喂养宝宝。经过培训的卫生工作者应教给妈妈们如何挤出和储存母乳以及如何用杯子盛装母乳喂养自己的孩子，让妈妈了解不用乳瓶喂母乳的原因。哺乳妈妈应学会挤乳的方法，使她不在孩子身边时能够继续用母乳喂养自己的宝宝。生病的婴儿、分娩期间受伤的婴儿和一些低出生体重婴儿都需要母乳来促进自身的生长发育。

根据 WHO（2009）建议，当妈妈外出工作后，在家时应尽量采取母乳喂养（如晚上或者周末）以保证乳汁的分泌。妈妈应与孩子在一个房间睡觉，以便深夜和清晨哺乳，在上班前将母乳挤出，确保妈妈工作时孩子能吃到母乳。条件允许的情况下，妈妈在工作时可以将挤出的母乳冷藏或者室温保存 8h 后带回家。如果没有这样的条件，妈妈应将挤出的母乳丢弃。如果上班时不将母乳挤出，妈妈的产乳量会下降。

如果妈妈必须要与宝宝暂时性分开或是因其他原因不能进行母乳喂养，如妈妈生病住院，或宝宝由于出生体重低而需要在婴儿特别护理病房隔离时，妈妈应该按时将母乳挤掉，按照至多每隔3h挤乳1次的频率以保证泌乳量。如果条件允许，妈妈可以将挤出的母乳冷冻。当宝宝再次回到妈妈身边时，尽快对宝宝进行母乳喂养，这对持续母乳喂养极其重要。

母乳喂养问题有一部分源于婴儿本身，如黄疸、闭塞、鹅口疮或者身体异常都会干扰哺乳。一部分婴儿表现为不能吃乳，也有一部分婴儿是由于生病吃乳时间较短而导致母乳摄入量不足。当孩子出现上述问题时要尽可能地坚持母乳喂养。如果宝宝因不适应而导致吸吮母乳量不足时，妈妈可以将母乳挤出，用杯子、胃管或注射器来喂养宝宝。母乳喂养时应遵循按需喂养的原则，宝宝想吃乳的时候就尽量让宝宝吃。

北美母乳库协会出版了《在医院、家庭、托儿所挤乳、储存和处理母乳的最佳方法》（HMBANA，2011b），此书是以具有科学依据的同行评议和专家意见为基础的推荐规范。此书包括处理母乳、培训妈妈、卫生指导、重症监护室母乳喂养、母乳储存时间、捐献母乳的应用和喂养不合理时的应对方法等部分。

根据妈妈们的泌乳量不同，推荐三种主要的挤乳方法：（1）人工手动挤乳；（2）单边手动吸乳器；（3）双边电动吸乳器。近期一项研究将三种挤乳方法进行了对比，单边电动吸乳器吸出的母乳量最大，平均吸乳量达到647mL，单边非电动吸乳器平均吸乳量为520mL，手动挤乳器的吸乳量为434mL。很多妈妈通过用手挤出和单边非电动吸乳器吸出的母乳量，足够满足婴儿一天的营养需求（Slusher等，2012）。本项研究中，妈妈按照规定每隔2h进行一次吸乳，并且每次挤乳时间不少于15min，或者以2min内看不出有乳汁流出为判断停止挤乳，所有试验参与者均需接受培训以保证手工挤乳或者是使用电动吸乳器挤乳时能够彻底排空乳房。

用手挤乳

世界卫生组织（WHO）在2009年草案中描述了手动挤乳的步骤。妈妈应准备一个干净、干燥、宽口的容器盛装母乳。首先将手洗干净，根据舒适度选择坐或者站立，将容器放在乳头和乳晕的下方，将大拇指放在乳房上方，食指放在乳房的下方，大拇指和食指在乳房两侧分别距乳头4cm处（图5.1），用大拇指和食指反复挤压乳房几次，如没有乳汁流出，需调整大拇指和食指与乳头的距离，再次反复挤压乳房几次，这样做并不会对乳房造成伤害。挤压开始没有乳汁流出，经过反复挤压后乳汁会流出。如果诱发泌乳反射活跃，乳汁会像水流一样涌出，食指和拇指与乳头保持同样的距离反复挤压整个乳房，直到乳汁流出速度变得很慢。每个乳房需重复挤乳5~6次，在挤压乳房后乳汁流出速度很慢，此时停止挤乳。人工手动挤乳需要注意的是，不要让手指在皮肤上摩擦或滑动，不要挤压或者捏乳头。在挤乳前热敷乳房或者洗个热水澡，有利于乳汁流出。

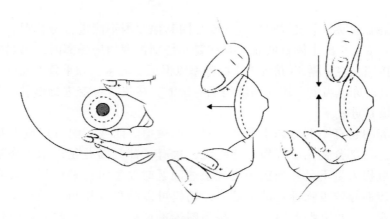

图5.1 用手挤乳

单边手动吸乳器吸乳

市场上可以买到几种类型的吸乳器。吸乳器通常包括以下几个基本部件：乳房罩，收集器和抽真空装置。吸乳器产生的吸力是间歇性的，通过乳房罩有节奏地压缩乳晕从而抽吸乳房里的母乳，只靠抽吸的过程并不能吸空乳房里的乳汁。"保持抽吸"是指吸乳器维持抽吸几秒钟，释放吸力1～2s后再次吸。妈妈不要用太大的吸乳强度，当吸乳器导致乳房疼痛或者在乳房上留下痕迹时，则说明压力太大。"每秒吸一次"则限制了吸乳器对乳头和乳晕的吸力。吸乳器可以设置轻度、中度、重度压力。活塞被拉回就停止，活塞有节奏地拉回、再推进、再次被拉回。一些手动吸乳器用弹簧将活塞推回停止，使得吸乳器更易操作（Marie，2012a）。Fewtrell等（2001）研究显示，用手动吸乳器的妈妈产乳量要大于应用双边电动吸乳器的妈妈，可能手动吸乳器具有更加生理性的设计。

双边电动吸乳器吸乳

大多数情况下，医院会提供电动吸乳器，或者是凭医生处方从药房租用电动吸乳器。妈妈也可以自主选择家用电动吸乳器类型。一般来说，大型电动吸乳器应用起来更方便。电动吸乳器接通电源后，打开吸乳器开关，调整至感觉舒服的吸力强度（Marie，2012a）。电动吸乳器最成功之处是诱发泌乳反射，如果在吸乳前或是吸乳过程中，热敷乳房或轻柔地循环按摩乳房均能够促进乳汁分泌。双边吸乳器较单边吸乳器更加省时，每次大约使用20min就可以吸空乳房里的乳汁。当不能亲自哺乳的妈妈需要依靠吸乳器吸出的母乳喂养宝宝时，定时将乳房排空就有利于刺激乳汁分泌和保持泌乳量。当母乳喂养存在问题时，可以向医生、国际泌乳顾问或者母乳喂养协会负责人咨询。妈妈也可以将一侧乳房中的乳汁吸出的同时，用另一侧亲自喂养宝宝。通过宝宝吸吮产生泌乳反射，最大限度地发挥吸乳器的作用。

5.2.2 母乳储存

恰当地储存挤出/吸出的母乳非常重要，正确的储存方式能够最大程度地保存母乳的营养和抗感染特性。母乳具有抗菌特性，应使其保持新鲜。研究表明，冷藏的母乳抗感染特性要强于冷冻的母乳。最好采用玻璃材质或者是硬塑料容器储存母乳，并且要有合适的盖子，这些材质不能含有双酚A，不要采用专门为冻存母乳而设计的母乳储存袋。不建议使用一次性瓶衬垫或者塑料袋储存母乳，这种做法会增加母乳污染的风险，且储存袋不耐用、易漏等特点，一些塑料还会破坏母乳的营养成分。

挤出的母乳按照一定的量（57g）储存于消毒的密闭容器中，贴上标签，并在标签上标注时间和日期，可以在医院冷藏库进行保存，最多可保存7d，一般情况下保存2d（Cossey等2012）。2011年，Miller和McConnell分别用液氮储存冷冻的母乳样品，室温储存干燥的母乳样品，结果发现母乳可以在滤纸上保存达8周。新生儿重症监护室建立的母乳库，捐献的母乳可以在-20℃条件下储存3个月到1年。母乳成分会随着宝宝月龄变化而改变，以满足宝宝生长阶段的不同需求，因此，建议在挤乳后的1~2周内应用这些储存的母乳。一些医院只用冷藏的母乳，仅有一小部分新生儿重症监护室允许在家储存冷冻的母乳，并且解冻的母乳应在24h内饮用，少数情况下可超过一天后饮用。大部分新生儿病房在病房内或者医院均有独立的母乳处理室，配有专业人员对母乳进行处理和储存（Cossey等，2012），并将这些母乳在-20℃温度下冷冻72h后应用。表5.1列出了合理储存母乳的操作指南。

表5.1 母乳储存指南：储存条件和期限

冷冻类型	最佳储存期限/最长储存期限	鲜母乳	解冻母乳
深度冷冻（-18℃或者更低）	6个月（最佳）到12个月（最长）	6个月以上	不冻结
独立冷冻室冷冻（-20~-18℃）	6个月（最佳）到12个月（最长）	3~4个月	不冻结
冷藏（0~22℃）	4℃ 72h（最佳）到8d（最长）	8d	24h
室温（19~26℃）	4h（最佳）到6h（最长）（一些达到8h）	10h	1h

资料来源：国际母乳协会（2012）。

5.2.3 母乳捐献

母乳比其他喂养替代品容易消化吸收，对早产儿十分有益。当母乳分泌量不足时，可用捐献的母乳或者人工婴儿配方乳粉作为替代品来喂养早产儿或者低出生体重儿。哺乳期的妈妈自愿将挤出的乳汁经过母乳库加工处理后，喂养其他宝宝，这种储存在母乳库的乳汁被定义为捐献的母乳。虽然婴儿配方乳粉能够增加早产儿或低出生体重儿的营养摄入量，提高此类婴儿的生长速率，但是有研究表明，配方乳粉的喂养与婴儿喂养不耐受以及新生儿小肠结肠炎较高的发病率相关，严重影响婴儿的生长和发育。

母乳捐献是母乳库的关键，捐献的母乳非常有限。捐献者应为健康的哺乳期妇女，泌乳量超过自己宝宝的母乳需求量，并且捐献者身体健康，自愿进行血清学检查，没有服用常规药物或者是植物补剂（仅含孕酮的避孕药片或注射剂、甲状腺素、胰岛素和孕期维生素除外）。具有以下情况的哺乳期妇女，不符合母乳捐献的标准：血清学检测发现存在人类免疫缺陷病毒阳性或者有感染人类免疫缺陷病毒风险，存在人类嗜T淋巴细胞病毒、乙型肝炎或丙型肝炎、梅毒；使用违禁药品，吸烟或者使用烟草产品；在近一年内进行了器官移植和输血；每天饮用56.7g或更多量的酒精。

2012年，根据Sandakan、Sabah和Malaysia在根德公爵夫人医院的研究，医院在没有母乳库的情况下，让48名婴儿接受了捐献的母乳，其中42名婴儿来自特护婴儿室，其余的6名来自婴儿病房，88%的捐献者和77%的母乳接受者为伊斯兰教信徒，其中早产儿占接受捐献母乳婴儿的60%。

2003年，McGuire和Anthony对早产儿和低出生体重婴儿分别采用捐献的母乳喂养和配方乳粉喂养。研究结果显示，配方乳粉喂养的婴儿短期生长速率高于接受捐献母乳喂养的婴儿，同时配方乳粉喂养的婴儿患坏死性结肠炎的风险也同样高于捐献母乳喂养的婴儿。虽然支持捐献母乳喂养的证明有限，但最近也有文献表明通过捐献母乳喂养的婴儿患坏死性小肠结肠炎的风险低于配方乳粉喂养的婴儿（Quigley，2007）。人们普遍认为，并没有大量高度可靠的证据证明捐献的母乳能够改善婴儿的健康状况，由于缺乏对母乳库运行流程的了解，尤其是不能确保捐献母乳的安全性流程，人们担心研究的捐献母乳与获得捐献的母乳之间存在差异性，导致研究的有效性受到了限制。因此，在母乳库的操作过程中，迫切需要安全应用捐献母乳的临床指南，且应具备充分依据证明捐献母乳的安全性（CCP，2010）。

5.2.4 微生物质量控制

在医院，母乳喂养、捐献母乳喂养或者配方乳粉喂养，均没有相应的微生物质量标准。母乳可能是来自妈妈和环境的共生菌及病原微生物的传播媒介。已经有大量突发的相关案例出现，新生儿因饮用受到污染的乳汁而被感染。与母乳引起的感染相关的微生物主要有金黄色葡萄球菌、大肠杆菌、沙雷菌属、假单胞菌属、沙门菌属和巨细胞病毒（Novak等，2000；Godambe等，2005；Shetty等，2006）。挤出母乳中的微生物曾被认为是早产儿感染的根源，所以一些临床医生认为应先查看母乳中微生物培养结果，再选择是否用这些母乳喂养婴儿（Schanler等，2005）。

2012年，Cossey等将挤出的母乳进行细菌检测，结果发现，不同的监护室可接受的污染程度（或最低合格标准）的细菌数限值不同。47%的新生儿监护室会定期对挤出的母乳进行细菌检测，每个新生儿监护室会采用不同的检测频率，分别采用喂养前一次性检测、每周一次、每周两次或者每天检测。也有一些监护室只有在临床出现问题时才对母乳进行细菌检测，如出现喂养不耐受、迟发败血症或新生儿坏死性结肠炎、乳母感染（例如乳腺炎）等。有7/9的新生儿重症监护室采用可接受污染程度原料乳关键菌菌落数限值对原料乳进行微生物监测。共生菌和潜在致病菌的菌落数限值不同，如表5.2所示。

表 5.2　不同新生儿重症监护室母乳菌落数限值的应用

	母乳		
	直接食用	巴氏杀菌	丢弃
新生儿重症监护室 1	共生菌 $< 10^5$ cfu/mL 致病菌 $< 10^4$ cfu/mL	共生菌 $10^5 \sim 10^6$ cfu/mL 致病菌 $10^4 \sim 10^5$ cfu/mL	共生菌或总菌数 $> 10^6$ cfu/mL 致病菌 $> 10^5$ cfu/mL 或者存在金黄色葡萄球菌、沙门菌、志贺菌、芽孢杆菌、链球菌
新生儿重症监护室 2	CNS $\leqslant 10^5$ cfu/mL	CNS $> 10^5$ cfu/mL 致病菌 $\leqslant 10^4$ cfu/mL	金黄色葡萄球菌、革兰阴性杆菌、芽孢杆菌 $> 10^4$ cfu/mL
新生儿重症监护室 3	共生菌 $\leqslant 10^5$ cfu/mL	共生菌 $> 10^5$ cfu/m 存在致病菌	
新生儿重症监护室 4	共生菌 $\leqslant 10^5$ cfu/mL	共生菌 $> 10^5$ cfu/mL 致病菌 $> 10^4$ cfu/mL	存在金黄色葡萄球菌
新生儿重症监护室 5	仅初乳	初乳以外的乳汁	存在金黄色葡萄球菌
新生儿重症监护室 6	CNS $\leqslant 5 \times 10^4$ cfu/mL 无致病菌	无	CNS $> 5 \times 10^4$ cfu/mL 存在致病菌
新生儿重症监护室 7	共生菌 $\leqslant 10^5$ cfu/mL 无致病菌	无	致病菌 $> 10^5$ cfu/mL 存在致病菌

cfu，菌落形成单位即菌落数；CNS，凝乳酶阴性葡萄球菌。
资料来源：Cossey 等（2012）。

一些监护室允许原料乳中存在正常皮肤表面菌群，认为共生菌总数 $\leqslant 10^5$ cfu/mL 的母乳是安全的，可以直接饮用。菌落总数超过 10^5 cfu/mL 的母乳需要进行巴氏杀菌，并且用于喂养婴儿的母乳中不允许存在金黄色葡萄球菌。目前，仅有 6 个新生儿重症监护室有条件对母乳进行巴氏消毒，仅有 1 个新生儿重症监护室对母乳巨噬细胞病毒（CMV）进行日常检测。如果母乳巨噬细胞病毒检测结果显示阳性，5/19 的新生儿重症监护室对极低体重早产儿不直接进行新鲜母乳喂养（Cossey 等，2012）。表 5.3 列出了英国、意大利、瑞典和澳大利亚母乳库关于捐献的母乳菌落数限值（Cossey 等，2012）

目前，尚缺乏对于习惯作法中母乳的微生物学质量的研究，例如，一些妈妈更习惯于用鲜母乳喂养宝宝，吃剩余的母乳仍保存一段时间（根据妈妈和护理人员的报告，剩余的母乳可能保存 1h 或者多于 1h），宝宝睡醒后或者再次需要哺乳时，用上次剩余的母乳喂养，没有考虑过储存母乳的微生物学质量问题。

表 5.3 捐献的母乳的菌落数限值

	母乳		
	直接食用	巴氏杀菌	丢弃
NICE，英国[a] AIBLUD，意大利[b]	无	菌落总数，≤10^5 cfu/mL，且金黄色葡萄球菌≤10^4 cfu/mL，且肠杆菌≤10^4 cfu/mL	菌落总数 > 10^5 cfu/mL，或金黄色葡萄球菌 > 10^4 cfu/mL 或肠杆菌 > 10^4 cfu/mL 巴氏杀菌后≥10 cfu/mL
HMBANA 美国[c]	共生菌数≤10^4 cfu/mL	共生菌数 > 10^4 cfu/mL 存在致病菌	巴氏杀菌后有微生物生长
SNHBW，瑞典[d]	无	金黄色葡萄球菌 < 10^5 cfu/mL，且肠杆菌 < 10^2 cfu/mL 不存在 B 型链球菌、沙门菌、单核细胞增生李斯特菌	金黄色葡萄球菌≥10^5 cfu/mL，或肠杆菌≥10^2 cfu/mL 存在 B 型链球菌、沙门菌、单核细胞增生李斯特菌
澳大利亚[e]	无	菌落总数≤10^5 cfu/mL，且不存在能够产生热稳定毒素的致病菌、肠杆菌和肠球菌	菌落总数 > 10^5 cfu/mL，或存在能够产生热稳定毒素的致病菌、肠杆菌和肠球菌，巴氏杀菌后有微生物生长

a. NIHCE（2010）；b Arslanoglu 等（2010）；c HMBANA（2011b）；
d. Omarsdottir 等（2008）；e Hartmann 等（2007）；
NICE：英国卫生质量标准署；
AIBLUD：Associazione Italiana Banche del Latte Umano Donato；
HMBANA：北美母乳库协会；
SNBHW：瑞典国家健康和福利委员会。

5.2.5 培训

人类哺乳是一个复杂的过程，母乳喂养的持续时间受到很多可变因素的影响，如人口数量、社会因素、身体和心理等因素，包括母乳喂养的知识和信心（Thulier 和 Mercer，2009）。过程导向的视听训练以简单易懂的语言，为助产士、产后护士和孕妇提供母乳喂养咨询帮助，为最初的母乳喂养、挤乳、母乳的加工处理及储存和母乳库中母乳的应用提供相关信息。妈妈应被指导如何清洁乳房和母乳收集器具（Garg 等，1995）。所有母乳库应对员工进行培训，培训内容包括食物处理、临床技能、静脉切开术、母乳喂养支持、卫生挤乳和母乳处理、巴氏杀菌和包装等。用调查问卷来监测捐献母乳服务也是员工培训的一部分，如英国母乳库协会的新生儿重症监护室调查问卷。用调查问卷进行常规的员工调查，进而核对母乳库绩效（CCP，2010）。北美母乳库协会（HMBANA，2011b）把重点放在母亲的培训上，主要是挤出乳汁的卫生、喂养、储存时间和使用等方面知识的普及。

5.3 库存人乳的加工处理流程

对捐献的母乳进行收集、加工处理、储存,确保捐献的母乳微生物学安全性和营养质量(Molto-Puigmarti 等,2011)。大多数捐献母乳的接受者(受益者)担心挤出的母乳没有进行消毒处理,有可能存在共生菌和致病微生物,所以,捐献母乳的加工处理和储存条件很重要。关于挤出的母乳和一些经巴氏消毒母乳的加工、储存和应用,每个母乳库都有相应的规定。北美母乳库协会(2011a)描述了母乳处理的方法,涵盖了洗涤、倾倒、混合、装瓶、巴氏杀菌、实验室检测及巴氏杀菌母乳的储存。

母乳的加工处理和储存过程虽然非常复杂,但是质量控制至关重要,母乳的成分随一天内的泌乳周期、乳母的饮食和怀孕周期的不同差别很大。前乳的能量低于后乳,溢出的母乳能量低于挤出的母乳。捐献者一般是足月分娩或者已经哺乳一段时间的产妇,这两种情况均会影响到母乳的营养成分(Modi,2006;Leaf 和 Winterson,2009)。用低脂低能的储存母乳喂养早产儿,婴儿体重增长较缓慢(Vieira 等 2004,Gianini 等 2005)。极低出生体重儿需要特殊的营养添加来满足生长发育的需要(Schanler,2001)。

捐献的母乳必须经过加工处理后,才可以用于喂养新生儿。巴氏消毒法能够灭活致病菌,因此,母乳在储藏、冷冻和解冻过程中需进行巴氏杀菌。母乳库中的母乳经过加工处理后,会导致一部分常量营养素流失,不能完全满足早产儿的特殊营养需求(Tully 等,2001;Modi,2006)。经检测发现,经加工处理后的母乳,能量损失严重,主要是因为经加工处理的母乳脂肪含量降低,而脂肪是母乳中主要的产能营养素(Schanler,1985;Vieira 等,2011)。

5.3.1 加热处理

巴氏杀菌法是母乳库常用的母乳灭菌法,长时间低温度(LTLT)处理母乳,例如,62.5℃保持30min 后,快速冷却(Tully 等,2001;Updegrove,2005)。母乳经巴氏杀菌后,在-20℃条件下冷冻保存。巴氏杀菌法消除了潜在的病毒性污染,如人类免疫缺陷病毒、人类嗜 T 淋巴细胞病毒、巨细胞病毒、结核菌及其他细菌的污染。同时,巴氏杀菌最大限度地保留了母乳独有的生物活性成分。但巴氏杀菌也破坏了母乳中 B 细胞和 T 细胞成分,B 淋巴细胞针对妈妈已经接触过的特异性抗原产生相应抗体,T 淋巴细胞可攻击被病原体感染的细胞,发出化学信号,调动其他免疫防御(Lawrence,1977)。

虽然巴氏杀菌破坏了母乳中的淋巴细胞,然而母乳中其他的保护性成分没有受到影响或者是影响甚微。巴氏杀菌后,母乳中抗体 IgA 和 sIgA 减少了20%～30%,大肠杆菌特异性抗体效价也降低了(Ford 等1977;Evans 等,1978)。1996 年,Carbonare 等研究发现,母乳经巴氏杀菌后,母乳中抗体 IgA 和 sIgA 效价降低,但对肠致病性大肠杆菌的反应程度并未发生变化。母乳经过间歇式巴氏杀菌后,母乳中溶菌酶活性基本没有变化，母乳中的乳铁蛋白铁结合能力损失 0~60%，损失程度主要取决于母乳 pH。与未处理的母乳比较，经巴氏杀菌的母乳微生物生长速度更快，因巴氏杀菌破坏了乳中的抗菌系统。（Ford 等，1977，Bjorksten 等，1980，May，1994）。

母乳不仅具有免疫防御功能，还富含长链多不饱和脂肪酸（LC-PUFA），其中包括亚油酸（18:2n6）和 α-亚麻酸（18:3n3）。这些必需脂肪酸是长链多不饱和脂肪酸前体，具有特殊的生理功能，人体和其他哺乳动物不能自身合成，只能从食物中获得，对促进生长发育至关重要（Hamosh 和 Salem，1998）。二十二碳六烯酸（22:6n3），通常被称为 DHA，人体可利用 α-亚麻酸合成 DHA，DHA 对婴儿的智力和视力发育至关重要。人体可利用亚油酸合成花生四烯酸（20:4n6），花生四烯酸是前列腺素和白细胞三烯的前体。前列腺素和白细胞三烯对人体代谢活动具有重要的调节作用（Hamosh 和 Salem，1998）。经过间歇式巴氏杀菌，母乳中多不饱和脂肪酸的相对比例基本没有变化，由于脂肪分解，母乳的总甘油三酯含量下降 6%，相应的游离脂肪酸含量增加（Lepri 等，1997；Henderson 等 1998；Fidler 等 1998）。经巴氏杀菌后，母乳的脂肪酶彻底被灭活，其中包括脂蛋白脂肪酶和胆盐活化酯酶，由此推测，经巴氏杀菌后，早产儿对脂肪的肠道吸收降低。尽管巴氏杀菌灭活了母乳脂肪酶，但在孕 26 周的早产儿胃内容物中出现了舌脂肪酶，舌脂肪酶是由位于舌头后部的浆液腺分泌，并在脂肪分解的过程中起着至关重要的作用（Hamosh 等，1981；Fredrikzon 等，1982）。

如果妈妈没有充足的乳汁喂养自己的宝宝，经巴氏杀菌的捐献母乳可视为优于婴儿配方乳粉的首选替代品，尤其是那些体质较弱的婴儿（WHO，2008）。巴氏灭菌对母乳中的大部分营养成分没有影响，同时还消除了传染病经母乳传播的风险。由于缺乏菌落数安全性的上限值，新生儿重症监护室（NICU）应用经微生物检测和巴氏杀菌的母乳仍然存在争议（Schanler，2011）。一些 NICU，对妈妈的乳汁进行巴氏杀菌后喂养自己的宝宝，将喂养中可能出现的危险降低到可接受的程度。医院的监护室必须要有巴氏灭菌系统，在对母乳进行处理时，监护室人员应了解相关知识，如时间-温度组合对母乳的影响。一般建议母乳的加热温度不应达到沸点。微波炉加热不均匀且存在热点，可能会导致母乳中营养成分的流失，因此，不能用微波炉加热母乳。

热处理对母乳中的一小部分营养和免疫成分有影响，母乳中还有很多免疫球蛋白、酶、激素和生长因子经热处理后没有变化或者变化微乎其微。（Koenig 等，2005）。Vieira 等（2011 年）的最近研究显示，巴氏杀菌对母乳中脂肪和蛋白质含量有显著性的影响，与未经巴氏杀菌处理的母乳相比，脂肪和蛋白质浓度分别下降了 5.5% 和 3.9%，但乳糖浓度没有变化。

5.3.2 低温储存

如果要长期储存母乳，推荐采用冷冻的方式储存。Takci 等（2012）研究了母乳对大肠杆菌和绿脓杆菌活性的影响，发现 -20℃ 储存的母乳和 -80℃ 储存的母乳的杀菌效果不同。所有鲜母乳（未经处理的母乳）对大肠杆菌和绿脓杆菌均有一定的杀菌效果。母乳在 -20℃ 下储存 3 个月后，对大肠杆菌的杀菌效果显著降低。-80℃ 储存 3 个月后，与鲜母乳相比，杀菌效果没有变化，因此，如果条件允许，建议首选 -80℃储存母乳喂养婴儿，尤其是重症监护室中的婴儿。

研究发现，母乳本身具有抗细菌污染特性。Reiter（1978）通过过氧化物酶（在母乳的乳清中浓度较高）-过氧化物-硫氰酸盐体系，研究非加热灭菌技术。这种结合体系成为母乳中的一个免疫因子（Packard，1982）。母乳中的一些成分受储存方式和储存时间的影响，而这种影响又受到母乳中细菌污染情况的调控。冷藏显著地抑制了母乳中细菌的增长繁殖，冷冻使细菌不再增长繁殖。Pardou 等（1994）发现，母乳冷藏 8d 后，与冷藏前相比，一些细菌数减少了，这说明防止母乳在收集时被污染的重要性，也证明了母乳在 0~4℃温度下可以冷藏达 8d。冷冻保存 4 周，母乳中的主要抗体 IgA 和 SIgA 不受影响（Ford 等 1977；Evans 等 1978）。

5.3.3 解冻

国际母乳协会（LLLI，2012）建议，冷冻的母乳应用冷藏过夜解冻或者是用冷却水解冻。Vieira 等（2012）研究了两种解冻母乳的方法：慢速解冻（40℃水浴 10min）；快速解冻（微波炉解冻 45s，注意不要让母乳沸腾），第一种方法，在水浴过程中，水可能进入解冻的母乳而导致污染，后一种方法避免了这种情况的出现。Vieria 等（2011）研究发现，慢速解冻法和快速解冻法，对母乳中脂肪、蛋白质及乳糖浓度没有影响。预先解冻的母乳可以在冰箱中冷藏 24h。已有研究表明，解冻后的母乳不能再次冷冻，再次冷冻已解冻的母乳会导致乳汁成分的进一步分解和乳汁抗菌活性的丧失。目前，解冻后的母乳不能再次冷冻已经得到公认。一些妈妈和护理人员将宝宝上次吃剩下的母乳放入冰箱冷藏，再次加热后喂食宝宝的这种做法是否安全，有待于进一步研究。解冻后的乳汁由于脂肪的分解，可能会有肥皂味。这种乳汁是安全的，大多数宝宝仍然可以喝。如果冷冻或冷藏后的母乳有馊味（高活性脂肪酶分解乳脂肪所致），可以将母乳加热到接近沸腾（没有沸腾），然后迅速冷却或冷冻。这种做法钝化了脂肪酶活性。与婴儿配方乳粉相比，经处理的母乳是更健康的选择。挤出的母乳可以放在工作单位或者托儿所的冰箱中冷藏。美国疾病控制中心和美国职业安全与健康管理局一致认为，母乳不是需要进行特殊处理和单独储存的体液。

5.3.4 降低乳糖含量

在所有哺乳动物种类中，人乳中的乳糖含量是最高的。母乳虽然是婴儿的最佳食物来源，但有可能导致一些婴儿乳糖不耐受，乳糖不耐受的婴儿需要无乳糖或者是接近无乳糖的乳品。有很多降低乳糖含量的工业化方法，如结晶法、酶解法、光照法等。Edelsten 等（1979）通过利用脆壁酵母发酵，发明了一个无乳糖母乳的制备方法。经过处理的母乳，乳糖含量低于 50mg/L，并且不含半乳糖。经喂养实验证实，经这种方法处理后的母乳喂养乳糖不耐受婴儿，不会出现乳糖不耐受症状。

5.3.5 用库存母乳制备营养组分

已有相关的儿科文献报道了早产儿和极低体重婴儿营养需求的不同。为满足这些体质较弱婴儿的特殊营养需求，母乳中的脂肪、蛋白质等主要营养成分和其他成分，如母乳中特有的生长调节物、酶和激素，可以用未进行巴氏杀菌的库存母乳制备。将这些制备的营养成分作为营养强化剂添加到挤出的母乳中，以满足这些体质较弱婴儿的特殊营养需求。母乳温和加热到50℃，可以将脂肪分离出来。将分离出的乳脂肪冷冻成球后真空包装（Hlymo等，1984）。通过将脱脂乳（45~50℃）超滤处理6~8h，制备蛋白质。将超滤后得到的蛋白质溶液进行冷冻干燥后用聚乙烯内衬铝袋包装（Hlymo等，1984）。将超滤渗透液通过结晶法制备乳糖。这些营养成分可以与蛋白质或脂肪或者与两者同时混合后加入到库存的母乳中，以增加母乳的营养价值，使其更有益于婴儿的生长发育。

5.3.6 母乳强化

母乳的营养强化是现代新生儿护理的常规做法。根据宫内生长和养分吸收积累，母乳营养是否充足可能是极低体重新生儿（出生体重小于1500g）的一个限制因素。对母乳进行营养补充或强化，就能满足极低体重儿的整体营养需求。据报道，被妈妈送到新生儿重症监护室的母乳，在能量和蛋白质含量上变化很大（Polberger，1996），人们越来越关注于新生儿重症监护室进行母乳喂养的长期效应。研究者可以选择配方乳粉喂养和营养强化的捐献母乳喂养（营养强化的捐献母乳作为母乳喂养的补充或者单纯采用营养强化的捐献母乳喂养），通过临床对照试验考察不同的喂养方式对婴儿生长发育的影响。

在哺乳期，乳汁中蛋白质、能量、钙、钠和锌的浓度在逐渐下降，矫正月龄的早产儿营养需求仍然高于相应月龄的足月儿，单纯的母乳喂养可能不能满足它的营养需求。用未经营养强化的母乳喂养早产儿，早产儿的蛋白质营养状况指数比正常值低，并且会随着时间推移继续下降。蛋白质和能量补充与体重增长速率、氮平衡、蛋白质营养状况指数密切相关（Polberger等，1989；Kashyap，1990）。补充蛋白质对促进婴儿短期的生长和长期的神经发育至关重要（Kuschel和Harding，1999；Premji等，2006）。

Miller等人（2012）研究发现，用营养强化的母乳喂养早产儿，婴儿体重增长却并不理想，表明了额外补充的蛋白质也许仍不能满足早产儿对蛋白质的需求。强化母乳蛋白质含量高，则早产儿发育好一些，因此，对早产儿来说，母乳喂养需要强化蛋白质。Kuschel和Harding（1999）研究发现，牛乳蛋白不仅能有效地补充早产儿或足月儿母乳中蛋白质含量，还可以补充可溶性钙与磷酸盐，促进骨骼更好地矿化。出生后，钙和磷的储存量与自身的摄入、脂肪的吸收和氮的存储显著相关。Schanler和Garza（1988）应用乳酸钙和一价、二价磷酸盐制备了营养强化母乳，喂养极低出生体重儿，成功地增加了其钙和磷的储存量。研究建议，钙、磷的每日摄入量分别为每千克体重

160mg 和 94mg，以达到婴儿在母体内时钙和磷的存储量。Salle 等（1986）使用强化钙、磷（分别为 27mg/dL 和 24.5mg/dL）的巴氏杀菌母乳喂养极低体重出生儿，发现强化钙的母乳能够增加早产儿体内的钙和磷储存量。

5.4 结论

母乳中含有配方乳粉所缺乏的免疫活性物质。无论是早产儿还是足月儿，当妈妈不能分泌乳汁时，使用经过适当筛选的捐献者的母乳是次优选择。母乳库在发达国家内再次兴起，各种组织与政府机构合作制定了相关安全标准。尽管世界范围内母乳库的数量在增多，但捐献的母乳在当前的新生儿喂养实践中的作用仍需要证明。应用捐献母乳是否会增加疾病传播的危险及伦理问题，仍需要进一步研究证实。关于早产儿和极低体重儿的最佳喂养方式仍存在许多有待解决的问题。当前认为，母乳喂养是早产儿和足月儿最佳的喂养方式，对于极低体重儿来说，需要对母乳进行营养强化以满足其特殊的营养需求。母乳库目前研究的重点包括两个方面：在加工和储存母乳过程中，如何保护母乳的独特营养成分；为满足体质较弱婴儿的特殊营养需求而采取的有效的母乳营养强化方法。如果建立了强大的母乳库网络，像实验室一样严格遵守安全准则，媒体积极关注，国际机构、非政府组织、政府组织大力参与，那么母乳库就能高效运转。发展中国家也应建立母乳库。

参考文献

ACP（AMERICAN ACADEMY OF PEDIATRICS）. （2005）. Breastfeeding and the use of human milk. Policy statement. *Pediatrics* **115**：496 – 506.

ARNOLD LD (2001). Trends in donor milk banking in the United States. *Adv Exp Med Biol* **501**：509 – 517.

ARSLANOGLU S, BERTINO E, TONETTO P, DE NISI G, AMBRUZZI AM, BIASINI A, PROFETI C, SPREGHINI MR and MORO GE. （2010）. Guidelines for the establishment and operation of a donor human milk bank. Italian Association of Human Milk Banks Associazione Italiana Banche del Latte Umano Donato（AIBLUD：www. aiblud. org）. *J Matern Fetal Neonatal Med* **23**（Suppl 2）：1 – 20.

BJORKSTEN B, BURMAN LG, DE CHATEAU P, FREDRIKZON B, GOTHEFORS L and HERNELL O. （1980）. Collecting and banking human milk：to heat or not to heat? *Br Med J* **281**：765 – 769.

BOYD CA, QUIGLEY MA and BROCKLEHURST P. （2007）. Donor breast milk versus infant formula for preterm infants：systematic review and meta – analysis. *Arch Dis Child Fetal Neonatal Ed* **92**：169 – 175.

CARBONARE SB, PALMEIRA P, SILVA ML and CARNEIRO – SAMPAIO MM. （1996）. Effect of microwave radiation, pasteurization and lyophilization on the ability of human milk to inhibit Escherichia coli adherence to HEp – 2cells. *J Diarrhoeal Dis Res* **14**：90 – 94.

CCP（CENTRE FOR CLINICAL PRACTICE）. （2010）. Donor breast milk banks：The operation of donor milk bank services. London：National Institute for Health and Clinical Excellence（UK）NICE Clinical Guidelines, No. 93.

COOVADIA HM, ROLLINS NC, BLAND RM, LITTLE K, COUTSOUDIS A, BENNISH ML and NEWELL ML. （2007）. Mother – to – child transmission of HIV – 1 infection during exclusive breastfeeding in the first 6 months of life: An intervention cohort study. *Lancet* **369** (9567): 1107 – 1116.

COSSEY V, JOHANSSON AB, DE HALLEUX V and VANHOLE C. (2012). The use of human milk in the neonatal intensive care unit: practices in Belgium and Luxembourg. *Breastfeeding Med* **7**: 302 – 306.

DE NISI G. (2010). Enteral feeding: how, when, how much? *Minerva Pediatr* **62** (3 Suppl 1): 207 – 210.

EDELSTEN D, EBBESEN F and HERTEL J. (1979). The removal of lactose from human milk by fermentation with Saccharomyces fragilis [yeast]. *Milchwissenschaft* **34** (12): 733 – 734. (Dairy Sci Abst 42 (6): 447).

EMBA (EUROPEAN MILK BANK ASSOCIATION). (2012). http://www.europeanmilkbank – ing.com/index.html (Assessed on 10 May 2012).

EVANS TJ, RYLEY HC, NEALE LM, DODGE JA and LEWARNE VM. (1978). Effect of storage and heat on antimicrobial proteins in human milk. *Arch Dis Child* **53**: 239 – 241.

FEWTRELL MS, LUCAS P, COLLIER S, SINGHAL A, AHLUWALIA JS and LUCAS A. (2001). Randomized trial comparing the efficacy of a novel manual breast pump with a standard electric breast pump in mothers who delivered preterm infants. *Pediatrics* **107** (6): 1291 – 1297.

FIDLER N, SAUERWALD TU, KOLETZKO B and DEMMELMAIR H. (1998). Effects of human milk pasteurization and sterilization on available fat content and fatty acid composition. *J Pediatr Gastroenterol Nutr* **27**: 317 – 322.

FOMON SJ. (2001). Infant feeding in the 20th century: formula and beikost. *J Nutr* **131** (2): 409S – 420S.

FORD JE, LAW BA, MARSHALL VM and REITER B. (1977). Influence of the heat treat – ment of human milk on some of its protective constituents. *J Pediatr* **90**: 29 – 35.

FREDRIKZON B, HERNELL O and BLACKBERG L. (1982). Lingual lipase: its role in lipid digestion in infants with low birthweight and/or pancreatic insufficiency. *Acta Paediatr Scand Suppl* **296**: 75 – 80.

GARG AK, PEJAVER RK and AL HIFZI I. (1995). Safety of expressed breast milk. *J Infect* **31** (3): 247 – 248.

GIANINI NM, VIEIRA AA and MOREIRA ME. (2005). Evaluation of the nutritional status at 40 weeks corrected gestational age in a cohort of very low birth weight infants. *J Pediatr (Rio J)* **81** (1): 34 – 40.

GODAMBE S, SHAH P and SHAH V. (2005). Breastmilk as a source of late onset neonatal sepsis. *Pediatr Infect Dis J* **24**: 381 – 382.

HAMOSH M, SCANLON JW, GANOT D, LIKEL M, SCANLON KB and HAMOSH P. (1981). Fat digestion in the newborn: characterization of lipase in gastric aspirates of premature and term infants. *J Clin Invest* **67**: 838 – 846.

HAMOSH M and SALEM N JR. (1998). Long – chain polyunsaturated fatty acids. *Biol Neonate* **74**: 106 – 120.

HARTMANN BT, PANG WW, KEIL AD, HARTMANN PE and SIMMER K; AUSTRALIAN NEONATAL CLINICAL CARE UNIT. (2007). Best practice guidelines for the operation of a donor human milk bank in an Australian NICU. *Early Hum Dev* **83** (10): 667 – 673.

HENDERSON TR, FAY TN and HAMOSH M. (1998). Effect of pasteurization on long chain poly unsaturated fatty acid levels and enzyme activities of human milk. *J Pediatr* **132**: 876 – 878.

HMBANA (HUMAN MILK BANKING ASSOCIATION OF NORTH AMERICA). (2011a). *Guidelines for the Establishment of a Human Milk Bank*, 16th edn. HMBANA, Fort Worth, TX.

HMBANA (HUMAN MILK BANKING ASSOCIATION OFNORTH AMERICA). (2011b). *Best Practices for Expressing, Storing and Handling Human Milk in Hospitals, Homes and Child Care Settings.* 3rd edn. HMBANA, Fort Worth, TX.

HSU HT, FONG TV, HASSAN NM, WONG HL, RAI JK and KHALID Z. (2012). Human milk donation is an alternative to human milk bank. *Breastfeed Med* **7** (2): 118 – 122.

HYLMO P, POLBERGER S, AXELSSON I, JAKOBSSON I and RAIHA N. (1984). Preparation of fat and protein from banked human milk: Its use in feeding very low birth weight infants. In: *Human Milk Banking*. (WILLIAMS AF, BAUM JD (Eds.)). Nestle Nutrition, Vevey/Raven Press, New York: 55 – 61.

ILIFF PJ, PIWOZ EG, TAVENGWA NV, ZUNGUZA CD, MARINDA ET, NATHOO KJ, MOULTON LH, WARD BJ and HUMPHREY JH; ZVITAMBO STUDY GROUP. (2005). Early exclusive breastfeeding reduces the risk of postnatal HIV – 1 transmission and increases HIV – free survival. *AIDS* **19** (7): 699 – 708.

JONES F. (2011). *Best Practice for Expressing, Storing, and Handling Human Milk in Hospitals, Homes and Child Care Settings*, 3rd edn. Human Milk Banking Association of North America, Raleigh, NC.

KASHYAP S, SCHULZE KF, FORSYTH M, DELL RB, RAMAKRISHNAN R and HEIRD WC. (1990). Growth, nutrient retention, and metabolic response of low – birth – weight infants fed supplemented and unsupplemented preterm human milk. *Am J Clin Nutr* **52** (2): 254 – 262.

KOENIG A, DE ALBUQUERQUE DINIZ EM, BARBOSA SF and VAZ FA. (2005). Immunologic factors in human milk: The effects of gestational age and pasteurization. *J Hum Lact* **21** (4): 439 – 443.

KUSCHEL CA and HARDING JE. (1999). Protein supplementation of human milk for promoting growth in preterm infants. *Cochrane Database Syst Rev* **2**: CD000433.

LAWRENCE RA. (1977). Storage of human milk and the influence of procedures on immunological components of human milk. *Acta Paeditr Suppl* **88**: 14 – 18.

LAWRENCE RA. (2001). Milk banking: the influence of storage procedures and sub – sequent processing on immunologic components of human milk. In: *Advances in Nutritional Research*. (WOODWARD B, DRAPER HH. (Eds.)). Kluwer Academic Plenum Publishers, New York, USA 10: 389 – 404.

LEAF A and WINTERSON R. (2009). Breast – milk banking: evidence of benefit. *Pediatr Child Health*: 395 – 399.

LEPRI L, DEL BUBBA M, MAGGINI R, DONZELLI GP and GALVAN P. (1997). Effect of pasteurization and storage on some components of pooled human milk. *J Chromatogr B Biomed Sci Appl* **704**: 1 – 10.

LLLI (LA LECHE LEAGUE INTERNATIONAL). (2012). What are the LLLI guidelines for storing my pumped milk? http://www.llli.org/faq/milkstorage.html.

LUCAS A, MORLEY R, COLE TJ, LISTER G and LEESON – RAYNE C. (1992). Breast milk and subsequent intelligence quotient in children born preterm. *Lancet* **339** (8788): 261 – 264.

MARIE D. (2012). Breastmilk expression and storage. http://www.lactationconsultant.info/basics5.html.

MAY JT. (1994). Antimicrobial factors and microbial contaminants in human milk: recent studies. *J Paediatr Child Health* **30**: 470 – 475.

MCGUIRE W and ANTHONY MY. (2003). Donor human milk versus formula for pre – venting necrotizing enterocolitis in preterm infants: Systemic review. *Arch Dis Child Fetal Neonatal Ed* **88** (1): F11 – F14.

MILLER J, MAKRIDES M, GIBSON RA, MCPHEE AJ, STANFORD TE, MORRIS S, RYAN P andCOLLINS CT. (2012). Effect of increasing protein content of human milk fortifier on growth in preterm infants born at < 31 wk gestation: a randomized controlled trial. *Am J Clin Nutr* **95** (3): 648 – 655.

MODI N. (2006). Donor breast milk banking. *BMJ* **333**: 1133 – 1134.

MOLTÓ – PUIGMARTÍ C, PERMANYER M, CASTELLOTE AI and LÓPEZ – SABATER MC. (2011). Effects of pasteurization and high – pressureprocessing on vitamin C, tocopherols and fatty acids in mature milk. *Food Chem* **124**: 697 – 702.

NIHCE (NATIONAL INSTITUTE FOR HEALTH and CLINICAL EXCELLENCE). (2010). Donor Breast Milk Banks: The Operation of Donor Breast Milk Bank Services. Clinical Guideline CG93. guidance. nice. org. uk/CG93.

NOVAK F, DA SILVA A, HAGLER AN and FIGUEIREDO AM. (2000). Contamination of expressed human breast milk with an epidemic multiresistant Staphylococcus aureus clone. *J Med Microbiol* **49** (12): 1109 – 1117.

OMARSDOTTIR S, CASPER C, AKERMAN A, POLBERGER S and VANPÉE M. (2008). Breastmilk handling routines for preterm infants in Sweden: A national cross – sectional study. *Breastfeed Med* **3** (3): 165 – 170.

PACKARD VS. (1982). Human Milk: extraction, processing and storage. In: *Human Milk and Infant Formula* (Food Science and Technology, STEWART GF, SCHWEIGERT BS, HAWTHORN J. (Eds.)). Academic Press Inc., New York: 176 – 186.

PARDOU A, SERRUYS E, MASCART – LEMONE F, DRAMAIX M and VIS HL. (1994). Human milk banking: influence of storage processes and of bacterial contamination on some milk constituents. *Biol Neonate* **65** (5): 302 – 309.

POLBERGER SKT, AXELSSON IA and RAIHA NCR. (1989). Growth of very low birth weight infants on varying amounts of human milk protein. *Pediatr Res* **25** (4): 414 – 419.

POLBERGER S. (1996). Quality of growth in preterm neonates fed individually fortified human milk, in BATTAGLIA FC et al. (Eds.): *Maternal and Extrauterine Nutritional Factors: Their Influence on Fetal and Infant Growth*. Madrid, Ediciones Ergon: 395 – 403.

PREMJI SS, FENTON T and SAUVE RS. (2006). Higher versus lower protein intake in formula – fed low birthweight infants. *Cochrane Database Syst Rev* **1**: CD003959.

QUIGLEY MA, HENDERSON G, ANTHONY MY and MCGUIRE W. (2007). Formula milk versus donor breast milk for feeding preterm or low birth weight infants. *Cochrane Database Syst Rev* (4): CD002971, DOI: 10. 1002/14651858. CD002971. pub2.

REITER B. (1978). Review of the progress of the dairy science: antimicrobial systems in milk. *J Dairy Res* **35**: 67 – 69.

RIGOTTI E, PIACENTINI G, RESS M, PIGOZZI R, BONERAL and PERONI DG. (2006). Transforming growth factor – beta and interleukin – 10 in breast milk and development of atopic diseases in infants. *Clin Exp Allergy* **36** (5): 614 – 618.

SALLE B, SENTERRE J, PUTET G and RIGO J. (1986). Effects of calcium and phosphorus supplementation on calcium retention and fat absorption in preterm infants fed pooled human milk. *J Pediatr Gastroenterol Nutr* **5** (4): 638 – 642.

SCHANLER RJ. (1985). Suitability of human milk for the low – birth weight infant. *Clin Perinatol* **22**:

207 – 222.

SCHANLER RJ. (2001). The use of human milk for premature infants. *Clin Perinatol* **48**: 206 – 219.

SCHANLER RJ. (2011). Outcomes of human milk – fed premature infants. *Seminars Perinatol* **35** (1): 29 – 33.

SCHANLER RJ, FRALEY JK, LAU C, HURST NM, HORVATH L and ROSSMANN SN. (2005). Breastmilk cultures and infection in extremely premature infants. *Perinatology* **31** (5): 335 – 338.

SCHANLER RJ and GARZA C. (1988). Improved mineral balance in very low birth weight infants fed fortified human milk. *J Pediatr* **112** (3): 452 – 456.

SHETTY A, BARNES R, ADAPPA R and DOHERTY C. (2006). Quality control of expressed breast milk. *J Hosp Infect* **62** (2): 253 – 254.

SIMMER K and HARTMANN B. (2009). The knowns and unknowns of human milk banking. *Early Hum Dev* **85**: 701 – 704.

SLUSHER TM, SLUSHER IL, KEATING EM, CURTIS BA, SMITH EA, ORODRIYO E, AWORI S and NAKAKEETO MK. (2012). Comparison of maternal milk (breastmilk) expression methods in an African nursery. *Breastfeed Med* **7** (2): 107 – 111.

SPRINGER SS, ANNIBALE DJ. NECROTIZING ENTEROCOLITIS. E – MEDICINE. (2009). medicine. medscape. com (accessed September 2011).

TAKCI S, GULMEZ D, YIGIT S, DOGAN O, DIK K and HASCELIK G. (2012). Effects of freezing on the bactericidal activity of human milk. *J Pediatr Gastroenterol Nutr* **55** (2): 146 – 149.

THULIER D and MERCER J. (2009). Variables associated with breastfeeding duration. *J Obstet Gynecol Neonatal Nurs* **38** (3): 259 – 268.

TULLY DB, JONES F and TULLY MR. (2001). Donor milk: what's in it and what's not. *J Hum Lact* **17**: 152 – 155.

TULLY MR, LOCKHART – BORMAN L and UPDEGROVE K. (2004). Stories of success: the use of donor milk is increasing in North America. *J Hum Lact* **20**: 75 – 77.

UKAMB (UNITED KINGDOM ASSOCIATION FOR MILK BANKING). (2001). *Guidelines for the Collection, Storage and Handling of Breast Milk for a Mother's Own Baby in Hospital*. 2nd edn. UKAMB, London.

UKAMB (UNITED KINGDOM ASSOCIATION FOR MILK BANKING). (2003). *Guidelines for the Establishment and Operation of Human Milk Banks in the UK*. 3rd edn. UKAMB, London.

UPDEGROVE K. (2005). Human milk banking in the United States. *Newborn Infant Nursing Rev* **5**: 27 – 33.

VIEIRA AA, MOREIRA MEL, ROCHA AD, PIMENTA HP and LUCENA SL. (2004). Assessment of the energy content of human milk administered to very low birth weight infants. *J Pediatr (Rio J)* **80** (6): 490 – 494.

VIEIRA AA, SOARES FVM, PIMENTA HP, ABRANCHES AD and MOREIRA MEL. (2011). Analysis of the influence of pasteurization, freezing/thawing, and offer processes on human milk's macronutrient concentrations. *Early Hum Dev* **87** (8): 577 – 580.

WHO/UNICEF. (2003). Global strategy for infant and young child feeding. WHO, Geneva, Switzerland.

WHO (WORLD HEALTH ORGANIZATION). (2008). Infant and young child nutrition: Biennial Progress Report. Resolution WHA61. 20. 61stWorld Health Assembly, 24 May 2008. www. who. int/nutrition/topics/

wha_ nutrition_ iycn (accessed December 2011).

WHO (WORLD HEALTH ORGANIZATION). (2009). Infant and young child feeding: Model chapter for textbooks for medical students and allied health professionals. WHO Press, www.who.int/entity/child_adolescent_health/documents/9789241597494/en/.

第二部分

婴儿乳粉配方与加工

6 婴儿配方乳粉生产指南

M. Guo, University of Vermont, USA and Jilin University, People's Republic of China and S. Ahmad, University of agriculture Faisalabad, Pakistan

摘 要：婴儿配方乳粉是专门为满足0～12个月婴儿各种营养需要而调制的特殊配方食品。科学调配后的配方乳粉可以让婴儿免受某些疾病的危害或者远离死亡的威胁。配方乳粉中的每一种原料都必须有证据表明其经过深度加工后适合于喂养婴儿。当婴儿配方乳粉的配方经审核批准后，在生产过程中未经监管机构许可，不允许添加或改变配方中的任何成分。本章内容介绍了国际机构对婴儿配方乳粉配方设计及工业化生产的指导方针，国内生产婴儿配方乳粉时需要注意的事项，相关技术标准以及功能性原料的储存与使用方法。

关键词：原料 指导方针 配方设计 加工 规范/规章/规程/标准

6.1 引言

在理想状况下，一个精心设计的护理系统应当包括产前、生产及产后从医院回到家中所有阶段的综合性支持。我们目前的护理系统还有许多需要改善的地方，比如：对所有孕妇进行普遍筛查；对包括心理健康在内的家庭健康进行协调评估；对产妇和婴儿在产前、产后提供相应的支持与服务等。一般来说，婴儿在出生后0～6个月，大多数是母乳喂养的，而6个月后，人们通常使用婴儿配方乳粉作为母乳的补充物或是替代物。制造商根据人们对母乳化婴儿配方乳粉不断增长的需要开发出种类繁多的配方和工艺技术。面对市场上的品类纷繁的婴儿配方乳粉，连药剂师和专业护理人员都难以选择出合适的产品。

婴儿配方乳粉能够满足婴儿或家庭的特殊需求，包括针对婴儿反流而添加米粉的配方乳粉、适用于过敏体质的适度或深度水解蛋白的配方乳粉或适用于素食者的豆基配方食品（Smith等，2003）。其中，强化铁元素的配方乳粉是配方乳粉市场的主流产品，但不同制造商生产的铁强化配方乳粉中碳水化合物、蛋白质和脂肪来源可能有明显的差异（Warren和Phillipi，2012）。

婴儿配方乳粉的使用范围有以下几点。

（1）对于不用母乳喂养或是不能只用母乳喂养的情况，选择婴儿配方乳粉作为母乳替代物或补充剂。

（2）婴儿患有先天代谢性疾病等医学上禁止使用母乳喂养的情况，选择婴儿配方乳粉作为母乳替代物。

（3）当单纯依靠母乳不足以支持婴儿体重健康增加时，选择婴儿配方乳粉作为母乳补充剂。

目前市场上所有的婴儿配方乳粉都通过3~4个月的婴儿生长试验和耐受性研究证明其能够满足健康新生儿出生后4~6个月内对营养的特殊需要（Kleinman，2009）。

市场上的婴儿配方乳粉一般有以下三种形式（美国食品药品管理局，2007）。

（1）配方乳粉　食用前需要加水冲调，价格相对较低。

（2）液态浓缩配方乳　食用前需要加适量水恢复到适宜浓度。

（3）即食配方乳　食用前不需要冲调步骤，价格最高。

为了达到婴儿正常生长和维持健康的需要，婴儿配方乳粉必须含有适量的水、碳水化合物、蛋白质、脂肪、维生素和矿物质成分。可以将婴儿配方乳粉分为以下三个大类（Perlstein，2012）。

（1）牛乳基配方乳粉　在牛乳中添加植物油、维生素、矿物质、铁元素等成分，使其适用于大多数健康足月儿。

（2）大豆基配方食品　在大豆蛋白中添加植物油（提供脂肪能量）、玉米糖浆或蔗糖等成分（提供碳水化合物），使其适用于乳糖不耐受婴儿或者对牛乳基配方乳中完整蛋白质过敏的婴儿。美国儿科学会推荐父母为素食者的婴儿也食用此类大豆基配方食品。但是低出生体重儿或早产儿、疝气或者对豆类过敏的婴儿不宜食用此类配方食品。

（3）专用配方乳　低出生体重儿或早产儿、患有代谢性疾病的婴儿和肠胃畸形的婴儿等小部分新生儿需要用特制的专用配方乳喂养。比如使用低钠配方乳粉喂养对盐摄入有严格限制的新生儿；使用"预水解"蛋白配方乳粉代替牛乳或牛乳配方乳粉中的完全蛋白（酪蛋白和乳清等）喂养对完全蛋白不耐受或者过敏的新生儿等。

婴儿配方乳粉应当遵循表6.1中列出的关于各营养素最大浓度和最小浓度的标准，此标准是专门为满足健康足月儿从出生到可补充适宜辅食之前这个阶段的正常营养需要而制定的。

婴儿在家庭中食用不安全食物存在健康风险和生长发育的风险。尽管很多家用食物存在食品安全隐患，但是极少有人将家庭日常食物送去标准医疗机构鉴定，这种现象在发展中国家尤其突出。Burkhardt等人（2012）的一项研究显示，采用教育介入法提高人们对食品安全的认识，针对临床医生和家庭成员的训练、派辅助专员在购物时提供咨询支持等手段均可以提升人们对家用食品安全性的鉴别力，培训6个月后，能够鉴别出不安全家用食品的居民人数从37.5%增至91.9%，而人们鉴别出不安全家用食品的比例从1.9%升高到11.2%。

应当根据卫生专家和包装标签的说明对婴儿护理人员调制婴儿配方乳粉的技能作出评估：护理人员是否了解致病菌污染婴儿配方乳粉的可能性和按照安全使用说明进行正确喂养的重要性；为预防婴儿食源性疾病及其他伤害，护理者处理配方乳时是否采取了正确的措施；护理人员能否指出母亲因素导致的一些不安全的婴儿配方乳粉处理操作等（Labiner-Wolfe等，2008）。大多数家长没有从专业健康顾问那里得到关于正确处理或贮藏婴儿配方乳粉方面的说明（不知如何处理的人数比例为73%，不知如何贮藏的人数比例为77%）。30%的家长没有阅读过婴儿配方乳粉包装标签上的安全使用说明，大约38%的家长认为乳粉（非无菌）和即食配方乳（无菌）同样都不含病菌，85%的家长认为根据安全贮藏指导进行操作很重要。在调查中最年幼婴儿的家长们有55%并没有在每次准备婴儿配方乳粉之前用香皂洗手，32%的家长不是在每次使用前都彻底清洗奶瓶的奶嘴部位，35%的家长使用微波炉加热奶瓶，6%的家长并不会丢弃放置2h以上的剩乳，这些都是很不安全的做法。许多家长在准备婴儿配方乳粉时没有采用安全的操作方式（Labiner – Wolfe等，2008）。依据相关法律，儿童护理人员必须定期参加食品安全原理与实践的培训（Calamusa等，2009）。

发现婴儿配方乳粉低氯的问题后，生产商采取措施保证婴儿配方乳粉的质量。婴儿配方乳粉委员会综述了工业生产流程、操作实践和相关政策等，向美国食品药品管理局（FDA）提交了一份详细的质量控制和临床测试程序说明书。

新产品概念和再制产品建议书在医学和营养学发展的基础上，将医学理念转换为营养学实践，采用改进的营养素来源、改进的原料或改进的工艺技术。质量控制贯穿于原料检测、常量和微量成分的分析、设备和工艺的控制、连续的产品监控等全部生产流程中。尽管婴儿配方乳粉生产企业与美国食品药品管理局和美国国会在婴儿配方乳粉议案形成的过程中进行合作，但是提案文件要求过于严苛，并没有考虑到不同制造商对同一产品的制造方法不相同及生产中采用不同的生产设备生产不同的产品这一现实状况。提案设立的统计标准不均衡，而且对不同生产商提出的要求不统一。而且美国国会没有预见到此管理程序提案对婴儿配方乳粉工业将产生重大的影响（Gelardi，1982）。

6.2 婴儿配方乳粉的配方设计与营养素含量的监管

婴儿配方乳粉是所有商业化食品中受到管制最多的类别。美国食品药品管理局对于婴儿配方乳粉的营养素水平、质量控制程序和产品标签都有相应的规定（CFR，1988a）。1941年美国食品药品管理局建立了四种维生素和铁元素的最小含量以及其他营养素标识说明的要求（Anonymous，1941）。1971年以后，美国食品药品管理局经过多次修订，增加了更多的维生素和矿物质含量规定（Anonymous，1971）。1980年出台的婴儿配方乳粉法案阐明了美国食品药品管理局具有设立营养素最小含量要求和建立质量控制程序的权力（Anonymous，1980），并首次设立了蛋白质、脂肪、钠、钾、氯、维生素A和维生素D的最高限量水平。1986年，这个最高限量水平表进一步扩展，包含了碘元素和铁元素（CFR，1988b）。在这一章节，将首先叙述婴儿配方乳粉是如何生产以及如何将营养素含量控制在美国食品药品管理局规定范围之内的；然后，将阐明建立新的最大限量水平或是改良婴儿配方乳粉中现有各营养素最大限量的重要性和深刻意义。推荐的婴儿配方乳粉中营养素、原料成分及添加剂水平在表6.1中列出。需要说明的是，配制即食婴儿配方乳中的能量应当不低于250kJ/dL，同时不高于295kJ/dL（国际食品法典委员会，1981）。

表 6.1　　婴儿配方乳粉营养素来源和添加剂水平的推荐值

营养素	最小值	最大值
能量/（kcal/dL）	60[a]	75[b]
蛋白质		
蛋白质/（g/100kcal）	1.8[c]	4.5[c]
牛乳蛋白/（g/100kcal）	1.8[b]	3.0[b]
大豆蛋白/（g/100kcal）	2.3[b]	3.0[b]
水解蛋白/（g/100kcal）	2.3[b]	3.0[b]
L-肉碱/（mg/100kcal）	1.2[a]	—
牛磺酸/（mg/100kcal）	—	12.0[a]
核苷酸/（mg/100kcal）		5.0[b]
胆碱/（mg/100kcal）	7.0[c]	50[a]
脂肪		
总脂肪/（g/100kcal）	3.3[c]	6.5[b]
磷脂/（g/L）	—	1.0[b]
亚油酸/（mg/100kcal）	300[c]	1400[a]
α-亚麻酸/（mg/100kcal）	50[a]	—
亚油酸:α-亚麻酸	5:1[a]	15:1[a]
月桂酸和豆蔻酸/（占总脂肪酸%）	—	20[b]
配方（未添加长链多不饱和脂肪酸）		
α-亚麻酸/（mg/100kcal）	—	100.0[b]
亚油酸:α-亚麻酸	5.0[b]	15.0[b]
ω-6长链多不饱和脂肪酸/（占总脂肪酸%）	—	2.0[b]
花生四烯酸/（占总脂肪酸%）	—	1.0[b]
ω-3长链多不饱和脂肪酸/（占总脂肪酸%）	—	1.0[b]
二十二碳六烯酸/（占总脂肪酸%）	—	0.5[a]
EPA:DHA/（质量比）	—	1.0[b]
反式脂肪酸/（占总脂肪酸%）	—	3.0[b]
芥酸/（占总脂肪酸%）	—	1.0[b]

注：能量的国际单位制单位为焦（J），营养学卡与焦的换算关系：1cal = 4.1855J

续表

营养素	最小值	最大值
碳水化合物		
总碳水化合物/（g/100kcal）	9.0[a]	14.0[a]
乳糖*/（g/100kcal）	—	4.5[b]
蔗糖**/（占总碳水化合物%）	—	20.0[b]
葡萄糖**/（g/100kcal）	—	2.0[b]
淀粉***/（占总碳水化合物%）	—	30.0[b]
维生素		
A/（μgRE/100kcal）	60[a]	225[c]
D_3/（μg/100kcal）	1.0[c]	2.5[c]
E/（mgα-TE/100kcal）	0.5[a]	5.0[a]
K/（μg/100kcal）	4.0[c]	27.0[a]
B_1（硫胺素）/（μg/100kcal）	40.0[c]	300.0[a]
B_2（核黄素）/（μg/100kcal）	60.0[c]	500.0[c]
B_3（烟酸）/（μg/100kcal）	250.0[c]	1500.0[a]
B_6（吡哆醇）/（μg/100kcal）	35.0[a]	175.0[a]
B_{12}（钴胺素）/（μg/100kcal）	0.1[a]	1.5[a]
叶酸/（μg/100kcal）	4.0[c]	50.0[a]
泛酸/（μg/100kcal）	300.0[c]	2000.0[a]
生物素/（μg/100kcal）	1.5[c]	10.0[a]
肌醇/（mg/100kcal）	4.0c	40[a]
维生素C（抗坏血酸）/（mg/100kcal）	8.0c	70.0[a]
矿物质和微量元素		
钙/（mg/100kcal）	50.0[a]	140.0[a]
磷/（mg/100kcal）	25.0[a]	100.0[a]
钙:磷	1:1[a]	2:1[a]
镁/（mg/100kcal）	5.0[a]	15.0[a]
钠/（mg/100kcal）	20.0[a]	60.0[c]
氯/（mg/100kcal）	50.0[a]	160.0[a]
钾/（mg/100kcal）	60.0[a]	200.0[c]
铁/（mg/100kcal）	4.5[a]	—

续表

营养素	最小值	最大值
锰/（mg/100kcal）	1.0[a]	100.0[a]
碘/（mg/100kcal）	5.0[b]	75.0[c]
硒/（mg/100kcal）	1.0[a]	9.0
铜/（mg/100kcal）	35.0[a]	120.0[a]
锌/（mg/100kcal）	0.5[c]	1.0
氟/（μg/100kcal）	—	100.0
铬/（μg/100kcal）	1.5[a]	10.0[a]
钼/（μg/100kcal）	1.5[a]	10.0[a]

添加剂（配方乳调制好食用时每100mL产品中最大允许含量）[a]

增稠剂	
瓜尔胶	在液态含水解蛋白婴儿配方乳中不高于0.1g
角豆胶（刺槐豆胶）	所有类型婴儿配方乳粉中不高于0.1g
二淀粉磷酸酯 乙酰化二淀粉磷酸酯	仅在大豆基婴儿配方食品中单独或混合使用，使用时不高于0.5g
磷酸化二淀粉磷酸酯 羟丙基淀粉	仅在水解蛋白婴儿配方乳粉和/或氨基酸基婴儿配方乳粉中单独或混合使用，使用时不高于2.5g
卡拉胶	仅在常规液态牛乳基和大豆基婴儿配方食品中使用，用量不高于0.03g；仅在液态水解蛋白婴儿配方乳和/或氨基酸基婴儿配方乳粉中使用，使用时不高于0.1g
乳化剂	
卵磷脂	所有类型婴儿配方乳粉中不高于0.5g
单、双甘油酯	所有类型婴儿配方乳粉中不高于0.4g
酸度调节剂	
氢氧化钠 碳酸氢钠 碳酸钠 氢氧化钾 碳酸氢钾 碳酸钾 氢氧化钙	在所有类型婴儿配方乳粉中单独或混合使用不高于0.2g，同时不高于钠、钾、钙的限量（如前所述）
L（+）乳酸 柠檬酸 柠檬酸二氢钠 柠檬酸三钠 柠檬酸钾	在所有类型婴儿配方乳粉中必须符合GMP要求

续表

营养素	最小值	最大值
抗氧化剂		
混合生育酚浓缩物		
抗坏血酸棕榈酸酯	在所有类型婴儿配方乳粉中单独或混合使用时不高于1mg	
充气包装		
二氧化碳		
氮气	必须符合 GMP 要求	

a 摘自国际食品法典委员会（1981）。
b 摘自欧盟委员会（2003）。
c 摘自 Kleinman 的文章（2009）。
* 牛乳蛋白和水解蛋白配方。
** 水解蛋白配方。
*** 未经过酶交联或稳定化且天然无谷白的预烹调淀粉或糊化淀粉。

婴儿配方乳粉的制作包括干法（图6.1）和湿法（图6.2）两种混合工艺。在干法

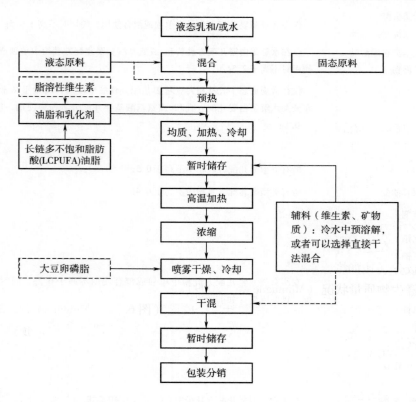

图6.1 干法混合制作婴儿配方乳粉的工艺流程图（虚线是选择性工艺路径）
（资料来源：Montagne 等，2009）

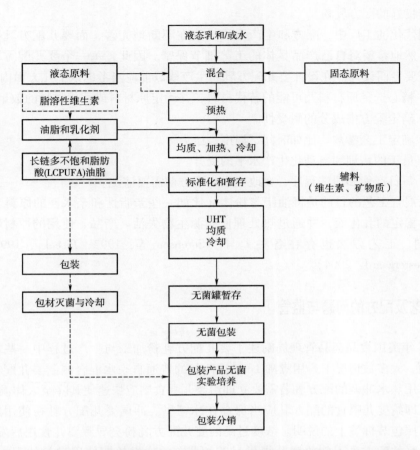

图 6.2　湿法混合制作液态婴儿配方乳粉的工艺流程图（虚线是选择性工艺路径）
（资料来源：Montagne 等，2009）

混合工艺中，含水量少，这样减少了微生物生长的风险。湿法工艺中使用高压均质使油脂在蛋白基质中均匀混合，并且在干燥工艺前对牛乳基料进行充分的热处理，这样可以保证各方面质量（微生物、物理、化学特性）控制在较高水平，得到高质量的乳粉。目前，在生产中常常干湿法结合，按照湿法工艺干燥喷粉后采用干混方式加入一些干剂成分（比如维生素、微量元素或碳水化合物）。应特别注意干湿法混合生产时各原料的微生物质量状况（Montagne 等，2009）。

典型的湿法混合工艺流程主要包括三个阶段（图 6.2）（Montagne 等，2009）。

混合前的准备工作：先小心地将水溶性原料溶解在牛乳或水中，预热到足够的温度（60~70℃）后，通过在线定量方式将油脂和乳化剂混合物加入其中，高压均质后降温。

蒸发：对牛乳进行蒸发是为了提高均质后混合物中的固形物浓度。在浓缩工段之前进行最后一次热处理是为了杀灭致病生物，并且避免额外的污染。

干燥：在喷雾干燥塔中用热空气干燥浓缩后的混合物即得到润湿性、溶解性、口味和营养良好的配方乳粉。

在现代化的工厂中，配方和生产手段一直在不断地完善，而婴儿配方乳粉的制造商们很自然地希望对自己产品具体的工艺细节保密。因此，每一个婴儿配方乳粉生产车间都需要专门设计。在设计婴儿配方乳粉生产线以前应当考虑以下几方面内容。

（1）精心选择原材料及可能的替代材料，并确定原材料或替代材料的数量。
（2）确定配方中成分的耐受性。
（3）确定工艺参数，比如时间、温度、压力等。
（4）员工的培训和自动化生产水平的提升。
（5）每日产能和清洗程序，在改变生产配方前需要清洗。

湿法混合工艺的目的是将油脂与粉体（比如一些亲脂性和亲水性的原料）混合均质后成为稳定的乳化液，并通过热处理使病源生物失活。产品、使用的原材料和公司传统不同，工艺方法也存在各种差异（Sorensen 等，1992；Pisecky，1997；Zink，2003；Westergaard，2004）。

6.3 工艺及配方的问题与监管

2007 年美国食品药品管理局阐述了婴儿配方乳粉加工与生产过程中一些重要的安全性问题。大多数情况下，用煮沸 1min 后冷却的普通自来水混合调制婴儿配方乳粉是安全的。用热水冲调的配方乳若需要立即给婴儿喂食则应快速使其降至人体温度 37℃。不需要立即给婴儿喂食的配方乳应当保存在冰箱里。冲调婴儿配方乳粉使用的水量必须精确依照包装标签上的说明。浓度过高的婴儿配方乳粉会导致婴儿食用后发生脱水，而过度稀释的配方乳不能给婴儿提供足够的营养。如果长期使用过稀的配方乳喂养，会使婴儿生长迟缓。母亲可以使用符合美国食品药品管理局要求的瓶装水冲调婴儿配方乳粉。如果瓶装水未经过灭菌处理，标签上必须标注清楚。生产商制造灭菌后的市售水或者婴儿专用水还必须符合美国食品药品管理局对商业灭菌的总体要求。初次使用前需要对奶瓶和奶嘴进行杀菌，然后用洗碗机清洗或用肥皂水手工清洗。提供适合的营养并不一定要加热婴儿配方乳粉，加热婴儿配方乳粉的最好方式是将奶瓶放在水中加热至与体温相近的温度。不应使用微波炉加热婴儿配方乳粉，因为这样可能导致瓶身不热但是瓶内的乳过热，而过度加热的配方乳会使婴儿受到严重灼伤。美国食品药品管理局要求每一个包装容器上都要标明婴儿配方乳粉的最佳食用期限，超过此期限的配方乳不应再给婴儿喂食。消费者必须谨遵婴儿配方乳粉包装上对于开封前后储存和准备配方乳的说明。不推荐将婴儿配方乳粉冷冻，因为冷冻可能会导致产品成分分离。美国食品药品管理局没有推荐自制配方乳的配方，也不对自制配方乳进行监管。自制配方乳如果错误地选择或搭配原料可能导致严重的后果，影响婴儿的营养及全面健康。伪劣的婴儿配方乳粉产品可能经更换标签后以伪造的质量和身份认证通过正常的渠道销售，例如违法更改标签上的最佳食用期限。婴儿配方乳粉的真正成分也可能与非法更改后的标签不符，这会使婴儿食用后由于对某种成分不耐受而导致严重的健康危害。消费者在给婴儿喂食之前必须对婴儿配方乳粉的颜色、气味或口感等性状有清醒地认识。在按照给定指导进行准备之前，需要仔细观察，产品不应当出现结块或者粗糙大颗粒。所有原料都应当是清洁、质量优良、安全而容易被婴儿消化的，应当符合各自正常的质量标准，比如相应的颜色、口感和气味等（国际食品法典委员会，1981）。

液态婴儿配方食品可以直接食用，还有一些浓缩产品需要用水调制后才能食用，调制用水应当安全或者按照上述讨论过的方法处理得到。对于婴儿配方乳粉的正确准备、处理和使用方法，包括贮藏与准备后的处理，例如剩余的婴儿配方乳粉应当丢弃，应当与良好卫生操作规范（GHP）相一致等，应当在标签及任何附带的手册中都给出充分的指导。标签中应当对产品的准备方法附有清晰的图片说明，并且说明中应当包含对不正确准备、贮藏和使用配方乳导致健康危害的警告提示。关于包装开封后产品的正确储存方法应当在标签及任何附带的手册中都做出充分的说明（国际食品法典委员会，1981）。

为满足婴儿的需要提供安全与营养的产品是食品企业的责任，同时，婴儿配方乳粉通常是处于重要快速生长发育期的婴儿们唯一的能量与营养来源，因此，婴儿配方产品必须具有足够量和适宜形式的基本营养素。为了能生产出符合以上要求的婴儿配方乳粉产品，需要做到以下几个方面：仔细鉴定婴儿的需求，设计、研发和产品测试都应当以此需求为依照，并且需要精确而严格地控制生产中的操作以保证产品稳定优良的质量（Cook，1989）。

婴儿配方乳粉不是灭菌产品，但是儿童护理人员普遍认为婴儿配方乳粉是经过灭菌的产品。父母及儿童的护理员处置婴儿配方乳粉的方法可能是不安全的。据调查，73.2%的家长和84.4%的儿童护理员认为婴儿配方乳粉是经过灭菌的产品，调查结果揭示，大多数家长和儿童护理员普遍没有意识到婴儿配方乳粉可能含有有害微生物。目前，灭菌婴儿配方乳粉的生产很难实施，但是，机构和家庭中的护理人员应该按照安全技术规章，在乳粉的配制和保管过程中，将有害微生物生长的危害风险降到最低（Calamusa等，2009）。对哺乳期的母亲或者准妈妈们开展培训课程，让她们了解婴儿配方乳粉生产、配制及喂食等方面的操作是很有意义的。婴儿配方乳粉的选购和配制由很多因素共同决定，包括专业健康机构的指导说明、人们受到的教育、收入水平、生产次数、年龄、工作状态及母乳喂养情况等。不遵照推荐的方法进行操作引起的健康危害很明显：33%的母亲用热自来水冲调配方乳粉，48%的母亲将奶瓶置于微波炉中加热，这种情况下的孩子长大一些后腹泻的情形较多。听从健康护理专家的建议，则可以改善婴儿配方乳粉的配制习惯。营养师和健康护理专家应当为所有婴儿护理员提供正确地准备和冲调婴儿配方乳粉的信息（Fein和Falci，1999）。

美国食品药品管理局的食品安全与营养应用中心（CFSAN）监管婴儿配方乳粉的生产商，并保证其产品符合婴儿的营养需要（美国食品药品管理局，2007）。另外，美国食品药品管理局已经将良好生产质量管理规范（GMP）应用于婴儿配方乳粉的生产管理中。美国食品药品监督管理局并不需要对上市的婴儿配方乳粉进行批准，因为美国市场上所有的婴儿配方乳粉都必须符合联邦政府对营养素的要求。婴儿配方乳粉生产商必须在美国食品药品管理局注册,并且在向市场推出新的婴儿配方乳粉之前,必须向美国食品药品管理局的相应机构申报。对婴儿配方乳粉进行监管是美国食品药品管理局的责任,为此,美国食品药品管理局每年需要检查婴儿配方乳粉生产使用的所有设备,收集配方乳粉样品并进行分析,还需要检查所有的新设备。美国食品药品管理局还有权力对掺入次品或者标识有误的具有危害婴儿健康风险的婴儿配方乳粉发起强制召回命令。

美国食品药品管理局很好地对生产、配方、通告及检测婴儿配方乳粉的各种指导原则做出了定义。1980年出台了婴儿配方乳粉法案,其目的是保证婴儿配方乳粉的安全及营养,包括各营养素的最小值和一些最大值限量。为达到此目标,法案赋予美国食品药品管理局发表相应适宜管理规范的权力。这些管理规范提出了三个相关的要求(美国食品药品管理局,2009)。

1. 生产商首次生产一种婴儿配方乳粉,需要提前90d通知美国食品药品管理局[412(b)(2)]:首次生产任何商业或慈善分发用途的、给人食用的,与以往生产商的生产工艺方法或者成分组成不同的婴儿配方乳粉时,生产商必须提前90d通知美国食品药品管理局。

以下几种情形即被认为与以往生产的婴儿配方乳粉在工艺方法或者成分组成存在根本性不同。

(1) 生产一种新的婴儿配方乳粉。

(2) 任何新进入美国市场的婴儿配方乳粉生产商。

(3) 任何之前仅仅生产流体的生产商转而生产商业或慈善分发用途的婴儿配方乳粉时(反之亦然)。

(4) 任何没有先前经验的生产商想要对婴儿配方乳粉中的添加剂或者常量替代物(比如改变蛋白质、脂肪或者碳水化合物的替代物等)做出重要改变时。

(5) 启动任何新的生产线或者新的工厂时。

(6) 为了增加潜在营养效果,而生产任何包括某种之前未在美国食品药品管理局的食品安全与营养应用中心的相关法案中列出的新成分的配方乳时,比如添加牛磺酸或者L-肉碱时。

(7) 使用任何运用新技术或新原理的设备进行婴儿配方乳粉生产的生产商(比如从末端杀菌工艺改为全程无菌生产)。

(8) 改变使用的基本包装类型时(比如用塑料袋代替金属罐包装)。

2. 生产商改变婴儿配方乳粉的配方或者生产工艺时必须通知美国食品药品管理局[412(b)(3)]:改变产品的组成、生产工艺,包括运行参数、加工步骤或生产设备等。某种个别成分的同等替代品或设备检修不算作改变。美国《联邦规章典集》21*CFR*106.30(c)要求所有婴儿配方乳粉的生产商应评估可能影响营养素质量的制造和工艺方面的改变,并据此适当地改变控制程序。这些控制程序包括由合适的、具备资质的相关方面的专家技术人员对相应改变做出评估意见。以下情形的组成或者工艺变化需要进行报告。

（1）根据婴儿配方乳粉法案［412（g）］中对营养素标签的要求和美国《联邦规章典集》21 *CFR* 107.10（b）（5）中对微量元素选择性添加含量的要求，必须在产品标签中说明的一些营养素含量出现变化时。例如，在脂溶性维生素进行预混合时减少维生素 K 的含量会导致标签中维生素 K 含量的变化，减少锌元素的强化水平也会导致产品标签的变化。

（2）某种营养素含量的变化范围在婴儿配方乳粉法案［412（g）］和食品安全与营养应用中心的法案中限定的相应最大或最小值水平的 10% 以内，或是推荐含量的 10% 以内。为了适应不稳定的工艺条件而对某种成分的含量水平进行简单校正处理的情形不需要进行通告。

（3）当婴儿配方乳粉法案［412（g）］中对营养素标签的要求和美国《联邦规章典集》21 *CFR* 107.10（b）（5）中对微量元素选择性添加的要求所规定的营养素相关配料发生变化时，应进行通告。例如，用维生素 D_3 代替维生素 D_2，用维生素 A 的棕榈酸酯代替醋酸维生素 A，用磷酸三钙代替碳酸钙。

（4）生产商需要对配方或工艺设计做出任何改变时，在实施之前，需要进行非常规的营养素测试，来评估此改变是否会影响婴儿配方乳粉法案 412（g）部分对营养素水平的要求。非常规的营养素测试是指没有以美国《联邦规章典集》21 *CFR* 106 中分批操作为基础进行的测试。如果生产商认为某个变更有理由对营养素水平产生副作用时，应当对以下变化做出报告，例如，改变生产设备（比如用直接加热的喷雾干燥器代替间接加热装置，改变接触食物表面的包装材料，比如铜代替不锈钢，用蒸汽注射式蒸发池代替热交换器等），改变预热、加工、混合和杀菌工段的时间－温度条件或者改变投料顺序等。

3. 对于生产商改变常量或微量元素时进行检测的要求［21 *CFR* 106.30（c）］：美国食品药品管理局根据婴儿配方乳粉法案赋予的权力发布了质量控制程序规范（21CFR106）。106.30（c）规定产品成分或者生产条件的改变可能会影响营养素水平时必须建立相关的检测要求。美国食品药品管理局对配方和工艺改变分为两类进行描述，一个是重大变化［21 *CFR* 106.30（c）（2）］，另一个是微小变化［21 *CFR* 106.30（c）（1）］。

（1）这部分内容阐述了由美国《联邦规章典集》21 *CFR* 106.30（c）（2）规定的需要检测的重大变化。任何配料组成和生产工艺的改变都可能引起重大变化。重大变化被定义为，生产商根据经验或者理论预测得知可能对营养素水平或者 412（g）要求的可用营养素产生显著影响的变化。重大变化包括婴儿配方乳粉生产商启动的新工厂，投产的整条新生产线，添加了某种新的常量营养素（比如蛋白质、脂肪或者碳水化合物等），应用了某种新技术（比如将末段灭菌改为全程无菌生产等），对蛋白质、脂肪或者碳水化合物的含量进行大幅度调整，为了补充某种营养素而添加新的原料（比如牛磺酸和 L－肉碱等）以及包装形式的根本性变化（比如将金属罐变为塑料袋包装等）。美国食品药品管理局并没有发布对于新的或者改变配方的婴儿配方乳粉的临床试验的特殊要求，但是美国食品药品管理局已经认识到在生产中出现能影响配方乳产品营养模式的变化时，进行上市前临床评价是适宜的，新品及改变配方的配方乳产品尤其如此。美国食品药品管理局还认识到，临床试验的程度和复杂性应根据配方变化的程度而变化。在成熟的指导方针出现以前，新产品和再制配方婴儿乳粉的临床试验规模还将决定于生产商对个别产品案例的经验积累，但是明显可以看出仅靠化学检测配方变化的手段是不足以决定一个产品是否合适的。

（2）这部分内容阐述了由美国《联邦规章典集》21 CFR 106.30（c）（1）规定的需要检测的微量变化。配料组成和生产工艺都可能引起产品的微量变化。微量变化被定义为比婴儿配方乳粉法案 412（g）要求的最小限值还要微量减少的变化，或者比婴儿配方乳粉法案 412（g）要求的最大限值还要微量增加的变化以及根据经验或理论估计不太可能对产品的营养素水平或营养素可用性造成明显副作用的变化。微量变化包括铁元素的微量减少，用营养素的某种形式代替另一种形式，预混合或者额外单独添加营养素等方式调整终产品中相应营养素的含量，在处理不能进行合理预测的散装产品时，改变预加热的时间-温度条件可引起营养素水平和营养素可用性变化的副反应，以及产品包装可能造成氧气含量的变化从而对营养素水平产生微小的影响。

根据国际食品法典委员会（1981）的要求，婴儿配方乳粉应当装在容器中以保证配方乳的卫生及其他质量。液态婴儿配方乳产品应当装在密封容器中，充入氮气或二氧化碳。包装容器包括包装材料都应只使用安全且适合的种类。开封即食型产品的容器填充应当符合以下要求。

（1）质量小于 150g 的产品填充量不少于容器的 80%（v/v）

（2）质量在 150~250g 的产品填充量不少于容器的 85%（v/v）

（3）质量大于 250g 的产品填充量不少于容器的 90%（v/v）。容器的水容积是指用 20℃ 的蒸馏水将密封容器充满所需要的水体积。

对于特殊医学用途的婴儿配方乳粉，必须满足药典对普通预包装食品的标签要求（国际食品法典委员会，1985a）、药典对营养标签的指导方针（国际食品法典委员会，1985b）和营养及健康声明的应用指南。这些要求包括禁止对婴幼儿食品使用营养及健康声明，除非药典标准或者国际立法（国际食品法典委员会，1981）对此有特别规定。有时候人们为了预期的创新将带来的经济效益可能不顾科学论证。商业和市场的期望与要求必须与独立的儿科和科学评估相适应。创新研发出可应用的成果是一项复杂、花销高昂而且耗时的工作，可能几年都不一定完成。学术研究者与小型及中型企业之间的合作有很大的发展空间，应当通过公共研究基金等方式促进学术研究者与大型企业间的合作（Koletzko，2010）。

欧洲食品科学委员会提出在进行商业化生产前，应当对含有先前未应用于婴儿配方乳粉中的蛋白质来源或蛋白水解物的所有配方乳和/或可能影响含氮化合物生物利用率的工艺技术进行充分的临床试验。欧洲食品科学委员会还总结出，到目前为止未有文件指出其他动物乳蛋白或是植物蛋白比牛乳蛋白更适用于婴儿配方乳粉的生产。如果要使用其他蛋白质来源，那么在商业化生产前必须对其适用性及安全性作出评估

(欧盟委员会，2003)。

6.4 婴儿配方乳粉的重要功能性成分

与其他环境因素与遗传因素比较，膳食在健康及疾病预防方面扮演着重要角色。婴儿配方乳粉缺乏母乳中的某些成分，可能引发婴幼儿的异常发育。但是有许多功能性食物成分可以通过营养调整对婴儿的肠道微生物组成及活性产生有益的影响，比如低聚糖、益生元、蛋白质和益生菌等（Mountzouris 等，2002）。出生后第一个月的膳食对婴儿的早期发育状况及长期健康都会产生决定性影响。新的功能性配料使婴儿配方乳粉产品成分更接近于母乳。现代科学技术可将从动物或者植物中获取的上述新型功能性配料应用于配方乳粉生产中。应用于婴儿配方乳粉中最受关注的功能性原料是益生元和益生菌，如低聚糖、蛋白质、多不饱和脂肪酸，还有其他的一些原料，比如维生素、棕榈酸、核苷酸、肉碱和牛磺酸等。可靠的科学研究保证了以上功能性成分应用于婴幼儿食物中时，其生物利用率以及新生儿对它们的消化吸收能力。对母乳组成的深入研究及科学技术的发展，为向配方乳粉中添加新成分提供了依据和技术保障，随着各方面实践的不断推进，人们将得到在营养与功能方面越来越接近母乳的婴儿配方乳粉（Rivero Urgell 等，2005）。

营养学和食品科学的不断发展推动了婴儿配方乳粉的创新设计。在营养学方面，对人乳组成和功能研究的不断深入，产品配料、配方和加工技术的不断成熟，都为研制更具营养和功能的婴儿食品奠定了基础。人乳中营养性与非营养性成分及其功能性认识的不断深入将为新配料、新配方和新技术的研发提供指导，从而生产出既能促进婴幼儿健康成长又能使其获得终生受益的健康防护的产品。研究结果显示婴儿配方乳粉喂养婴儿的生长状况不如母乳喂养的婴儿，因此存在进一步创新的机会。一些原料的选择及技术的应用目前还在探讨阶段，这些原料及技术的优势将激发婴儿食品生产技术的持续创新。蛋白质加工技术、具有生物活性的长链多不饱和脂肪酸、益生元和益生菌的应用使婴儿配方乳粉的组成和功能更加接近于人乳（Ferruzzi 与 Nielson，2010），婴儿食品作为婴儿基本和仅有的营养来源，支持婴儿健康地生长发育，其创新必须是一个持续的过程，包括对产品的营养质量、功能的提升和将高附加值优质产品送达消费者的物流过程。Koletzko 指出（2010），创新对于生命科学和经济发展都很重要，但是创新对于公共健康的价值取决于对健康的促进作用。直到 19 世纪，由于喂养婴儿使用了不适当的母乳替代品导致婴儿死亡率很高。1865 年，Von Liebig 的婴儿汤羹作为第一个基于人乳化学分析的母乳替代品是一个主要的进步。其他的早期创新产品包括乳清蛋白为主的婴儿配方乳粉，添加特殊碳水化合物（益生素）促进双歧杆菌生长和添加活细菌（益生菌）的早期产品。

6.5 蛋白质含量

母乳含有一些具有生物活性的化合物有益于婴儿的免疫系统，比如免疫球蛋白A（IgA），以及一系列其他可以改善婴儿免疫系统的营养成分。除了人乳中的免疫球蛋白A抗体外，其他的营养元素在婴儿配方乳粉都含有。新生儿抵御感染的能力尚未发育完全，但是可通过被动免疫提高抗感染能力，即通常在怀孕的最后三个月从母体中转移给婴儿的变形体免疫球蛋白G抗体和母乳中的免疫球蛋白A抗体来实现婴儿的被动免疫。免疫球蛋白A具有能抵抗肠道致病菌的特异活性成分以及大量其他的免疫活性物质，其中的一些成分可以作为牛乳基婴儿配方乳粉的补充物（Niers等，2007）。

适宜的营养是早产儿护理最重要的方面，尤其是胎龄小的早产儿。早产儿应接受足够维持正常足月儿前三个月生长所需营养素的1/3。传统的早产儿配方乳不能保证最佳的蛋白质供给，除非使用高剂量的喂养方式，但又难免过多摄入脂肪和碳水化合物。蛋白质含量在2~2.5g/dL，同时蛋白质：能量（P∶E）小于3.0g/100kcal的婴儿配方乳粉对于极低的出生体重儿来说不是最好的选择。Fanaro等（2010）测试了一款为满足极低出生体重儿营养需要而设计的配方乳，具有较高的蛋白质含量2.9g/dL和较高的蛋白质：能量比（P∶E）值3.5g/100kcal。与强化母乳[15.2g/（kg·d）]相比，受试婴儿对这款牛乳基婴儿配方乳粉表现出更好的耐受力而且获得了更好的体重增长[18.1g/（kg·d）]。此外，这款婴儿配方乳粉与强化母乳相比具有更低的摄入体积[157mL/（kg·d）与177mL/（kg·d）]，和更低的能量摄入[130kcal/（kg·d）和151kcal/（kg·d）]。由此看来，用P∶E为3.5g/100kcal的高蛋白质：能量比值的婴儿配方乳粉喂养早产儿应当是安全的，而且是最好的营养来源。

膳食核苷酸在细胞的快速增殖中发挥着重要的作用，使其保持最佳的功能状态。因此，在生长发育时期，当婴儿处于感染、外伤及疾病等情况下时，膳食核苷酸是婴儿康复的必需营养物质。科学研究已经证实在婴儿配方乳粉中补充核苷酸可以促进婴儿肠道及免疫功能的发育和成熟。除了一种调节免疫的配方乳粉外，所有其他的医学营养产品都缺乏核苷酸（Hess和Greenberg，2012）。在婴儿配方乳粉中添加核苷酸提供了非蛋白氮和磷，在某种情况下会对相关的代谢产生影响。联合国粮农组织（FAO）与世界卫生组织（WHO）的蛋白质-热量咨询小组推荐成人膳食中添加核苷酸的最大值限量为2g/d（PAG工作组，1975）。若以体重70kg计算，此推荐量就相当于摄入大约28.6mg/kg。摄入的配方乳为每千克体重提供100kcal能量，目前最高限值是5mg/100kcal，相当于日常摄入核苷酸的最大限值是5mg/kg。如果将最大限值提高到16mg/100kcal，估计相当于婴儿日常摄入核苷酸的最大限值是16mg/kg，这样就很接近为成年人设置的推荐足量摄入水平。目前尚未开展婴儿配方乳粉中核苷酸浓度与婴儿生长状况对应关系的评估研究。因此，目前没有足够的科学依据证明在最近发布的允许添加量基础上继续提高婴儿配方乳粉中添加核苷酸的浓度更有益处。此外，由于缺乏充分证据证明提高核苷酸的添加量更有益，委员会给出婴儿配方乳粉中核苷酸添加量推荐上限为5mg/100kcal。配方乳粉中不同核苷酸最大添加量为：胞嘧啶核苷5'-单磷酸盐2.5mg/100kcal，尿嘧啶核苷5'-单磷酸盐1.75mg/100kcal，腺嘌呤核苷5'-单磷酸盐1.50mg/100kcal，鸟嘌呤核苷5'-单磷酸盐0.50mg/100kcal，肌苷5'-单磷酸盐1.00mg/100kcal。大豆分离蛋白含有丰富的核苷酸，所以大豆蛋白基婴儿配方食品不应添加核苷酸（欧盟委员会，2003）。婴儿配方乳粉指南中也核准按照之前报道的母乳中游离核苷酸的含量在婴儿配方乳粉中添加相似浓度的核苷酸（4~6mg/100kcal）（欧盟委员会，2003）。Carver等（1991）研究在婴儿配方乳粉中添加33mg/L的游离核苷酸，发现自然杀伤细胞活性更高，另外2个月时体外外周血单核细胞产生白细胞介素-2，但是4个月时不产生，尚未发现此现象相关的临床差别。Brunser等（1994）对来自智利底层社会的婴儿进行研究，给予试验组婴儿14.2mg/100g游离核苷酸，也就是即食产品中核苷酸的浓度大约2mg/dL，而空白对照组不补充核苷酸。试验为期3个月，以添加核苷酸的配方乳粉喂养的婴儿第一次发生腹泻的人数明显少于未添加核苷酸的对照组（分别为74与102人）。Martinez-Augustin等（1997a，b）用添加了11.6mg/L核苷酸的特制膳食喂养的早产儿，发现补充核苷酸后第30d婴儿血清中免疫球蛋白G抗体与β-乳球蛋白的比例比未补充核苷酸组的β-乳球蛋白比例高。Cosgrove（1998）的研究发现，给出生体重小于正常值的婴儿喂食补充33mg/L核苷酸的配方乳，这些低出生体重婴儿中喂食添加核苷酸配方乳和喂食未添加核苷酸配方乳的相比，在出生后至2个月以及出生后至6个月中体重、身长和头围能够获得更快的增长（比如0~6个月时体重增长为平均每周80.1g，而对照组为平均每周71.8g）。Pickering等（1998）用足月儿做了一个为期一年的多中心试验：101名婴儿喂食含有72mg/L核苷酸的配方乳，107名婴儿喂食对照配方乳，另外124名婴儿喂食母乳。结果表明喂食含有核苷酸配方乳的婴儿在7个月时体内含有更多的乙型流感抗体和白喉抗体。数据显示，13个监测地点中仅有2个监测地点的婴儿出现腹泻。Lasekan等（1999）在为期1年的研究中给实验组的138名婴儿喂食含有72mg/L核苷酸的配方乳，给对照组的147名婴儿喂食未强化核苷酸的配方乳，结果表明补充核苷酸组的婴儿抗脊髓灰质炎病毒Ⅰ型抗体滴度比对照组高。免疫表型分析结果显示补充核苷酸组的婴儿体内记忆淋巴细胞的比例增加，而原始淋巴细胞的比例下降。

磷脂酰胆碱（PC）是脑组织、肝脏和其他组织中主要的磷脂，其合成前体是胆碱。磷脂酰胆碱在常规膜结构、信号系统、血液中胆固醇及脂肪的运输及正常的脑发育中扮演着重要角色（欧盟委员会，2003）。在新生儿体内，血浆中的游离胆固醇比成年人多，1年后下降至与成年人同等水平。新生儿血浆中的磷脂酰胆碱比成年人含量低（Buchman等，2001）。缺乏胆碱的肠外营养供给或膳食中胆碱不足的人，其血浆中胆碱的浓度会下降，并且出现肝功能紊乱，包括出现脂肪浸润倾向（Zeisel，1981；Buchman等，1993；Zeisel，1994）。而补充了胆碱后，以上症状就会消失（Buchman等，1992；Buchman等，1995）。在许多不同形式的乳中都含有胆碱，而人乳、牛乳和豆乳基的配方乳中胆碱的相应比例各不相同。婴儿配方乳粉指南中没有检测胆碱的要求。美国对婴儿配方乳粉中对胆碱的最小限值要求通常为7mg/100kcal（食品药品监督管理局，1985；食品法典委员会，1994；美国生命科学研究所，1998；欧盟委员会，2003）。加拿大国家卫生和福利部门（1995）确立婴儿配方乳粉中胆碱含量的最低限值为 12mg/100kcal。食品与营养委员会（食品与营养委员会，2000）设定 0~6 个月婴儿对胆碱的适宜摄入量为 125mg/d［约 18mg/（kg·d）］。根据成年人安全摄入水平与潜在年龄代谢差异的数据推算，得到婴儿配方乳粉中胆碱的最大限值应设定在 30mg/100kcal。

在所有类型的婴儿配方乳粉中都可以选择性地添加牛磺酸，推荐的牛磺酸最大限量为 12mg/100kcal，没有最小限值（欧盟委员会，2003）。由于缺乏充分的科学数据，婴儿配方乳粉中的唾液酸（含量比母乳低）（Wang 等，2001）、氨基糖、尿素、乳清酸、肌酸、肌酸酐、多胺等目前并没有给出推荐量。欧盟委员会（2003）要求以完整蛋白为基本配料的婴儿配方乳粉中非蛋白氮含量不得高于总氮含量的 15%。婴儿配方乳粉中使用的蛋白水解物必须阐明水解物的蛋白质来源，任何之前未在婴儿配方乳粉中添加过的新蛋白质或者新的蛋白水解物、采用新的工艺技术等都可能影响含氮化合物的生物利用率，因此这些改变在商业投产前都必须经过临床试验。仅从技术数据方面还不能做出蛋白质水解物可以降低患过敏性疾病风险这一推断，需要进一步用临床试验证实。

6.6 多不饱和脂肪酸和其他与脂肪相关的配料

脂肪的最大耐受摄入量受蛋白质、碳水化合物和微量营养素最小需求量的限制。脂肪是人体从膳食中摄入必需脂肪酸和脂溶性维生素的媒介，目前人们尚不了解除了这些需求外，在生命的早期阶段是否对膳食摄入脂肪的最小代谢量有需求（Koletzko，1999）。为了给婴儿提供具有足够的能量密度而渗透压和代谢负担较低的配方乳，欧洲儿科胃肠营养学会（ESPGHAN）设定了一个实际操作时的下限（欧洲儿科胃肠营养学会，1991）。人乳中的脂肪 98% 为甘油三酯组成，母乳喂养的婴儿从能量丰富的甘油三酯中获得的能量接近总能量的一半。以人乳中含量较高的脂肪为模板，婴儿配方乳粉指南推荐婴儿配方乳粉含有的总脂肪应当提供总能量的 40%~50%（欧洲儿科胃肠营养学会，1991；美国生命科学研究所，1998；欧盟委员会，2003）。

$\omega-3$ 与 $\omega-6$ 多不饱和脂肪酸的平衡对于预防儿童过敏反应有益，这就强调了应当在孕妇膳食和婴儿配方乳粉中添加比例平衡的 $\omega-3$ 与 $\omega-6$ 脂肪酸的重要性。牛乳脂肪球膜含有多种成分，这些成分具有抗感染作用，同时也可能为婴儿提供多重保护作用，母乳喂养可使婴儿获得这些保护，如抵抗细菌和病毒。由于母乳中含有 $\omega-3$ 与 $\omega-6$ 长链多不饱和脂肪酸（LCPUFA），而现有的婴儿配方乳粉中缺乏这些物质，因此这可以作为日后婴儿配方乳粉改良的方向（Lönnerdal，2010）。婴儿刚出生的阶段是脑中的花生四烯酸和二十二碳六烯酸、视网膜中的二十二碳六烯酸和全身花生四烯酸快速积累的时期。如果配方乳中未添加长链多不饱和脂肪酸，则以此配方乳喂养的婴儿体内二十二碳六烯酸的状态不如母乳喂养的婴儿。有研究报道称，母乳喂养的婴儿比配方乳喂养的婴儿有更好的视敏度。以添加了 $\omega-3$ 和 $\omega-6$ 长链多不饱和脂肪酸的配方乳喂养比以未添加长链多不饱和脂肪酸的配方乳喂养的婴儿血浆以及血红细胞（RBC）中脂肪酸的状态更接近母乳喂养的婴儿。以添加 $\omega-3$ 长链多不饱和脂肪酸的配方乳喂养比以未添加长链多不饱和脂肪酸的配方乳喂养的早产儿视敏度发育更好，有更好的视觉注意力和视觉认知力。足月儿配方乳中需要额外补充花生四烯酸和二十二碳六烯酸，其血浆以及血红细胞（RBC）中脂肪酸的蓄积才能达到与纯母乳喂养婴儿相似的程度。长链多不饱和脂肪酸有利于视觉、神经以及运动功能的健康。研究表明，强化花生四烯酸和二十二碳六烯酸喂养的 18 个月月龄婴儿在生长发育评分中有更好的表现。因此，长链多不饱和脂肪酸对婴儿的生长和发育很重要。因此，对早产儿长链多不饱和脂肪酸的推荐摄入量以西方国家典型母乳中的含量为依据，包括二十二碳六烯酸的含量应为总脂肪酸含量的 0.4%、花生四烯酸与二十二碳六烯酸的比例应大约为 1.5:1，而早产儿相应的脂肪酸推荐摄入量稍高于足月儿。长期研究表明，以超过 0.3% 花生四烯酸和 0.2% 二十二碳六烯酸添加量的配方乳喂养婴儿数周以提高这些脂肪酸的摄入水平，之后停止使用添加花生四烯酸和二十二碳六烯酸的配方乳喂养婴儿，发现这些婴儿体内的花生四烯酸和二十二碳六烯酸的含量水平也更接近纯母乳喂养的婴儿。以添加适宜数量的优质长链多不饱和脂肪酸的配方乳喂养足月儿是安全的，并且可以使婴儿血液中长链多不饱和脂肪酸状态与纯母乳喂养的婴儿相同（Fleith 和 Clandinin，2005）。许多研究都表明，以强化花生四烯酸和二十二碳六烯酸的配方乳喂养明显比以未强化的配方乳喂养有利于 2~4 月龄的婴儿获得更好的视力，也有利于 12~18 月龄的婴儿获得更好的神经发育。早产儿可以用膳食中的亚油酸（LA）和 α-亚麻酸（ALA）这两种必需脂肪酸来合成花生四烯酸、二十二碳六烯酸和其他的 $\omega-3$ 与 $\omega-6$ 长链多不饱和脂肪酸。但是喂食膳食中未添加二十二碳六烯酸的婴儿，其血浆、红细胞和脑脂肪的二十二碳六烯酸水平低于喂食膳食中强化二十二碳六烯酸的婴儿。是否摄入更多的 α-亚麻酸会提高血浆和组织中的 α-亚麻酸水平还不得而知。母乳中长链多不饱和脂肪酸的含量不受乳腺调控，但能反映出母体血浆脂肪中长链多不饱和脂肪酸的浓度，而母体血浆脂肪中长链多不饱和脂肪酸受母体膳食的影响，可能还受母体内脱氢酶和链延长酶的活性的影响，这两种酶的作用是将膳食中的亚油酸和 α-亚麻酸转化为长链多不饱和脂肪酸。这或许可以解释为什么有的婴儿能获得足够维持正常生长的长链多不饱和脂肪酸，而有的婴儿则不然。有的婴儿能将亚油酸和 α-亚麻酸合成为长链多不饱和脂肪酸。婴儿发育中长链多不饱和脂肪酸的作用不是一个简单的问题。虽然已经有证据表明作为膳食的母乳或配方乳中含有长链多不饱和脂肪酸（花生四烯酸，二十二碳六烯酸，或者两者都有）能给婴儿提供至少是短暂的生长益处，但是作为补充配方乳中长链多不饱和脂肪酸的来源必须是安全的。人们尚不能对所有补充原料做出安全性判定，但是一些实验指出了许多人关心的单细胞脂肪、低二十碳五烯酸（EPA）鱼油、蛋黄磷脂或甘油三酯等原料的安全性（Heird，2010）。由于月桂酸和肉蔻酸会明显升高血脂胆固醇，并可导致动脉粥样硬化，婴儿配方乳粉指南中将月桂酸（C12:0）和肉蔻酸（C14:0）的含量上限设置为总脂肪酸含量的 15%，婴儿配方乳粉中不得故意添加天然含脂原料以外的共轭亚油酸（欧盟委员会，2003）。

磷脂和胆固醇构成正常混合膳食和母乳中的一部分（Jensen，1999）。卵磷脂是膳食中最常见的磷脂，卵磷脂常常用作膳食脂肪的乳化剂和婴儿配方乳粉中长链多不饱和脂肪酸的来源。胆固醇存在于包括乳脂肪在内的动物源食物中。婴儿出生时就已经发育形成了在器官中合成磷脂和胆固醇的能力（Wong 等，1993；Bayley 等，1998）。植物中含有少量的植物甾醇，主要是谷甾醇和菜油甾醇，它们不仅自身很难被肠道吸收（吸收率5%～15%），而且干扰肠道对胆固醇的吸收，相应的饱和谷甾醇和菜油甾醇吸收率仅为1%～3%（Gylling 和 Miettinen，1999；Igel 等，2003）。膳食胆固醇的氧化产物（COP）具有明显的细胞毒性，作为致病源会危害健康，但是对胆固醇氧化的深入研究发现，通过在母乳或婴儿配方乳粉中添加胆固醇氧化剂7-酮基胆固醇可以免除这种副作用。母乳中的7-酮基胆固醇含量为（$0.7 \pm 0.3 g/g$），常常低于检出限（$0.5 \mu g/g$ 提取脂肪），而在添加了7-酮基胆固醇配方乳中的浓度常高于限量值达到$3.6 \pm 4.0 \mu g/g$。配方乳样本中7-酮基胆固醇含量显著高于母乳样本的含量。以上发现说明工艺技术和营养素提取来源物对于终产品中胆固醇氧化产物的产生起着至关重要的影响。为了避免营养素生物活性的改变和衍生化合物的潜在毒性，生产配方乳时必须谨慎观察（Scopesi 等，2002）。

某些神经节糖苷可以结合细菌。添加神经节糖苷的早产儿配方乳适宜的总神经节糖苷含量为1.43mg/100kcal。所有的样本中，以添加神经节糖苷配方乳喂养的婴儿比对照组以未使用强化配方乳喂养的婴儿粪便中相应的大肠杆菌含量显著较低，到了出生后第7天差异尤其明显。新生儿出生后30d，以添加神经节糖苷配方乳喂养的婴儿粪便中含有更多的双歧杆菌。由此可以说明，母乳中神经节糖苷的浓度显著改变婴儿粪便菌群（Rueda 等，1998）。

6.7　碳水化合物、益生元、益生菌与低聚糖

婴儿配方乳粉中仅允许添加乳糖、麦芽糖、蔗糖、麦芽糖糊精、玉米糖浆粉和预糊化淀粉。淀粉必须是天然不含谷蛋白的（欧盟委员会，2003）。易消化的碳水化合物是膳食中必需的能量来源，并且为合成糖脂和糖蛋白提供原料。虽然酮类可以部分替代葡萄糖，但是葡萄糖仍是人类大脑必需的能量供给物，尤其是婴儿的大脑。经评估测得新生儿大脑对葡萄糖利用率为$27\mu mol/$（100g 大脑·min），即体内葡萄糖含量转化量为8～12g 葡萄糖/（kg·体重·d），在此基础上，美国生命科学研究所（LSRO）（1998）和中国科学院（CAS）（1981）的专家均推荐婴儿配方乳粉中总碳水化合物的最小含量为9g/100kcal（表6.1）。至今为止，母乳中鉴定出的低聚糖超过130种，包括葡萄糖、半乳糖、N-乙酰氨基葡萄糖海藻糖、唾液酸（N-乙酰神经氨酸），糖链还原端大部分是乳糖（Kunz 等，2000）。婴儿配方乳粉中的碳水化合物提供的能量理论上在28%～56%（欧盟委员会，2003）。

母乳中的特定菌株可在孩子婴儿时期定植于肠道，发挥益生菌作用，母乳低聚糖

(HMO)是这些益生菌良好的培养基。这些益生菌不仅影响婴儿抵抗致病菌的能力，而且影响能量的利用和肥胖体形的产生。越来越多的证据表明人类结肠微生物有益于宿主的营养与健康。尤其对于高度敏感阶段的婴儿期来说，通过调整膳食改善肠道健康是很重要的。母乳喂养的婴儿与配方乳喂养的婴儿之间在肠道微生物群的组成和机体受感染的几率方面可能存在差异。通过在配方乳中补充益生元成分可以使配方乳更加接近于母乳的功能特性。新生婴儿暴露在大量潜在感染性微生物的环境中。免疫系统是机体抵御感染物最主要的防线，然而刚出生时婴儿的免疫系统尚未发育完全，因此功能不完全，益生菌可能是免疫系统中最重要的。益生元是一种不可被机体消化吸收的食物，它能选择性地促进肠道内数量有限的细菌的生长和活力。研究表明，肠道菌群在局部和全身系统的免疫应答中起重要作用。新兴的理论阐述早期营养干预可能通过修饰肠道微生物菌群改变微生物学特征的方式来导向机体免疫学特征，从而产生临床效果（Bruzzese 等，2006）。低聚果糖（FOS）和反式低聚半乳糖（TOS）都具有益生菌效果，通过选择性地促进双歧杆菌和乳酸杆菌的生长而有益于机体肠道健康。临床上热衷于通过控制肠道菌群的方式促进机体潜在的抗过敏反应，对特应性疾病的预防起到重要作用。对健康个体和过敏症患者肠道菌群的组成进行分析，结果显示二者的微生物模式具有差异（Miniello 等，2003）。

用于喂养健康婴儿的含水解蛋白的液态婴儿配方乳产品中允许采用瓜尔豆胶（E 412）的最大限值是1g/L（欧盟委员会，2003）。

母乳低聚糖包含以下功能性成分：1L成熟母乳中含有5~10g非结合态的低聚糖，其中已经得到鉴定的母乳低聚糖超过130种，它们数量众多、结构多样。成熟的牛乳及其牛乳基配方乳中仅有微量的这类低聚糖。母乳低聚糖可对母乳喂养的婴儿产生局部或系统的潜在健康益处。最近糖生物学与营养学前沿发展包括稳定同位素、前沿亲和色谱、多糖微阵列、质谱分析法和自动固相碳水化合物合成等技术揭开了某些母乳低聚糖的神秘面纱（Bode，2006），并且用这些功能性成分强化的婴儿配方乳粉有益于婴儿的身体健康。

Nakamura 等（2009）用聚葡萄糖（PDX）、低聚半乳糖（GOS）和乳果糖（LOS）强化的婴儿配方乳粉（4g/L和8g/L）做试验，发现母乳喂养组的婴儿与其他所有配方乳喂养的婴儿相比，粪便明显更柔软或更疏松。配方乳的耐受性良好，各组不良反应的发生率也无差别。同一试验组中第一次接受配方乳喂养的年幼婴儿肠道的菌群模式不如年长时接受配方乳喂养的主体稳定，这说明含有聚葡萄糖、低聚半乳糖和乳果糖的婴儿配方乳粉可能对于早期开始实施肠道微生物调节的婴儿有影响，并且调节效果与婴儿年龄相关。在其他研究中，Bruzzese 等（2006）发现低聚半乳糖和低聚果糖会引起与母乳喂养婴儿相似的体内双歧杆菌的增加，他们认为双歧杆菌和乳酸杆菌的数量增加可以保护肠道免受感染和过敏，并且这种影响会持续到婴儿期以后。Miniello 等（2003）发现除了低聚果糖外，反式低聚半乳糖也具有同样的功效。膳食调节肠道微生物是营养学的一个部分，也是现有一些例如不易消化低聚糖（NDO）等功能食品的主要焦点。假设不易消化的低聚糖如低聚果糖和反式低聚半乳糖能对肠道生态系统产生有益影响，那么就增加了改善以瓶装配方乳喂养的婴儿肠道微生物群的机会。用添加低聚果糖和反式低聚半乳糖混合物作为益生成分的配方乳喂养，会使新生早产儿和足月儿肠道内的双歧杆菌和乳酸杆菌覆盖率显著增加。选择性调节肠道微生物区系可能是一种较好的新型预防和治疗特异性反应疾病的方法。Chichlowski等（2011）指出人类母乳含有不易被婴儿消化但是能被婴儿肠道微生物群利用的大量丰富的复杂低聚糖，这些低聚糖常常与双歧杆菌有关，共同促使健康婴儿肠胃微生物群更加丰富。糖组学的前沿发展使牛乳多糖的结构得到精确测定，某些可被多种肠道微生物利用的多糖得以鉴定。另外，对婴儿肠道的双歧杆菌进行基因分析，可以揭示某些与牛乳低聚糖摄入和利用相关的基因位点蕴含着人体宿主、牛乳多糖以及微生物的共生进化关系。

6.8 加工过程对婴儿配方乳粉质量的影响

美国食品药品管理局将许多生产商为了保证婴儿配方乳粉安全性和适用性而采用的标准和系统编成了法典。产品标签上的声明表示在货架期内必须具有营养素的最低水平。不同时间点婴儿配方乳粉中营养素的精确含量因受到以下多方面因素的影响而可能与标签上的声明值不同。这些因素包括：主要原料提供的营养素数量；某种营养素由于在加工中受热或暴露于氧气而含量减少；贮藏时成分发生变化；增加的营养素水平；分析所得的结果。婴儿配方乳粉的生产商使用多种工艺和质量控制系统保证每一份产品中的每一种营养素都达到要求的适宜含量。婴儿配方乳粉的生产商支持对现存的上限进行讨论，并在有充分合理的依据基础上设立新限值。当需要设立新的限值时，需要合理考虑加工和贮藏技术对产品形成和营养素含量的影响。最好将上限值控制在现有规程指南和生产系统的框架内，以保证营养素水平适宜的配方乳产品才能进入商业化流通（Cook，1989）。

据推测，β-乳糖加入婴儿配方乳粉中后，由于受到酸根阴离子如磷酸根、柠檬酸根的影响，β-乳糖会发生变旋作用，转化为端基差向异构体（异头物）α-乳糖，而β-半乳糖苷酶（乳糖酶）水解α-乳糖的K_m值较低。这时乳糖会比母乳中的乳糖吸收程度更好。未在小肠中水解的乳糖不是形成母乳喂养婴儿的肠道菌群的唯一因素。

蛋白质的营养价值受到氨基酸组成、蛋白水解、热处理的影响，尤其是铁、维生素C和乳糖存在时热处理的影响。Sarwar等（1989）的大鼠实验证实了生产过程中的热处理（122~132℃加热5~8min）会使液态婴儿配方乳的蛋白质表观消化率降低到74%~76%和真消化率降低到88%~90%，用同样工艺条件对婴儿配方乳粉进行处理，使蛋白质的表观消化率降为79%~83%，真消化率降为93%~97%。液态配方乳中赖氨酸、甲硫氨酸和胱氨酸的真消化率为5%~13%，低于粉状产品。以液态配方乳喂养的大鼠两周后血浆中赖氨酸水平出现下降情况。液态产品中可被利用的色氨酸整体上浓度较低（Sarwar和Botting，1999）。液态和粉状形式的配方乳中都含有可作为早期美拉德反应指示物的糖氨酸和羟甲基糖醛，并且液态产品中含有双倍的美拉德反应晚期产物。这导致可利用赖氨酸减少，同时伴随可溶蛋白质中30%色氨酸的流失（Birlouez-

Aragon, 1999）。配方乳粉中，5% 的赖氨酸被破坏，8% 的赖氨酸失去活性，在液态灭菌配方乳中 9% 的赖氨酸被破坏，10% 的赖氨酸失去活性（Erbersdobler 和 Hupe，1991）。在碱性条件下延长热处理的时间会促使大豆蛋白中赖丙氨酸形成，并降低其消化率（Liener, 1994）。将电渗析处理过的乳清 - 酪蛋白混合物（1.3g 蛋白质/dL 和 1.5g 蛋白质/dL）经超高温瞬时杀菌（142℃，2~3s）处理，并以此液态配方乳喂养健康足月婴儿直到 6 月龄，可以获得与母乳喂养婴儿或者乳清 - 酪蛋白配方乳粉（1.3g 蛋白质/dL）喂养婴儿相似的生长、血红蛋白、铁蛋白、锌、铜水平。以较低蛋白含量超高温灭菌配方乳喂养的婴儿血浆中氨基酸水平与母乳喂养婴儿最为接近。以母乳喂养婴儿血浆中尿素氮含量最低，以较高蛋白含量超高温灭菌配方乳喂养的婴儿与以配方乳粉喂养的婴儿血浆中尿素氮含量相似，是最高值（Lönnerdal 和 Hernell，1998）。

6.9 小结

随着营养学的发展，尤其是营养素生物利用率和新技术的发展，有针对性调配的婴儿配方乳粉产品质量得到显著提升。人们对母乳的复杂组成、功能性成分及其对婴儿生理和食品工程影响的认识不断深入，引领着，并将继续引领婴儿配方乳粉产品的创新改良。有必要通过对微量成分分析获得真实可靠的数据。目前，已有一些从出生到 6 个月月龄婴儿的数据，但是人们对婴儿全面需求的了解还很缺乏，尤其缺乏 6~12 月月龄婴儿的数据，应当开展相关的临床研究填补这些缺口。无论是添加了某种新成分，还是依据配方乳组成相关指南或规范改变现有成分的含量，无论是减少或除去现有配方乳的某种成分，还是对配方乳组成进行改良的行为，都应在新产品推向市场普遍使用前，使改良的益处、适用性及安全性形成普遍可接受的科学数据，并由独立的科学和管理机构进行监管和评估。

参考文献

ANONYMOUS (1941). Label statements concerning dietary properties of foods purporting to be or represented for special dietary uses. *Fed. Regist* (part 125) **6**: 5921 - 5926.

ANONYMOUS (1971). Label statements relating to infant food. *Fed. Regist* (part 125.5) **36**: 23555 - 23556.

ANONYMOUS (1980). Federal Food, Drug, and Cosmetic Act with Amendments, Sec. 412, U. S. Government Printing Office, Washington, D. C.

BAYLEY TM, ALSAMI M, THORKELSON T, KRUG - WISPE S, JONES PJH, BULANI JL and TSANG RS. (1998). Influence of formula versus breast milk on cholesterol synthesis rates in four - month - old infants. *Pediatr Res* **44**: 60 - 67.

BIRLOUEZ - ARAGON I. (1999). Effect of iron fortification on protein nutritional quality of infant and growth formulas. *Recent Res Dev Agric Food Chem* **3**: 139 - 148.

BODE L. (2006). Recent advances on structure, metabolism, and function of human milk oligosaccharides. *J Nutr* **136**（8）：2127 – 2130.

BRUNSER O, ESPINOZA J, ARAYA M, CRUCHET S and GIL A. (1994). Effect of dietary nucleotide supplementation on diarrhoeal disease in infants. *Acta Paediatr* **82**：188 – 191.

BRUZZESE E, VOLPICELLI M, SQUAGLIA M, TARTAGLIONE A and GUARINO A. (2006). Impact of prebiotics on human health. *Dig Liver Dis* **38**（Suppl 2）：S283 – S287.

BUCHMAN AL, MOUKARZEL A, JENDEN DJ, ROCH M, RICE K and AMENT ME. (1993). Low plasma free choline is prevalent in patients receiving long term parenteral nutrition and is associated with hepatic amintransferase abnormalities. *Clin Nutr* **12**：33 – 37.

BUCHMAN AL, M DUBIN, MOUKARZEL AA, JENDEN DJ, ROCH M, RICE K, GORNBEIN J and AMENT ME. (1995). Choline deficiency: a cause of hepatic steatosis during parenteral nutrition that can be reversed with intravenous choline supplementation. *Hepatology* **22**：1399 – 1403.

BUCHMAN AL, DUBIN M, JENDEN DJ, MOUKARZEL A, ROCH M, RICE K, GORNBEIN J, AMENT ME and ECKHERT CD. (1992). Lecithin increases plasma free choline and decreases hepatic steatosis in long – term total parenteral nutrition patients. *Gastroenterology* **102**：1363 – 1370.

BUCHMAN AL, SOHEL M, MOUKARZEL A, BRYANT D, SCHANLER R, AWAL M, BURNS P, DORMAN K, BELFORT M, JENDEN DJ, KILLIP D and ROCH M. (2001). Plasma choline in normal newborn infants, toddlers, and in very – low – birth – weight neonates requiring total parenteral nutrition. *Nutrition* **17**：18 – 21.

BURKHARDT MC, BECK AF, CONWAY PH, KAHN RS and KLEIN MD. (2012). Enhancing accurate identification of food insecurity using quality – improvement techniques. *Pediatrics* **129**（2）：e504 – e510.

CAC (CODEX ALIMENTARIUS COMMISSION). (1981). Standard for infant formula and formulas for special medical purposes intended for infants. In: CODEX STAN 72.

CAC (CODEX ALIMENTARIUS COMMISSION). (1985a). General standard for the labelling of prepackaged foods. In: Labelling of prepackaged foods (CODEX STAN 1 – 1985).

CAC (CODEX ALIMENTARIUS COMMISSION). (1985b). Guidelines on nutrition labelling. (CAC/GL 2 – 1985).

CAC (CODEX ALIMENTARIUS COMMISSION). (1994). Joint FAO/WHO Food Standards Programme. Codex alimentarius vol. 4. Foods for special dietary uses (including foods for infants and children). Part 2 – Foods for infants and children. Food and Agriculture Organization and World Health Organization. Rome：15 – 75.

CALAMUSA G, VALENTI RM, GUIDA I and MAMMINA C. (2009). A survey on knowledge and self – reported formula handling practices of parents and child care workers in Palermo, Italy. *BMC Pediatr* **9**：75.

CARVER JD, PIMENTAL B, COX WI andBRNESS LA. (1991). Dietary nucleotide effects upon immune function in infants. *Pediatrics* **88**：359 – 363.

CFR (CODE OF FEDERAL REGULATIONS). (1988a). Office of the Federal Register, National Archives and Records Administration, Title 21, parts 105, 106 and 107, U.S. Government Printing Office, Washington, D.C.

CFR (CODE OF FEDERAL REGULATIONS). (1988b). Office of the Federal Register, National Archives and Records Administration, Title 21, Sec. 107.100, U.S. Government Printing Office, Washington, D.C.

CHICHLOWSKI M, GERMAN JB, LEBRILLA CB and MILLS DA. (2011). The influence of milk oligosaccharides on microbiota of infants: opportunities for formulas. *Annu Rev Food Sci Technol* **2**: 331 – 351.

COOK DA. (1989). Nutrient levels in infant formulas: technical considerations. *J Nutr* **119** (12 Suppl): 1773 – 1777; discussion 1777 – 1778.

COSGROVE M. (1998). Perinatal and infant nutrition. Nucleotides. *Nutrition* **14**: 748 – 751.

EC (EUROPEAN COMMISSION). (2003). Report of the Scientific Committee on Food on the Revision of essential requirements of infant formulae and follow – on formulae. SCF/CS/NUT/IF/65 Final May 18, 2003, Brussels, Belgium.

ERBERSDOBLER HF and HUPE A. (1991). Determination of lysine damage and calculation of lysine bio – availability in several processed foods. *Z Ernährungswiss* **30**: 46 – 49.

ESPGHAN (EUROPEAN SOCIETY FOR PEDIATRIC GASTROENTEROLOGY, HEPATOLOGY and NUTRITION). (1991). Committee on Nutrition: Aggett PJ, Haschke F, Heine W, Hernell O, Koletzko B, Launiala K, Rey J, Rubino A, Schöch G, Senterre J, Tormo R. Comment on the content and composition of lipids in infant formulas. *Acta Paediatr Scand* **80**: 887 – 896.

FANARO S, BALLARDINI E and VIGI V. (2010). Different pre – term formulas for different pre – term infants. *Early Hum Dev* **86** (Suppl 1): 27 – 31.

FDA (FOOD and DRUG ADMINISTRATION). (1985). Nutrient requirements for infant formulas. *Federal Register* **50** (210): 45106 – 45108.

FDA (FOOD and DRUG ADMINISTRATION). (2007). FDA 101: infant formula. Accessed at www.fda.gov/ForConsumers/ConsumerUpdates/ucm048694.htm, 4 June 2012.

FDA (FOOD and DRUG ADMINISTRATION). (2009). Guidelines concerning notification and testing of infant formulae. Accessed at http://www.fda.gov/Food/GuidanceComplianceRegulatoryInformation/GuidanceDocuments/InfantFormula/ucm169730.htm, 6 June 2012.

FEIN SB and FALCI CD. (1999). Infant formula preparation, handling, and related practices in the United States. *J Am Diet Assoc* **99** (10): 1234 – 1240.

FERRUZZI MG and NEILSON AP. (2010). Technological progress as a driver of innovation in infant foods. *Nestle Nutr Workshop Ser Pediatr Program.* **66**: 81 – 95.

FLEITH M andCLANDININ MT. (2005). Dietary PUFA for preterm and term infants: review of clinical studies. *Crit Rev Food Sci Nutr* **45** (3): 205 – 229.

FNB (FOOD and NUTRITION BOARD). (2000). Dietary reference intakes: choline. Institute of Medicine. National Academy Press, Washington DC: 390 – 422.

GELARDI RC. (1982). The infant formula industry, the Infant Formula Act of 1980, and quality control. *J Assoc Off Anal Chem* **65** (6): 1509 – 1513.

GYLLING H and MIETTINEN TA (1999). Cholesterol reduction by different plant stanol mixtures and with variable fat intake. *Metabolism* **48**: 575 – 580.

HEIRD WC. (2001). The role of polyunsaturated fatty acids in term and preterm infants and breastfeeding mothers. *Pediatr Clin North Am* **48** (1): 173 – 188.

HESS JR and GREENBERG NA. (2012). The role of nucleotides in the immune and gastrointestinal systems: potential clinical applications. *Nutr Clin Pract* **27** (2): 281 – 294.

IGEL M, GIESA U, LUTJOHANN D and VON BERGMANN K (2003). Comparison of the intestinal uptake of cholesterol, plant sterols, and stanols in mice. *J Lipid Res* **44**: 533 – 538.

JENSEN RG (1999). Lipids in human milk. *Lipids* **34**: 1243 – 1271.

KLEINMAN RE. (Ed.). (2009). *Pediatric Nutrition Handbook.* 6th edn. American Academy of Pediatrics, Elk Grove Village, IL: 61.

KOLETZKO B. (1999). Response to and range of acceptable fat intake in infants and children. *Eur J Clin Nutr* **53** (Suppl 1): S78 – S83.

KOLETZKO B. (2010). Innovations in infant milk feeding: from the past to the future. *Nestle Nutr Workshop Ser Pediatr Program* **66**: 1 – 17.

KUNZ C, RUDLOFF S, BAIER W, KLEIN N, and STROBEL S. (2000). Oligosaccharides in human milk: structural, functional, and metabolic aspects. *Annu Rev Nutr* **20**: 699 – 722.

LABINER – WOLFE J, FEIN SB and SHEALY KR. (2008). Infant formula – handling education and safety. *Pediatrics* **122** (Suppl 2): S85 – S90.

LASEKAN JB, OSTROM KM, JACOBS JR, BLATTER MM, NDIFE NI, GOOCH WM and CHO S. (1999). Growth of newborn, term infants fed soy formulas for one year. *Clin Pediatr* **38**: 563 – 571.

LIENER IE. (1994). Implication of antinutritional components in soybean foods. *Crit Rev Food Sci Nutr* **34**: 31 – 67.

LÖNNERDAL B and HERNELL O. (1998). Effects of feeding ultrahigh – temperature (UHT) – treated infant formula with different protein concentrations or powdered formula, as compared with breast – feeding, on plasma amino acids, hematology, and trace element status. *Am J Clin Nutr* **68**: 350 – 356.

LÖNNERDAL B. (2010). Novel insights into human lactation as a driver of infant formula development. *Nestle Nutr Workshop Ser Pediatr Program* **66**: 19 – 29.

LSRO (LIFE SCIENCES RESEARCH OFFICE). (1998). *LSRO report: assessment of nutrient requirements for infant formulas.* Center for Food Safety and Applied Nutrition Food and Drug Administration Department of Health and Human Services, Washington.

MARTÍNEZ – AUGUSTIN O, BOZA JJ, DEL PINO JI, LUCENA J, MARTINEZ – VALVERDE A and GIL A. (1997a). Dietary nucleotides might influence the humoral immune response against cow's milk proteins in preterm neonates. *Biol Neonate* **71**: 215 – 223.

MARTÍNEZ – AUGUSTIN O, BOZA JJ, NAVARRO J, MARTINEZ – VALVERDE A, ARAYA M and GIL A. (1997b). Dietary nucleotides might influence the humoral immunity in immunocompromised children. *Nutrition* **13**: 465 – 469.

MINIELLO VL, MORO GE and ARMENIO L. (2003). Prebiotics in infant milk formulae: new perspectives. *Acta Paediatr Suppl* **91** (441): 68 – 76.

MONTAGNE DH, VAN DAEL P, SKANDERBY M and HUGELSHOFER W. (2009). Infant for – mulae – powders and liquids. In: *Dairy Powders and Concentrated Products* (TAMIME AY (Ed.)), Wiley – Blackwell, Oxford, UK: 294 – 331.

MOUNTZOURIS KC, MCCARTNEY AL and GIBSON GR. (2002). Intestinal microflora of human infants and current trends for its nutritional modulation. *Br J Nutr* **87** (5): 405 – 420.

NAKAMURA N, GASKINS HR, COLLIER CT, NAVA GM, RAI D, PETSCHOW B, RUSSELL WM, HARRIS C, MACKIE RI, WAMPLER JL andWALKER DC. (2009). Molecular ecological analysis of fecal bacterial populations from term infants fed formula supplemented with selected blends of prebiotics. *Appl Environ Microbiol* **75** (4): 1121 – 1128.

NIERS L, STASSE – WOLTHUIS M, ROMBOUTS FM and RIJKERS GT. (2007). Nutritional support for the infant's immune system. *Nutr Rev* **65** (8 Pt 1): 347 – 360.

PAG AD HOC WORKING GROUP (PROTEIN - CALORIE ADVISORY GROUP OF FAO/WHO). (1975).

PERLSTEIN D. (2012). What is in an infant formula, and how do I choose the right one? In: *Infant Formulas* (STOPPLER MC (Ed.)). Accessed at: http://www.medicinenet.com/infant_formulas/page2.htm#2whatis, Accessed on June 8, 2012.

PICKERING LK, GRANOFF DM, ERICKSON JR, MASOR ML, CORDLE CT, SCHALLER JP, WINSHIP TR, PAULE CL and HILTY MD. (1998). Modulation of the immune system by human and infant formula containing nucleotides. *Pediatrics* **101**: 242 - 249.

PISECKY J. (1997). Handbook of milk powder manufacture. GEA Process Engineering (Niro A/S), Soeberg.

RIVERO URGELL M, SANTAMARÍAORLEANS A and RODRÍGUEZ - PALMERO SEUMA M. (2005). The importance of functional ingredients in pediatric milk formulae and cereals. *Nutr Hosp* **20** (2): 135 - 146.

RUEDA R, SABATEL JL, MALDONADO J, MOLINA - FONT JA and GIL A. (1998). Addition of gangliosides to an adapted milk formula modifies levels of fecal Escherichia coli in preterm newborn infants. *J Pediatr* **133** (1): 90 - 94.

SARWAR G, PEACE RW and BOTTING HG. (1989). Differences in protein digestibility and quality of liquid concentrate and powder forms of milk - based infant formulas fed to rats. *Am J Clin Nutr* **49**: 806 - 813.

SARWAR G and BOTTING HG. (1999). Liquid concentrates are lower in bioavailable tryptophan than powdered infant formulas, and tryptophan supplementation of formulas increases brain tryptophan and serotonin in rats. *J Nutr* **129**: 1692 - 1697.

SCOPESI F, ZUNIN P, MAZZELLA M, TESTA M, BOGGIA R, EVANGELISTI F and SERRA G. (2002). 7 - ketocholesterol in human and adapted milk formulas. *Clin Nutr* **21** (5): 379 - 384.

SMITH JD, CLINARD V and BARNES CL. (2003). Pharmacists' guide to infant formulae for term infants. *J Am Pharm Assoc* **51** (3): e28 - e35; quiz e36 - e37.

SORENSEN H, JORGENEN E and WESTERGAARD V. (1992). Production of powdered baby food. *Scandinavian Daity Information* **6** (4): 44 - 47.

WARREN JB and PHILLIPI CA. (2012). Care of the well newborn. *Pediatr Rev* **33** (1): 4 - 18.

WESTERGAARD V. (2004). Milk powder technology - evaporation and spray drying. GEA Process Engineering (Niro A/S), Soeberg.

WONG WW, HACHEY DL, INSULL W, OPEKUN AR and KLEIN PD. (1993). Effect of dietary cholesterol on cholesterol synthesis in breast - fed and formula - fed infants. *J Lipid Res* **34**: 1403 - 1411.

ZEISEL SH. (1981). Dietary choline: biochemistry, physiology and pharmacology. *Annu Rev Nutr* **1**: 95 - 121.

ZEISEL SH. (1994). Choline. In: *Modern Nutrition in Health and Disease*. 8th edn. Vol. 1 (SHILS ME, OLSON JA, SHIKE M, eds.), Lea & Febiger, Philadelphia PA: 449 - 458.

ZINK D. (2003). Powdered infant formulae: An overview of manufacturing processes, a white paper on *Enterobacter sakazakii* contamination in powdered infant formula from contaminants and natural toxicants, Subcommittee meeting held March 18 - 19. FDA, office of plant and dairy foods and beverages, Center for Food Safety and Applied Nutrition, 5100 Paint Branch Parkway, College Par, MD.

7 婴儿配方乳粉配料的选择

M. Guo，University of Vermont，USA and Jilin University，People's Republic of China and S. Ahmad，University of Agriculture Faisalabad，Pakistan

摘　要：婴儿配方食品所需的各种主辅料选择原则是以母乳为基准，并且其添加成分必须满足婴儿健康生长和发育的需要。本章主要探讨：（1）婴儿配方食品主要配料成分、形式、质量标准及微生物学标准；（2）动物源配料的选择，如乳、蛋、蜂蜜等；（3）植物源配料选择，如豆类和谷类等；（4）各种配料成分的选择标准；（5）有关禁止使用的、有害的、掺假的配料成分。

关键词：组分　动物源　植物源　选择　功能性质

7.1　引言

　　为确保婴幼儿生长发育，促进婴幼儿健康成长，科学合理的营养成分供给至关重要。不同年龄段的婴幼儿生长发育所需的热量和营养成分各不相同，毋庸置疑，在婴儿出生后的最初六个月，纯母乳喂养是最佳选择。在此期间内，母亲应尽量延长哺乳时间，以满足婴幼儿发育初期的营养需求。若母乳不能满足婴幼儿食量或营养素指标要求，医护人员可建议父母选择其他代乳品喂养。尽管人们在19世纪已经拥有了乳品化学分析及婴幼儿生长发育能量需要评价体系的技术方法，可以从其他动物中获得各种乳源，并且可以利用这些科技成果生产具有一定安全性的母乳替代品（BMS），但必须意识到，不同物种的乳源的特定成分组成是有差异的，且这些成分优缺点并存。所以，直至20世纪早期奶妈喂养仍是替代母乳喂养的唯一安全的选择。20世纪中期人们已经解决了以人乳成分为基准，以牛乳为蛋白源进行婴儿配方乳粉生产的技术问题。尽管配方乳粉与人乳成分基本趋于一致，但二者在性能及营养功效上仍存在一定差异。随着新的科学技术对饮食在健康与疾病控制方面探究的不断深入，人们认识到母乳中含有多种可能有益的成分，是现有技术手段无法完全模拟的。另外，不同人群也会受其文化、民族以及宗教信仰等影响，根据配料情况选择产品。

　　就婴幼儿食品而言，最新的配方中包含了运用多种新技术获得的具有生物功能的新成分，对其进行严格的安全性和功效性评价极其重要，因为"功能作用"不一定与有益健康完全一致（Hernell，2011）。针对0～6个月月龄的婴儿的各种配方乳粉，其所有配料成分均应将满足婴儿机体发育需要作为必要条件，并包括严格的法律法规限定。目前，婴儿配方乳粉中的主要配料成分均受到各个国家及国际组织的重视和严格监管，主因是其配方中含有不同来源的蛋白质与脂肪，需要进行严格筛选和评估，确定各成分的添加量。例如，以乳清蛋白为基料的婴儿配方乳粉，其蛋白质质量高，在胃中的消化过程与母乳相似。其中，长链多不饱和脂肪酸（LCPUFA）影响婴儿视觉注意力、认知行为及免疫系统，核苷酸可减少并降低婴儿腹泻的发生几率，这些成分的添加量需在配方中严格界定。另外，在婴儿配方乳粉中加入特定益生元，属于相对较新的应用技术，亦有研究表明其可能影响儿童早期免疫力的平衡与健全。因此，医护人员在给予育龄父母合理建议时，应综合考虑这些因素以及可能发生的机体反应，优选可靠的母乳替代品（Meyer，2009）。

依据 Montagne 等（2009）评价方法进行标签标识：

完整的配料表除了维生素和矿物质元素以外，应当将各成分按百分含量降序的方式在标签上标识。维生素和矿物质要单独标识，且维生素或矿物质所包含的具体成分可以不按照含量降序的方式进行排列。配料中各种食品添加剂成分必须注明是动物源还是植物源。

依据 Montagne 等（2009）的报道，各年龄段的婴儿配方乳粉中主营养成分标识信息均应包含以下内容：

能量，单位以 kJ 表达；主要成分：蛋白质、碳水化合物及脂肪的含量，单位以 g/100g 或 g/dL 表示；维生素、矿物质、胆碱以及其他成分的含量，单位以 g/100g 或 mg/dL 表示。

（Montagne 等，2009 Blackwell Publishing Ltd）

所有配料成分的含量应符合食品的食用要求，并在标签中注明。并且应注意下列因素可能会影响各配料成分的作用效果：年龄、性别、过敏问题以及其他营养与健康相关问题。

7.1.1 配料成分分类

婴儿配方乳粉中添加的各种配料成分可能是动物源性的也可能是植物源性的。总体目标是向婴儿配方乳粉中添加的各种配料成分须使其更接近于人乳，满足婴幼儿不同年龄段发育需求，归纳为以下特点：

(1) 对婴儿健康的潜在益处从出生之初开始，一直延续至童年甚至成年；
(2) 色泽与品相怡人；
(3) 货架期长；
(4) 能促进市场营销。

表 7.1 中罗列了 Montagne 等（2009）提供的婴儿配方乳粉中允许添加的各种配料成分分类，其中最典型的系列配料成分为如下 9 种：

(1) 牛乳（脱脂或全脂，液体或粉状，奶牛或水牛乳）。
(2) 酪蛋白（酸性或用钾/钙离子中和）。
(3) 乳清蛋白（浓缩，分离，部分脱盐，部分干燥）。
(4) 大豆分离蛋白，刺槐豆蛋白和氨基酸（基础配方）。
(5) 乳糖，麦芽糊精，玉米糖浆，蔗糖（粉状或浆状）。

(6) 植物油（未氢化），黄油，奶油。
(7) 乳化剂/稳定剂 [卵磷脂（大豆），单硬脂酸甘油酯和甘油二酯]。
(8) 矿物盐（钾、钠、钙、镁的碳酸盐，柠檬酸盐，磷酸盐或氯化物）。
(9) 微量营养素（例如维生素、氨基酸、KI、$FeSO_4$、$ZnSO_4$、$CuSO_4$）。

表7.1　　　　　　　　　　基于配料来源的婴儿配方乳粉分类

配料	成分
牛乳	使用非改性乳源，要求乳清蛋白<22g/100g 总蛋白
乳清	使用乳清蛋白强化蛋白质质量，乳清蛋白>22g/100g 总蛋白
大豆	使用大豆蛋白为唯一植物蛋白源（旨在强化 L - 甲硫氨酸）
水解蛋白	以游离氨基酸作为唯一蛋白源
抗反流	使用特效增稠剂，如变性淀粉或豆胶
无乳糖碳源	使用麦芽糊精代替乳糖，即乳糖<0.1g/100g

资料来源：Montagne 等（2009）。

另外，依据婴儿配方乳粉监管要求，向其中添加一些具有潜在特殊功能和营养价值的选择性成分，也需要进行标签标识说明。主要包括以下因子（Montagne 等，2009）。

(1) 益生元（低聚半乳糖，低聚果糖和菊粉）（Agostoni 等，2004b；Bakker - Zierikzee 等，2005；Moro and Arslanoglu，2005；Brunser 等，2006；Perez - Conesa 等，2006，2007；Kim 等，2007）。

(2) 益生菌（主要有：动物双歧杆菌，鼠李糖乳杆菌 LGG，长双歧杆菌 BL999 和/或其他种类的鼠李糖乳杆菌）（Agostoni 等，2004a；Bakker - Zierikzee 等，2005；Petschow 等，2005；Puccio 等，2007；Perez - Conesa 等，2007）。

(3) 特殊油脂（如：脱腥脱臭、富含二十二碳六烯酸（DHA）的鱼油，微生物中提取的长链多不饱和脂肪酸，中链甘油三酸酯，内酯化棕榈油和鞘脂类）（Ribar 等，2007；Koletzko 等，2008）。

(4) 角豆胶和淀粉（玉米或马铃薯）（Aggett 等，2002；Chao 和 Vandenplas，2007）。

上述段落的引用已得到出版商的许可。

必须注意，在现有科学技术水平下，人乳中许多已发现的成分并未全部加入到婴儿配方乳粉中，这或许是因为目前人们对这些成分依然缺乏足够的信息，包括其功能性及其对婴幼儿生长发育的具体影响。此外，婴儿配方乳粉中使用的各类配料或其他成分（包括食品添加剂），其添加量均须受到严格的限制，必须低于最高限值水平（CAC，2006）。

7.1.2　配料的选择及质量标准

世界各国生产的婴儿配方乳粉，应由政府部门设定配方中各种配料的选择范围、标准及使用指南，包括质量规格或浓度要求。例如，美国食品药品管理局（FDA）规定应根据添加目的对所有配料进行分类，分类包括特殊膳食食品及药用食品。欧盟条例中将限定能量范围的食品归为一类特殊营养需求的食品，包括婴儿配方食品、药用食品、运动食品。欧盟条例确立了膳食的能量摄入标准，可以将食品分为三大类。例如，超低热量饮食（450～800kcal）、低热量饮食（800～1200kcal）和代餐品（200～400kcal）。政府卫生部门和食品行业部门有责任通过教育计划引导公众加强健康意识，并促使环境保护。

公共卫生部门制定的措施应通过简单、易行、有效且容易理解的方式促进消费者态度的改变（Green 等，2001）。婴儿配方食品应保证营养成分安全、充足，满足特定的阶段婴幼儿生长发育需求。必须明确的一点是所有配料成分及食品添加剂均不应含有谷蛋白。进行婴幼儿喂养时，应该按照制造商提供的说明书冲调婴儿配方乳粉。冲调好的婴儿配方食品应该满足每100mL含有250～295kJ的热量（CAC，1981）。

必须注意，婴儿配方食品的过敏问题至关重要，不容忽视，随着婴幼儿过敏反应及代谢紊乱疾病发生率的不断攀升，商业化生产具有安全、有效、低过敏原等特点的产品变得越来越重要。对于在母体子宫内或早期哺乳阶段就对完整蛋白质产生过敏的婴儿需用减少可能含有过敏原的食物喂养，并持续一定时间。避免过敏原最有效的方法之一是促使乳蛋白的充分水解，直至几乎无抗原可被新生儿免疫系统所识别（Sampson 等，1991）。出生后第一年或之后一段时间通常被称为恢复期，在特定的恢复期为满足婴儿基本营养需求，其只能食用低过敏性蛋白质或者与其他非敏感性食物成分共同食用（Hudson，1995）。

Burkhardt 等（2012）发现，在食品不安全或食品相对缺乏的家庭，家庭状况对婴幼儿的健康及正常发育存在着不利影响。尽管人口多的家庭易出现食品安全问题，但评判鉴别食品不安全家庭的标准仍为家庭成员是否缺乏医疗保障。Addo 等（2011）收集整理了低收入国家中的食品存在安全隐患的家庭和基于社会人口学特点的孕妇的相关数据资料，此外还包括压力感知、人体测量、疾病报告、饮食摄入、偏好及营养教育等方面的信息。他们对比研究了高食品安全水平家庭与低食品安全水平家庭发现，食品安全性越低的家庭，压力感较大的女性成员所占比例越高（55.6%：26.5%）。食品不安全性及压力呈负相关关系。针对婴幼儿营养健康而言，由于食物匮乏导致的食品不安全问题可通过哺乳期的妇女膳食中增加高能配料解决，对于无法母乳喂养的婴儿，可在婴儿配方乳中增加高能配料。

Philbin 和 Ross（2011）研究了大量证据表明，对于体弱婴幼儿的最佳喂养方式是经口进食（SOFFI）的奶瓶喂养方法，并提出了基于临床经验的具体方法。SOFFI 方法得到了系统可靠的研究成果的支持和临床上可接受的算法验证，作出了评估方法和优质喂养的相关参考指南。高质量喂养指标包括以下两点：（1）保持稳定，使婴幼儿在进食时可以自我调节姿态，无外力干扰婴儿进食行为；（2）护理人员能根据婴儿的生理和行为敏感并做出有效的调整。结合这两方面，为婴儿提供个性化的喂养方案，根据其初始状况和能力,建议摄入适量的牛乳和/或配方乳粉,喂养时使其处于舒适的吞咽状态。

SOFFI 方法要求首先调整喂养环境,然后按照程序方法对婴儿进行喂养,并监控婴幼儿在进食过程中的具体行为,并据此对婴儿初始能力、特殊行为及安全应激能力做出判定。SOFFI 方法最关键的一点是,以婴儿生理及行为而非食量作为暂停或终止喂养过程的依据。对于刚刚出生的婴儿来说,其最初具有的观察力、判断力和行为等特异性能力可为具有不同经历、处于不同阶段的护士和母亲提供必要的参考,最终确立高品质、专一化、个性化、整体性的喂养方案。整个喂养过程在婴儿特护室中进行,护士应向父母转述涉及其子女的全部细节(观察力、判断力和行为),以使父母在之后能完成高质量喂养并表现得得心应手,充满信心地陪伴婴儿健康成长。

另外,根据 Bartrick 等(2009)的研究,在婴儿出生后第一年,医院的实践将影响母乳喂养的时间及配方乳粉喂养的排他性。2007 年,美国疾病预防与控制中心(CDC)调查了美国妇幼机构进行循证评估实践的结果。以 100 分为满分,由于区域差异,各医院的平均分仅为 63 分。尽管有证据表明不恰当地提供和使用婴儿配方乳粉会降低母乳喂养的成功率,但这种现象依然很常见。24% 的机构报告称仍然对一半以上足月的健康婴儿定期提供非母乳乳品。如此高频率地使用非母乳乳品意味着我们必须在婴儿配方乳粉的数量和质量方面投入更多的精力,以保证并促进这些婴儿的健康。

7.1.3 配料微生物学指标

就婴幼儿食品而言,微生物学指标安全性显得更为重要,特别是有害微生物,应引起足够的重视,制定严格的标准,在婴儿配方食品中克罗诺杆菌污染最为普遍。克罗诺杆菌(阪崎肠杆菌)可引起新生儿脑膜炎、败血症、结肠炎,其感染对象包括健康足月的新生儿、早产儿、低体重儿、免疫力差的婴儿等。一些临床病例已经显示,该微生物可在干燥的婴儿配方乳粉中检测出来(Van Acker 等,2001;Himelright 等,2002;Friedemann,2009)。研究表明,足够的证据显示克罗诺杆菌污染源贯穿于婴儿配方乳粉、其他添加的配料及生产设备的整个生产链中(Nazarowec-White 和 Farber,1997;Van Acker 等,2001;Iversen 和 Forsythe,2004;Shaker 等,2007;Iversen 等,2009)。同时还包括其他多种来源,如婴幼儿谷物米粉、其他婴幼儿代餐食品,甚至动物饲料中也有检出(Iversen 和 Forsythe,2004;Kandhai 等,2004;Drudy 等,2006;Shaker 等,2007 Baumgartner 等,2009;Molloy 等,2009;O'Brien 等,2009;Walsh 等,2011)。其他一系列研究明确了克罗诺杆菌的存活生理特性,即可在干燥的环境下存活很长一段时间(Edelson-Mammel 等,2005;Barron 和 Forsythe,2007),个别菌株甚至可以存活至两年半。Iversen 和 Forsythe(2003)的研究发现水、土壤和蔬菜可作为这类致病菌的生长存活载体,同时,另外一些研究者也从植物性材料中分离出了该菌种(Soriano 等,2001;Leclercq 等,2002;Cruz 等,2004)。

另外,一项由 Schmid 等(2009)主导的研究证明,克罗诺杆菌具有在植物根部繁殖的能力,其所表现的特性如溶解磷酸盐和产生吲哚乙酸的能力常出现在植物相关微生物和根际微生物中。这项研究表明植物很可能是克罗诺杆菌主要载体，因此婴儿配方乳粉中的植物性配料极有可能是工厂环境的污染来源，该研究成果与 Walsh 等（2011）一致。在肠杆菌科，结肠酸是主要的胞外多糖，这种多糖在结构上与"Ⅰ型胶囊"相似，但仅仅是被吸附在细胞表面，主要是从细胞内部分泌到细胞表面。另外大肠杆菌 K-12 胞外多糖影响其耐干燥性及后期生物膜的形成（Danese 等，2000）。Walsh 等（2011）发现婴儿配方乳粉植物性成分菊粉和卵磷脂中的阪崎肠杆菌具有较强的耐热性。还有一些研究则显示克罗诺杆菌的某些菌株在干燥的环境下可存活 2~6 个月（Barron and Forsythe，2007）。阪崎肠杆菌（克罗诺杆菌属）与沙门菌污染婴儿配方乳粉的途径主要有以下四条：（1）加工过程中干混阶段添加配料成分时进入；（2）生产时各阶段的加工环境及随后干燥过程；（3）开启包装后；（4）护理人员喂养前的冲调阶段。阪崎肠杆菌（克罗诺杆菌属）在环境中普遍存在，如食品工厂、医院、学校、托儿所及家庭中。在加工过程中，尽管生产商非常注意，但由于现有加工技术难以完全消除生产环境中的有害微生物，所以可能会通过添加的配料、生产线各环节、环境及产品等途径造成污染。制造商、营养师、日托中心、婴儿护理人员等应进行多方面预防，同时考虑到新生儿及后期阶段的染病风险，婴儿配方乳粉中添加的所有配料成分均应采用严格的质量标准及控制手段。

（Walsh 等© 2011 应用微生物学杂志，应用微生物学学会）

一些研究者解释了婴儿配方乳粉中益生菌与益生元的作用（Kim 等，2010；Mišak，2011）。益生菌的定义为：改善宿主微生态平衡而发挥有益作用，达到提高宿主健康水平和健康状态的活体微生物及其代谢产物。在婴儿配方乳粉中经常添加的益生菌主要是乳酸杆菌和双歧杆菌属的一些菌株。益生元通常为低聚糖，它们是一种通过选择性地刺激肠道内一种或几种菌落中细菌的生长与活性而对寄主产生有益的影响，从而改善寄主健康的不可被消化的食品成分。好的益生元衡量标准是在通过上消化道时，大部分益生元不被消化而能被肠道菌群所利用。最重要的是它只是刺激有益菌群的生长，而对有潜在致病性或腐败性的有害细菌无增菌作用。（Cummings 和 Macfarlane，2002；Szajewska 和 Mrukowicz，2005）。

大量证据表明，适宜的肠道菌群尽早在肠道内繁殖将有益于免疫系统的建立与成熟，形成免疫系统保护屏障，包括选择合适的口服方法，通过口腔屏障在体内形成抗原（Cochrane 等，2009）。肠道微生态菌群的形成是影响婴儿免疫系统建立并发挥作用的重要因素，同时这种微生态系统也将影响其肠道菌群及人生后续的特异性过敏问题（Grüber 等，2010）。Cochrane 等（2009）进行了利用饮食干预调节肠道微生态菌群的相关研究，发现益生菌与益生元的科学使用可有效预防婴儿过敏，尤其是特异性皮炎。但该领域的研究结果不尽相同，影响肠道菌群的因素有很多，包括细菌种类与剂量的变化，宿主自身因素（如遗传素质、菌株识别路径多态性等）以及其他环境因素（饮食、抗生素治疗、体内微生物数量等）。婴儿配方乳粉中常被加入益生菌、益生元及共生补充剂，尽管它们的作用有待进一步商榷（Cochrane 等，2009）。在一些试验中，益生菌能有效对抗特异性皮炎，保护宿主健康，由此推断在产前和产后提供益生菌与益生元可降低婴儿在出生后第一年因过敏引发湿疹的风险（Grimshaw 等，2009；Kim 等，2010）。对具有高过敏风险的婴儿进行研究，一部分用安慰剂作为对照，一部分在围产期提供鼠李糖乳杆菌 LGG。结果显示试验组婴幼儿在成长时期特异性皮炎的发病率明显较低（Kalliomaki 等，2001）。然而，尚未有试验表明益生菌有明显预防哮喘作用（Vael 和 Desager，2009）。所以，欧洲儿科胃肠营养学会认为，根据现有数据尚不能得出确切的结论，因此不推荐将益生菌及其制剂作为婴儿配方乳粉配料成分中的常规添加项（Braegger 等，2011）。

7.2 动物源配料

早在公元前 2000 年，人们就开始用动物乳液喂养婴幼儿了。在过去的 60 年里，人们使用严格精准的技术生产方便食用的婴儿配方食品作为母乳替代品来喂养婴儿。这些替代品虽不及母乳好，但至少与母乳相似。尽管婴儿配方食品工艺配方技术发展很快，取得了长足的进步及研究成果，但对于动物源性配料成分来说，乳制品、蜂蜜和蛋类和/或它们的相近成分，特别是蛋白水解成分仍被认为更接近人体需求的天然乳品。例如，含有特殊乳清蛋白的配方乳粉在婴幼儿体内消化吸收与母乳相似，可促进软便的形成，而牛乳中酪蛋白在婴儿的胃里消化时易凝固，甚至可能造成婴幼儿干便。以下部分将具体介绍婴儿配方乳粉中的主要动物源性配料成分。

7.2.1 乳基配料

婴儿配方食品中乳制品配料的选择应依据其功能特性，必须考虑下列因素：配方、加工条件和产品期望的特性；突出不同牛乳组分的功能性配料［乳糖、脱脂牛乳、酪蛋白/酪酰（酪蛋白酸盐）、乳清蛋白］；依据各种乳制品蛋白质的功能评判效果和制定加工技术工艺（Anonymous，1987）。现在已经具有了一系列商业化开发的功能乳制品配料及具有确切健康功能的新型配料成分。因此一些功能性乳制品和由益生菌和益生元组成的合生元产品也就应运而生，同时还包括模拟人乳低聚糖的新型益生元碳水化合物，新的益生元蛋白质及功能性多肽。同时，伴随着乙二醇科技工业的发展大大促进了婴儿配方乳粉中多种配料生产技术的改进。最新的研究成果表明转基因乳制品和益生菌可作为生物学制剂载体和疫苗应用于实际中。为了满足不断变化的行业发展需要，所有新功能乳制品都必须进行健康声明的陈述或解释。Playne 等（2003）研究表明了当前的主要诉求，即当前大量的商业需求是持续专注于新的功能性乳制品配料的开发，并已经将其扩展到对于人复杂的生理和营养学的研究上，特别是胃肠道微生态学（GI）和免疫学等方面。

牛乳依然是人体所需的一些基本营养物质的重要来源，如钙、蛋白质和核黄素等。现在，人们公认来自牛乳和富含乳清的乳制品配料对人体健康有益，具有营养功效。根据 Montagne 等（2009）的研究，生产液态婴儿配方食品时，要求必须确保牛乳新鲜，验收合格后立即冷却是最为关键的，随后将其放在中间贮罐之前进行脂肪标准化、均质、加热、冷却等一系列加工工序，之后存放在隔热的立式贮罐中。紧接着泵入水粉混合机中，与其他干粉配料进行混合，使其水合完全。在进行牛乳模拟母乳化的时候，通常需要调整配方中的营养素含量，对部分营养素进行适当增减，以使其更接近于母乳。同时，来自于牛乳的所有配料必须以母乳作为依据进行分离或添加使其适应母乳化要求。尽管牛乳与母乳的组成及含量在许多方面不尽相同，但是在婴儿配方食品开发时，牛乳依然是最普遍的营养资源。母乳与牛乳的比较表明，牛乳中有更高的酪蛋白和矿物质含量。对于婴儿来说，FDA规定不超过12个月的婴儿，不适于只饮用牛乳。根据美国儿科学会的研究，牛乳中铁的含量很少，而且这些少量的铁也几乎不能被婴儿吸收。让婴儿过早地饮用纯牛乳将导致严重的缺铁性贫血。同时，给6个月以内的婴儿食用牛乳可能引起肠道不适并引发少量的失血，这些红细胞的损失很可能导致婴幼儿缺铁性贫血发生（FDA，2007）。

酪蛋白、乳清蛋白及它们的衍生物如多肽，具有降血压的生物活性；而乳铁蛋白和乳过氧化物酶则是良好的抗菌剂，并且是一类能够促进组织自我修复的生长因子。根据 de Wit（1998）最近几十年研究成果，人们对于乳清蛋白在婴儿配方食品中的营养功效越来越感兴趣。通过向牛乳中添加乳铁蛋白并将牛乳原料中的特定蛋白质分离出去，可使牛乳的蛋白质组成更为理想。脱盐乳清粉被广泛应用于婴儿配方食品中，因此可用脱盐乳清或乳清浓缩蛋白补充到牛乳中生产婴儿配方食品。技术关键在于把酪蛋白与乳清蛋白的比例从牛乳中的80:20减少到婴儿配方食品中的40:60，以使其更合理。在这些配方中，酪蛋白可能是以酪蛋白胶束或酪蛋白酸钠的形式存在，这主要取决于钙和磷的含量。在牛乳中，大约44%无机磷酸盐连接着酪蛋白胶束以磷酸钙形式存在（Holt，1985）。而在母乳中仅有23%以磷酸钙形式存在（Harzer等，1986）。过量的磷摄入可能会导致新生儿患低钙血症（Flynn，1992）。以牛乳为基料的婴儿配方乳粉中可用酪蛋白酸钙和乳清蛋白调节钙含量水平，避免低血钙的出现。控制酪蛋白和乳清蛋白比例将会稀释其他乳固体，因此必须添加某些特定必需营养素。另外，特别是当用浓缩乳清蛋白作为乳清蛋白源的时候，必须调整好非蛋白氮含量（Donavan 和 Lonnerdal，1989）。乳糖是必须添加的，此时，应注意调整改变脂肪酸组成，促使不饱和脂肪酸含量提高（Passmore 和 Eastwood，1993a），还应注意，当进行矿物质含量调整时，必须注意适应婴儿的渗透压要求（Passmore 和 Eastwood，1993b）。在婴儿配方乳粉中应添加一些人体所需的微量元素（如铁、铜和镁等）（Jensen 等，1995）和维生素（如B族维生素）（Golden，1993）。人们会怀疑，在适应性上母乳与牛乳之间是否真的存在如此大的差异。事实上，这些乳液间存在明显差异，主要因子代个体（小牛和婴儿）、生长速度及母体免疫力的不同，这是进行婴幼儿食品配方设计时必须引起足够重视的一个环节。

α-乳清蛋白（α-La）对新生儿具有很高的营养价值，是一种理想的婴幼儿食品资源。尤其富含必需氨基酸中的色氨酸和半胱氨酸，现已越来越多地被添加到婴儿配方食品中（Indyk，2009）。基于母乳中的营养素合理比例要求，在来源于牛乳的婴儿配方食品中增加富含α-乳清蛋白的乳清蛋白的比例将被更广泛的接受（Chatterton 等，

2006)。目前的研究表明α-乳清蛋白具有许多生理活性,如调节肠道菌群、促进矿物质的吸收和增加免疫功能等(Lonnerdal and Lien, 2003)。近来市场上出现了越来越多的富含α-乳清蛋白的婴儿配方食品,以此喂养的婴儿血浆氨基酸谱与母乳喂养的婴儿极为类似(Lonnerdal and Lien, 2003; Chatterton 等, 2006)。越来越多的证据显示,婴儿配方食品制造商对于使用减少了β-乳球蛋白含量并同时强化了α-乳清蛋白的浓缩乳清蛋白配料更感兴趣(Chatterton 等, 2006)。还有一点需注意,在婴儿配方食品中α-乳清蛋白表现出较好的抗菌活性(Bruck 等, 2003)。有研究表明,配方乳粉喂养的婴儿与母乳喂养的婴儿相比较,在血浆氨基酸水平方面显示出极大地差异(Heine 等, 1996; Raiha 等, 1986a, b; Sarwar and Botting, 1999),尤其是色氨酸水平明显降低。现在有一种趋势,在婴儿配方食品中蛋白质含量水平已经调整并高于人们期望的母乳喂养的水平。然而,这种高蛋白配方食品对于婴儿而言并不一定是益于健康的。因此,现在最新研究趋势是如何使婴儿配方食品中的蛋白含量降至与母乳相似。研究表明这种高蛋白配方食品仅仅能提高血浆氨基酸水平,除非有一种蛋白质中存在丰富的必需氨基酸,否则很难提高蛋白质质量,因此,在配方中强化色氨酸很重要。α-乳清蛋白中必需氨基酸的含量是非常丰富的,所以α-乳清蛋白在婴儿配方食品中最为理想。这一点在恒河猴的动物实验研究中已经得到验证(Kelleher 等, 2003)。最近,已经研究出了蛋白含量降低且能提供给婴儿足够营养的配方乳粉。(Lien 等, 2004)。正如之前提到的,富含α-乳清蛋白的婴儿配方乳粉在临床试验中展现出优异的抗菌性。

Osborn 和 Sinn(2006a)研究了以牛乳为基料的配方食品在食用过程中常见的过敏与不适反应。配方中包含了水解蛋白质,这类配方食品被用于治疗婴幼儿的过敏反应和食物不耐受症。首先必须确定它在哪些方面是对婴儿有益的,例如,要衡量婴儿在早期、短期或长期进食这种配方食品可能出现过敏反应的风险程度。比较发现,早产儿的体重明显降低,但是与其他婴儿相比,在过敏反应上有明显的降低。用水解蛋白配方乳粉喂养婴儿与用半水解蛋白配方乳粉喂养婴儿相比较,发现前者能显著降低过敏反应。将添加了完全水解酪蛋白与牛乳基料的配方乳粉进行比较研究,报告显示前者在儿童时期的过敏反应显著减少。对于无法完全实现母乳喂养的婴儿,有限的证据表明,无论是对于哪个阶段的婴儿或儿童,长期喂养水解蛋白配方食品相较于喂养牛乳基料配方食品均能降低过敏发生的几率。由于试验结果依然存在不一致性,因此,需要严格设计对照试验,对分别添加了水解乳清蛋白、水解酪蛋白和牛乳基料的配方进行大量的试验比较,展开深入研究后确定其配方的科学性,这是一项非常严谨和必要的工作。

Sampson 等(1991)开发出一种新的水解酪蛋白婴儿配方食品 Alimentum,可有效控制婴幼儿对牛乳的过敏反应。在这个研究中,通过十二烷基磺酸钠聚丙烯酰胺凝胶电泳和酶联免疫技术分析了配方的蛋白质特性。并且通过临床高特异性反应和皮肤点刺试验验证其安全性,结果显示婴儿无过敏反应。所有对牛乳过敏的婴幼儿患者对酪蛋白水解物均具有耐受性,酪蛋白水解物配方食品喂养婴儿为开放试验,喂养过程不存在任何困难。因此,该试验结果表明给婴儿食用水解酪蛋白配方乳粉是安全的。上述研究表明，对于婴儿配方食品，除了要进行标准的营养评价及动物抗原性试验研究外，也应在对牛乳过敏的患者中进行测试，以评估其潜在的致敏性。

7.2.2 鸡蛋和蜂蜜

Gutierrez 等人（1998）研究了用蛋黄蛋白水解物作为蛋白源，成功地应用于对牛乳或大豆蛋白不耐受的婴儿的配方食品中。蛋黄蛋白主要通过脱脂蛋黄蛋白酶水解，形成一个平均长度为 2.6 个氨基酸残基的肽链。通过三个实验进行说明。实验一，吸收能力的比较试验：大鼠大肠对于蛋黄蛋白水解物（YP_p）吸收速度和大豆蛋白水解物（SP_p）吸收速度的比较实验。将两种溶液注射到麻醉的大鼠十二指肠中，并对其血液样本进行分析。发现摄入蛋黄蛋白水解物大鼠的血清氨基酸浓度更高，证明大鼠对蛋黄蛋白水解物比对大豆蛋白水解物吸收得快。实验二，膳食 YP_p 和 SP_p 对体重蛋白和饲喂效率的影响实验。两组受试者的体重均有所增加。然而与以大豆蛋白水解物喂养相比，以蛋黄蛋白水解物喂养的增重效率更高。实验三，通过测定蛋白质净利用率和生物量来研究膳食对氮代谢的影响。其中将蛋黄蛋白作为参考蛋白，用含有蛋黄蛋白水解物的食物饲喂大鼠，其蛋白质净利用率值与用蛋黄蛋白食物饲喂大体相同，但蛋黄蛋白水解物比大豆蛋白水解物喂养的利用率更高。现在的研究表明用含有蛋黄蛋白水解物的食物喂养大鼠，大鼠没有不良反应，蛋黄蛋白水解物的营养价值和蛋黄蛋白大体上是相当的，但是比大豆蛋白水解物的营养价值高。

摄入蜂蜜会导致婴儿患肉毒毒素症，这种疾病将会导致婴儿植物神经功能闭锁。主要原因在于：土壤和灰尘中往往含有被称为"肉毒杆菌"的细菌，蜜蜂在采食花粉酿蜜的过程中，有可能会把已被污染的花粉和花蜜带回蜂箱，进而导致肉毒毒素中毒。该疾病在 19 世纪 70 年代在美国被首次发现。在此之后，美国的疾病控制和预防中心（CDC）已经报道了至少 1000 个案例（Tanzi and Gabay，2002）。除此之外，在美国已经研究了蜂蜜是否会在婴儿体内产生肉毒梭菌孢子和毒素。已经有显著的证据证明蜂蜜能在婴儿体内产生肉毒毒素。美国疾病控制和预防中心声明蜂蜜不能给 12 个月以下的婴儿食用。并且着重强调，医生应建议不能给这一年龄组的婴儿食用含蜂蜜或以蜂蜜作为调味剂的产品。King 等人（2010）研究发现婴儿肉毒毒素中毒是由肉毒梭菌孢子引起的，并且影响新生儿和 12 个月以下的婴儿。摄入蜂蜜将可能导致孢子繁殖并在消化道中产生肉毒毒素，引发一系列临床症状。此前，法国几乎没有关于婴儿肉毒毒素中毒的报道，但最近六年已经开始陆续发现此类中毒事件，尽管这种疾病非常严重且非常罕见。法国在 1991 年发现了首例婴儿肉毒毒素中毒案例，随后，在 1991—2009 年期间又陆续发现了 7 例。研究发现，出生 0~119d 的婴儿易受影响，并且这些案例中患病者均为女性。所有患病的婴儿都出现了便秘和动眼神经异常症状。所有的肉毒毒素中毒患病婴儿都需要住院并且需进行通气治疗才能痊愈。每个婴儿有不同的喂养方式，包括母乳喂养结合配方乳粉喂养和固态食物喂养等，并且发现几个案例都是用奶瓶给婴儿喝蜂蜜水或父母直接将蜂蜜喂到婴儿口中的，所以上述案例仅证明含有蜂蜜的食品是诱发该种疾病的高危食品。

在一些发展中国家，父母用嘴将蜂蜜直接放在婴儿口中是一个很常见的文化习俗，例如在一个家庭中父母的唾液通过一些食物等介质喂给婴儿，这些婴儿被认为是肉毒毒素中毒的高发人群。人们将治疗婴儿肉毒毒素中毒的抗毒素针剂分为A和B两种类型。从最近的流行病数据分析中不难看出，努力让哺育婴儿的年轻父母和专业护理人员认识到婴儿肉毒毒素中毒的危险性是必要的，尤其是在食用蜂蜜及食用方式上。

7.3 植物源配料

几十年来，几乎所有的制造商都在不断努力地生产更接近母乳的婴儿配方乳粉，并以此来保证婴幼儿的食品安全。许多婴幼儿对于动物乳或有动物乳的配方乳粉或有动物成分的乳都可能产生过敏反应。然而，在当时的技术条件下，婴儿配方食品中没有动物乳几乎是不可能的。在19世纪20年代，科学家开始研究无动物乳配方食品，首款无乳配方婴儿食品是用大豆粉制作的，于1929年面市（Stevens等，2009）。在这一时期，用谷物等植物性配料成分制造婴儿配方食品的研究越来越多，例如用小麦粉和麦芽粉制作婴幼儿食品。现在对于那些对动物乳有过敏反应的婴儿来说，食用大豆和谷物做成的婴儿配方食品更为安全可靠。

7.3.1 大豆类配料

以大豆蛋白为基料的婴儿配方食品在一个世纪前就已经面世了，该产品对于那些对牛乳过敏的婴幼儿来讲是一个理想的选择。虽然关于婴幼儿食用大豆分离蛋白制成的婴儿配方食品的信息至今仍然有限，但是它依然占据了美国市场份额的25%（AAPCN，1998；Bhatia等，2008）。许多年来，大豆基料配方食品主要是针对牛乳过敏的婴儿。不含乳糖和牛乳蛋白的新产品开发相对而言比较容易，主要由于无须考虑过敏性问题，所以大大缩短了在婴幼儿营养方面的技术性研究的时间。但是，没有证据表明大豆基料婴儿配方食品能够有效预防婴儿肠绞痛、避免过敏或满足早产儿营养需求。它的主要作用体现在满足素食的父母喂养婴儿（Setchell等，1998）。该类婴儿配方食品还有一些不利因素，因为大豆配方中含有大量的植物雌激素，尤其是大豆异黄酮。实验数据表明植物雌激素对神经内分泌可能是有害的，所以有专家认为，应该考虑减少大豆基料配方食品中植物雌激素的含量（Bocquet等，2001）。

所有配方食品都被期望给婴儿提供100%的营养。实际上，对于任何一种婴儿配方食品的推广应用，研究证明其能够满足婴儿营养需求是一项必须的、严肃的工作。AAPCN评估了大豆基料配方食品的安全性。

几乎所有的大豆蛋白配方食品都是用大豆分离蛋白生产，主要含有染料木素、大豆苷元以及大量的植物雌激素（Setchell等，1997，1998）。染料木素、大豆苷元及其糖苷在大豆蛋白中的含量比较高，其作用可能在于能够有效阻止和治疗激素依赖性疾病。大豆异黄酮是一种植物雌激素，表现出激素和非激素的性状，这表明用大豆蛋白配方乳粉喂养婴儿可能有害（Setchell 等，1997）。在大豆蛋白配方食品中染料木素主要以与糖苷结合的形式存在，其含量占异黄酮类化合物的65%以上。异黄酮类化合物在大豆蛋白配方食品中的含量为 32~47mg/L，而在母乳中仅为 5.6±4.4mg/L（Setchell 等，1998），因此大豆基料配方食品喂养婴幼儿时，其总异黄酮暴露量在 22~45mg/d［即 6~11mg/（kg·d）］，然而，在母乳喂养时摄入的植物雌激素几乎可以忽略不计。研究表明，用大豆基料配方食品喂养婴幼儿，四个月婴儿血浆异黄酮浓度达到了 654~1775mg/L，显著高于牛乳配方乳粉喂养的 9.4mg/L 和母乳喂养的 4.7±1.3mg/L 水平，显然对于婴儿存在一定的风险。用大豆蛋白配方乳粉喂养婴儿时，其血浆中异黄酮含量始终处于一个较高的稳定水平原因在于其代谢速率。大豆基料配方食品喂养的婴儿肠道中异黄酮的生物转化率降低，表现为雌马酚和其他一些代谢物含量很低或几乎检测不到，但在其他配方食品喂养方式中可以保持相对稳定水平。在初期生命阶段，异黄酮的浓度比血浆雌二醇高出 13000~22000 倍时，才能充分发挥其生物效应，来自于母乳喂养和牛乳配方食品喂养的婴儿其异黄酮的供给量忽略不计。婴儿食用的大豆配方乳粉中的异黄酮暴露量比成人食用豆类食物的基于体重水平评价的暴露量高 6~11 倍。随着成年人健康水平和生育力的异常呈现年轻化趋势，人们开始重新考虑大豆基料婴儿配方食品的安全性，这个问题也越来越多引起人们高度关注（Strom 等，2001）。部分原因是基于单位体重的大豆异黄酮摄入量的增加（Miniello 等，2003；Merritt and Janks，2004）。

　　Yellayi 等人（2002）报告指出食用大豆基料婴儿配方食品可能降低婴儿免疫功能，该结论通过给小鼠饲喂高异黄酮含量的食物得到了确认。每个小鼠的异黄酮摄入水平与大豆婴儿配方食品中异黄酮含量接近。这些染料木素导致小鼠的胸腺变小且免疫功能降低。因此，许多学者研究了免疫功能降低与发病率是否和短期或长期食用大豆配方食品有关。大豆配方食品喂养与牛乳配方食品喂养小鼠相比，前者 γ-球蛋白和免疫球蛋白含量明显降低。用大豆配方食品喂养时小鼠 T 细胞功能比 B 细胞功能受损严重。免疫系统、互补水平、T 细胞受损功能的降低表明用大豆配方乳粉喂养小鼠将导致激素和细胞介导的免疫功能受损。与食用牛乳配方乳粉相比，食用大豆配方乳粉将导致小儿麻痹症抗体、破伤风抗体、白喉和百日咳抗体滴定度降低（Zoppi 等，1983）。

　　大豆卵磷脂和菊粉是在婴儿配方乳粉中常用的两种植物性配料。卵磷脂常被用作营养型乳化剂，特点是安全无毒，婴幼儿对其具有良好的耐受性，并已获得了美国食品药品管理局的批准，被认定为"总体上安全"。菊粉是一类广泛存在于多种植物中的天然低聚糖，不被人体消化吸收，但可被人体肠道微生物利用，从营养学角度考虑，它是一种可溶性膳食纤维，又被称作益生元，其来源主要是许多植物的根和茎部，它是自然界除淀粉外植物的另一种能量储存形式。商品化的菊粉通常是从菊芋和菊苣等植物中分离获得的。Wilson 等人（2008）解释到 P34（Gly m Bd 30K）是大豆蛋白免疫显性过敏原，研究中发现，热加工能够降低其抗原性，这就为解决过敏性问题找到了突破口。同时发现，P34 抗原蛋白含量最高的大豆品种来源于本土祖代品种，其次是现代的和外来品种（在脱脂豆粕中含量依次为 12mg/g、10mg/g 和 8mg/g），P34 抗原蛋白表达量最低的品种是 P1548657（脱脂豆粕中 2.3mg/g）。在商业化的大豆配料中，大豆粉中 P34 抗原含量最高，其次是大豆分离蛋白和大豆浓缩蛋白（含量依次为 32mg/g、29mg/g 和 24mg/g）。在大豆消费产品中，豆浆中的 P34 抗原蛋白含量最高，含量范围在 7~23mg/g 提取蛋白。其次是豆豉、大豆基料婴儿配方食品、纯豆粉、豆腐乳产品（其含量依次为 8mg/g、3.4mg/g、2mg/g、0.5mg/g 提取蛋白）。总体而言，选择抗原水平低的品种或通过加工方式消除这种抗原均是获取低抗原豆制品的有效途径（Wilson 等，2008）。

食物过敏对婴儿和儿童来说并不少见，食物过敏的诱发大多是通过各种各样的食物引起的，当然包括牛乳基料的婴儿配方食品（Osborn 和 Sinn，2006b）。大豆基料的婴儿配方食品是那些有过敏反应和食物不耐受症婴儿的最佳选择。但对于过敏症婴儿和食物不耐受症患者而言是否有效仍具有不确定性。Osborn 和 Sinn 等人调查了大豆基料配方乳粉和母乳喂养对婴儿的不同影响。同时比对了牛乳基料的配方乳粉和水解蛋白配方乳粉对婴儿的过敏症和牛乳不耐受症的影响差异。研究发现在婴儿出生的最初 6 个月内，食物过敏和不耐受症并未在选定婴儿中表现出明确的临床反应。该研究内容包括临床过敏反应、特殊过敏反应、食物不耐受症。在其中的一个研究中发现了婴儿过敏反应、哮喘、过敏性鼻炎有明显的降低。但在随后的研究中并未证明大豆配方食品具有这些好处。这些研究均包括了进行大豆基料配方食品和牛乳基料配方食品的比较，并未涵盖比较水解蛋白基料配方食品。用大豆配方食品喂养婴儿并不能彻底证明它能阻止婴儿过敏和食物不耐受症的发生。更进一步的研究应当继续展开，特别是对于那些不能进行母乳喂养的、有过敏家族史的以及牛乳不耐症的婴儿来说，评价大豆基料配方食品的真实作用更有意义。

7.3.2 谷物配料

大多数母亲将牛乳作为母乳替代品，但其中仍会添加一些谷物成分。Ziegler 等（2001）通过三个研究，评价了对于母乳喂养的婴儿，通过辅食或营养强化的配方食品，提高婴儿体内铁含量，预防缺铁性疾病的发生。在第一个实验中，给 1~5.5 个月月龄的婴儿通过药物补铁，结果显示铁含量水平明显改善，缺铁性贫血也得到有效预防，但当这种医学干预停止后这些益处无法保持。在第二个实验中，给 4~9 个月月龄的婴儿用药物补铁或用等量的铁强化的谷物补铁，结果显示，补铁能大范围地预防缺铁症的发生。而在干预开始前，实验组和对照组都出现非贫血性缺铁和缺铁性贫血症状。在第三个实验中，给 4~9 个月的婴儿喂养用电解质强化的干麦片或直接用富马酸亚铁补铁，结果表明，谷物喂养和其他方式预防缺铁具有同等的效果。这三个实验表明用母乳喂养，结合适当的谷物配料就可预防缺铁和缺铁性贫血的发生。Wang 等（2012）研究了婴儿配方乳粉和谷物婴儿配方米粉的关键技术。

在最近的研究中，Barennes 等（2012）研究了 22 种母乳替代品，包括 8 个听装或粉状乳制品，6 个非乳制品，6 个配方食品和 2 个非配方食品。25% 以上的母亲选择母乳替代品（11% 选择婴儿配方食品）而且 20% 的母亲给 6 个月以下的婴儿食用母乳替代品（83%为非乳制品或谷物食品，婴儿平均月龄2.9个月）。

表 7.2 婴儿能量需求推荐标准

年龄组（月）	能量推荐/（kJ/kg）	体重/kg	能量/（kJ/d）
0~1	519.2	3.7	1921
1~2	485.7	4.6	2210
2~3	456.4	5.3	2419
3~4	431.3	6.0	2588
4~5	414.5	6.7	2765

一些植物配料生产时可能遭受了工厂环境污染。Wlash 等（2011）发现婴儿配方乳配料，尤其是植物源性配料成分，可能还会遭受克罗诺杆菌的长期污染，这对于婴儿配方食品的加工设备及器具均会造成不安全影响，存在安全性风险。

7.4 基于组成的配料选择

母乳是婴幼儿营养的黄金标准（Herfel 等，2009），并且是婴幼儿营养和能量的最佳来源（Ruiz 等，1996）。母乳中的主营养成分含量通常作为婴幼儿营养需求的标准，是各类婴儿配方食品配料选择的基础。婴儿期营养可能会影响之后的机体发育和健康状况。母乳喂养和配方乳粉喂养对婴儿机体发育的影响还不确定。当婴儿需要高营养食物时却给予低养分的膳食，就可能造成某种特定成分明显缺失的风险，因此，专业人员和消费者都应对此充分关注。表 7.2 列出了营养状况良好的健康儿童推荐膳食能量需求和摄入量（kJ/kg）以及婴儿的平均体重等指标。美国食品药品管理局的食品安全与营养中心（CFSAN）监督婴儿配方食品的生产并且确保生产遵循营养需求。CFSAN 负责对婴儿配方食品及其所用配料和包装进行审核评价（FDA，2007）。

7.4.1 蛋白质

蛋白质是婴幼儿最为基础的营养素，其来源随婴儿配方食品的类型和消费诉求而变化。FDA 为婴幼儿食品的配方设计专门设立了不同水平的营养标准以满足婴幼儿的营养需求。此外，婴儿配方食品生产者也建立了高于 FDA 设定的最低营养需求量的产品标准。因此，喂养婴儿配方食品的婴儿不需要添加额外的其他营养素，除非喂养的是低铁的婴儿配方食品（FDA，2007）。

Zoppi（1982）等，给足月婴儿从出生到 4.5 个月喂养不同的配方食品。这些配方在组成上大致相同，只是蛋白质来源不同，其中一种是牛乳蛋白质，另一种则是大豆蛋白。两组受试婴儿分别给予两个不同浓度蛋白的喂养，并满足每千克体重每日 100kcal 热量供给，牛乳蛋白分别为 2.0g/（kg·d）和 4.0g/（kg·d），大豆蛋白分别为 2.0g/（kg·d）和 5.0g/（kg·d）。4.5 月后测量婴儿的体重、身高和头围，结果发现所有受试婴儿情况正常并且非常相似。然而，喂养大豆蛋白的婴儿体内γ-球蛋白、免疫球蛋白、运铁蛋白和一些补充蛋白（尤其是C′3、C′1INA和C′3 PA）含量比喂养牛乳蛋白明显偏低，并且低于每一组中以低含量蛋白质喂养的婴儿。喂食2.0g/（kg·d）的牛乳蛋白和喂食5.0g/（kg·d）的大豆蛋白测得的结果相同。在各组中B淋巴细胞标志物及其活性没有显著差异，相对于牛乳膳食来说，大豆蛋白膳食的婴儿［尤其是2.0g/（kg·d）的大豆蛋白膳食］T淋巴细胞标志物及其活性相对降低。喂食大豆蛋白的这些婴儿的发病率（主要是上呼吸道感染）普遍较高并具有蛋白质含量越低发病率越高的特点。Zoppi等，（1983）在另一项研究中对比了不同喂养组的婴儿在最初5个月内体内抗体对脊髓灰质炎病毒、白喉、百日咳或者是破伤风疫苗的反应。采用不同质量和数量的人工喂养方式：分为高牛乳蛋白组、低牛乳蛋白组、改进型配方组（调整酪蛋白：白蛋白比例为40：60）以及以大豆为基料的配方食品组。5个月后所有的婴儿喂养相同的膳食。当婴儿5~8个月时，检测抗体水平的一般模型显示出母乳喂养和高牛乳蛋白喂养的婴儿具有充足的持续抗体反应；改进型配方组婴儿具有充足但间断的抗体反应；喂食低牛乳蛋白组和大豆蛋白配方组的婴儿具有较差的抗体反应（Zoppi等，1983）。

Vivatvakin等（2010）认为，相对于婴儿配方食品，母乳的一个最大的好处就是具有较高的胃肠道舒适度。给婴儿喂食乳清蛋白为主的配方食品，并且分别包含长链多不饱和脂肪酸、半乳寡糖、低聚果糖，对照组喂食以酪蛋白为主不添加其他成分的配方食品。含益生元的乳清蛋白配方食品比对照组胃肠道舒适度更高。

比较了高蛋白和高能量摄入对低体重婴儿的生长以及机体发育和组成的影响。分别测定了标准组早产儿配方［A组，3.7g/（kg·d）的蛋白质，129kcal/（kg·d）］和两个高能量和高蛋白的膳食［B组，4.2g/（kg·d）的蛋白质，150kcal/（kg·d）；C组，4.7g/（kg·d）的蛋白质，150kcal/（kg·d）］，对照组为母乳喂养。结果表明B、C两组较A组，表现出更大的体重增加和较高的非脂性机体增重。150kcal/（kg·d）的能量摄入和4.2g/（kg·d）的蛋白质摄入在低体重婴儿表现出较好的非脂机体增重（Costa-Orvay等，2011）。

Yau等（2003）研究了母乳中可潜在利用的核苷酸含量，并强化了核苷酸含量（72mg/L）而确定其配方（谓之核苷酸配方食品，NF），这一技术关键在于强化了核苷酸，并比较了NF与CF的差异。核苷酸对增强婴儿免疫力、保护肠道微生态、减少婴儿腹泻的发病率，减少呼吸道感染，均有促进作用。试验通过研究给健康足月儿（1~7d）喂食这两种配方12周，评价其对腹泻、呼吸道感染（RTI）和免疫反应发生率的影响，然后再喂食指定配方食品直到婴儿12个月。结果表明最主要的差异在于腹泻的发生率，然后是呼吸道感染以及应对乙肝疫苗的免疫反应。喂食NF的婴儿在8~48周龄时腹泻发生率有降低的趋势，并在第8~28周时发生率降低了25.4%。在整个NF喂食期间，第48周血清免疫球蛋白A浓度明显较高。与CF组相比，虽然NF组中上呼吸道感染的发生率增加，但两组均具有较低的呼吸道感染发生率，以及相同的应对乙肝疫苗的抗体反应，同时，两组婴儿均生长发育正常，并未发现任何与配方相关的不利状况发生。

婴儿进食添加了与母乳核苷酸含量相同（10~29mg/L）的 NF 配方乳粉后，发现其对婴儿的免疫功能（Carver 等，1991）具有积极的影响，同时也降低了腹泻的发生率（Brunser 等，1994），这表明核苷酸对婴儿生长发育确实有益。

Starkey 等（2008）发明了一种测定婴儿配方乳粉中游离肉碱和总肉碱的方法。在以乳清为基料的婴儿配方食品、蛋白质水解物婴儿配方乳粉和预混了水溶性维生素/氨基酸的婴儿配方乳粉中的测定结果显示出肉碱作为一种配料在不同类型的婴儿配方食品中的重要性。

全球范围内豆类均是重要的蛋白质来源。就蛋白质的质量和消化率而言，鸡肉和豇豆结合的配方明显优于单独添加了豇豆的配方，并且这种复合的配方就食用性来说更易被接受，孕产妇接受率77%，儿童为92%（Modernell 等，2008）。

7.4.2 脂类

无论是母乳喂养还是配方食品喂养，脂类肯定是婴儿的主要能量来源。氧化 1g 脂肪能够提供 9kcal 的热量，是等量蛋白质和碳水化合物产生能量的 2 倍。而脂类成分的摄入能满足机体基础的脂肪酸需求，并且是脂溶性维生素的载体。这些脂肪类成分对于脂溶性维生素、类胡萝卜素和胆固醇的消化吸收至关重要，同时也促进了风味的传递以及饱腹感的产生（Carey 和 Hernell，1992）。

婴儿配方食品中的脂类被规定如下：（1）禁止使用芝麻和棉子油；（2）月桂酸和肉豆蔻酸（分开或者作为整体）含量与总脂肪含量之比不应该超过 20g/100g；（3）反式脂肪酸含量与总脂肪含量之比不应该超过 3g/100g；（4）芥酸含量与总脂肪含量之比不应该超过 1g/100g（EU，2006；FAO/WHO，2007）。芝麻油中含有的芝麻酚和芝麻素已经被确认会导致婴儿接触性皮炎（Hayakawa 等，1987）。棉子中可能含有环戊烯脂肪酸，它会对脂肪代谢产生负面作用，比如影响脂肪酸脱氢（Phelps 等，1965）。

用棕榈液油（Palm Olein，PO）和大豆油混合模拟人乳中棕榈酸与油酸比例的配方食品喂养婴儿已得到广泛应用。有研究者对二者混合物在婴儿体内的吸收情况进行了研究。其中一种添加比例为棕榈液油（53%）和豆油（47%），二者混合（配方 PO/S），另一种是豆油（60%）和椰子油（40%）混合得到的配方（配方 S/C）。当喂食配方 PO/S 时，摄入的脂肪平均吸收率为 90.6%±1.6%，当喂食配方 S/C 时摄入的脂肪平均吸收率为 95.2%±1.1%，二者差异明显。喂食的两个配方中的脂肪代谢差异可由棕榈酸代谢差异来解释。二者比较可以看出，配方 PO/S 中脂肪吸收率较低（Nelson 等，1996）。Ostrom 等（2002）研究比较了健康足月儿脂肪吸收率的量化平衡关系，分别在含有和没有 PO 的条件下喂食了以酪蛋白水解物为基料和以大豆蛋白为基料的婴儿配方食品。结果显示，PO 能够明显降低以牛乳蛋白为基料的配方中的脂肪吸收率。但是当比较喂食以酪蛋白水解物为基料并添加 PO 的配方食品与不添加 PO 的配方食品时，脂肪吸收率从（96.6%±1.1%）降至（92.0%±0.8%）。

一篇综述性文章报道了母乳喂养和婴儿配方食品喂养条件下，婴儿体内非脂肪物质、脂肪物质以及不同百分比脂肪物质的变化差异性。婴儿体内非脂肪物质在喂食配方食品时整体偏高，在婴儿 3~4 个月龄非脂肪物质变化平均值（95% 置信区间）为 0.13kg（0.03kg，0.23kg）；8~9 个月龄的婴儿平均值 0.29kg（0.09kg，0.49kg）；12 个月龄的婴儿平均值为 0.30kg（0.13kg，0.48kg）。脂肪物质变化偏低，婴幼儿体内脂肪物质分别为 3~4 个月龄为 -0.09kg（-0.18kg，-0.01kg）和 6 个月龄为 -0.18kg（-0.34kg，-0.01kg），均低于母乳喂养。相反地，12 个月龄时，配方食品喂养的婴儿体内脂肪物质变化 0.29kg（-0.03kg，0.61kg）高于母乳喂养。在婴幼儿阶段相对于母乳喂养，喂食配方食品的婴儿机体组成变化更大（Gale 等，2012）。

Pina - Rodriguez 和 Akoh（2010）发现将苋菜油通过酶促反应进行修饰使其与母乳脂肪组成更为接近。由苋菜油得到的结构化脂质 DCAO（即 DHA 中含有按需求改变的苋菜油）与乳脂结合来改善配方食品中脂肪酸的质量，结构化油脂是由一定量的 DHA 与棕榈酸在甘油三酯骨架 Sn - 2 位置进行特殊酯化反应使其达到一定比例。即通过酶法交换技术模拟母乳脂质分子结构，使 2 位棕榈酸比例达到 40% 以上，更接近母乳水平。在母乳中大部分能量是以脂肪形式存在的，母乳中脂肪高达 70% 的棕榈酸连接在 2 位上，而不饱和脂肪酸主要连接在 1、3 位上，这种结构的脂肪，经过消化吸收后，优先释放出来 1、3 位上的不饱和脂肪酸，很容易被肠道吸收进入到血液中，2 位上的棕榈酸也很容易被肠道所吸收。该研究在婴儿配方食品中使用 DCAO 添加物作为"标尺"评价了婴儿配方食品中总脂肪酸的贡献率和氧化稳定性。另一个平行试验中，其他实验条件相同，但不添加 DCAO 作为对照组，第三组为商用油脂，配方区别在于使用相同的配料，但补充脂肪来源不同。在对照组中大部分情况下婴儿配方食品中使用混合植物油脂（棕榈油、大豆油、椰子油、高油酸含量的葵花子油按一定比例混合）而不用 DCAO，结果显示 DCAO 与其他模拟脂肪相比稳定性最差。因此，为确保 DCAO 发挥作用，在 DCAO 中使用商业化的抗氧化剂防止其氧化以提高其稳定性是必须要考虑的问题。

在婴儿配方食品中，油脂优化的核心是乳脂含量不应低于总脂肪含量的 12%，因为乳脂中的胆固醇对婴儿生长是非常必要的（CAC，2006）。补充长链多不饱和脂肪酸（$n-3$ LCPUFA）能够降低婴儿过敏性湿疹（湿疹与过敏有关）发生的危险。同时研究表明在含有 $n-3$ LCPUFA 脂肪酸的配方组中有少数婴儿对鸡蛋过敏（Palmer 等，2012）。

脂肪球颗粒的大小也影响消化吸收率，经测定在婴儿配方食品中乳脂肪球颗粒粒径为 0.4μm，小于人乳初乳、过渡乳和成熟乳，易于吸收。同时，与牛乳脂肪球相比，母乳脂肪球具有更低的表面负电荷，且具有较高的营养学价值（Michalski 等，2005）。

7.4.3 碳水化合物

母乳中主要的碳水化合物包括半乳寡聚糖、低聚乳果糖、乳果糖和乳糖醇等。在母乳喂养的第 1 周内，双歧杆菌就已经成为婴儿肠道内的优势微生物了，而配方食品喂养的婴儿，其肠道内的微生物的组成更加复杂多样，具有大量的拟杆菌和等量的双歧杆菌，这依赖于配方食品的组成（Harmsen 等，2000）。像双歧杆菌这样的共生菌有利于维持肠道微生态平衡，保持肠道表层黏膜的健康（Ismail and Hooper，2005）。有些共生微生物能够通过发酵低聚糖和其他抗性碳水化合物在肠道内迅速增菌繁殖，其主要利用不被人体消化的低聚糖获得营养（Schell 等，2002）。此外，Gruber 等（2010）研究发现通过添加一种特定的酸性、中性混合低聚糖能够提高抗风险能力低的婴儿肠道的微生物活性，有效预防过敏性皮炎。Gruber 等认为这种积极的影响将会维持一年甚至一生（Gruber 等，2010）。低聚糖，这种母乳中的第三大成分，事实上在牛乳和大部分婴儿配方食品中几乎没有。天然碳水化合物，比如葡聚糖，被当做母乳中寡聚糖的替代物，因为它们能够模拟其他天然碳水化合物并且在较高的剂量范围下没有不良影响（Herfel 等，2009）。

一种混合了短链低聚半乳糖和长链低聚果糖的婴儿配方食品能够降低出生6个月的婴儿患过敏性皮炎和患其他传染病的风险（Arslanogru 等，2008）。这种双重保护贯穿于整个干预期。有这样一项研究，对于有特异性反应家族史的健康婴儿，从出生6个月起到出生2岁喂食补充益生元（8g/L scGOS/lcFOS）或安慰剂（8g/L 的麦芽糊精）的低敏配方食品。在整个试验阶段，食用含有益生元的试验组婴儿过敏现象显著减少。安慰剂组中婴儿患过敏性皮炎，哮喘以及过敏性荨麻疹发病率分别为27.9%、20.6%和10.3%，高于干预组相应的13.6%、7.6%和1.5%发病率。实验组的婴儿较少被诊断出其他疾病，如上呼吸道感染、发烧等，且使用抗生素更少。不难看出，利用低聚糖等益生元进行早期饮食干预对于降低婴儿过敏性皮炎和其他感染是非常有效的。对双重保护作用而言，肠道菌群的作用是人体免疫调节的主体机制。就益生元而言，先前的数据表明，在配方食品中混合天然低聚糖能够明显抑制过敏性皮炎的发生（Arslangru 等，2008）。

7.4.4 矿物质

在西班牙，婴儿配方乳粉中添加的主要矿物质含量范围分别为：钙：140~240μg/kJ；镁：11~28μg/kJ；钠：56~98μg/kJ；钾：190~350μg/kJ；铁：0.2~5μg/kJ。这些数值与国际食品法典委员会和欧洲儿科胃肠病学和营养委员会（ESPGAN）推荐的量相一致，并且不超过欧盟（EU）指定的限值。一般来说，摄食这类配方食品的婴儿每天对钙、镁、钠、钾和铁的平均摄入量能够满足推荐值的要求，除非配方中未进行铁的补充或强化（Ruiz 等，1996）。

Nelson 等（1996）比较了喂食两种不同配方食品婴儿对钙的吸收情况，一种是棕榈液油（53%）和豆油（47%）混合（即：配方 PO/S），另一种是豆油（60%）和椰子油（40%）混合得到的配方（即：配方 S/C）。结果表明，配方 PO/S 钙的平均吸收率为 $39.0\% \pm 8.3\%$，配方 S/C 钙的平均吸收率为 $48.4\% \pm 10.3\%$，二者差异显著。其中棕榈油的配方 PO/S 对钙的吸收率偏低，可能的原因是婴儿不能吸收由棕榈酸形成的不溶性钙皂。

Ostrom 等（2002）进行了健康足月儿对钙吸收率的量化平衡研究，对健康足月儿分别喂食了以水解酪蛋白为基料和以大豆蛋白为基料的添加或不添加 PO 的婴儿配方食品。结果显示，PO 能够明显降低以牛乳蛋白为基料的配方中钙的吸收率，虽然该配方中大部分钙都来源于牛乳本身。在喂食酪蛋白水解物为基料的配方食品各组对钙的摄入没有明显差异。然而，喂食以酪蛋白水解物为基料并且添加了 PO 的配方食品时，钙的吸收率（41% ±6%）相比于未添加 PO 的配方钙的吸收率（66% ±5%）明显偏低。此外，当喂食以大豆蛋白为基料并添加了 PO 的配方时，钙的平均吸收率（22% ±3%）低于不添加 PO 的配方钙的吸收率（37% ±4%）。研究结果表明，PO 与含钙盐的配方乳粉的极低的钙吸收率具有相关性。先前的研究验证了以牛乳为基料的配方食品中添加了 PO 的负面影响，在这个配方中牛乳本身是婴儿钙摄入的主要来源（Ostrom 等，2002）。

在母乳缺乏或无母乳的情况下，铁强化儿配方食品是喂养健康足月儿的最佳选择（Kleinman，2009）。当前在美国的婴儿配方食品中不仅有铁强化配方，铁含量大约 12mg/L，也有低铁含量的配方，铁含量约为 2mg/L，这些都是可行的。美国儿科研究院要求在婴儿配方食品中强化铁，作为一种降低缺铁性贫血的有效方法。如果给婴儿喂食低铁的配方食品，医护专家应推荐对铁进行适当增补，尤其对于 4 个月月龄以上的婴儿（FDA，2007）补铁更为重要。婴儿体内铁的储存较少时，即体内血浆铁蛋白浓度 <10mg/L，就会成为缺铁的高危人群。当婴儿快速生长或者其膳食中（母乳和相关辅助食品）铁含量较低时，婴儿对铁的需求会更高，母乳喂养婴儿验证了关于铁的这种特性。母乳中仅含有少量的铁（0.2~0.4mg/L），尽管其具有很高的生物利用率，但也只能满足婴儿需求的一小部分，尤其 7~12 个月龄的婴儿，其日需求量测定结果为 6.9mg/d（医学研究所，2001）。在婴儿刚出生的几个月内，母乳喂养的婴儿依靠从母乳中得到的铁避免了缺铁的发生，并且婴儿出生时先天从母体获得的铁满足了婴儿出生后一段时间生长发育对铁的需求。当铁耗尽之时，这种独立于膳食的铁的使命就结束了，这种情况一般发生在 4~6 个月月龄时，因此，补铁对于大于 4 月龄的婴儿健康发育至关重要。从这些事实和数字中看出在完全依靠母乳喂养的婴幼儿中会发生缺铁或贫血症状也就不足为奇了。婴儿需要补充外源性铁来满足自身生长需求，应及时替代并修复这种不可避免的铁损失。当缺铁出现组织内供铁不足的症状时，如发生贫血症，表明问题已经严重了（Ziegler 等，2011）。Morais-Lopez 等（2011）描述了缺铁与认知受损和精神发育之间的相关性，并且表明其中的一些影响是不可逆的。鉴于这个原因，预防缺铁已经成为一个备受关注的课题，提高膳食中足够的铁摄入是最重要的途径，当有必要使用母乳替代品时，要确保配方中进行铁强化。在早期的婴儿辅食中强化谷物和肉中存在的血红素铁是很有效的方法。对于婴儿来说，可以通过至少一种高铁食物的供应来满足铁的每日需求，同时应考虑铁强化剂的添加。当日常生活中，食物摄入铁不能满足机体需要时，就应考虑对于一些高危人群及时进行缺铁的筛查和膳食补铁。

配方乳粉中氟含量过高可能导致婴幼儿氟斑牙病的发生（Maguire 等，2012）。Maguire 等 2012 年发现在英国通过了不同年龄段的氟元素消耗推荐标准，将婴儿分成刚出生组、4个月组、6个月组、10个月组4组，喂食氟化物的平均值和浓度范围分别为0.029（0.010~0.245）、0.088（0.020~0.500）、0.108（0.100~0.510）、0.108（0.060~1.2）μg/g。结果表明如果婴儿和儿童的摄入量在这个限定值之内，按此标准生产的各种婴幼儿食物、饮料以及配方食品中氟化物浓度在英国被认为是安全的，不足以导致患氟牙的危险。Zohoori 等在2012年检测了婴幼儿食品和用于冲调婴儿食物的水中的氟含量，同时测定水中氟化物的浓度对婴儿配方中氟含量的影响。58种婴儿配方乳粉冲调，干燥食品和浓缩饮料分别由不同的水制备，包括去离子水（<0.02ppm 氟化物）、非含氟水（0.13ppm 氟化物）和含氟水（0.9ppm 氟化物）。对于未冲调的样品，无论是预先干制或浓缩的形式，其氟化物浓度变化范围是 0.06~2.99μg/g，其中在干燥样品中一种所谓的"美味餐点"（即一种蔬菜和鸡肉或者乳酪或者大米制成的混合餐食）其氟化物含量最高。当把样品用非含氟水冲调后，其相应的"浓缩果汁""面食和米饭""谷物早餐""美味餐点""婴儿配方乳粉"的氟化物浓度分别是 0.38、0.26、0.18、0.16 和 0.15μg/g。当把上述样品分别用含氟水冲调后，其相应的氟化物浓度分别是 0.97、1.21、0.86、0.74 和 0.91μg/g。尽管一些未冲调的婴幼儿食品和饮料在干燥或浓缩状态时显示出较高的氟化物含量，但冲调后食物和饮料中的氟化物浓度主要反映的是它们在制备时所使用的液体的氟化物浓度。对于一些婴幼儿食品和饮料而言，当用含氟水进行冲调时，就可能导致婴幼儿体内氟摄入量超过建议的最佳范围（氟含量在 0.05~0.07mg/kg 体重），存在使婴幼儿患上氟斑牙的危险。必须充分考虑居住在含氟地带和无氟地带的婴儿的实际氟化物摄取量，以及用相应的水再制婴幼儿食品和饮料对婴幼儿氟摄入量的实际影响。

7.4.5 维生素

尽管健康多样的饮食可以满足大多数营养需求，但是婴幼儿还是会面临微量营养素缺乏的情况。英国卫生部及国立健康与临床优化研究所建议怀孕期间的孕妇和喂养6个月以上婴儿（如果存在维生素 V_D 缺乏高风险，则为1个月月龄以上）的母亲以及每天配方食品摄入量小于 500mL 的6个月以上的婴儿以及1~5岁的儿童，均需补充维生素D，婴幼儿还应该注意补充维生素A。总体而言，微量营养素行业诸如维生素和矿物元素的发展潜力巨大。在发达国家，微量元素甚至被补充给那些身体不需要的人。如果身体需要，营养师可以在微量营养素补充方面给予相应的指导和专业化建议，这些建议已受到很多家庭的欢迎（waddell，2012）。专家建议，对于所有的婴儿，无论母乳喂养还是婴儿配方食品喂养的婴儿每天都应该补充 400IU 的维生素D（Warren and Phillipi，2012）。

婴儿时期缺乏维生素D会导致佝偻病及其他病症。根据新的营养学标准，母乳中的维生素D含量对于发育中的婴幼儿来讲是不足的。加拿大卫生部建议所有母乳喂养的婴儿都应该每天补充 400IU 的维生素D。一项囊括577位母亲的调查数据表明：维生素D不足者，纯母乳喂养的婴儿超过1/2；母乳和婴儿配方食品结合喂养的婴儿占1/3；纯婴儿食品喂养的婴儿占10%。大约80%的婴儿在2个月时就需要补充维生素D。

纯母乳喂养的婴儿更需要补充维生素 D（90%），超过 60% 的婴儿每天从母乳和婴儿配方食品中可摄入 300~500IU 的维生素 D，仅仅 5% 的孩子没有补充维生素 D（Crocker 等，2011）。

在数十年以前，维生素 K 被认为是对于早产儿的一种常规预防疗法。目前用于早产儿的预防方案在剂量、给药途径和配方方面已发生了很大变化（Clarke，2010）。

最近，Vyas 和 O'Kane（2011）等 11 个实验室展开合作研究，已经发表了一种新型的方法，即利用 Biacore Qflex 维生素 B_{12} PI 工具包进行基于抑制的蛋白质结合分析。研究样本包括以维生素 B_{12} 为配料的婴儿配方乳粉。在最近的另一个研究中，Abernethy（2012）分析了维生素 D_3，这也是强化婴儿配方食品和乳粉中的一个重要配料成分。

7.5 新配料选择规则

虽然婴儿配方食品无法实现复制母乳的所有信息及组成，但是它们可以被持续改进，不断地注入新的营养信息、配料和技术（Keinman，2009）。当开发或改进一种新的婴儿配方食品时，这些努力的最终目标是为了更好地复制母乳中有利于生长发育的营养组分（Vivatvakin 等，2010）。新型食品配料和新技术可以利用分子生物学技术模拟母乳，在乳制品行业推广中应允许大规模生产重组人乳蛋白和生物活性物质，并证明其对各营养素利用率的有利影响和其他健康益处。建立各种营养评价系统以评价和证明食品原料的功效性，如动物实验模型。可以建立新食物资源的安全性和毒性评价方法，为人体试验提供最有力的证据。根据 Makrides 和 Gibson 观点，已有科学家公认的一系列评价功效性的方法或手段，主要包括以下几点。

（1）机体代谢水平的改进（长链多不饱和脂肪酸，红细胞水平）。
（2）替代品标记的改变（如血浆胆固醇或谷胱甘肽过氧化物酶的活性）。
（3）人体生理结果的改变（如视觉诱发电位视敏度或心率变异性）。
（4）最有效的证据是通过随机对照试验得到的临床医学结果的改变（全球改进，减少感染）。

最终，也需要评估食品实际的干预效果，并将其纳入日常饮食中进行实践验证（Makrides，Gibson，2010）。生命初期的营养干预具有改善一生健康状况的潜力。大量的试验和流行病学研究表明，在胚胎时期和生命初期，好的营养食品可增强神经发育，减少过敏率，改善机体组成，最终可能降低慢性病的发病几率。因此，对于营养干预措施有效性的科学评价，是至关重要的工作。营养干预往往是选用特殊的食品形态或进行食品创新。营养学与食品科学的进步为婴儿配方食品的创新和各种新配料的应用提供了强有力的支撑。营养科学将继续以母乳的营养成分和功能为蓝本，通过对食品原料、规则、加工技术的持续改进，能促进婴幼儿食品的营养和功能设计更为科学合理，并能付诸生产。随着人们对母乳的营养性和非营养性组分的深入了解以及它们的功能合理的选择，伴随着新型配料的不断发展和加工技术的进步，必将促进婴幼儿食品的配方、加工方法不断更新换代，有利于婴幼儿健康成长和发育，并在整个生命周期保持这种健康状态。新颖的配料和技术必须事先验证得到确认方可投入应用，这些技术进步的持续累积将激发婴儿配方食品的不断创新。特别是最为重要的蛋白质技术，生物活性成分长链多不饱和脂肪酸、益生元、益生菌等新型配料相继在婴儿配方食品中的推广应用，促进了婴儿配方食品在营养成分、功能性等方面与母乳更紧密地结合（Ferruzzi，Neilson，2010）。全球功能性食品市场越来越庞大，并且保持着高速增长。医学研究所（2004b）委员会评估了婴儿配方食品的新配料，并按照功能性进行了分类（如表 7.3 所示）。通过创新持续提高质量及在全球范围内的供应十分重要，特别是对于那些以婴儿配方食品为其主要和唯一营养来源的婴幼儿。婴儿配方食品的创新必须是一个持续的过程，涉及产品的质量、功能性以及物流配送期间的产品质量。婴儿配方食品中某些潜在的新型配料可能包含复杂的形态或多种生物活性成分。

表 7.3　　婴幼儿食品中按功能划分的新配料

分类	实例	可能的不良后果
抗过敏	益生元、益生菌、细胞因子	胃肠道副作用
抗感染药	抗病毒/抗菌制剂、益生元、益生菌、乳铁蛋白	不利的免疫学变化，过敏反应
风味/色泽/质构/稳定性	感官、口味、香气	毒性、致癌性
免疫	长链多不饱和脂肪酸、酶、细胞因子、核苷酸	免疫，炎症影响
代谢	酶，激素	免疫学变化过敏，过敏反应
神经发育和行为	长链多不饱和脂肪酸，生长因子，胆碱、低聚糖、神经递质前体，氨基酸	生长缓慢，认知能力下降
营养	生长因子、激素	生长异常、内分泌紊乱等

资料来源：医学研究所（2004b）。

医学研究所（2004b）委员会评估了婴儿配方食品可以添加的各种新型配料，并建议按照以下分子类型或新配料进行区分。

（1）新资源食品配料。

（2）益生元、益生菌。

（3）脂质。

（4）含氮配料［重组蛋白、单一氨基酸（谷氨酸盐）、免疫球蛋白、生物活性肽/多胺/蛋白质（乳铁蛋白、酶和激素）］。

（5）低聚糖。

（6）维生素、矿物质和黄酮类化合物。

（7）香精和着色剂。

（8）非蛋白类衍生物。

不仅要考虑这些成分或新配料作为单独添加的配料，同时必须考虑它们重要的内在属性：（1）化合物本身（分子）；（2）代谢传递等多因素；（3）在婴儿配方食品中相对于其他配料所应添加的数量和比例；（4）与其他配料可能发生的化学和/或物理交互作用。医学研究所委员会负责审查该配料是否来源于转基因技术以及提出应用于婴儿配方食品的安全建议。与其他传统的配料相比，尽管来源于基因工程技术的化合物在应用性质上与现有的配料类似，但依然存在短期或长期的不确定组成变化，所以必须根据国家法规仔细考虑直接或间接添加来源于基因工程技术的配料是否安全可用。

此外，这些新配料仍需要经过一个较长周期的监控来评价其功能特性是否会有不可预料的结果及其特定功能是否改变。因此，专家委员会建议，对于转基因食品配料安全标准的要求须和其他食品配料一样严格，甚至应更为严格。指南中已经指出所有用于配方食品的配料均需突出其安全性评价（医学研究所，2004b）。对婴儿配方食品新配料的安全评估方法包括基于适宜的新生儿动物模型的剂量-反应实验。例如，Herfel 等（2009）证实聚葡萄糖的安全性，用含有不同剂量的聚葡萄糖（1.7，4.3，8.5，17g/L）的牛乳喂养猪 18d，与适当的对照组（未添加葡聚糖的配方）以及参照组进行比较。在新配料安全性评价方面可以应用医学研究所（2004a）提出的一个详细的过程评估算法（图 7.1）。

7.6 配料的掺假或污染

干乳粉、婴儿配方食品和功能性配料可能含有大量的活的细菌孢子，其中一些芽孢菌可能会在复原食品或其他非控温的食品中产生毒素。Cooper 和 McKillip（2006）研究了脱脂乳粉、婴儿乳粉、咖啡奶油、卵磷脂和可可粉样本经过短时热处理后接种于葡萄糖磷酸胰蛋白胨酵母提取物中，32℃培养 12～25h 获得细胞密度 10^6 CFU/mL 的培养物，利用反向被动乳胶凝集和芽孢杆菌腹泻肠毒素酶联免疫吸附试剂盒测定（Tecra 诊断），证实了脱脂乳粉、咖啡奶油、婴儿配方食品以及两个卵磷脂样品均被污染，存在溶血素（HBL）和不溶血肠毒素（NHE）两种肠毒素。

婴儿配方乳粉必须在良好生产规范下严格控制各个生产环节，以确保生产、存储、加工的原材料以及成品中不存在农药残留，如果技术上无法完全避免污染，应最大程度地减少其存在的可能性。婴儿配方食品含有的污染物或不良物质（如生物活性成分）在数量上不得危害婴儿健康。产品必须符合标准规定并且应当低于最大残留限量标准和国际食品法典委员会设定的最大限量值。例如，铅的最大限量值标准为 0.02mg/kg（在即食食品中）（CAC，1981）。

2008 年中国毒乳粉事件震惊全球。事件起因是很多食用三鹿集团生产的乳粉的婴儿被发现患有肾结石，随后在其乳粉中也发现了化工原料三聚氰胺。现在，确立了掺假识别的限量标准：在蛋粉和大豆蛋白粉中三聚氰胺和氰尿酸限量值分别为 0.02mg/kg 和 0.05mg/kg，1.0mg/kg 和 1.50mg/kg（Mondal 等，2010）。根据 Wang 等（2012）的观点，婴儿食品并非无菌产品，可能被各种细菌甚至病原菌所污染。通过对婴儿配方食品中金黄色葡萄球菌的流行病学和代表菌株进行调查，在 367 种婴儿食品样本（143

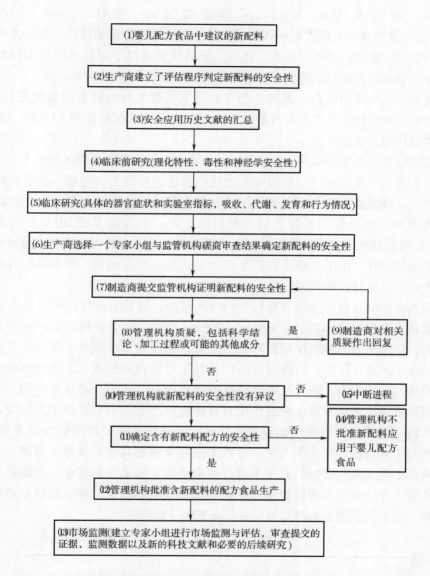

图 7.1 安全评价婴儿配方乳粉中新配料的过程（模拟美国 GRAS 认证过程）
(资料来源：医学研究所，2004 年)

份为粉状婴儿配方食品，224 份为婴儿米粉）中分别有 11.2% 和 6.3% 的婴儿配方食品和婴儿米粉表现为金黄色葡萄球菌阳性，并分离得到了 29 和 25 个分离菌株。在这些分离出的金黄色葡萄球菌中，至少有 83.3% 的菌株出现 1 个抗菌素耐药性，35.2% 的菌株出现 3 个或更多的抗菌素耐药性。其耐药性表现为红霉素（75.9%）、环丙沙星（51.9%）、甲氧苄氨嘧啶/磺胺甲恶唑（27.8%），只有少数分离株对庆大霉素（22.2%）、四环素（18.5%）、头孢西丁（3.7%）具有耐药性。此外，63.0% 的分离株具有一个或多个耐药基因，三个最主要耐药基因分别是 pvl（40.7%）、seg

(38.9%)，sec（18.5%），紧随其后的分别是 sea（7.4%）、sed（5.6%）、see（5.6%）。由此判断婴儿配方乳粉和婴儿米粉中存在金黄色葡萄球菌。其分离株中存在多种耐药基因，表现出多种耐药性。此外，分离株表现出了耐药基因的多样性。在这些婴儿食品中金黄色葡萄球菌的存在对婴儿的健康会造成潜在威胁。

母乳中不存在淀粉成分。因为6个月龄以下的婴儿体内缺乏可消化淀粉的酶类。因此，淀粉不允许作为小于6个月龄的婴儿配方食品中的配料使用（CAC，2006）。如果使用则被认为是造假行为。

将实验室合成或从藻类和真菌中提取 $\omega-3$ 和 $\omega-6$ 脂肪酸引入到婴儿配方食品的配料中时，将会严重危及一些食用配方食品的新生儿和幼儿的健康。商家积极的营销活动，包括一些激进的婴儿配方食品配料制造商误导性的广告宣传，似乎鼓励新妈妈放弃母乳喂养，改换使用添加了问题配料的产品。实验室合成 DHA 和花生四烯酸（ARA）作为配料加入婴儿配方食品中可能引起婴儿严重的腹泻、呕吐、脱水及胃肠道疼痛等一系列症状。由于这些添加剂是新的婴儿配方食品配料，并不是所有的儿科医生都能意识到其可能的副作用（Vallaeys，2008）。

消除饮食中诱发食物过敏的配料是治疗的基础，诸如有些蛋白质可能导致婴幼儿过敏，被认为存在健康风险（Koletzko，2009）。所以，科学合理的诊断评估方法是必不可少的，以避免因消除副作用影响而确定的饮食限制反而加重了婴儿的负担。诊断需要了解详细的进食历史，消除过敏原以及判定可疑食品的勇气。完全消除可疑食物成分需要依赖专业咨询、病人及家庭成员的教育以及公开的产品标签声明。消除饮食中关键营养素供应不足及可能的副作用对身体健康产生的不利影响至关重要，尤其是对于那些依靠外源食物提供主要营养素的孩子以及对多种食物过敏的患者更为关键。对于那些对牛乳过敏的婴儿和儿童，母乳无法完全满足其生长发育的需求，应当通过添加水解蛋白质或氨基酸的牛乳作为替代品满足其生长发育的需求，这需要通过更加严格的评价。总体而言，消除饮食过敏必须加强检测和监督，就如同判定药物疗效的监管一样，需要依据规定的严格程序进行审查和反复筛查。

7.7 小结

当母乳不足时，在婴儿生命的初期使用经优选配料确定的配方食品具有十分重要的临床意义。即使在传统的母乳喂养率高的国家，婴儿配方食品的营销竞争也越来越激烈。在很大程度上，各个商家的核心竞争力是基于上述丰富多样配料的科学性而展开的，力求阐明所选用的各种配料与含有的一系列活性成分与母乳更为接近。正确选择各类配料仍有许多必须注意的规则及关键控制点。这主要涉及：安全性说明、营养声明、功能属性及其他差异化声明、健康声明、生物活性成分、生物利用率、生物代谢期以及各配料间的相互作用等。最重要一点是利用优中选优的配料成分对婴幼儿进行早期营养干预可有效维持婴幼儿免疫系统的平衡，并对可能的过敏和感染提供实质性的保护。本章着重强调了配料各个参量、相互影响及其结果，帮助人们对配方食品配料做出正确的选择，促进研究人员努力确保婴幼儿这一弱势群体在成长阶段保持健康，避免并发症的发生。

参考文献

AAPCN (AMERICAN ACADEMY OF PEDIATRICS. COMMITTEE ON NUTRITION). (1998). American Academy of Pediatrics. Committee on Nutrition. Soy protein – based formulas: recommendations for use in infant feeding. *Pediatrics* **101** (1 Pt 1): 148 – 153.

ABERNETHY GA. (2012). A rapid analytical method for cholecalciferol [vitamin D (3)] in fortified infant formula, milk and milk powder using Diels – Alder derivatisation and liquid chromatography – tandem mass spectrometric detection. *Anal Bioanal Chem* **403** (5): 1433 – 1440.

ADDO AA, MARQUIS GS, LARTEY AA, PÉREZ – ESCAMILLA R, MAZUR RE and HARDING KB. (2011). Food insecurity and perceived stress but not HIV infection are independently associated with lower energy intakes among lactating Ghanaian women. *Matern Child Nutr* **7** (1): 80 – 91.

AGGETT PJ, AGOSTONI C, GOULET O, HERNELL O, KOLETZKO B, LAFEBER HL, MICHAELSEN KF, MILLA P, RIGO J and WEAVER LT. (2002). Antireflux or antiregurgitation milk products for infants and young children: a commentary by the ESPGHAN Committee on Nutrition. *J Pediatr Gastroenterol Nutr* **34** (5): 496 – 498.

AGOSTONI C, AXELSSON I, BRAEGGER C, GOULET O, KOLETZKO B, MICHAELSEN KF, RIGO J, SHAMIR R, SZAJEWSKA H, TURCK D and WEAVER LT; ESPGHAN COMMITTEE ON NUTRITION. (2004a). Probiotic bacteria in dietetic products for infants: a commentary by the ESPGHAN Committee on Nutrition. *J Pediatr Gastroenterol Nutr* **38** (4): 365 – 374.

AGOSTONI C, AXELSSON I, GOULET O, KOLETZKO B, MICHAELSEN KF, PUNTIS JW, RIGO J, SHAMIR R, SZAJEWSKA H and TURCK D, ESPGHAN COMMITTEE ON NUTRITION. (2004b). Prebiotic oligosaccharides in dietetic products for infants: a commentary by the ESPGHAN Committee on Nutrition. *J Pediatr Gastroenterol Nutr* **39** (5): 465 – 473.

ANONYMOUS. (1987). Functionality of Dairy Ingredients in Formulated Food Products at the Ann. Mtg. of the Inst. of Food Technologists, June 16 – 19, 1987, Las Vegas. *Food Tech v.* 41 (10): 91 – 92, 94, 96, 99, 101 – 104. http://agris.fao.org/aos/records/US8836091.

ARSLANOGLU S, MORO GE, SCHMITT J, TANDOI L, RIZZARDI S and BOEHM G. (2008). Early dietary intervention with a mixture of prebiotic oligosaccharides reduces the incidence of allergic manifestations and infections during the first two years of life. *J Nutr* **138** (6): 1091 – 1095.

BAKKER – ZIERIKZEE AM, ALLES MS, KNOL J, KOK FJ, TOLBOOM JJ and BINDELS JG. (2005). Effects of infant formula containing a mixture of galacto – and fructo – oligo – saccharides or viable Bifidobacterium animalis on the intestinal microflora during the first 4 months of life. *Br J Nutr* **94** (5): 783 – 790.

BARENNES H, EMPIS G, QUANG TD, SENGKHAMYONG K, PHASAVATH P, HARIMANANA A, SAMBANY EM and KOFFI PN. (2012). Breast – milk substitutes: a new old – threat for breastfeeding policy in developing countries. A case study in a traditionally high breastfeeding country. *PLoS One* **7** (2): e30634.

BAUMGARTNER A, GRAND M, LINIGER M and IVERSEN C. (2009). Detection and frequency of

Cronobacter spp. (Enterobacter sakazakii) in different categories of ready – to – eat foods other than infant formula. *Int J Food Microbiol* **136**: 189 – 192.

BARRON JC and FORSYTHE SJ. (2007). Dry stress and survival time of *Enterobacter sakazakii* and other Enterobacteriaceae in dehydrated powdered infant formula. *J Food Prot* **70**: 2111 – 2117.

BARTICK M, STUEBE A, SHEALY KR, WALKER M and GRUMMER – STRAWN LM. (2009). Closing the quality gap: promoting evidence – based breastfeeding care in the hospital. *Pediatrics* **124** (4): e793 – e802.

BHATIA J and GREER F; AMERICAN ACADEMY OF PEDIATRICS COMMITTEE ON NUTRITION. (2008). Use of soy protein – based formulas in infant feeding. *Pediatrics* **121** (5): 1062 – 1068.

BRAEGGER C, CHMIELEWSKA A, DECSI T, KOLACEK S, MIHATSCH W, MORENO L, PIEŚCIK M, PUNTIS J, SHAMIR R, SZAJEWSKA H, TURCK D and VAN GOUDOEVER J; ESPGHAN COMMITTEE ON NUTRITION. (2011) Supplementation of infant formula with probiotics and/or prebiotics: a systematic review and comment by the ESPGHAN committee on nutrition. *J Pediatr Gastroenterol Nutr* **52** (2): 238 – 250.

BRUCK WM, KELLEHER SL, GIBSON GR, NIELSEN KE, CHATTERTON DE and LONNERDAL B. (2003). rRNA probes used to quantify the effects of glycomacropeptide and a – lactalbumin supplementation on the predominant groups of intestinal bacteria of infant rhesus monkeys challenged with enteropathogenic *Escherichia coli*. *J Pediatr Gastroenterol Nutr* **37** (3): 273 – 280.

BRUNSER O, ESPINOZA J, ARAYA M, CRUCHET S and GIL A. (1994). Effect of dietary nucleotide supplementation on diarrhoeal disease in infants. *Acta Paediatr* **83**: 188 – 191.

BRUNSER O, GOTTELAND M, CRUCHET S, FIGUEROA G, GARRIDO D and STEENHOUT P. (2006). Effect of a milk formula with prebiotics on the intestinal microbiota of infants after an antibiotic treatment. *Pediatr Res* **59** (3): 451 – 456.

BURKHARDT MC, BECK AF, CONWAY PH, KAHN RS and KLEIN MD. (2012). Enhancing accurate identification of food insecurity using quality – improvement techniques. *Pediatrics* **129** (2): e504 – e510.

CAC (CODEX ALIMENTARIUS COMMISSION). (1981). Standard for infant formula and formulas for special medical purposes intended for infants. In: CODEX STAN 72.

CAC (CODEX ALIMENTARIUS COMMISSION). (2006). Draft revised standard for infant formula and formulae for special medical purposes intended for infants: section a draft revised standard for infant formula. Joint FAO/WHO food standards programme, codex committee on nutrition and foods for special dietary uses, 28th Session. CX/NFSDU 06/28/4: 1 – 42.

CAC (CODEX ALIMENTARIUS COMMISSION). (2008). Code of hygienic practice for powdered formulae for infants and young children. *CAC/RCP* **66**: 1 – 29.

CAREY MC and HERNELL O. (1992). Digestion and absorption of fat. *Semin Gastrointest Dis* **3**: 189 – 208.

CARVER JD, PIMENTEL B, COX WI and BARNESS LA. (1991). Dietary nucleotide effects upon immune function in infants. *Pediatrics* **88**: 359 – 363.

CHAO HC and VANDENPLAS Y. (2007). Effect of cereal – thickened formula and upright positioning on regurgitation, gastric emptying, and weight gain in infants with regurgitation. *Nutrition* **23** (1): 23 – 28.

CHATTERTON DEW, SMITHERS G, ROUPAS P and BRODKORB A. (2006). Bioactivity of β – lactoglobulin and α – lactalbumin – technological implications for processing. *Int Dairy J* **16**: 1229 – 1240.

CLARKE P. (2010). Vitamin K prophylaxis for preterm infants. *Early Hum Dev* **86** (Suppl 1): 17 – 20.

COCHRANE S, BEYER K, CLAUSEN M, WJST M, HILLER R, NICOLETTI C, SZEPFALUSI Z, SAVELKOUL H, BREITENEDER H, MANIOS Y, CRITTENDEN R and BURNEY P. (2009). Factors influencing the incidence and prevalence of food allergy. *Allergy* **64** (9): 1246 – 1255.

COOPER RM and MCKILLIP JL. (2006). Enterotoxigenic Bacillus spp. DNA finger – print revealed in naturally contaminated nonfat dry milk powder using rep – PCR. *J Basic Microbiol* **46** (5): 358 – 364.

COSTA – ORVAY JA, FIGUERAS – ALOY J, ROMERA G, CLOSA – MONASTEROLO R and CARBONELL – ESTRANY X. (2011). The effects of varying protein and energy intakes on the growth and body composition of very low birth weight infants. *Nutr J* **10**: 140.

CROCKER B, GREEN TJ, BARR SI, BECKINGHAM B, BHAGAT R, DABROWSKA B, DOUTHWAITE R, EVANSON C, FRIESEN R, HYDAMAKA K, LI W, SIMMONS K and TSE L. (2011). Very high vitamin D supplementation rates among infants aged 2 months in Vancouver and Richmond, British Columbia, Canada. BMC Public Health11: 905.

CRUZ AC, FERNANDEZ E, SALINAS E and RAMIREZ P. (2004). Characterization of *Enterobacter sakazakii* isolated from different sources. Abstr. 104th Gen Meet Am Soc Microbial Abstr. Q – 051.

CUMMINGS JH and MACFARLANE GT. (2002). Gastrointestinal effects of prebiotics. *Br J Nutr* **87** (Suppl 2): S145 – S151.

DANESE PN, PRATT LA and KOLTER R. (2000). Exopolysaccharide production is required for development of *Escherichia coli* K – 12 biofilm architecture. *J Bacteriol* **182**: 3593 – 3596.

DE WIT JN. (1998). Nutritional and functional characteristics of whey proteins in food products. *J Dairy Sci* **81**: 597 – 608.

DONAVAN SM and LONNERDAL B. (1989). Non – protein nitrogen and true protein in infant formulae. *Acta Paediatr Scand* **78**: 407 – 504.

DRUDY D, O'ROURKE M, MURPHY M, MULLANE NR, O'MAHONY R, KELLY L, FISCHER M, SANJAQ S, SHANNON P, WALL P, O'MAHONY M, WHYTE P and FANNING S. (2006). Characterization of a collection of *Enterobacter sakazakii* isolates from environmental and food sources. *Int J Food Microbiol* **110**: 127 – 134.

EDELSON – MAMMEL SG, PORTEOUS MK and BUCHANAN RL. (2005). Survival of *Enterobacter sakazakii* in a dehydrated powdered infant formula. *J Food Prot* **68**: 1900 – 1902.

EU (EUROPEAN UNION). (2006). Infant formulae and follow – on formulae and amending directive 1999/21/EC, Commission Directive 2006/141/EC of December 22, 2006. Accessed at http: //www. eur – lex. europa. eu/LexUriServ/site/en/oj/2006/I_ 401/I_ 40120061230en00010033. pdf.

FAO/WHO/UNU. (1985). Energy and protein requirements. *WHO Tech Rep Ser* 724. Geneva: WHO.

FAO/WHO (FOOD and AGRICULTURAL ORGANIZATION/WORLD HEALTH ORGANIZATION). (2007). Standard for infant formula and formulas for special medical purposes intended for infants. CODEX STAN 72 – 1981. Food and Agricultural Organization of the United Nations, Rome.

FDA (FOOD and DRUG ADMINISTRATION). (2007). FDA 101: Infant formula. Accessed at www. fda. gov/ForConsumers/ConsumerUpdates/ucm048694. htm, 25 May 2012.

FERRUZZI MG and NEILSON AP. (2010). Technological progress as a driver of innovation in infant foods. *Nestle Nutr Workshop Ser Pediatr Program* **66**: 81 – 95.

FLYNN A. (1992). Minerals and trace elements in milk. *Adv Food Nutr Res* **36**: 209 – 252.

FRIEDEMANN M. (2009). Epidemiology of invasive neonatal Cronobacter (*Enterobacter sakazakii*) infections. *Eur J Clin Microbiol Infect Dis* **28** (11): 1297 – 1304.

GALE C, LOGAN KM, SANTHAKUMARAN S, PARKINSON JR, HYDE MJ and MODI N. (2012). Effect of breastfeeding compared with formula feeding on infant body composition: a systematic review and meta – analysis. *Am J Clin Nutr* **95** (3): 656 – 669.

GOLDEN BE. (1993). Infant nutrition. In: *Human Nutrition and Dietetics*. (GARROW JS, JAMES WPT (Eds.)). Churchill Livingstone, Edinburgh, Scotland: 387 – 393.

GREENE HL, PRIOR T and FRIER HI. (2001). Foods, health claims, and the law: comparisons of the United States and Europe. *Obes Res* **9** (Suppl 4): 276S – 283S.

GRIMSHAW KE, ALLEN K, EDWARDS CA, BEYER K, BOULAY A, VAN DER AA LB, SPRIKKELMAN A, BELOHLAVKOVA S, CLAUSEN M, DUBAKIENE R, DUGGAN E, RECHE M, MARINO LV, NØRHEDE P, OGORODOVA L, SCHOEMAKER A, STANCZYK – PRZYLUSKA A, SZEPFALUSI Z, VASSILOPOULOU E, VEEHOF SH, VLIEG – BOERSTRA BJ, WJST M and DUBOIS AE. (2009). Infant feeding and allergy prevention: a review of current knowledge and recommendations. A EuroPrevall state of the art paper. *Allergy* **64** (10): 1407 – 1416.

GRÜBER C, VAN STUIJVENBERG M, MOSCA F, MORO G, CHIRICO G, BRAEGGER CP, RIEDLER J and BOEHM G, WAHN U; MIPS 1 WORKING GROUP. (2010). Reduced occurrence of early atopic dermatitis because of immunoactive prebiotics among low – atopy – risk infants. *J Allergy Clin Immunol* **126** (4): 791 – 797.

GUTIERREZ MA, MITSUYA T, HATTA H, KOKETSU M, KOBAYASHI R, JUNEJA LR and KIM M. (1998). Comparison of egg – yolk protein hydrolysate and soyabean protein hydrolysate in terms of nitrogen utilization. *Br J Nutr* **80** (5): 477 – 484.

HARMSEN HJM, WILDERBOER – VELOO ACM, RAANGS GC, WAGENDORP AA, KLIJN N, BINDELS JG and WELLING GW. (2000). Analysis of intestinal flora development in breast – fed and formula – fed infants by using molecular identification and detection methods. *J Pediatr Gastro Nutr* **30**: 61 – 67.

HARZER G, HAUG M and BINDELS JG. (1986). Biochemistry of maternal milk in early lactation. *Hum Nutr Appl Nutr* **40**A (Suppl 1): 11 – 18.

HAYAKAWA R, MATSUNAGA K, SUZUKI M, HOSOKAWA K, ARIMA Y, SHIN CS and YOSHIDA M (1987). Is sesamol present in sesame oil? *Contact Dermatitis* **17**: 133 – 135.

HEINE W, RADKE M, WUTZKE KD, PETERS E and KUNDT G. (1996). α – Lactalbumin – enriched low – protein infant formulae: a comparison to breast milk feeding. *Acta Paediatr* **85** (9): 1024 – 1028.

HERFEL TM, JACOBI SK, LIN X, WALKER DC, JOUNI ZE and ODLE J. (2009). Safety evaluation of polydextrose in infant formula using a suckling piglet model. *Food Chem Toxicol* **47** (7): 1530 – 1537.

HERNELL O. (2011). Human milk vs. cow's milk and the evolution of infant formulae. *Nestle Nutr Workshop Ser Pediatr Program* **67**: 17 – 28.

HICKS PD, ZAVALETA N, CHEN Z, ABSRAMS SA and LÖNNERDAL B. (2006). Iron deficiency, but not anemia, upregulates iron absorption in breast – fed Peruvian infants. *J Nutr* **136**: 2435 – 2438.

HIMELRIGHT L, HARRIS E, LORCG V and ANDERSON M. (2002). Enterobacter sakazakii infections associated with the use of powdered infant formula – Tennessee. *JAMA* **287**: 2204 – 2205.

HOLT C. (1985). The milk salts: their secretion, concentrations and physical chemistry. In: *Developments* in Dairy Chemistry – 3: Lactose and Minor Constituents. (FOX PF (Ed.)). Elsevier Appl. Sci., London, England: 143–181.

HUDSON MJ. (1995). Product development horizons – a view from industry. *Eur J Clin Nutr* **49** (Suppl 1): S64–S70.

INDYK HE. (2009). Development and application of an optical biosensor immunoassay for α – lactalbumin in cow milk. *Int Dairy J* **19**: 36–42.

INSTITUTE OF MEDICINE. (2001). *Dietary Reference Intakes for Vitamin A, Vitamin K, Arsenic, Boron, Chromium, Copper, Iodine, Iron, Manganese, Molybdenum, Nickel, Silicon, Vanadium and Zinc*. Washington, DC: National Academy Press.

INSTITUTE OF MEDICINES. (2004a). Executive summary. In: *Infant Formula Evaluating the Safety of New Ingredients*. (CARROLL S (Ed.)). Institute of Medicine of The National Academies, New York: 1–16.

INSTITUTE OF MEDICINES. (2004b). Introduction and background. Chapter 1, In: *Infant Formula Evaluating the Safety of New Ingredients*. (CARROLL S (Ed.)). Institute of Medicine of The National Academies, New York: 17–28.

ISMAIL AS and HOOPER LV. (2005). Epithelial cells and their neighbors IV. Bacterial contributions to intestinal epithelial barrier integrity. *Am J Physiol Gastro Liver Physiol* **289**: G779–G784.

IVERSEN C and FORSYTHE S. (2003). Risk profile of Enterobacter sakazakii, an emergent pathogen associated with infant milk formula. *Trends Food Sci Technol* **14**: 443–454.

IVERSEN C, LANE M and FORSYTHE SJ. (2004). The growth profile, thermotolerance and biofilm formation of *Enterobacter sakazakii* grown in infant formula milk. *Lett Appl Microbiol* **38**: 378–382.

IVERSEN C, LEHNER A, FRICKER C, GSCHWEND K and STEPHAN R. (2009). Genotyping of Cronobacter (*Enterobacter sakazakii*) strains isolated from an infant formula processing plant. *Arch Lebensmittelhyg* **60**: 66–72.

JENSEN RG, COUGH SC, HANSEN JW, LIEN EL, OSTROM KM, BRACCO U and CLEMENS RA. (1995). Infant formulae. In: *Handbook of Milk Composition*. JENSEN RG (Ed.). Academic Press, San Diego, CA: 835–837.

KALLIOMÄKI M, SALMINEN S, ARVILOMMI H, KERO P, KOSKINEN P and ISOLAURI E. (2001). Probiotics in primary prevention of atopic disease: a randomized placebo – controlled trial. *Lancet* **357** (9262): 1076–1079.

KANDHAI MC, REIJ MW, GORRIS LG, GUILLAUME – GENTIL O and VAN SCHOTHORST M. (2004). Occurrence of Enterobacter sakazakii in food production environments and households. *Lancet* **363**: 39–40.

KELLEHER SL, CHATTERTON D, NIELSEN K and LONNERDAL, B. (2003). Glycomacro – peptide and α – lactalbumin supplementation of infant formula affects growth and nutritional status in infant rhesus monkeys. *Am J Clin Nutr* **77** (5): 1261–1268.

KIM JY, KWON JH, AHN SH, LEE SI, HAN YS, CHOI YO, LEE SY, AHN KM and JI GE. (2010). Effect of probiotic mix (*Bifidobacterium bifidum*, *Bifidobacterium lactis*, *Lactobacillus acidophilus*) in the primary prevention of eczema: a double – blind, randomized, placebo – controlled trial. *Pediatr Allergy Immunol* **21** (2 Pt 2): E386–E393.

KIM SH, LEE DA H and MEYER D. (2007). Supplementation of baby formula with native inulin has a prebiotic effect in formula – fed babies. *Asia Pac J Clin Nutr* **16** (1): 172 – 177.

KING LA, POPOFF MR, MAZUET C, ESPIÉ E, VAILLANT V and DE VALK H. (2010). Infant botulism in France, 1991 – 2009. *Arch Pediatr* **17** (9): 1288 – 1292.

KLEINMAN RE (Ed.). (2009). *Pediatric Nutrition Handbook*. 6thedn. Elk Grove Village, IL: American Academy of Pediatrics: 61.

KOLETZKO B, LIEN E, AGOSTONI C, BÖHLES H, CAMPOY C, CETIN I, DECSI T, DUDENHAUSEN JW, DUPONT C, FORSYTH S, HOESLI I, HOLZGREVE W, LAPILLONNE A, PUTET G, SECHER NJ, SYMONDS M, SZAJEWSKA H, WILLATTS P and UAUY R; WORLD ASSOCIATION OF PERINATAL MEDICINE DIETARY GUIDELINES WORKING GROUP. (2008). The roles of long – chain polyunsaturated fatty acids in pregnancy, lactation and infancy: review of current knowledge and consensus recommendations. *J Perinat Med* **36** (1): 5 – 14.

KOLETZKO S and KOLETZKO B. (2009). Allergen avoidance approaches in food allergy management. *Nestle Nutr Workshop Ser Pediatr Program* **64**: 169 – 180; discussions 180 – 184, 251 – 257.

LECLERCQ A, WANEGUE C and BAYLAC P. (2002). Comparison of fecal coliform agar and violet red bile lactose agar for fecal coliform enumeration in foods. *Appl Environ Microbiol* **68**: 1631 – 1638.

LONNERDAL B and LIEN EL. (2003). Nutritional and physiological significance of a – lactalbumin in infants. *Nutr Rev* **61**: 295 – 305.

LIEN EL, DAVIS AM and EULER AR. (2004). Growth and safety in term infants fed reduced – protein formula with added cow a – lactalbumin. *J Pediatr Gastroenterol Nutr* **38** (2): 170 – 176.

MAGUIRE A, OMID N, ABUHALOOB L, MOYNIHAN PJ and ZOHOORI FV. (2012). Fluoride content of ready – to – feed (RTF) infant food and drinks in the UK. *Community Dent Oral Epidemiol* **40** (1): 26 – 36.

MAKRIDES M and GIBSON RA. (2010). Evaluation of dietetic product innovations: the relative role of preclinical and clinical studies. *Nestle Nutr Workshop Ser Pediatr Program* **66**: 143 – 150.

MERRITT R and JENKS B. (2004). Safety of soy – based infant formulae containing isoflavones: the clinical evidence. *J Nutr* **134** (Suppl): 1220S – 1224S.

MEYER R. (2009). Infant feed first year. 1: feeding practices in the first six months of life. *J Fam Health Care* **19** (1): 13 – 16.

MICHALSKI MC, BRIARD V, MICHEL F, TASSON F and POULAIN P. (2005). Size distribution of fat globules in human colostrum, breast milk, and infant formula. *J Dairy Sci* **88** (6): 1927 – 1940.

MINIELLO V, MORO G, TARANTINO M, NATILE M, GRANIERI L AND ARMENIO L. (2003). Soy – based formulae and phytoestrogens: a safety profile. *Acta Paediatr Suppl* **91**: 93 – 100.

MIŠAK Z. (2011). Infant nutrition and allergy. *Proc Nutr Soc* **70** (4): 465 – 471.

MODERNELL MG, GRANITO M, PAOLINI M and OLAIZOLA C. (2008). Use of cowpea (Vigna sinensis) as a chicken complement in an infant formula. *Arch Latinoam Nutr* **58** (3): 292 – 297.

MOLLOY C, CAGNEY C, O' BRIEN S, IVERSEN C, FANNING S and DUFFY G. (2009). Surveillance and characterisation by pulsed – field gel electrophoresis of Cronobacter (*Enterobacter sakazakii*) in farming and domestic environments, food production animals and retail foods. *Int J Food Microbiol* **136**: 198 – 203.

MONDAL RAM, DESMARCHELIER A, KONINGS E, ACHESON – SHALOM R and DELATOUR T. (2010). Liquid chromatography – tandem mass spectrometry (LC – MS/MS) method extension to quantify simultaneously melamine and cyanuric acid in egg powder and soy protein in addition to milk products. *J Agric Food Chem* **58** (22): 11574 – 11579.

MONTAGNE DH, VAN DAEL P, SKANDERBY M and HUGELSHOFER W. (2009). Infant Formulae – Powders and Liquids. In: *Dairy Powders and Concentrated Products* (TAMIME AY (Ed.)), Wiley – Blackwell, Oxford, UK: 294 – 331.

MORÁIS – LÓPEZ A and DALMAU SERRA J; COMITÉ DE NUTRICIÓN DE LA AEP. (2011). Iron deficiency in infants and toddlers: impact on health and preventive strategies. *An Pediatr (Barc)* **74** (6): 415. e1 – 415. e10.

MORO GE and ARSLANOGLU S. (2005). Reproducing the bifidogenic effect of human milk in formula – fed infants: why and how? *Acta Paediatr Suppl* **94** (449): 14 – 17.

NAZAROWEC – WHITE M and FARBER J. M. (1997). Enterobacter sakazakii: a review. I. *Int J Food Microbiol* **34**: 103 – 113.

NELSON SE, ROGERS RR, FRANTZ JA and ZIEGLER EE. (1996). Palm olein in infant formula: absorption of fat and minerals by normal infants. *Am J Clin Nutr* **64** (3): 291 – 296.

NINESS KR. (1999). Inulin and oligofructose: what are they? *J Nutr* **129**: 1402S – 1406S.

O'BRIEN S, HEALY B, NEGREDO C, ANDERSON W, FANNING S and IVERSEN C. (2009). Prevalence of Cronobacter species (Enterobacter sakazakii) in follow – on infant formulae and infant drinks. *Lett Appl Microbiol* **48**: 536 – 541.

OSBORN DA and SINN J. (2006a). Formulae containing hydrolysed protein for prevention of allergy and food intolerance in infants. *Cochrane Database Syst Rev* (4): CD003664.

OSBORN DA and SINN J. (2006b). Soy formula for prevention of allergy and food intolerance in infants. *Cochrane Database Syst Rev* (4): CD003741.

OSTROM KM, BORSCHEL MW, WESTCOTT JE, RICHARDSON KS and KREBS NF. (2002). Lower calcium absorption in infants fed casein hydrolysate – and soy protein – based infant formulas containing palm olein versus formulas without palm olein. *J Am Coll Nutr* **21** (6): 564 – 569.

PALMER DJ, SULLIVAN T, GOLD MS, PRESCOTT SL, HEDDLE R, GIBSON RA and MAKRIDES M. (2012). Effect of n – 3 long chain polyunsaturated fatty acid supplementation in pregnancy on infants' allergies in first year of life: randomized controlled trial. *BMJ* **344**: e184.

PASSMORE R and EASTWOOD MA. (1993a). Water and electrolytes. In: *Human Nutrition and Dietetics*. 8th Edn. (PASSMORE R, EASTWOOD MA (Eds.)). Churchill Livingstone, Edinburgh, Scotland: 93 – 102.

PASSMORE R and EASTWOOD MA. (1993b). Pregancy, lactation and infancy. In: *Human Nutrition and Dietetics*. 8th Edn. (PASSMORE R, EASTWOOD MA (Eds.)). Churchill Livingstone, Edinburgh, Scotland: 575 – 587.

PEREZ – CONESA D, LOOPEZ G, ROS G, ABELLAN P and TEMINK R. (2006). Fecal microbiota changes with the consumption of follow – up formulae containing Bifidobacterium spp. and/or galactosaccharides byrats and a follow – up infant formula containing Bifidobacterium spp. by human infants. *J Food Sci* **71**: M7 – M13.

PEREZ – CONESA D, LOOPEZ G and ROS G. (2007). Effect of probiotic, prebiotic and symbiotic follow – up infant formulae on iron bioavailability in rats. *Food Sci Technol Int* **13**: 69 – 77.

PETSCHOW BW, FIGUEROA R, HARRIS CL, BECK LB, ZIEGLER E and GOLDIN B. (2005). Effects of feeding an infant formula containing Lactobacillus GG on the colonization of the intestine: a dose – response study in healthy infants. *J Clin Gastroenterol* **39** (9): 786 – 790.

PHELPS RA, SHENSTONE FS, KEMMERER AR and EVANS RJ (1965). A review of cyclopropenoid compounds: biological effects of some derivatives. *Poult Sci* **44**: 358 – 394.

PHILBIN MK and ROSS ES. (2011). The SOFFI Reference Guide: text, algorithms, and appendices: a manualized method for quality bottle – feedings. *J Perinat Neonatal Nurs* **25** (4): 360 – 380.

PINA – RODRIGUEZ AM and AKOH CC. (2010). Composition and oxidative stability of a structured lipid from amaranth oil in a milk – based infant formula. *J Food Sci* **75** (2): C140 – C146.

PLAYNE MJ, BENNETT LE and SMITHERS GW. (2003). Functional dairy foods and ingredients. *Aust J Dairy Technoly* **58** (3): 242 – 264.

PUCCIO G, CAJOZZO C, MELI F, ROCHAT F, GRATHWOHL D and STEENHOUT P. (2007). Clinical evaluation of a new starter formula for infants containing live Bifidobacterium longum BL999 and prebiotics. *Nutrition* **23** (1): 1 – 8.

RADBILL S. (1981). Infant feeding through ages. *Clin Paediatr* **20** (10): 613 – 621.

RAIHA N, MINOLI I and MORO G. (1986a). Milk protein intake in the term infant. I. Metabolic responses and effects on growth. *Acta Paediatr Scand* **75** (6): 881 – 886.

RAIHA N, MINOLI I, MORO G and BREMER HJ. (1986b). Milk protein intake in the term infant. II. Effects on plasma amino acid concentrations. *Acta Paediatr Scand* **75** (6): 887 – 892.

RIBAR S, FEHER – TURKOVIC L, KRAMMELIC I and MESARIC M. (2007). Sphingoid bases in infant formulae. *Food Chem* **103**: 173 – 180.

RUIZ MC, ALEGRÍA A, BARBERÁ R, FARRÉ R and LAGARDA MJ. (1996). Calcium, magnesium, sodium, potassium and iron content of infant formulas and estimated daily intakes. *J Trace Elem Med Biol* **10** (1): 25 – 30.

SAARINEN UM, SIIMES MA and DALLMAN PR. (1977). Iron absorption in infants: high bioavailability of breast milk iron as indicated by the extrinsic tag method of iron absorption and by the concentration of serum ferritin. *J Pediatr* **91**: 36 – 39.

SAMPSON HA, BERNHISEL – BROADBENT J, YANG E and SCANLON SM. (1991). Safety of casein hydrolysate formula in children with cow milk allergy. *J Pediatr* **118** (4 Pt 1): 520 – 525.

SARWAR G and BOTTING HG. (1999). Liquid concentrates are lower in bioavailable tryptophan than powdered infant formulae, and tryptophan supplementation of formulae increases brain tryptophan and serotonin in rats. *J Nutr* **129** (9): 1692 – 1697.

SCHELL MA, KARMIRANTZOU M, SNEL B, VILANOVA D, BERGER B, PESSI G, ZWAHLEN MC, DESIERE F, BORK P, DELLEY M, PRIDMORE RD and ARIGONI R. (2002). The genome sequence of Bifidobacterium longum reflects its adaptation to the human gastrointestinal tract. *PNAS* **99**: 14422 – 14427.

SCHMID M, IVERSEN C, GONTIA I, STEPHAN R, HOFMANN A, HARTMANN A, JHA B, EBERL L, RIEDEL K and LEHNER A. (2009). Evidence for a plant – associated natural habitat for Cronobacter spp. *Res Microbiol* **160**: 608 – 614.

SETCHELL KDR, ZIMMER – NECHEMIAS L, CAI J and HEUBI JE. (1997). Exposure of infants to phyto – oestrogens from soy – based infant formula. *Lancet* **350** (9070): 23 – 27.

SETCHELL KDR, ZIMMER – NECHEMIAS L, CAI J and HEUBI JE. (1998). Isoflavone content of infant formulae and the metabolic fate of these phytoestrogens in early life. *Am J Clin Nutr* **68** (Suppl): 1453S – 1461S.

SHAKER R, OSAILI T, AL – OMARY W, JARADAT Z and AL – ZUBY, M. (2007). Isolation of Enterobacter sakazakii and other Enterobacter spp. from food and food production environments. *Food Control* **18**: 1241 – 1245.

SORIANO JM, RICO H, MOLTO JC and MANES J. (2001). Incidence of microbial flora in lettuce meat and Spanish potato omelette from restaurants. *Food Microbiol* **18**: 159 – 163.

STARKEY DE, DENISON JE, SEIPELT CT and JACOBS WA. (2008). Single – laboratory validation of a liquid chromatographic/tandem mass spectrometric method for the determination of free and total carnitine in infant formula and raw ingredients. *J AOAC Int* **91** (1): 130 – 142.

Stevens EE, Patrick TE and Pickler R. (2009). A history of infant feeding. *J Perinatal Education* **18** (2): 32 – 39.

STROM BL, SCHINNAR R, ZIEGLER EE, BARNHART KT, SAMMEL MD, MACONES GA, STALLINGS VA, DRULIS JM, NELSON SE and HANSON SA. (2001). Exposure to soy – based formula in infancy and endocrinological and reproductive outcomes in young adulthood. *JAMA* **286**: 807 – 814.

SZAJEWSKA H and MRUKOWICZ JZ. (2005). Use of probiotics in children with acute diarrhea. *Paediatr Drugs* **7**: 111 – 122.

TANZI MG and GABAY MP. (2002). Association between honey consumption and infant botulism. *Pharmacotherapy* **22** (11): 1479 – 1483.

VAEL C and DESAGER K. (2009). The importance of the development of the intestinal microbiota in infancy. *Curr Opin Pediatr* **21**: 794 – 800.

VALLAEYS C. (2008). Replacing mother – imitating human breast milk in the laboratory. Novel oils in infant formula and organic foods: safe and valuable functional food or risky marketing gimmick? *Carnucopia Institute*: 1 – 60.

VAN ACKER J, DE SMET F, MUYLDERMANS G, BOUGATEF A, NAESSENS A and LAUWERS S. (2001). Outbreak of necrotizing enterocolitis associated with *Enterobacter sakazakii* in powdered milk formula. *J Clin Microbiol* **39**: 293 – 297.

VIVATVAKIN B, MAHAYOSNOND A, THEAMBOONLERS A, STEENHOUT PG and CONUS NJ. (2010). Effect of a whey – predominant starter formula containing LCPUFAs and oligosaccharides (FOS/GOS) on gastrointestinal comfort in infants. *Asia Pac J Clin Nutr* **19** (4): 473 – 480.

VYAS P and O' KANE AA. (2011). Determination of vitamin B12 in fortified cow milk – based infant formula powder, fortified soya – based infant formula powder, vitamin premix, and dietary supplements by surface plasmon resonance: collaborative study. *J AOAC Int* **94** (4): 1217 – 1226.

WADDELL L. (2012). The power of vitamins. *J Fam Health Care* **22** (1): 14, 16 – 20, 22 – 25.

WALSH D, MOLLOY C, IVERSEN C, CARROLL J, CAGNEY C, FANNING S and DUFFY G. (2011). Survival characteristics of environmental and clinically derived strains of Cronobacter sakazakii in infant milk formula (IMF) and ingredients. *J Appl Microbiol* **110** (3): 697 – 703.

WANG X, MENG J, ZHANG J, ZHOU T, ZHANG Y, YANG B, XI M and XIA X. (2012). Characterization of Staphylococcus aureus isolated from powdered infant formula milk and infant rice cereal in China. *Int J Food Microbiol* **153** (1 – 2): 142 – 147.

WARREN JB and PHILLIPI CA. (2012). Care of the well newborn. *Pediatr Rev* **33** (1): 4 – 18.

WILSON S, MARTINEZ – VILLALUENGA C and DE MEJIA EG. (2008). Purification, thermal stability and antigenicity of the immunodominant soybean allergen P34 in soy cultivars, ingredients, and products. *J Food Sci* **73** (6): T106 – T114.

YAU KI, HUANG CB, CHEN W, CHEN SJ, CHOU YH, HUANG FY, KUA KE, CHEN N, MCCUE M, ALARCON PA, TRESSLER RL, COMER GM, BAGGS G, MERRITT RJ and MASOR ML. (2003). Effect of nucleotides on diarrhea and immune responses in healthy term infants in Taiwan. *J Pediatr Gastroenterol Nutr* **36** (1): 37 – 43.

YELLAYI S, NAAZ A, SZEWCZYKOWSKI MA, SATO T, WOODS JA, CHANG J, SEGRE M, ALLRED CD, HELFERICH WG and COOKE PS. (2002). The phytoestrogen genistein induces thymic and immune changes: a human health concern? *Proc Natl Acad Sci USA* **99**: 7616 – 7621.

ZIEGLER EE, NELSON SE and JETER JM. (2011). Iron supplementation of breastfed infants. *Nutr Rev* **69** (Suppl 1): S71 – S77.

ZOHOORI FV, MOYNIHAN PJ, OMID N, ABUHALOOB L and MAGUIRE A. (2012). Impact of water fluoride concentration on the fluoride content of infant foods and drinks requiring preparation with liquids before feeding. *Community Dent Oral Epidemiol* **40** (5): 432 – 440.

ZOPPI G, ZAMBONI G, BASSANI N and VAZZOLER G. (1979). Gammaglobulin level and soy – protein intake in early infancy. *Eur J Pediatr* **131**: 61 – 69.

ZOPPI G, GEROSA F, PEZZINI A, BASSANI N, RIZZOTTI P, BELLINI P, TODESCHINI G, ZAMBONI G, VAZZOLER G and TRIDENTE G. (1982). Immunocompetence and dietary protein intake in early infancy. *J Pediatr Gastroenterol Nutr* **1**: 175 – 182.

ZOPPI G, GASPARINI R, MANTOVANELLI F, GOBIO – CASALI L, ASTOLFI R and CROVARI P. (1983). Diet and antibody response to vaccinations in healthy infants. *Lancet* **2**: 11 – 14.

8 婴儿配方乳的加工技术

Y. J. Jiang, Northeast Agriculture University, People´s Republic of China; M. Guo, University of Vermont, USA and Jilin University, People's Republic of China

摘　要：婴儿配方乳的产品分为两类：粉状配方乳和液态配方乳。本章主要对这两类婴儿配方乳的加工技术进行讨论。湿法混合 – 喷雾干燥法主要用来生产粉状配方乳，其加工过程要比生产液态配方乳复杂。生产液态配方乳的过程中最重要的是要保持热处理、控制化学性质变化以及营养成分损失之间的平衡。对于早产儿和低体重儿的配方乳粉，需要特殊的设计来适应他们的营养需求。酶法水解牛乳蛋白或者高压热处理，能够减少婴儿食品的致敏性。

关键词：婴儿配方乳粉　加工　技术　特殊需求配方乳粉

8.1　引言

当母亲不能母乳喂养她们的孩子时，婴儿配方乳粉可以用来代替母乳。20世纪初，由于对婴儿营养认识的提高以及加工工艺技术的改进和发展，婴儿配方乳粉只包括改进后的牛乳，而近来的一些配方乳粉与母乳已取得了显著的相似性。正如本书其他章节所讨论的，牛乳和母乳的主要区别在于乳糖的数量、蛋白质、矿物质和脂肪。蛋白质、脂肪和矿物质中的成分也不同。为了让牛乳更适合婴儿食用，则需要降低蛋白质和矿物质的含量，通过添加乳清蛋白改变牛乳蛋白的比例，并将钙与磷的比例由1.2增至2.0。同时必须增加碳水化合物、脂肪和维生素的含量。本章概述了粉状配方乳和液态配方乳两种婴儿配方乳的加工技术。

8.2　粉状婴儿配方乳

粉状婴儿配方乳有两种生产工艺：干法混合或者湿法混合 – 喷雾干燥法（Montagne 等，2009；Zink，2003），通常使用其中之一。干法混合过程包括个别配料的准备、适当的热处理、干燥，最后混合在一起。湿法混合 – 喷雾干燥法过程包括所有液态成分要进行热处理，如在干燥前进行巴氏杀菌或者灭菌。有时两种处理方法也结合使用，一部分成分用湿法进行处理，其他的成分则使用干法进行添加（Spreer，1998；Proudy 等，2008）。

8.2.1　干法混合过程

在干法混合过程中，由于原料为粉状，必须将其混合均匀，这对于婴儿配方乳粉是必需的。用带式搅拌机或者其他大容量的混合设备对原料进行批量混合，直至营养成分均匀分布在整个批次中（Caric，1993）。用筛子除掉大颗粒和杂质。筛选过的产品转移到粉剂包装线的填料箱中。填料箱将粉末输送到灌装生产线上，并用惰性气体充满装填好的罐子（Zink，2003）。对成品进行检查以确保符合规范，其中包括检测微生物污染物（Walstra，1999）。

干法混合过程的优点是能够节约能源，且需要投入的设备、建筑和维护较少。在干法混合过程中不涉及用水，这也就意味着可以显著地减少被微生物污染的风险。但是，干法混合过程的一些缺点如下所述。

混合过程中的微生物数量基于形成混合物的初始物料的数量。成品没有通过热处理杀菌意味着婴儿配方乳粉成品的微生物数量很大程度上取决于组成干物料成分中的微生物数量（Zink，2003）。

因此，在最好的情况下，成品的细菌总数与组成原料的菌数是相同的。

在运输和储存过程中，由于不同的成分，其密度也不相同，导致了对消费者来说产品的不均一性。

产品的吸湿性和溶解度不如湿法混合－喷雾干燥过程得到的产品好（Pisecky，1997）。

干混成分事实上并不是原料，而是供应商根据婴儿配方乳粉的需求进行处理过的产品。主要的微生物问题诸如沙门菌和肠杆菌（大肠菌群），其中包括阪崎肠杆菌，仍然存在于干混成分中，这是热处理后的再污染造成的。

8.2.2 湿法混合－喷雾干燥过程

目前，生产婴儿配方乳粉最常用的方法是湿法混合－喷雾干燥法（Montagne et al.，2009）。与干混法相比，湿混过程的优点之一就是包括湿混、蒸发后浓度、喷雾干燥的所有质量方面都能更加有效地控制。使粉末在微生物、物理及化学特性方面的质量得到提高（GES Niro，2013）。湿法混合－喷雾干燥过程主要包括三个阶段：混合物的制备、蒸发、干燥（Packare，1982）。

混合物的制备

在混合物制备过程中，利用高速剪切混合器将水溶性成分加到牛乳中。为了确保混合物完全水化，可将其储存在大罐中。用热水溶解水溶性矿物质，溶解后加入到混合物中。通过添加碱或者柠檬酸调节混合物的 pH（Bylund，1995）。当混合物中需要加入脂溶性维生素时，首先将这些脂溶性维生素溶解在油脂中，再将油脂混合物加入储罐中。如果脂溶性维生素是胶囊化形式的，则需预先混合，在干燥或者混合喷雾干燥前加到最后的储罐中。无论是使用分批处理还是连续处理，管道和储罐都应该用压缩空气吹扫，混合生产线每天至少在线清洗（CIP）一次（Montagne，2009）。

蒸发

蒸发是除去水分所必需的过程，且比喷雾干燥节约能源。更重要的是，由炼乳制备的乳粉货架期较长，颗粒较大，颗料内空气较少。蒸发步骤是至关重要的。缺失这个过程将会对成品质量造成严重的不利影响（Boehm 等，2007）。如果省略此过程，干燥过程将会延长，仪器设备不能被充分利用，能源的消耗也显著增加，生产过程是不经济的（表8.1）。蒸发过程在真空蒸发器中进行，通过降低压力，使其在较低温度即可沸腾，保护营养成分。在干燥前，通常使用管状的连续多效蒸发器将牛乳浓缩（Caric，1993）。为了最大限度地降低能源消耗，现在的蒸发器通常为六效或七效，并配备热力蒸汽再压缩装置，或者为一效或二效，并配备机械蒸汽再压缩装置。在蒸发过程中的浓度差异通常是由干燥技术造成的。

表8.1 第一阶段和第二阶段干燥系统的比较

干燥系统		第一阶段入口温度（200℃）	第二阶段入口温度（200℃）	入口温度（230℃）
喷雾干燥器（第一阶段）	蒸发室速率/（kg/h）	1150	1400	1720
	出粉：			
	6%水分/（kg/h）	—	1460	1790
	3.5%水分/（kg/h）	1140	—	—
	能耗/（kJ/kg 乳粉）	6676	5232	4956
	喷雾干燥总能耗/Mcal	7609	7630	8874
流化床（第二阶段）	干燥空气/（kg/h）	—	3430	4290
	入口空气温度/℃	—	100	100
	流化床蒸发速率	—	40	40
	出粉：			
	3.5%水分/（kg/h）	—	1420	1745
	能耗/kJ	—	83	92
	流化床总能耗/MJ	—	397	481
总设备	总能耗/MJ	7609	8028	9355
	能耗/（kJ/kg 乳粉）	6676	5650	5357
	能量关系	100	85	80

注：干燥室大小及入口空气流速相同，31500kg/h。
资料来源：Bylund（1995）。

干燥

牛乳干燥通常采用热空气流的滚筒干燥或者喷雾干燥。工业化生产时，这两种方式都需要改进。由于滚筒干燥得到的乳粉水溶性低，且在干燥过程中容易发生成分不可逆转的改变，且滚筒干燥得到的粉末的微生物学卫生质量较喷雾干燥法低，所以婴儿配方乳粉通常使用喷雾干燥法。因此，本章节仅就喷雾干燥法进行讨论（Zink，2003）。

一般情况下，喷雾干燥的全脂乳粉通常使用脂肪标准化的牛乳。在蒸发和喷雾干燥前，如果牛乳在无通风条件下充分地搅拌，那么标准化后的牛乳就不需要再均质。但是，速溶全脂牛乳就需要均质。采用滚筒干燥法，即使牛乳已脂肪标准化，也需要均质（University of Zimbabwe，2010）。

喷雾干燥法的原理是产品喷射进入充满循环热空气的干燥室内形成小液滴。这能增大表面积和加快质量转移（热量和水分）。炼乳首先被分散成细小的液滴，然后在喷雾干燥室内与热空气相遇。

典型的干燥过程包括以下几点。

（1）在蒸发后，需要有一个或多个高压喷嘴式或旋转式雾化器对炼乳进行雾化。

（2）干燥塔/干燥室。干燥室可以是水平的，也可以是垂直的。使用最多的是有着锥形底部的垂直干燥室。

（3）集成的二次干燥流化床。

（4）外接的或者一体式的流化床干燥机，用于冷却乳粉（Montagne 等，2009）。

（5）一个或多个旋风过滤器或者袋式过滤器，能使空气与乳粉分离的系统（Vestergaard，2004；GEA Niro，2013）。

雾化的目的是让其形成液滴，能够迅速干燥，但是干燥后与出口空气的分离效果并不是很好。产品的粉末很细会出现一个问题，那就是乳粉难溶解。喷雾干燥的雾化装置具有较高的雾化速率，能够迅速转移热量，提高蒸发速率。常见的雾化器有旋转式和固定式。这两种类型的雾化器，由于牛乳颗粒的表面张力，在干燥过程中可使其形成球状颗粒。雾化程度决定了体积密度、形状、粉末颗粒的粒径分布、密闭空气以及水分含量等特性（Carić，1993；Carić，2009）。液滴中的空气使乳粉颗粒密度降低。

一些喷雾干燥室带有固定式喷嘴。主要用于低喷雾塔，在干燥室中的位置较低，能够使相对较大的牛乳液滴在逆流的干燥空气中被喷出。固定式喷嘴能够像气流一样，在相同方向喷出牛乳颗粒，压力决定了粒径大小。高压（30MPa）下得到的乳粉质量好、密度高。低压（5~20MPa）下粒径较大，且没有灰尘大小的颗粒（Bylund，1995）。

干燥室的种类很多。通常都是由40°~60°的圆锥体组成，这样的结构是利用重力使乳粉离开干燥室。有些干燥室设计了平底结构能够附加刮板或者抽吸装置，这样也是为了能使乳粉离开干燥室。

干燥室内，1L液体就会形成表面积达$120m^2$的液滴，且这些液滴的直径基本都是一样的（Spreer，1998）。当干燥室内的空气温度达到170~250℃时，产品温度仍低于100℃。温差使热传递加快，因此，达到了快速的但柔和的干燥。产品的热变性是不可避免的，但是为了尽可能降低婴儿配方乳粉这种敏感产品变性程度，可以将干燥过程分成几个阶段，每个阶段的温度、时间都不同。第一阶段在干燥室内完成，第二阶段在流化床上完成（Walstra，1999）。第二阶段通过振荡流化床的空气温度比干燥室的低，因此可除去的水分更多。第一阶段和第二阶段干燥系统的比较如表8.1所示。

干燥过程有时需要经过第三阶段和最后处理阶段,其中包括需要低于100℃的热空气。第三阶段干燥需要将第二阶段的物料转入干燥室底部。第三阶段在干燥室外完成干燥和冷却(Montagne 等,2009;Food And Biotech Engineer,2013)。三级干燥机主要有两种类型:一种是集成的流化床,一种是集成的传送带。每种由一个主要的干燥室和三个小室组成,小室主要用来结晶、最后的干燥和冷却(Spreer,1998;Carić,2009)。炼乳通过高压泵泵入喷嘴,然后被雾化。雾化压力可达到20MPa,干燥室内喷嘴处的空气温度可达280℃(Westergaard,2002)。

牛乳液滴从喷嘴落到干燥室底部的传送带上时,发生了第一次也是主要的一次干燥。粉末沉积在传送带上,形成多孔层。干燥的空气穿过乳粉层,被吸入干燥室,完成乳粉的二次干燥。由于产品类型不同,移动带上粉末水分含量在12%~20%。移动带上的粉末经过二次干燥后水分含量降至8%~10%(Packard,1982)。水分含量的准确度对产品的聚合度和粉层的孔隙度的影响非常大。第三阶段和最后的干燥阶段在两个扩展室内完成,其入口热空气的温度可达到130℃,干燥方式与在主要干燥室的方式相同,空气通过粉层和移动带吸进去。产品在最后的室内完成冷却(Bylund,1995;Food And Biotech Engineers,2013)。

在干燥和冷却阶段会有少量的粉末损失。使用旋风分离器可使粉末在空气中分离(Food And Biotech Engineers,2013)。旋风分离器的优势有:效率高、易清洁、易维护。炼乳在喷雾干燥过程中,经高效旋风分离器后,粉末平均损失率低于5%[≈250mg/(N·m^3)]。然而,从2007年起,欧盟要求粉末损失率低于或等于10mg/(N·m^3)。因此,最后的空气清洁是很重要的,通常采用袋式过滤器来完成。袋式过滤器含有大量的袋子或过滤器,每个袋子都可以接收相同量的空气。选择合适的过滤材料可以达到较高效率,可以截留到1μm的颗粒(Westergaard,2002;Vestergaard,2004)。

包装

在这个过程中接近产品类型的粉末再次循环进入主干燥室或者其他适宜的地点(食品与生物工程,2013)。根据产品的类型,粉末聚合体通过筛子或者研磨成所需要的粒径大小。最后的产品通过正压密相传输系统传送,从喷雾干燥阶段进入筒仓(Carić,1993;Westergaard,2002)。将筒仓底部的产品运送到可与其他粉末混合的区域,或者通过真空传输进入充填包装生产线上。产品最后经重力进入料斗,充填包装,包装成袋或者金属罐(Montagne 等,2009)。最终的婴儿配方乳粉通常采用充氮包装,用来防止乳脂肪和多不饱和脂肪酸氧化,例如二十二碳六烯酸(DHA)(Montagne 等,2009)。婴儿配方乳粉的生产流程图如图8.1所示。

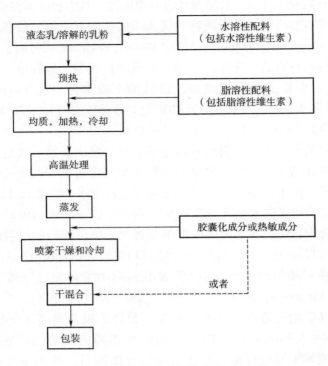

图 8.1 婴儿配方乳粉的生产流程图

8.3 液态婴儿配方乳

婴儿配方乳主要有三种形式：即食型、浓缩液态型和粉末型。即食型可以直接食用，而浓缩液态型和粉末型在食用前都需要按照说明，与水混合后食用。

8.3.1 调整和标准化

在混合设备中将液体和粉末成分混合成均一乳液，并保持在高温状态。混合设备主要分成两个系统：分批混合和连续混合。连续混合系统要求所有成分连续地、按比例地添加。在混合过程中存在一个关键的问题就是会产生泡沫，如果将泡沫除掉，就会产生一些问题，会造成产品的损失（Packard，1982）。为了避免这个问题，有些混合设备就需要在真空下运行。批量处理系统中，将混合物添加到第一个标准化罐中，根据需要，在标准化罐中调节总固形物含量。这样使得后续加工阶段与之分离，从而使整个过程更为协调（Montagne 等，2009）。

8.3.2 油/脂肪的添加和乳化

有时添加常以混合物形式存在的未经氢化的植物油和卵磷脂来提高最终产品的乳化稳定性。同时也会添加脂溶性维生素。液态原料需要加热到60℃，确保所有成分都能溶解。高温有助于降低混合物的黏度,以促进蛋白质基质的混合。由于一些高度不饱和油脂暴露在空气中容易氧化,所以需要特殊处理,必须添加一种惰性气体进行持续保护。

产品预热至 85~120℃,均质压力在 15~25MPa,能够形成油相和水相稳定的乳状液(例如蛋白质)。预热有助于减少原料中微生物数量、使酶失去活性(例如:磷酸酶、脂酶和蛋白酶),同时能够提高均质效率,从而得到一种去除了氧气的产品。对于产品可以使用直接加热或者间接加热方法,但是两种方法都需要能够快速冷却(Montagne 等,2009)。

8.3.3 第二阶段标准化

乳化后,将冷却的产品储存在第二个缓冲罐内。然后添加水溶性维生素、微量元素、无机盐和氨基酸等所有次要成分。基于快速实验室检测结果,最终产品的成分,包括固形物、蛋白质、脂肪及主要的矿物质,都可以根据需要调整。经过搅拌的冷产品会从大气中吸进氧气,从而导致一些维生素(尤其是维生素 A 和维生素 C)的损失,因此必须限制牛乳在标准化罐内的储存时间(Montagne 等,2009)。

8.3.4 灭菌

为保证液态婴儿配方乳无菌及长期储存,必须经过灭菌。灭菌就是一个加热过程,将产品加热到一个特定的温度保持一定的时间,以保证杀灭所有微生物。无菌液态配方乳的保质期是 6 个月到 1 年,期间不会发生腐败和质构变化。灭菌后,液态婴儿配方乳的稳定性往往会随着时间发生变化。这些变化包括沉淀和胶凝化。尽管没有发生微生物腐败,产品的可食用性也可能会降低,营养成分也可能会减少。适当的调配、均质和热处理能够防止液态配方乳出现这些问题。主要有两种灭菌方式:(1) 杀菌釜灭菌,这种灭菌方法是产品分装到金属罐或玻璃瓶后灭菌;(2) 超高温灭菌(UHT),是直接或间接加热,在产品分装前灭菌,然后通过无菌灌装到灭菌瓶、金属罐、塑料或者纸板容器中(Montagne 等,2009)。

杀菌釜灭菌

像金属罐、塑料或者玻璃瓶等包装容器灌装产品后进行密封,然后放到杀菌釜中灭菌。杀菌釜中的时间-温度条件是通过热水加压,将已灌装好的密封产品加热至118~122℃,并保持 15~20min。杀菌釜能够保证婴儿配方乳中的微生物学安全性(Packard,1982)。过度加热会产生美拉德反应,使产品质量受到影响。美拉德反应使产品呈褐色,味道夹生,营养价值降低及维生素的损失(Montagne 等,2009)。通过杀菌釜灭菌的婴儿配方乳越来越少,目前仅在医院中应用,用来喂养早产儿。

超高温灭菌

生产婴儿配方乳的理想方法是超高温灭菌,这可以很好的保护营养成分。超高温灭菌过程可以使维生素的损失降到最小,同时减少碳水化合物(还原糖)和蛋白质中的赖氨酸之间的褐变反应及由此导致的蛋白质质量下降。UHT 灭菌是瞬时完成的,通常是在 135~150℃，保持 1s 到几秒，甚至更少。温度越高，达到灭菌效果的所需时间越短。为了减缓配方乳粉产生质构缺陷，如沉淀、胶凝化，即使在高温状态下，也需要保持 2.5s。胶凝化的产生似乎与一些酶有关，因此预处理能够使酶失去活性。UHT 需要进行预热处理。由于有些酶可能与原料乳中的细菌污染物有关，因此应该用含有细菌最少（尤其是嗜冷微生物）的质量最好的牛乳作为婴儿配方乳的原料。

热处理以耐热性孢子数降低的数量级（D 值）来定义（Montagne 等，2009）。通常对于嗜热杆菌孢子采用超高温灭菌处理（Packard，1982）。直接超高温灭菌系统中，首先将产品在嵌入的热交换器中预热至 80℃，然后通过直接蒸汽喷射，快速升温至 140~150℃，并在管道内保持几秒。温度骤然降低会形成真空，除去喷射的蒸汽和其他气体（比如氧气）。随后用标准化的间接热交换器冷却灌装液体。

在间接超高温灭菌系统中，产品再一次被灌装线上的热交换器预热到 80℃，紧接着通过管式或板式热交换器快速升温至 135~145℃，并保持几秒。随后通过标准的间接热交换器冷却到 20℃。为了节省能源，将预热和冷却用的热交换器组合在一起。间接系统的热负荷高于直接系统，从而导致了更多的美拉德反应、污染以及相稳定性下降。因此，直接超高温灭菌系统更适用于生产液态婴儿配方乳（Montagne 等，2009）。

8.3.5 中间无菌贮藏和无菌灌装

灭菌和冷却后的产品通常在无菌条件下储存。为了保证无污染，产品灭菌和罐装生产线必须是完全密封的，并且能够完全的自动清洗。灭菌的产品进入储存罐前，为了灭菌整个设备，用热水或蒸汽冲洗设备 20~30min。然后用无菌水或空气冷却灭菌生产线（Montagne 等，2009）。通过无菌正压力保证储存罐无菌，有必要时，对于氧气敏感的产品，甚至使用惰性气体。（Packard，1982）。

无菌贮藏后，液态婴儿配方乳被分装到最后的零售包装中。在产品包装前，罐装设备和包装材料都需要灭菌。由于灭菌设备和包装材料的耐热性有限，也经常使用如过氧化氢热气体的化学灭菌法、灭菌吹瓶法或者 γ 射线灭菌法。在包装材料表面干燥过程中，过氧化氢分解为水和氧气。产生的自由基可以杀灭所有的微生物，甚至孢子。表 8.2 列举了常用的容器及其特征（Montagne 等，2009）。

表 8.2　液态配方乳的部分包装容器

包装材料	描述	主要特征
涂有 PP* 层和铝箔的复合纸板	预制方形包装	阻挡氧气和光线，质量轻，不同的打开装置
涂有 PP 层和铝箔的复合纸板	由卷式包装材料制成方形包装	阻挡氧气和光线，质量轻，不同的打开装置
涂有多层 PP 可阻挡光线和氧气的瓶子	带有塑料盖用铝密封的圆瓶	根据实际应用，能阻挡氧气和光线，但是需要吹瓶装置

续表

包装材料	描述	主要特征
玻璃瓶	用铝箔密封的多层瓶	阻挡氧气较好,对光线的阻挡有限。主要针对黏稠性产品,如酸乳
金属罐	易拉罐或普通金属罐	阻挡氧气和光线,但样式较老

* PP = 聚丙烯。

资料来源:Montagne 等(2009)。

液态婴儿配方乳的货架期一般在 6~12 个月,主要取决于所用的原材料和制造过程。如果采用阻隔氧气较好的包装容器,用气体充满其余空间,则可延长货架期。生产流程图如图 8.2 所示。无菌灌装的婴儿配方乳在出售之前,对成分和灭菌效果必须经过严格的测试。从每个批次中取样,在最适合微生物生长的温度条件下培养。罐装的机器、日期及时间,可以通过每个包装上的批号所显示的打印代码追溯(Montagne 等,2009)。

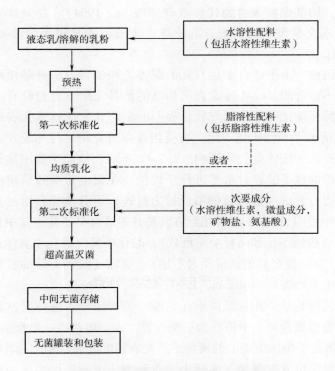

图 8.2 液态婴儿配方乳的生产流程图

8.4 特殊需求配方乳粉

特殊需求配方乳粉包括早产儿配方乳粉和低敏配方乳粉。早产儿配方乳粉是为了满足早产儿－低体重儿（LBW）营养需求，而低敏配方乳粉则是在不破坏风味、营养和功能特性情况下，降低蛋白质的致敏性。

8.4.1 早产儿配方乳粉

足月儿母乳不能够满足早产儿或者低体重儿的营养需求。因此，很有必要研制一种满足早产儿特殊需要的配方乳粉。通过胎儿身体成分数据记录可了解早产儿和低体重儿的喂养历史。1966年，米德约翰逊公司引进了一种富含蛋白质（18%乳清蛋白：82%酪蛋白）的针对早产儿－低体重儿的特殊婴儿配方乳粉（Klein，2002）。在20世纪70年代，为了提高消化和吸收，用乳糖替代蔗糖。同时，改进后的一些早产儿配方乳粉含有40%的中链甘油三酯。到1979年，为了减少代谢性酸中毒，早产儿配方乳粉的蛋白质组成发生了变化，变成了含有60%乳清蛋白和40%酪蛋白，同时为了降低配方乳粉的渗透压，用葡萄糖聚合物代替蔗糖（Räihä，1994）。在大量关于早产儿－低体重儿的营养需求文章发表后，配方乳粉进一步的改善显得十分必要。（Tsang等，1993；Klein，2002）。

研究人员报道称，由于适合于足月儿的配方乳粉的营养成分是模拟成熟乳的，所以对于早产儿是不适合的。一些报道表明标准的足月儿配方乳粉没有给出估算的胎儿对钙的吸积率。经标准化足月儿配方乳粉喂养的早产儿－低体重儿表现出了25－羟基维生素D的低血清水平和骨矿化不足。在英国重点研究用足月儿配方乳粉或者早产儿配方乳粉喂养早产儿－低体重儿的影响。7.5~8年后，他们对食用足月儿配方乳粉或者早产儿配方乳粉的孩子的智力水平进行了评价。在新生儿期的早期就食用早产儿配方乳粉的孩子的智力测试（经修订的韦氏智力量表）得分要比食用足月配方乳粉的孩子高（这在男孩中更明显）。一些婴儿配方乳粉并不适合早产儿。其中包括：含有脱脂牛乳的配方乳粉（热量不足和高肾溶质负载）；酸化牛乳（酸化牛乳能产生代谢性酸中毒）；炼乳（钠、铜，甚至其他微量元素不足）；豆乳（对钙、磷的吸收减少，骨质减少和佝偻病的发生率增加）（Hillman，1990；Klein，2002）。

早产儿配方乳粉是早产儿－低体重儿的唯一营养来源。这些配方乳粉通常都添加了乳清蛋白、葡萄糖聚合物、中链甘油三酯、钙、磷、电解质、叶酸和脂溶性维生素。表8.3和表8.4概括了美国市场上的两种早产儿乳粉的成分。早产儿乳粉主要针对于早产儿妈妈没有足够的母乳时使用。实际上，直到责任医师根据临床判断，足月配方乳粉能够提供婴儿足够的营养成分前，早产儿－低体重儿会一直食用早产儿配方乳粉，这些配方乳粉能够提高营养成分的平均吸收速率，并促进生长速率，与胎儿在子宫内时接近。由于婴儿出生后初始体重的损失，在相同年龄段，婴儿的总体重比在子宫内时的胎儿低（Klein，2002）。

表 8.3 早产儿配方乳粉的成分

组成	284kJ/dL		339kJ/dL	
	美赞臣早产儿乳粉（含 Iron® 1）	雅培特殊乳粉（含 Iron® 2）	美赞臣早产儿乳粉（含 Iron® 1）	雅培特殊乳粉（含 Iron® 2）
体积/mL	148	148	124	124
蛋白质/g	3.0	2.7	3.0	2.7
亚油酸/mg	1060	700	1060	700
碳水化合物/g	11.1	10.6	11.1	10.6
维生素 A/IU	1250	1250	1250	1250
维生素 D/IU	270	150	270	150
维生素 E/mg	6.3	4.0	6.3	4.0
维生素 K/μg	8	12	8	12
硫胺素（维生素 B_1）/μg	200	250	200	250
核黄素（维生素 B_2）/μg	300	620	300	620
维生素 B_6/μg	150	250	150	250
维生素 B_{12}/μg	0.25	0.55	0.25	0.55
烟酸/μg	4000	5000	4000	5000
叶酸/μg	35	37	35	37
泛酸/μg	1200	1900	1200	1900
生物素/μg	4	37	4	37
维生素 C/mg	20	37	20	37
胆碱/mg	12	10	12	10
肌醇/mg	17	6	17	6
钙/mg	165	180	165	180
磷/mg	83	100	83	100
镁/mg	6.8	12.0	6.8	12.0
铁/mg	1.8	1.8	1.8	1.8
锌/mg	1.5	1.5	1.5	1.5
锰/μg	6.3	12	6.3	12
铜/μg	125	250	125	250
碘/μg	25	6	25	6
硒/μg	—	1.8	—	1.8
钠/mg	39	43	39	43
钾/mg	103	129	103	129
氯/mg	85	81	85	81

资料来源：Klein（2002）。

表 8.4　　早产儿配方乳粉的组成特征

特征	284kJ/dL		339kJ/dL	
	美赞臣早产儿乳粉（含 Iron® 1）	雅培特殊乳粉（含 Iron® 2）	美赞臣早产儿乳粉（含 Iron® 1）	雅培特殊乳粉（含 Iron® 2）
能量/（kcal/100mL）	68	68	81	81
水分/（g/100kcal）	133	133	108	109
渗透压/（mOsm/kg 水）	260	235	310	280
渗透压/（mOsm/L）	230	211	270	246

资料来源：Klein（2002）。

8.4.2　适合过敏体质或者不耐受婴儿的配方乳粉

婴儿食品中的过敏原

婴儿配方乳粉的成分会尽可能模拟母乳，但还是会存在差异。婴儿食品中的主要成分是牛乳，因此，牛乳过敏（CMA）是婴儿配方乳粉生产上的关键问题。牛乳过敏是免疫系统对牛乳中一种或多种蛋白的不良反应。在婴儿的饮食中，牛乳常常是第一个食物抗原，因此，牛乳过敏也是个体遗传性过敏体质的第一个迹象（Sampson，2004）。牛乳过敏在小时候往往是短暂的，但是却存在很大的危险发展为其他遗传性过敏疾病，包括过敏性皮肤炎、过敏性哮喘、过敏性鼻炎。虽然在 3 岁以前，超过 85% 的婴儿会对牛乳有耐受性，但是少数孩子的过敏性会伴随到成年。因此大多数婴儿配方乳粉的制造商现在都在致力于研究降低产品的致敏性（Floris 等，2010）。

牛乳中的蛋白质主要由酪蛋白（α_{s1}-酪蛋白，α_{s2}-酪蛋白，β-酪蛋白和 κ-酪蛋白）和乳清蛋白（丰富的 α-乳白蛋白和 β-乳球蛋白）组成。在过敏反应中免疫球蛋白 IgE 的免疫反应通常针对所有主要蛋白质（van Beresteijn 等，1995）。对儿童和成年人的牛乳的过敏史进行了研究，结果发现酪蛋白引起的过敏反应多于乳清蛋白。对不同类型酪蛋白的研究表明，α_{s1}-酪蛋白的致敏性最强，而 κ-酪蛋白引起的过敏反应最少。对乳清蛋白的研究表明，β-乳球蛋白是主要的牛乳过敏原之一。母乳中不含有对蛋白水解作用和胃酸有一定抵抗力的蛋白质，这类蛋白质能够穿过第一个月的新生儿的肠道屏障，而不被消化（Wal，2004；Floris 等，2010）。通常，免疫细胞不识别含有八个氨基酸（小于 3000u）以下的寡肽，所以免疫对它们是没用的。食物蛋白中的一小部分可能没有完全被降解，才导致了吸收后的免疫反应（Untersmayr 和 Jensen-Jarolim，2006）。由于幼儿的消化系统未完全发育及胃中的 pH 较高，幼儿时期对部分降解蛋白的吸收量较高。婴儿吸收未降解的蛋白后，体内的免疫系统识别为外来抗原，会引起免疫系统的免疫反应。但是，母乳可以通过免疫球蛋白、溶菌酶、乳铁蛋白、乳过氧化物酶及生长因子等各种因素的共同分泌物提供被动免疫，这有助于帮助婴儿避免过敏反应（Lönnerdal，2003；Floris 等，2010）。

通过蛋白酶解生产低致敏婴儿配方乳粉

已经设计了各种方法和加工工艺来减少牛乳蛋白的致敏性，并在婴儿配方乳粉中应用。到目前为止，对婴儿食品工业来说，采用酶解的方法消除过敏抗原是最有效的方法。然而，保持蛋白酶解消除过敏抗原、维持风味（苦味是最常见的问题）、营养和原蛋白功能特性之间的平衡非常重要（Host and Halken，2004；Floris 等，2010）。

在牛乳过敏病人血清中检测到了针对牛乳片段的抗体，且牛乳蛋白水解产物的致敏性比完整的蛋白质低。几项研究表明，只有生理上的消化反应才能完全消除残余的抗原，即使是3000u 的水解产物也含有免疫球蛋白 IgE 抗原决定簇（尽管这种特殊的水解产物在动物研究中不会引起过敏反应）（Floris 等，2010）。有些蛋白酶，如胃蛋白酶和其他蛋白酶一起也很难降低牛乳蛋白质水解产物的抗原性。但是，采用乳酸球菌胞外酶水解后，通过超滤去除分子量为 3~30ku 蛋白质片断的方法是有效的和可行的。这就使酪蛋白水解产物能够避开蛋白质片段与乳清蛋白特殊免疫球蛋白 IgE 的交叉反应（Aiting 等，1998；Floris 等，2010）。

高压法生产低致敏婴儿配方乳粉

在食品加工业中，高压，尤其是超高压是相对较新的技术（Floris 等，2010）。在酶处理之前进行高压处理可使蛋白变性，因此改善蛋白酶对底物的作用，可以使水解更有效。与单一的高温处理相比，通过高压结合特定温度处理使蛋白质变性的效果得到了很好的改善（Floris 等，2010）。

在高压下，牛乳蛋白会形成瞬态构象，其疏水核心区域将会展开，给酶水解提供新的目标肽键。通过高压处理及胰蛋白酶和糜蛋白酶水解能够减少与免疫球蛋白 IgG 的结合，但是不能阻止含有免疫球蛋白 IgE 抗原决定簇的肽类的形成。随着结合筛选酶解合适条件的深入研究，促进了降低致敏性的酶解方法的发展。结果表明，采用超高压物理技术和酶技术的结合，为婴儿配方乳粉工业开发低敏性牛乳蛋白水解产物具有潜在的可行性。大规模的高压处理，尤其是超高压，还没有得到广泛的应用，但是对于技术的开发，引起了乳粉工业的极大关注（Floris 等，2010）。

参考文献

ALTING A, MEIJER R and VAN BERESTEIJN E C (1998), 'Selective hydrolysis of milk proteins to facilitate the elimination of the ABBOS epitope of bovine serum albumin and other immunoreactive epitopes', *J Food Prot*, **61**, 1007 – 1012.

BOEHM G, BREEMANN C, GEORI G and STAHL B (2007), 'Infant', in Y. H. Hui: *Handbook of Food Products Manufacturing*, Livingston, Wiley – Interscience.

BYLUND G (1995), 'Milk powder', in *Dairy Processing Handbook* (ed. G. Bylund), Lund, Sweden, Tetra Pak Processing Systems AB.

CARIC M (1993), 'Milk powder: general production', in *Concentrated and Dried Dairy Products*, New York, VCH Publishers, 67.

CARIĆ M, AKKERMAN J C, MILANOVIC'S, KENTISH S E and TAMIME A Y (2009) Technology of Evaporators, Membrane Processing and Dryers, in *Dairy Powders and Concentrated Products* (ed A. Y. TAMIME), Oxford, UK, Wiley – Blackwell. doi: 10.1002/9781444322729.ch3.

FLORIS R, LAMBERS T, ALTING A and KIERS J (2010), 'Trends in infant formulas: a dairy perspective', in M. Griffith *Improving the Safety and Quality of Milk: Volume Two, Improving Quality in Milk Products*, Cambridge, Woodhead Publishing Limited.

FOOD And BIOTECH ENGINEERS (2013), Dryers, Food And Biotech Engineers India Private Limited, Available from http://www.dairyfoodtech.com/dryers.html (Accessed 19 August 2013).

GEA NIRO (2013), 'Processing of Infant formula/Babyfood,', GEA Process Engineering A/S, Available from http://www.niro.com/niro/cmsdoc.nsf/webdoc/webb7nrh3r (Accessed 19 August 2013).

HILLMAN L S (1990), 'Nutritional factors affecting mineral homeostasis and mineralization in the term and preterm infant', in D. J. Simmons, *Nutrition and Bone Development*, New York, Oxford University Press.

HOST A and HALKEN S (2004), 'Hypoallergenic formulae – when, to whom and how long: after more than 15 years we know the right indication', *Allergy*, **59** (Suppl 78), 45–52.

JOST R (2007), 'Milk and dairy products', in Weinheim W: *Ullmann's Encyclopedia of Industrial Chemistry* (7th edn), Weinheim, Wiley-VCH.

KLEIN C J (2002), 'Nutrient requirements for preterm infant formulas', *J Nutr*, **132**: 1395–1577.

LÖNNERDAL B (2003), 'Nutritional and physiologic significance of human milk proteins', *Am J Clin Nutr*, **77**: 1537–1543.

LUCAS A, MORLEY R and COLE T J (1998), 'Randomised trial of early diet in preterm babies and later intelligence quotient', *Brit Med J*, **317**: 1481–1487.

MONTAGNE D, DAEL P, SKANDERBY M and HUGELSHOFER W (2009), 'Infant formulae – powders and liquids', in A. Tamime, *Dairy Powders and Concentrated Products*, New Jersey, John Wiley and Sons.

PACKARD V (1982), 'Human milk and infant formula', in G. Stewart, S. Schweigert and J. Hawthorn, *Infant Formula Composition, Formulation And Processing*, New York, Academic Press.

PISECKY J (1997), *Milk Powder Manufacture*, Soeborg, GEA Process Engineering (Niro A/S).

PROUDY I, BOUGLÉ D, LECLERCQ R and VERGNAUD M (2008), Tracing of Enterobacter sakazakii isolates in infant milk formula processing by BOX-PCR genotyping, *J Appl Microbiol*, **105**: 550–558.

RÄIHÄ N C R (1994), Milk protein quantity and quality in human milk and infant formulae, *Acta Paediatr*, **402** S: 57–58.

SAMPSON H A (2004), 'Update on food allergy', *J Allergy Clin Immunol*, **113**: 805–820.

SPREER E (1998), 'Long-life milk products', in Y. Hui, *Milk and Dairy Product Technology*, New York, Marcel Dekker Inc., 395.

TSANG R C, LUCAS A, UAUY R and ZLOTKIN S (1993), '*Nutritional Needs of the Preterm Infant: Scientific Basis and Practical Guidelines*', Baltimore, Williams & Wilkins.

UNIVERSITY OF ZIMBABWE (2010), Dairy Processing, Faculty of Agriculture & Faculty of Veterinary Medicine. Available from http://www.sadc.int/fanr/agricresearch/icart/inforesources/MAV411DairyProcessing.pdf (Accessed 19 August 2013).

UUTERSMAYR E and JENSEN-JAROLIM E (2006), 'Mechanisms of type I food allergy', *Pharmacol Ther*, **112**: 787–798.

VAN BERESTEIJN E C, MEIJER R J and SCHMIDT D (1995), 'Residual antigenicity of hypoallergenic infant formulas and the occurrence of milk-specific IgE antibodies in patients with clinical allergy, *J Allergy Clin Immunol*, **96**, 365–374.

VESTERGAARD V (2004), Milk Powder Technology – Evaporation and Spray Drying, Soeborg, GEA

Process Engineering (Niro A/S).

WAL J M (2004), 'Bovine milk allergenicity', *Ann Allergy Asthma Immunol*, **93**: 2 – 11.

WESTERGAARD V (2002), Drying of milk: dryer design, In: H. Roginski, *Encyclopedia of Dairy Sciences*, Elsevier, Oxford, pp. 871 – 889.

WALSTRA P (1999), 'Concentration process', in *Dairy Technology: Principles of Milk Properties and Processes*, New York, Marcel Dekker.

ZINK D (2003), Powdered Infant Formulas: An Overview of Manufacturing Processes. FDA. Available from: http://www.fda.gov/ohrms/dockets/ac/03/briefing/3939b1_tab4b.htm (Accessed 14 February 2011).

第三部分

婴儿配方乳粉质量控制

9 婴儿配方乳粉加工过程中营养成分间的相互作用

G. M. Hendricks, University of Massachusetts, Medical School, USA and M. Guo, University of Vermont, USA and Jilin University, People's Republic of China

摘 要：在加工过程中，婴儿配方乳粉中的氮元素和矿物质的重新分配可能对食品的功能和营养特性有着负面的影响。这些组分之间的相互作用导致了营养物质的重新分布，特别是与酪蛋白相结合的氮和矿物元素。引起这些成分发生显著的相互作用和重新分配的原因以及这些反应对于配方乳粉的生化和营养特性的影响尚不明确。由于婴幼儿食品必须要满足营养、功能以及货架期等质量标准，因此，它们在婴儿配方乳中的出现受到了普遍的关注。

关键词：成分　相互作用　加工　损坏　再分布

9.1 引言

婴儿配方乳粉是作为母乳的补充而设计的，并且有可能在无法实现母乳喂养的情况下完全替代母乳。通常，这样的配方乳粉是由蛋白质、脂肪、碳水化合物、矿物质和维生素混合而得的产品。这些营养成分混合后再经过巴氏杀菌、均质、浓缩，随后喷雾干燥或者灭菌。在生产过程中的任何阶段，加热引起的相互作用，包括营养物质的重新分配，都可能在配方乳粉中出现。

现在已有研究分析了这些反应，更普遍地强调了这些反应对于配方乳粉与乳制品中的酪蛋白和乳清蛋白的影响作用（Smith and Van Brouwershaven，1980；Haque and Kinsella，1988；Dalgleish，1990；Jang and Swaisgood，1990），以及牛乳蛋白和脂肪球之间的相互作用（Jackson and Brunner，1960；Darling and Butcher，1978；Mcpherson 等，1984a，b，c；Dalgleish and Banks，1991；Houlihan 等 1992；Sharma and Dalgleish，1993，1994）。通过更多近期的研究发现，大量的蛋白－脂质－矿物质之间、蛋白质－脂质之间、蛋白质－蛋白质之间的相互作用，存在于在婴儿配方乳粉的加工过程中（Guo and Kindstedt，1994；Hendricks 等，1994；Guo 等，1996）。

迄今为止，仍然不能完全解释引起婴儿配方乳粉中组分的相互作用和再分配的原因，不能明确解释这些反应对于配方乳粉的生化和营养作用的影响。然而，Hendricks 等（2001）能够鉴定出单元操作（即混合、加热、干燥）对氮元素和矿物元素在加工和配制中的重新分配的影响，并且能够鉴定出在试验的婴儿配方乳粉中，蛋白质和脂质之间复杂的成分反应。

这些婴儿配方乳粉中的营养组分（即矿物质、碳水化合物、脂质和蛋白质）可能在加工过程中相互反应，这就是导致矿物质和氮元素再分布的原因。密集的研究集中于加热引起的蛋白质组分之间的相互作用，也就是酪蛋白和乳清蛋白之间的反应（Smith and Brouwershaven，1980；Haque 等 1987；Haque and Kinsella，1988；Mottar 等 1989；DAlgleish，1990；Jang and Swaisgood，1990；Hines and Foegedubgm，1993）。对于牛乳蛋白与脂肪球之间的反应，早在 1960 年就已经得到了研究（Fox 等，1960；Jackson and Brunner，1960）。这些反应已经出现在了配方乳粉、牛乳基质的配方乳（Rowley and Richardson，1985）、浓缩液态婴儿配方乳和即食配方乳中（Guo 等，1988）。这些研究表明，在灌装灭菌之前的高压均质与蛋白质 – 脂质、钙、锌的再分布都是有关联的。这些加工处理同样能提高液态配方乳的凝胶化，因此缩短了产品的货架期（Pouliot 等，1990；Michel 等，1993）。

这些不同种类组分间的相互作用导致了营养素的再分布，包括氮元素，特别是与酪蛋白相连的矿物质，反过来也导致了这些食品中营养成分分布的变化。从根本上说，这些营养素的再分布，可能在实际上对产品的营养和功能特性有负面影响（Clydesdale 等，1991）。婴儿配方乳中的这些相互作用受到了特别关注，同时政府颁布了这些产品需要满足的严格的标准（Caric，1994）。

9.2 成分间的相互作用

高品质的婴儿配方乳中营养成分的估算是由母乳的特定的营养水平推导而出的（即蛋白质、碳水化合物、脂质和矿物质）。婴儿配方乳在加工过程中，营养组分之间相互反应所产生的问题，导致了商业化生产的婴儿配方乳中，很多必须营养成分（例如维生素 C）要以 2 倍的实际需求量进行补充。在以下的几个部分中，将会详细地就蛋白质 – 蛋白质、蛋白质 – 脂质、蛋白质 – 碳水化合物以及矿物质 – 蛋白质之间的反应，连同它们的营养意义一起进行论述。

9.2.1 蛋白质 – 脂肪相互作用

通过高速离心将不同的组分从混合的配方乳中分离出来（即液体或者上清部分、脂肪层和富含蛋白的球体颗粒），这样才有可能研究营养组分的总体布局。这类的研究揭示了在均质后，脂肪部分的蛋白图谱发生了戏剧性的变化：脂肪部分包含所有主要蛋白质并且含量明显升高。这就证明了脂肪中的高氮含量主要来源于与脂肪相连的乳清蛋白和酪蛋白。

正如 McPherson 等（1984c）所论述的，均质和超高温处理会显著影响脂肪球整体的膜组分的重排。在均质的牛乳中，乳清蛋白和酪蛋白成为了膜的主要成分。从更近期的关于高温和均质作用方面的研究可以发现，膜的蛋白组成是不受温度或者均质压力所影响的，但是牛乳在 85℃加热 20min 与 65℃加热 30min 相比，前者膜内部的乳清蛋白相对于酪蛋白的比例更高（Cano – Ruiz and Richter，1997）。

这些研究同时还表明了，对于所有参与测试的样品，将不同部分（即上清液、脂肪和蛋白球）进行了离心和分离，上清蛋白里包含了大部分的乳清蛋白及少量的牛血清白蛋白。加工过程中，源于混合物上清部分的蛋白质变性了，并且在进行十二烷基硫酸钠聚丙烯酰胺凝胶电泳（SDS – PAGE）时，出现了模糊的、如被涂抹一般的蛋白带。这是由于加热引起了蛋白质交联，改变了乳清蛋白的三级结构。从未加工的混合配料上清液部分提取乳清蛋白，形成凝胶后的蛋白带强度高于从加工过的混合配料上清液提取的乳清蛋白带，这是由加工过程中三个部分间的蛋白质的重新分布引起的。

不论是已加工的配料还是原始的婴儿配方乳粉配料，乳清蛋白和酪蛋白组成了蛋白球颗粒的主要蛋白带。Hendricks 等（2001）提出，这可以在一定程度上解释为何干燥的脱脂牛乳可被用于制作原料混合物这个事实。因此，酪蛋白和乳清的相互作用已经在牛乳的制造过程中出现了，也能够继续影响未加工的混合料的蛋白部分的组成。

9.2.2 蛋白质 – 碳水化合物相互作用

对于婴儿配方乳的生产和制造，只有乳糖、蔗糖、麦芽糖、麦芽糊精、预煮和糊化淀粉以及玉米糖浆干粉可以使用，并且所有的配料都要不含谷蛋白。一般的原则是，不易消化的碳水化合物（NDC）以及大部分来源于植物的膳食补充剂是不能作为膳食补充剂出现在婴儿配方乳的加工中的。这是因为虽然不易消化的碳水化合物可能对成年人的胃肠道生理和健康有显著的益处，但是有一些证据证明它减少了婴幼儿热量的摄入或者降低了碳水化合物、矿物质、脂肪和其他营养素的可利用率、消化率和吸收率（Hamaker 等，1991）。但是对于不易消化的碳水化合物禁令也有例外。通常，乳糖在小肠内被不完全消化，特别是在非常小的婴儿中，可以认为是不易消化的碳水化合物，然而，它依然是符合标准的配料。

蛋白 – 还原糖缀合物通过糖基化在配方乳中形成，如熟知的美拉德反应。这是以一个于 1912 年首次描述这个反应的化学家 Louis – Camille Maillard 的名字命名的（Chichester，1986）。它属于一种非酶促褐变，源于还原糖和蛋白质或者氨基酸间的化学反应，通常发生在反应物被加热的过程中。美拉德反应由于产生褐变被当作焦糖化反应，而实际上，这是两种完全不同的化学反应。在美拉德反应中，糖的活性羰基和氨基酸的亲核氨基反应形成了不易表征的糖基化氨基酸和糖基化蛋白混合物。在非常高的温度下，会形成丙烯酰胺和其他几种有毒的有机胺类。戊糖还原糖类（例如果糖）比已糖（例如葡萄糖和半乳糖）容易反应，已糖又比双糖（例如蔗糖和乳糖）更加容易反应。不同的氨基酸会产生不同程度的褐变（Grandhee 和 Monnier，1991），生成的不同蛋白质和氨基酸也是产生一系列气味和风味的原因。这就使得美拉德反应在各种食品中的产生和预防显得非常关键。事实上，这也是食品风味产业的基础。

一个美拉德反应可以在生产过程产生上百种不同的风味混合物，并且可以依次分解从而形成更细化的风味混合物。在每种食物的初始反应阶段都会形成一套独特的风味混合物，多年以来，食品化学家使用这些化合物来判定不同种类食物的风味。然而，这些反应也同样能制造有毒的异味。

这个问题已经出现在了婴儿配方乳中：由于美拉德反应，褐变和异味出现在了一些液态婴儿配方乳的加工过程中（例如加热灭菌）。混合的配料中，糖类的羰基基团可以与部分水解的蛋白质混合产生 N-代葡基胺。这种不稳定的化合物进一步分解形成酮胺、丙酮醛和其他短链的水解裂变产物，最终导致了这些热杀菌产品的异味和颜色的改变（Grandhee 和 Monnier，1991）。然而，这并不意味着婴儿配方乳中的美拉德反应带来的全是负面的影响。与未经过修饰的蛋白质相比，这些经过反应的产品可以提供新的，有时候是更高的功能性（Oliver，2011）。如果我们对美拉德反应的化学过程有更好的理解，例如美拉德反应产物的性质以及它们与具体的功能特性之间的内在联系，我们将能评价美拉德反应产物作为一种独立的食品原料应用在婴儿配方乳中的潜能。

9.2.3 矿物质-蛋白质相互作用

Hendricks 等（2011）提出，婴儿配方乳粉加工过程中，组分之间的反应也能导致氮元素和矿物质的重新分布（即钙、镁、磷、锌和铁）。他们使用能量分散光谱法（X射线微量分析）和电子显微镜进行了分析，结果显示脂肪球出现在了蛋白质相，而且酪蛋白和乳清蛋白都是与脂肪球结合在一起的（图9.1）。因此，脂肪里的蛋白含量的提高和蛋白部分的脂肪含量的提高同样证明了，在试验的配方乳中，对于均质后的样品，蛋白质-脂质发生了相互作用。配方乳的微观结构和成分分布，在浓缩和喷雾干燥阶段很少改变。在巴氏杀菌和均质过程中组分的重新分布和组分间的相互作用体现了后两个阶段是引起上述变化的主要因素。

9.3 成分间相互作用的营养意义

婴儿配方乳通常通过将特定的蛋白质、脂肪、碳水化合物、维生素和矿物质混合来制造。混匀后，进行巴氏杀菌、均质、浓缩，然后再喷雾干燥或者灭菌。郭明若教授的许多研究都反映了商业化婴儿配方乳与其他乳制品类似的在生产过程中成分间的相互作用，包括蛋白质-脂质-矿物质、蛋白质-脂质和蛋白质-蛋白质之间的反应（Guo and Kindstedt，1994；Guo 等 1994a，1994b，1996，1998）。

目前还尚不清楚，为什么在婴儿配方乳中出现如此高程度的反应，也不清楚它们对婴儿配方乳营养和功能特性的影响。然而，更进一步的研究已经发现了配方乳中酪蛋白凝胶束和脂肪球在加工前呈离散的、轮廓分明的球体，然而在巴氏杀菌后，酪蛋白凝胶束有粗糙的、不规则的表面，这大概是因为酪蛋白和乳清蛋白的相互作用。在巴氏杀菌后可沉淀氮量由杀菌前的总氮量的44%提升到了55%，可沉淀氮的增加证实了这些酪蛋白和乳清蛋白间的相互作用。而巴氏杀菌导致了配方混合物中矿物元素分布的一些微小的改变。

婴儿配方乳的成分在加工过程中相互作用，而使用的蛋白质的种类扮演着重要的角色，因此蛋白质种类对于成分的溶解度和吸收有着显著的影响。Drago 和 Valencia（2004）研究了钙浓度和酪蛋白含量对于钙、锌和铁在婴儿配方乳中的透析率（进而溶解度）所产生的影响。他们发现只有酪蛋白的含量对于铁和锌的透析率产生了显著的影响。因此，乳清为主的配方乳在加工过程中，不易于成分间的交互作用，并且可以切实地促进矿物质的有效性，提高铁和锌的利用率。如图9.1所示。

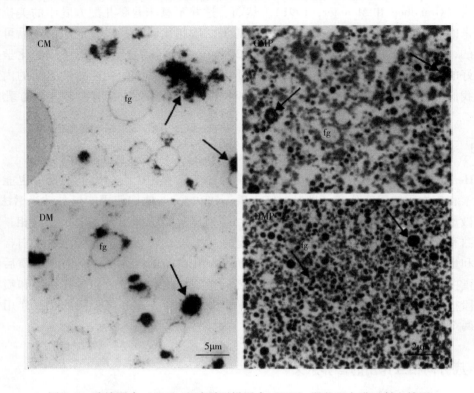

图9.1　浓缩混合（CM）和喷雾干燥混合（DM）婴儿配方乳透射电镜图
注：左图是整体混合乳，右图是离心后的沉淀部分。注意存在于沉淀部分中的脂肪球，以及混合物中附着于脂肪球的酪蛋白胶束变性的乳清蛋白（箭头）
（资料来源：Hendricks 等，2001）

Hendricks 等（2001）在均质处理后使用电子微缩照片揭示了酪蛋白-乳清蛋白聚集体的存在，并且它们明显地附着于脂肪球表面（图9.2，Guo 等，1996）。他们也发现了在脂肪部分，氮含量从均质前总氮量的2%增加到了30%，确定出现了高程度的蛋白质-脂肪相互作用。使用 SDS-PAGE 确认了脂肪部分确实明显含有高水平的乳清蛋白和酪蛋白。不仅如此，脂肪部分也增加了锌、磷、镁和钙的含量，所有的矿物质都紧紧地与酪蛋白凝胶束联系在一起。这说明了在均质期间，酪蛋白-脂质相互作用确保了酪蛋白束缚的矿物质被重新分布到了脂肪中。此外，电子微缩照片检测出了均质后离心分离沉淀相，脂肪球的存在也被揭示出来，证明了生产过程中的高压均质处理导致了蛋白质和脂质的相互作用，脂肪球在蛋白颗粒里的存在，脂肪部分里蛋白质的存在，都通过离心分离得到了证实，通过电子微缩照片观察发现，只进行浓缩和喷雾干燥时，配方乳在微观结构上的氮元素和矿物质分布只发生了相当小的变化。因此，巴氏杀菌和高压均质是造成婴儿配方乳微观结构改变和成分间相互作用的主要原因，推测是酪蛋白-乳清蛋白在生产过程中的相互作用引起的。

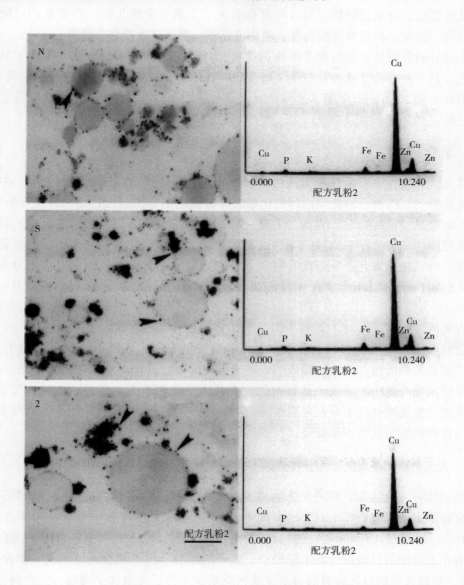

图9.2 重组粉状婴儿配方乳（N，S，2）薄切片中致密颗粒透射电子显微镜和EDS光谱图
注：所有钾、铁和锌的典型X射线发射峰都作了标记，与元素周期表保持一致；铜的发射峰是由于铜栅格引起的。
（资料来源：Hendricks，2001）

9.3.1 婴儿配方乳粉和过敏反应

乳糖不耐受和牛乳过敏现象常常困扰着我们，但是这两种情况是不同的。过敏是产生炎症和组织损伤的免疫反应。这种对食品的反应可能出现在身体的任何部位，因此能引起各种问题。此外，食物过敏阻碍了营养吸收，所以可能导致疲劳、骨质疏松和缺铁性贫血。食品过敏甚至与哮喘发作有关。儿童与婴幼儿的一些常见的过敏症状包括腹泻、便秘、肠道易激综合征、消化道反流、鼻窦炎以及耳部感染。

大部分的食物过敏都起源于潜在的遗传条件。先天的乳糖酶缺陷，阻止了乳糖酶的表达，是一种非常罕见的常染色体隐性基因遗传病，从孩子一出生就开始表现出来。在美国有不到 20 万人口出现了这种状况（Heyman，2006）。奇怪的是，这在芬兰是非常常见的（Behrendt 等，2009）。

9.3.2 乳糖不耐受

然而，乳糖、牛乳蛋白和脂肪的不耐受相对常见。从进化史的观点来看，牛乳是人类饮食中的新品种。因此我们的消化系统有时候也不能识别出它是一种友好的物质。乳糖不耐受是一种酶缺乏的表现，不是过敏，常常发生于小肠不能制造足量的乳糖酶时。乳糖酶合成与分泌不足被归类为乳糖酶缺乏。正常婴儿的消化系统，产生乳糖酶来消化乳汁，包括母乳。早产儿有时候不能制造足够的乳糖酶，因此也被划分为乳糖不耐受群体，但是婴儿很少在 3 岁之前表现出不耐受的症状（Genauer and Hammer，2010）。

人类的种族不同，对于乳糖不耐受开始产生的年纪也不同。在高加索人中，乳糖不耐受的人群通常为 5 岁以上的人群。在非裔美国人中，乳糖不耐受可能始于 2 岁。乳糖不耐受人群所占人口的比例依然依赖于人的种族，乳糖不耐受现象在亚洲、非洲、美洲原住民或者地中海血统中比较常见，在北欧或者西欧不太常见。这种情况对于成年人来说是常见的并且不存在危险性的。据估计，大约有 3000 万的美国人在 20 岁之前体验过各种程度的乳糖不耐受症状（NIH, Lactose intolerance, 2009）。

9.3.3 大豆基质的婴儿配方乳替代品

美国儿科学会认为，豆乳是牛乳或人乳不耐受孩子的一种合适选择。如果一个婴儿能更好地耐受豆乳，那么对于这个孩子，使用豆乳将成为唯一一种有益选择（Bhatia 等 2008）。尽管豆乳有着不一样的氨基酸图谱，但是豆乳含有与牛乳近似的蛋白质含量。由于大豆中的钙被束缚在了豆粕中，既不能溶解，也不能被人体消化（Bhatia 等，2008），所以天然的豆乳含有的可消化的钙质很少。为了克服这个难题，生产商可能会用可消化的碳酸钙来丰富他们的豆乳产品。与牛乳相比，豆乳不含胆固醇并且只有少量的饱和脂肪酸。豆乳含有蔗糖，这是一种基本的双糖，能够被分解为果糖和葡萄糖。由于豆乳不含有乳糖分解成分，即半乳糖，大豆基质的婴儿配方食品可以替代母乳，可以提供给有半乳糖血症的孩子（Berry 等，2006）。豆乳不含乳糖，因此也可以作为乳糖不耐受孩子的选择。对于那些无须在膳食中限制糖的种类（前提是适合婴儿消化吸收的）的婴儿来说，并没有研究表明使用豆乳来替代牛乳，会带来糖类相关的健康损坏或者益处。

尽管有一些言论是食用豆制品能带来健康益处，特别是能帮助减少甘油三酯的数量，降低低密度胆固醇，但这种关联性在近十年的关于大豆消费研究中还没有得出确切结论（Bhatia 等，2008）。大豆可以在婴幼儿饮食中替代动物蛋白，然而，豆乳并不会像牛乳一样直截了当地保证婴儿摄入有效的矿物质。遗憾的是，它所含有的很多矿物质都是和营养无关的：高含量的植酸使婴儿无法吸收。因此，大豆基质的婴儿食品必须要经过维生素和矿物质的强化来保证这些营养素的数量和吸收（Bhatia 等，2008）。

大豆基质的婴儿配方乳并非和食品过敏无关。大豆是众多食品中最常见的能引起过敏反应的食物。大豆过敏反应常见症状包括哮喘、过敏性鼻炎、荨麻疹（麻疹）和过敏性皮炎（湿疹）等。过敏研究还没有确定究竟是大豆的哪种成分引发了这些反应，但是目前，研究人员在大豆中找到了 15 种致敏性蛋白（Bhatia 等，2008）。

9.4 小结

婴儿配方乳是设计来补充母乳的，也为在无法实现母乳喂养时替代母乳。通过蛋白质、脂肪、碳水化合物、矿物质和维生素等成分的特定结合来组成配方。未加工的混合配料要进行混匀，经过巴氏灭菌、均质、浓缩、喷雾干燥或者灭菌等加工步骤。在生产过程中的任何一个步骤，混合物中配料组分的重新分布和相互作用都可能发生。引起这些反应的因素以及这些反应对于配方乳的生化和功能特性的影响还尚不清楚。然而，热处理引起的蛋白质之间的反应已经得到了广泛的研究。进一步的高压均质处理及后续的装罐灭菌引发了液态配方乳中的钙、锌重新分布和蛋白质-脂质的重新分布。这些生产过程中的反应也许对于营养和功能特性有着负面的作用。由于婴儿配方乳需要严格满足营养与功能的相关标准，因此这些反应的出现应该得到特别的重视。

食物过敏和食物不耐受也会干扰营养的吸收，甚至能在婴幼儿中引起严重的疾病症状，包括鼻窦炎、耳部感染、便秘、消化道反流、肠道易激综合征等。然而大部分的食物过敏都源于隐藏的基因条件，食物不耐受可以在任何时间段由于不清楚的原因引发。为了克服这个困难，可选择的替代食品就应运而生了。当牛乳配方乳不能被接受时，豆乳就成为了一种合适的选择。豆乳不含乳糖，因此适用于乳糖不耐受的婴儿。然而，对于能消化吸收常见糖类的婴儿，没有证据证明使用豆乳基质的配方食品会比牛乳基质的配方食品更能增加糖类相关的健康益处或者损害。并且应该注意的是，不能说豆乳基质的配方乳就不存在过敏的危险。如果要想改变喂养婴幼儿的食谱，只能在咨询儿科医师之后才能执行。

参考文献

BHATIA, J., GREER, F., AMERICAN ACADEMY OF PEDIATRICS COMMITTEE ON NUTRITION. (2008). Use of soy protein – based formulas in infant feeding. *Pediatrics*, **121**（5）：1062 – 1068.

BEHRENDT, M., KELSER, M., HOCH, M. and NAIM, H. Y. (2009). 'Impaired trafficking and subcellular localization of a mutant lactase associated with congenital lactase deficiency'. *Gastroenterology*, **136** (7), 2295 – 2303.

BERRY, G. T., SEGAL, S. and GITZELMANN, R. (2006). Disorders of galactose metabolism. In: FERNANDES, J., SAUDUBRAY, J. M., VAN DEN BERGHE, G., WALTER, J. H., eds. *Inborn Metabolic Diseases: Diagnosis and Treatment*. 4th edn. New York, NY: Springer; chap 7.

CARIC, M. (1994). Infant formulas. In: CARIC, M. ed., *Concentrated and Dried Dairy Products*. New York, NY: VCH Publishers, Inc., pp. 127 – 140.

CANO – RUIZ, M. E. and RICHTER, R. L. (1997). Effect of homogenization pressure on the milk fat globule membrane proteins. *Journal of Dairy Science*, **80**, 2732 – 2739.

CHICHESTER, C. O. (1986). *Advances in Food Research (Advances in Food and Nutrition Research)*. Boston: Academic Press, p. 79.

CLYDESDALE, F. M., HO, C. T., LEE, C. Y. MONDY, N. I. and SHEWFELT, R. L. (1991). The effects of postharvest treatment and chemical interactions on the bioavailability of ascorbic acid, thiamin, vitamin A, carotenoids, and minerals. *CRC Critical Reviews in Food Sciences & Nutrition*, **30**, 599 – 623.

DALGLEISH, D. G. (1990). Denaturation and aggregation of serum proteins and caseins in heated milk. *Journal of Agricultural and Food Chemistry*, **38**, 1995 – 1999.

DALGLEISH, D. G. and BANKS, J. M. (1991). The formation of complexes between serum proteins and fat globules during heating of whole milk. *Milchwissenschaft*, **46**, 75 – 78.

DARLING, D. F. and BUTCHER, D. W. (1978). Milk – fat globule membrane in homogenized cream. *Journal of Dairy Research*, 45, 197 – 208.

DRAGO, S. R. and VALENCIA, M. E. (2004). Influence of components of infant formulas on *in vitro* iron, zinc, and calcium availability. *Journal of Agricultural and Food Chemistry*, **52**, 3202 – 3207.

FOX, K. K, HOLSINGER, V. H., CAHA, J. and PALLANSCH, M. J. (1960). Formation of a fat – protein complex in milk by homogenization. *Journal Dairy Science*, **43**, 1396 – 1406.

GENAUER, C. H. and HAMMER, H. F. (2010). Maldigestion and malabsorption. In: FELDMAN M, FRIEDMAN LS, SLEISENGER MH, eds. *Sleisenger & Fordtran's Gastrointestinal and Liver Disease*. 9th edn. Philadelphia, PA: Saunders Elsevier, chap 101.

GUO, M. R. and KINDSTEDT, P. S. (1994). Mineral distribution in infant formula and selected dairy products. *Journal of Dairy Science*, **77** (Suppl. 1), 52.

GUO, M. R., KINDSTEDT, P. S., FOX, P. F. and FLYNN A. (1994a). Quantitative measurement of protein – protein interactions in infant formula using nitrogen distribution. *Journal of Dairy Science*, **72** (Suppl. 1): 51.

GUO, M. R., KINDSTEDT, P. S., FOX, P. F. and FLYNN, A. (1994b). Studies on protein – protein and protein – lipid interactions in infant formulae. *Journal. Dairy Science*, **77** (Suppl. 1), 51.

GUO, M. R., HENDRICKS, G. M., KINDSTEDT, P. S., FLYNN, A. and FOX, P. F. (1996). Nitrogen and mineral distribution in infant formulae. *International Dairy Journal*, **6**, 963 – 979.

GUO, M. R., HENDRICKS, G. M. and KINDSTEDT, P. S. (1998a). Component distribution and interactions in powdered infant formula. *International Dairy Journal*, **8**, 333 – 339.

GUO, M. R., FLYNN, A. and FOX, P. F. (1988b). Study on protein quality in premature infant formulae. *Irish Journal of Food Science and Technology*, **12**, 86.

GRANDHEE, S. K. and MONNIER, V. M. (1991). Mechanism of formation of the Maillard protein cross –

link pentosidine. Glucose, fructose, and ascorbate as pentosidine precursors. *Journal of Biological Chemistry*, **266** (18), 11649 – 11653.

HAMAKER, B. R., RIVERA, K., MORALES, E. and GRAHAM, G. G. (1991). Effect of dietary fiber on fecal composition in preschool Peruvian children consuming maize, amaranth or casava flours. *Journal of Pediatric Gastroenterology and Nutrition*, **13**, 59 – 66.

HAQUE, Z. and KINSELLA, J. E. (1988). Interactions of heated κ – casein and β – lactoglobulin: predominance of hydrophobic interactions in initial stage of complex formation. *Journal Dairy Research*, **55**, 67 – 80.

HENDRICKS, G. M. (2001). Solubility and relative absorption of copper, iron and zinc in infant formulae [dissertation], Burlington, University of Vermont.

HENDRICKS, G. M., GUO, M. and KINDSTEDT, P. (1994). Characteristics of protein – lipid and protein – protein interaction and distribution of minerals in infant formula. In: *Proceedings 52nd Annual Meeting.* (ed. G. W. BAILY and A. J. GARRETT – REED), San Francisco Press, Inc. pp. 188 – 190.

HENDRICKS, G. H., GUO, M. and KINDSTEDT, P. (2001). Solubility and relative absorption of copper, iron, and zinc in two milk – based liquid infant formulae. *International Journal of Nutrition and Food Science*, September; **52** (5), 419 – 28.

HEYMAN, M. B. COMMITTEE ON NUTRITION. (2006). 'Lactose intolerance in infants, children, and adolescents'. *Pediatrics*, **118** (3), 1279 – 1286.

HINES, M. E. and FOEGEDING, E. A. (1993). Interactions of α – lactalbumin and bovine serum albumin with β – lactoglobulin in thermal induced gelation. *Journal of Agriculture and Food Chemistry*, **41**, 341 – 346.

HOULIHAN, A. V., GODDARD, P. A., NOTTINGHAM, S. M., KITCHEN, B. J. and MASTERS, C. J. (1992). Interactions between the bovine milk fat globule membrane and skim milk components on heating whole milk. *Journal of Dairy Research*, **59**, 187 – 195.

JACKSON, R. H. and BRUNNER, J. R. (1960). Characteristics of protein fractions isolated from the fat/plasma interface of homogenized milk. *Journal of Dairy Science*, **43**, 912 – 919.

JANG, H. D. and SWAISGOOD, H. E. (1990). Disulfide bond formation between thermal denatured β – lactoglobulin and κ – casein in casein micelles. *Journal of Dairy Science*, **73**, 900 – 904.

LACTOSE INTOLERANCE. (2009). The National Digestive Diseases Information Clearinghouse (NDDIC). NIH Publication No. 09 – 2751. June 2009.

MCPHERSON, A. V., DASH, M. C. and KITCHEN, B. J. (1984a). Isolation of bovine milk fat globule membrane material from cream without prior removal of caseins and whey proteins. *Journal of Dairy Research*, **51**, 113 – 121.

MCPHERSON, A. V., DASH, M. C. and KITCHEN, B. J. (1984b). Isolation and composition of milk fat globule membrane material. I. From pasteurized milks and creams. *Journal of Dairy Research*, **51**, 279 – 287.

MCPHERSON, A. V., DASH, M. C. and KITCHEN, B. J. (1984c). Isolation and composition of milk fat globule membrane material. II. From homogenized and ultra heat treated milks. *Journal of Dairy Research*, **51**, 289 – 297.

MICHEL, I., LAVIGNE, C. and DESROSIERS, T. (1993). Soluble and lipid – bound calcium and zinc during processing of infant milk formulas. *Journal of Food Science*, **58**, 756 – 760.

MOTTAR, J., BASSIER, A., JONIAU, M. and BAERT, J. (1989). Effect of heat - induced association of whey proteins and casein micelles on yogurt texture. *Journal of Dairy Science*, **72**, 2247 - 2256.

OLIVER, C. M. (2011). Insight into the Glycation of Milk Proteins: An ESI - and MALDI - MS Perspective (Review) Critical Reviews in Food Science and Nutrition, **51** (5), 410 - 431.

POULIOT, Y., BRITTEN, M. and LATREILLE, B. (1990). Effect of high pressure homogenization on a sterilized infant formula: Microstructure and gel gelation. *Food Microstructure*, **9**, 1 - 8.

ROWLEY, B. O. and RICHARDSON, T. (1985). Protein - lipid interactions in concentrated infant formula. *Journal of Dairy Science*, **68**, 3180 - 3188.

SHARMA, S. K. and DALGLEISH, D. G. (1993). Interactions between milk serum proteins and synthetic fat globule membrane during heating of homogenized whole milk. *Journal of Agricultural and Food Chemistry*, **41**, 1407 - 1412.

SHARMA, S. K. and DALGLEISH, D. G. (1994). Effect of heat treatments on the incorporation of milk serum proteins into the fat globule membrane of homogenized milk. *Journal of Dairy Research*, **61**, 375 - 384.

SMITH, P. and VAN BROUWERSHAVEN, J. H. (1980). Heat - induced association of β - lactoglobulin and casein micelles. *Journal of Dairy Research*, **47**, 313 - 325.

10 婴儿配方乳粉质量控制

S. Ahmad，University of Agriculture Faisalabad，Pakistan M. Guo，University of Vermont，USA and Jilin University，People's Republic of China

摘 要：脱离了母乳喂养的婴儿需要高品质的配方乳粉作为母乳替代品来获得他（她）们所需要的营养，特别是高危的早产儿及低出生体重婴儿。因此，婴儿配方乳粉的质量控制和喂养方式对避免婴儿发生健康问题是至关重要的。本章主要分为三部分：（1）婴儿配方乳粉的介绍，包括其重要性和主要关注点；（2）婴儿配方乳粉的质量控制体系，如现行良好操作规范（CGMP）和危害分析与关键控制点（HACCP）及发达国家和一些新兴国家的管理指南；（3）质量控制参数，如微生物、环境及营养等。

关键词：婴儿配方乳粉 质量控制 质量体系 质量标准

10.1 引言

发达国家主要有母乳喂养和配方乳粉喂养两种婴幼儿喂养方式。母乳喂养是自然安全的且提供了多种必需的营养，具有明显的质量保证。然而，婴儿配方乳粉喂养，在两个层面上需要高度谨慎和严格的质量保证：第一，在工业化生产加工水平上；第二，在家里的配制。使用40~50℃的水对婴儿配方乳粉进行溶解（最好是即溶即食）、室温下放置、长时间喂养可能会在家庭环境下引起较大的健康风险。另外，如果使用70℃的水配制婴儿乳粉，可以明显降低健康风险。然而，并不是所有婴儿配方乳粉都适合用70℃的水溶解，所以，作为一个质量控制的措施，需要产品标签上特别说明（联合国粮食及农业组织/世界卫生组织，FAO/WHO，2006）。

根据联合国儿童基金会（WHO/UNICEF）推荐，前6个月对婴幼儿的生长、健康和发育至关重要。所以，这个阶段应该无条件地使用母乳喂养（Farmer等，1980）。然而，大家也认识到母乳喂养有时候并不是十分可行的，特别是在发展中国家。于是，配方乳粉便成了对于失去了母乳喂养机会婴儿的唯一选择。它可以满足婴儿出生后第一年的营养需求，使该阶段婴儿在生理、心理和精神方面快速生长，这也对后期幸福和长期的健康是必需的（Health Canada，2006）。也有一些母亲对她们的孩子使用混合喂养方式（母乳和婴儿配方乳粉轮替喂养）。这一经过特别准备和组合营养的选择首先始于医生的建议，其次来自于婴儿的偏好和朋友的意见（Winiarska，2009）。近年来，婴儿配方乳粉的"母乳化"（使配方乳粉的组分更接近于母乳）受到了研究界的极大关注。

加拿大卫生部要求所有国内的婴儿配方乳粉生产商建立良好操作规范（GMP），该体系基于满足监管要求的质量控制程序。除非特别要求，不再强制要求婴儿配方乳粉生产商具有正式的 ISO -9000（国际标准组织）认证和危害分析与关键控制点（HAC-CP）质量控制体系认证。然而，良好操作规范体系鼓励使用 ISO -9000 和 HACCP 识别和控制关键控制点（CCP），以避免失败、污染，持续改进产品的加工工艺和质量。不断的技术进步使生产商在执行良好操作规范体系条件下生产出更安全、更健康的产品作为母乳喂养替代品。

10.2 婴儿配方乳粉质量控制体系

全球婴幼儿乳粉行业每年的销售额超过 80 亿美元。大量的金钱用于广告和说服母亲相信使用婴儿配方乳粉喂养婴儿更好和更方便（NRDC 自然资源保护委员会，2005）。由于产品的敏感性，婴儿乳粉生产商同时需要花费大量预算用于维持产品品质。为了更好地保证婴儿配方乳粉的品质，发达国家各国政府已制定了各种指南和体系（如危害分析与关键控制点，良好操作规范等），只有符合这些质量控制标准的产品才可以销售，不能满足正常健康婴儿早期营养需求的产品是不允许销售的（IBFAN，2005）。

10.2.1 婴儿配方乳粉现行良好操作规范（CGMP）

创新和改进研究是持续的，因此食品安全标准和质量控制检测需要根据研究结果进行不定期的修订。在生长发育早期，婴儿的各个器官仍处于生长阶段，对环境和食品高度敏感；因此，婴儿配方乳粉中的有害物质通常是不能被接受的。婴儿配方乳粉生产商经常建议在配方中添加新原料使产品更接近于母乳，更加有利于婴儿健康。这将带来新的科学挑战，也很有可能不符合现有法规。持续修订婴儿配方乳粉的多方面监管办法，包括质量控制和现行良好操作规范要求，将成为必然。

良好操作规范（GMP）可以为药品、医疗器械、诊断产品和食品生产制造商提供各种监管办法、法典和指南。1963 年美国食品药品管理局（FDA）颁布了第一个药品良好操作规范，次年开始生效。在这个基础上，美国食品药品管理局于 1969 年起草了食品生产加工管理办法，由此开始了食品良好操作规范的新纪元。现在每个国家都有执行良好操作规范的监管机构，如澳大利亚药物管理局、英国的医疗保健产品管理机构和印度卫生部等。然而，许多欠发达国家仍然缺少良好操作规范。1980 年，美国 FDA 通过了婴儿配方乳粉法案，这是在该领域第一次引进了良好操作规范，并于 1986 年对该法案进行了修订。该法案对帮助管理当局定义营养含量、质量控制程序、扣留和检查要求、产品召回程序及标签要求具有很大帮助。具有特殊医疗目的的产品配方可以被豁免（Vanderveen，1991）。

婴儿配方乳粉生产商必须遵守具有较强行政监管卫生程序的国际规则。根据世界卫生组织（WHO）指南，婴儿配方乳粉生产商应该使用先进的良好操作规范和危害分析与关键控制点管理体系，建立生产质量监管体系，积极规避一些风险因素，采取预防措施，并对卫生监督与企业管理给予同等的重视（WHO，2008）。作为危害分析与关键控制点和良好操作规范体系基础的、用来表达操作条件的程序被称为必备程序。ISO－9000 是国际上公认的质量管理体系，对所有影响产品质量的活动建立管理操作程序。该体系的要求接近于良好操作规范（Health Canada，2006）。

为了使危害分析与关键控制点计划行之有效，必须根据国内的管理办法执行一定的程序和活动。对良好操作规范开展检查，不仅可以保证婴儿配方乳粉企业的生产质量，同时也可以提高管理水平和生产能力。良好操作规范提供了有效控制婴儿配方乳粉生产的配料、配方、加工及所使用的设备的总体要求。良好操作规范重点强调包括生产过程的安全确认、预防外来物质和控制污染食品的微生物、建立双重检测体系、预防人为造成的损失、标签管理、人员培训、保留生产记录及报告存档。如果不有效地执行良好操作规范，婴儿配方乳粉生产商的产品就不能保证足够的安全、始终如一的品质和充足的营养（Health Canada，2006）。

美国国家科学院医学研究所委员会对"评估新型配料在婴儿配方乳粉中的添加"时提出 6 个有关配方管理的主要安全问题（NAP，2004）：

（1）婴儿配方乳粉是许多婴幼儿唯一和主要的营养来源；

（2）配方乳粉喂养阶段处于敏感的生长发展阶段，因此对婴幼儿健康会产生短期和长期的影响；

（3）动物可能不是确定安全性的最合适的模型；

（4）"一刀切"的食品安全模型可能并不适合婴儿配方乳粉；

（5）婴儿配方乳粉应该不只看作是食品（例如它也是一个非营养剂输送系统）；

（6）在婴儿配方乳粉中添加一种新的配料时，应该考虑其潜在的效果和安全性。

10.2.2　良好操作规范在发达国家和新兴国家

FAO/WHO 法典委员会在 1969 年提出了良好操作规范这一体系，并研究和收集了各种食品的良好操作规范，建立了为各成员国提供参考的国际规范。世界上任何国家都应该建立基于"食品卫生通则"的统一的食品良好操作规范和卫生管理规定（CAC/RCPI－1969 REV.3，1997）。美国、日本、新加坡、德国、澳大利亚和中国正采取积极措施提高食品良好操作规范水平，同时 CAC 提供了 41 个 GMPs 作为重要的参考点来解决国际贸易争端。

美国

在美国，据估计 70% 达到 3 个月月龄的婴幼儿接受过配方乳粉（CDC，2007）。美国经常参考 FDA 的 GMP，FDA 是美国卫生及公共服务部（HHS）的一个机构，该机构管理所有食品（包括婴儿配方乳粉）的生产安全。婴儿配方乳粉的相关法律来自于 1938 年颁布的联邦食品、药品和化妆品法案的 409 和 412 部分。409 部分赋予 HHS 权力以确保新食品配料的安全性，412 部分确保婴幼儿乳粉配方的安全。

美国联邦法规《CGMP：生产、加工、包装或持有人类食品》确立了设施建设和生产加工过程等的卫生和控制通用管理框架（Vanderveen，1991）。美国食品药品管理局制定的良好操作规范中包含了婴儿配方乳粉中采用的质量控制特别说明（21CFR Parts 106 and 107）。

美国生产商在婴儿配方乳粉中添加任何新配料时，要遵守一般公认安全（GRAS）通告。这个过程是科学透明和严谨的，并且该安全告知逐步扩展到对一般人群的食品配料管理（NAP，2004）。婴儿配方乳粉应强化铁，但必须遵守商业条款（CID）A-A-20172（美国农业部，2008）。产品配方和包装也应该与现行的良好操作规范要求一致（21 CFR Part 110，美国联邦法规21条，第110部分）。液体配方食品应遵守联邦法规21条第113部分的规定（part 113 of 21 CFR），也就是经过热加工的低酸食品应包装在密闭的容器中。婴儿配方乳粉同时应该符合FDA 1980年婴儿配方法案及其1986年修正案的要求。确保产品的类型、等级、容器及包装尺寸符合管理规定是至关重要的（FSA，2008）。

欧盟

在欧盟，适合的和经过科学验证为安全的新原料可以添加到婴儿配方乳粉中。欧盟婴儿配方乳粉指令（2006）已建立了牛乳和大豆婴儿配方食品标准。该指令主要基于下述文件：

（1）首次报告婴儿配方乳粉及适合于6个月以上婴儿的基于牛乳蛋白的含乳产品的必需营养要求（SCF，1983）；

（2）大豆基婴儿配方食品及适合于6个月以上婴儿的含乳产品的最低营养要求（SCF，1989）；

（3）上述报告的第一附录（SCF，1991）；

（4）"低过敏原"或低抗原婴儿配方乳粉报告和关于婴儿配方乳粉及基于牛乳蛋白的含乳产品必需营养要求及大豆基婴儿配方乳粉及含乳产品的最低营养要求的第二附录（SCF，1993）；

（5）婴儿配方乳粉及适合于6个月以上婴儿的配方食品必需营养要求的报告。

基于广泛接受的科学数据，欧盟于1998年建立了婴儿配方乳粉管理办法。该管理办法包含了一系列有关食品生产、运输及市场对卫生条件的说明和要求，主要包括以下6个部分：

（1）疾病管理实施条例（四条）；

（2）农药和兽药残留管理实施细则（三条）；

（3）食品生产和市场卫生管理（十四条）；

（4）检测管理实施细则（六条）；

（5）准入第三国食品的控制管理（十条）；

（6）官方卫生证书的管理。

欧盟管理委员会指令2006/141/EC（即产品召回指令）清晰定义了欧盟上市婴儿配方乳粉的组成成分、品质和标签要求（FSAI，1999）。

加拿大

加拿大农业部将HACCP作为食品安全提升计划的基础进行食品安全控制。在此基础上，食品生产企业必须采取一系列基本的控制步骤和程序来保证生产的安全和卫生。这些措施包括对工厂、运输、设备、员工、卫生、害虫控制和回收的管理。在加拿大，婴儿配方乳粉制造商/进口商有责任在整个供应链中有效地实施良好操作规范（加拿大卫生部，2006）。同时，良好操作规范也被用来评估那些提交了上市前声明的新产品或改变配方的婴儿配方乳粉的技术和质量水平。

在加拿大，实际生产中将良好操作规范和国际食品法典委员会法令（CAC codes）联合起来使用，具体如下：

（1）推荐的国际操作规程——食品卫生通用准则（CAC/RCP 1 – 1969，Rev 4，2003）；

（2）HACCP体系和应用指南（CAC/RCP 1 – 1969，Rev 3，1997）；

（3）推荐的婴儿和儿童食品国际卫生操作规范（CAC/RCP 21 – 1979）；

（4）推荐的低酸和酸化低酸罐头食品国际卫生操作规范（CAC/RCP 23 – 1979，Rev 2，1993）；

（5）灭菌处理和包装的低酸食品卫生操作规范（CAC/RCP 40 – 1993）；

（6）加拿大食品检查局操作规程——食品卫生、组成和标签的通用准则（加拿大食品检查局，2006年4月）；

（7）加拿大食品检查局食品进口良好操作规范（加拿大食品检查局，2006年4月）；

（8）2003食品标签和广告指南（加拿大食品检查局，2003）。

婴儿配方乳粉生产商和进口商有义务及时更新这些操作规范和指南，并且在需要的时候参考这些指南作为技术指导。

中国

2008年的三聚氰胺事件给消费者信心带来较大的负面影响，特别是对于国产婴儿配方乳粉。直到2012年，消费者的信心仍在恢复中，零售增速放缓。有关粉状婴儿配方乳粉微生物学质量控制说明如下：

1. 良好生产标准

GB 12693—2010《乳制品良好生产规范》标准主要针对乳制品生产，包括婴儿配方乳粉企业。婴儿配方乳粉生产中应遵守生产设备的干燥、清洗、消毒的特殊要求。该标准同时对生产环境中的有害的沙门菌和阪崎肠杆菌的监测提供了指导。

2. 生产许可证审查

GB/T 27320—2010《食品防护计划及其应用指南　食品生产企业》附录说明了对婴儿配方乳粉生产企业的审查标准和许可要求，包括生产加工控制条件和加工环境的卫生条件。

3. 婴幼儿食品标准

GB 10765—2010《婴儿配方食品》对加工过程中的污染物、真菌毒素和微生物具有限制性要求。

4. 乳制品相关的更多建议

(1) GB/T 27342—2009《危害分析与关键控制点（HACCP）体系　乳制品生产企业要求》（乳品生产企业的 HACCP 体系建议）

(2) ISO 14000 环境管理系列标准（环境管理体系的建议和操作指南）

(3) ISO 9001 质量保证体系（QMS 建议）。

10.2.3　危害分析与关键控制点（HACCP）

在非无菌的环境中也可能生产出安全的婴儿配方乳粉。然而，这些产品一定有较高的微生物数量；这些产品的目标消费者是非常敏感的，而且是在冲调复原后不经过加热而直接食用。所以，这就需要 HACCP 体系发挥作用来保证最后产品的安全性（Montagne 等，2009）。婴儿配方乳粉指南必须基于 HACCP 体系，特别是基于医院环境（Vargas - Leguás 等，2009）。这些指南是根据国际法规、国际专家会议、科学界建议的当监测发现在关键控制点上已失控时采取有效检查、微生物控制和纠正措施的基础上发展起来的。这些基于 HACCP 的指南是动态和特定的评估程序，它们应持续地适应新要求（Vargas - Leguás 等，2009）。

控制所有可能引起污染的关键点是至关重要的，特别是微生物控制。一些能感染婴儿的病原体必须在乳粉的制作期间和/或制备之后得到控制，这包括各种原料、设备、雇员、灰尘、昆虫和害虫等。

根据 Bryan（1988），HACCP 是一个有效预防和最小化食源性疾病发生的体系。在这个体系中，需要对产品加工过程中生物、物理和化学危害开展系统的调查。同时，建立相应的控制程序并开展定期和系统的监测，以阻止危害的发生（Bobeng and David，1978；Bauman，1990）。

在医院，可以连续监控的特殊房间被专门用来准备婴儿配方乳粉并发放给新生儿及生病的婴儿。在 HACCP 计划实施之前，这些房间是婴幼儿食源性疾病传播潜在的污染源，需要特别的注意。巴西巴伊亚州萨尔瓦多市的四家医院对婴儿配方乳粉的配制间进行了 HACCP 体系监控，对这些房间工作的人员进行了食品安全和良好操作的培训。确定了一些关键控制点如均质、冷藏、储存，并且对其纠正措施进行了定义和实施。同时，也识别了工作人员的手及器具等交叉污染源。由于实施了 HACCP 计划，婴儿配方乳粉、器具和工作人员双手的微生物数量得到了明显改善，分别下降了 4、3 和 4 个数量级，且粪大肠杆菌和金黄色葡萄球菌完全消失了。

10.3　婴儿配方乳粉的微生物含量及控制措施

婴儿配方乳粉并不是无菌的，为了保证安全，要对各种指示菌展开广泛的检测。这些检测的真实性取决于整个供应链中食品原料的特性和目标微生物的行为特征。国际食品法典委员会法令近期采纳了婴儿配方乳粉和相关产品中微生物学质量标准，并达成了一致共识（Buchanan 和 Oni，2012）。基于证据的指示微生物应该是那些被鉴定为病原菌或危险性小但对婴幼儿身体健康有害的微生物。各公司必须采取控制措施保证这些微生物低于 CAS 标准。

其他预防措施包括培训父母和监护人正确地准备、处理和储存婴儿食品及正确对待潜在的有害菌。在发展中国家特别是一些农村偏远地区，实施这样的培训和指导可以明显减少风险的发生，但由于缺少教育及相应的设施条件，具体执行起来有一定的困难。在这种情况下，就要通过媒体将教育信息进行解释并发布。并充分利用国际指南（WHO，2008）及相关的教育资料促进这些措施的执行。增加医护人员对致病菌感染的理解、连续向看护者提供关于其潜在危险的教育是必需的。

考虑到微生物的潜在威胁，国际食品法典委员会（1981）提出婴儿配方乳粉生产商必须标明最佳食用日期（日—月—年）。如果婴儿配方乳粉有超过三个月的保质期，那么标明月和年就可以了。在某些国家，为避免消费者误解，还应该以字母的形式表明月份。应该注明货架期内的特殊储存条件，在接近日期的地方标明储存说明。

除了浓缩液需要用一些安全的开水冲调之外，液体产品可以直接食用。婴儿配方乳粉的标签或附页必须配有图形说明的准备、处置、储存和使用的指南。不恰当的准备、储存及使用造成的健康危害也应该说明（WHO，2007b）。

10.3.1 主要关注的致病菌

2005 年，世界卫生大会（WHA）敦促其成员国采取行动保护、预防或减少婴儿配方乳粉相关的任何威胁（Gurtler 等，2005）。如上所述，为了确保婴儿配方乳粉的安全性，微生物必须被灭活。婴儿配方乳粉不是无菌的，一些致病菌如阪崎克罗诺菌、沙门菌、金黄色葡萄球菌、单核细胞增生李斯特菌等会引起婴儿配方乳粉的内部污染，导致一些婴幼儿发生腹泻、菌血症、脑膜炎等疾病。应按照良好操作规范的要求，引入一些适当的加工步骤。各种加工技术能够帮助有效控制和保证个别成分及婴儿配方乳粉的微生物学质量。同时，还应该说明准备、储存及加工操作。

遗憾的是，工业上和研究界并没有对干—湿清洗实践给予太多关注。现有数据表明，加工过程中通过严格的干湿阶段分离及干法清洁程序可有效降低沙门菌和阪崎肠杆菌的数量。如果无法采取这些方法，那么尽可能降低清洁过程中水的使用量也有一些效果。但是，在一些产品如低过敏婴儿配方乳粉生产过程中不使用水显然是不可能的（FAO/WHO，2006）。

近年来，一些发达国家的卫生管理部门对阪崎肠杆菌高度重视，因为该细菌会对早产、低体重及免疫受损的婴儿造成特别的威胁（Montagne 等，2009）。2002 年，比利时的一名婴儿在食用了含有该菌的商业婴儿配方乳粉后死于脑膜炎。当检测到低含量的该菌后，相关产品被立刻召回（Drudy 等，2006）。该事件之后，欧盟重新审定了微生物学安全标准，特别是有关阪崎肠杆菌的标准（Zink，2003；EU，2005；WHO，2007a）。婴儿配方乳粉需要检测嗜温需氧菌（*Aerobis mesophilic*）和阪崎克罗诺菌（*C. sakazakii*），该内容将在下一章节中详细介绍。

阪崎克罗诺菌

阪崎克罗诺菌是一种能运动的、具有鞭毛的革兰阴性杆菌。目前所知，该菌广泛分布于土壤、地表水、泥、谷物、腐烂的木头、鸟粪和食物中（Muytjenset 等，1988；Masaki 等，2001）。1980 年，由于 DNA-DNA 杂交的差异，该菌被重新定义为"阪崎肠杆菌"。2008 年，Iversen 建议应该再一次对阪崎肠杆菌进行重新定义，阪崎肠杆菌变成了肠杆菌科的一个新属，称为克罗诺菌属。该菌属下包括了五个新种：阪崎克罗诺菌、一个罗诺菌基因组物种和三个新亚种。

阪崎克罗诺菌是一种条件致病菌，通常并不致病，但是，一旦发生会引起致死性脑膜炎、坏死性小肠结肠炎和脓毒症等疾病。该菌有时也会感染成年人，但并不致命。早产、低体重、免疫受损及 28d 之内的婴儿具有较高感染该菌的风险。流行病学研究已经表明一些临床病例和被该菌污染的婴儿配方乳粉有关（Muytjens and Kollee，1990；Kuzina 等，2001；Hamilton 等，2003；Gurtler 等，2005）。Kuzina 等（2001）报道了该菌的致死率为 33%~80%。严重的发病率与感染有关，大多数幸存者会有不可逆的神经系统发展受阻后遗症，如 94% 的脑膜炎、四肢瘫痪、听力视力损伤和该菌相关。Kandhai 等（2004）从乳粉加工设备上分离出该菌，说明该菌无处不在。同时，阪崎克罗诺菌也在婴儿食品、乳粉、乳酪产品、蔬菜、香肠、牛肉馅及医院临床上发现。

2004 年 7 月，新西兰的一个早产儿在感染了阪崎克罗诺菌后死亡。随后发现，ICP 病房中的其他四个新生儿也感染了该菌（NZMH，2005）。Gilrich 等观察到该菌会引起新生儿肠梗阻（2001）。2004 年法国两名婴儿因感染阪崎克罗诺菌而死亡（FAO，2004b）。阪崎克罗诺菌的起源和传播途径、对新生儿及婴儿神经系统趋向性仍然不清楚（Lai，2001）。然而，尽管该菌出现在了一系列的食品里，但只有婴儿配方乳粉污染和该菌紧密相关。该菌主要是通过配制时所用的未经灭菌的器具或加工中的任何阶段进入到产品中（Thurm and Gericke，1994）。医护人员应推荐给父母专业的乳粉配制知识。然而，有效的预防取决于对污染趋势、污染度、污染地点的准确判断，同时，还应考虑一些未知因素。建议掌握更多的阪崎克罗诺菌相关信息，以此达到对终产品的污染降至最低水平（Kandhai 等，2004）。

当前，国际食品微生物学安全委员会和国际食品法典委员会正在起草有关阪崎克罗诺菌的微生物学标准。美国食品药品管理局已出版了分离该菌的推荐程序，采用标准方法对肠杆菌科细菌进行分离，但增加了鉴别黄色色素微生物的生化标准（Nazarowec and Faber，1999）。Muytjens 等（1990）首次从 129 株（100%）阪崎克罗诺菌发现了 α-葡萄糖苷酶活性。分子生物学检测手段也逐渐被开发。Breeuwer 等（2003）从婴儿配方乳粉中分离出了低水平的阪崎克罗诺菌，且发现该菌并不是特别耐热，但能够适应渗透和干燥胁迫。Breeuwer 等（2003）同时在乳粉加工工厂发现了该菌的存在。该菌的存在将导致巴氏杀菌后污染的风险增加。

沙门菌

至少有 6 次婴儿配方乳粉被沙门菌污染的事件被报道。在所有事件中，有问题的婴儿配方乳粉都符合当前所采用的国际标准（CAC，2007）。该菌仅在具有食源性疾病监测系统的实验室通过一些流行菌株的特性如罕见血清型或发酵乳糖的能力得以鉴定。由沙门菌引起的婴儿配方乳粉污染可能未被充分报道（FAO/WHO，2006）。

早在20世纪50年代，英国和保加利亚就发生了由各种沙门菌污染干乳制品后导致的疾病爆发事件（Marth，1969）。美国于1966年发生了由新不伦瑞克沙门菌导致的跨州婴儿感染事件（Collins等，1968）。对该事件调查后发现，主要由一个生产商生产的乳粉引起。Collins等（1968）从一个未开盖儿的产品中分离到了新不伦瑞克沙门菌；由于该菌在其他乳制品中也存在，表明是由同一场所的交叉污染所致。该事件显然是起源于喷雾干燥器污染。

1973年，沙门菌感染在特立尼达岛爆发，这次由德尔比沙门菌引发的事件导致了3000名婴儿被感染（Weissman等，1977）。1977年，澳大利亚爆发了由布雷得尼沙门菌引起的沙门菌病，该事件主要是食用了加工过程中被污染的婴儿配方乳粉所致（Forsyth等，1977）。在美国，沙门菌感染婴儿的概率是感染其他年龄人群的8倍（Skirrow，1987）。Weinberger等（2006）提出，以色列每10000名婴儿中有93人被感染；Skirrow（1987）提出，英国10000名婴儿中有181人被感染。一些学者认为，沙门菌是引起具有免疫损伤的婴儿多种疾病及死亡的主因（Olsen等，2001；Galanakis等；2008）。2004年，在日内瓦召开的联合国粮食与农业组织（FAO）及世界卫生组织（WHO）会议得出结论，沙门菌和阪崎肠杆菌是最容易引起婴儿配方乳粉污染的微生物（FAO/WHO，2004a，2006）。这两种细菌已被确定为A类病原菌。根据日内瓦会议的规定，各成员国应对所有食物监测这些病原菌的存在，特别是要针对婴儿配方乳粉。

10.3.2 其他病原菌

牛乳是人类健康的食品，但同时也是微生物的天然培养基。乳品工业必须高度重视微生物的繁殖和污染（WHO，2002）。其他引起婴儿致病的微生物主要有：蜡样芽孢杆菌、梭状肉毒杆菌、艰难梭菌、产气荚膜梭菌、单核细胞增生李斯特菌及金黄色葡萄球菌。所有这些致病菌都可能潜在存在于婴儿配方乳粉中。因此，加工生产过程中应实施零容忍政策。单核细胞增生李斯特菌通常在即食食品中被发现。该菌可以进入生产区域的鞋子、衣服、卡车、箱子和原材料中，可能导致产品污染（WHA，2005）。金黄色葡萄球菌会引起严重的感染性疾病（CDC，2004），该菌通常存在于动物性食品中，特别是牛乳和乳制品。该菌可形成耐热性孢子，在牛乳杀菌后仍然存活，严重影响产品的质量和安全。

10.3.3 致病菌的控制措施

目前，生产无菌的婴儿配方乳粉在技术上是不可行的。因此，必须采取一些措施使产品污染降到尽可能低的水平。从生产企业角度来讲，鼓励采取降低产品污染风险的策略，使婴儿配方产品在更广的范围内尽可能无菌。婴儿配方乳粉加工过程及加工后的环节必须采取合适的微生物学途径对阪崎克罗诺菌进行有效的控制。通过对生产设备及生产环境的检测发现，阪崎克罗诺菌在婴儿配方乳粉样品以不同频率被检出（Jaspar等，1990；Stock and Weidmann，2002）。但确切的污染频率是不清楚的，因此对易感人群的污染水平进行定量分析是有一定难度的。婴儿配方乳粉生产过程中，尚未对更广泛的环境因素及更详细的食物链开展调查。

为了保证产品的安全，需要对分析方法进行标准化。欧洲食品安全局给出建议，应将婴儿配方乳粉及相关食品中含有尽可能低的沙门菌和阪崎克罗诺菌作为目标（EFSA，2004）。Kim 等（2010）发明了一个可行的方法，就是利用超临界二氧化碳灭活干燥的婴儿配方乳粉中克罗诺菌属的细菌。该方法通过增加压力和温度，可以提高灭活率。灭活克罗诺菌属的细菌的最优条件是 73℃、20 MPa 处理 20 min，经该条件处理后，干燥的婴儿配方乳粉的水分活度、pH 及色泽不发生任何改变。生产商应吸取前人教训，使用 CDC 提供的指南来提高产品的安全水平。这些指南要求有：

- 避免致病菌进入生产环境
- 避免致病菌进入后进行繁殖
- 设备和清洁区的卫生设计
- 使用的原料不含有致病菌
- 使用安全的空气和水

10.4 婴儿配方乳粉的化学污染

随着人们生活环境受污染程度的增加，持久性有机污染物如二噁英、多氯联苯（PCB）和杀虫剂经常在不同动物的乳汁中被发现。污染物可以通过加工过程、配制过程所用的水、存储的容器及喂养所用的瓶子进入商业的婴幼儿喂养产品中。重金属如铝（Al）、锰（Mn）、镉（Cd）和铅（Pb），来源于肥料和农药的化学残留物及增塑剂都在婴儿配方乳粉中被发现。另外，婴儿配方乳粉中还存在黄曲霉毒素污染，它是一种已知的具有致癌作用的真菌毒素（NRDC，2005）。

10.4.1 重金属

在世界的不同地区由于工业化的发展导致了生态环境的改变，重金属污染变成一个严重的问题。重金属是具有潜在毒性的物质，对婴儿及儿童具有较高的风险。婴儿配方乳粉中，要特别注意重金属锌、汞、铅、镉、砷的含量（Jugo，1977；Tripathi 等，1999；Winiarska，2009）。Winiarska（2009）对不同的婴儿配方乳粉调查后发现，一些产品中的镉含量并不符合推荐标准，一些产品中的铅含量也不适合婴幼儿。汞和铅暴露可能导致神经毒性和肾毒性损伤（Gundacker 等，2002）。如果婴儿配方乳粉的锌含量太高，铁和铜的吸收就会受到严重抑制，导致缺铁性贫血。

10.4.2 多氯联苯（PCBs）及二氯苯基二氯乙烯（DDE）

Rogan 等（1986）对 868 名妇女的血清、脐带血、胎盘和乳汁样本开展了多氯联苯（PCBs）及二氯苯基二氯乙烯（DDE）检测。几乎所有的母乳样品都含有这两种化学物质，尽管多氯联苯的含量稍高一点。同时，他们还研究了导致这些化学物质在不同水平变化的可能的原因。高水平的二氯苯基二氯乙烯被发现在年长的女性、黑人女性、吸烟者、妊娠期间食用垂钓用鱼的女性人群中，年龄和种族是影响较显著的变量。在年长的女性、经常饮酒的女性、初产妇中检测到较高含量的多氯联苯。

多氯联苯的主要用途是作为一种不易燃的介电质被用在高压变压器中，化学用途主要是用作农药的成形剂，在无碳复写纸中用作颜料悬浮剂，在一些小的电子部件中被用作绝缘体。1974年，美国大约生产了3620吨的多氯联苯（Brinkman and DeKok，1980）。使用之后大部分都丢弃了，当时没有考虑对环境的影响。1974年之后，爆发了两次由多氯联苯及使用过程中污染多氯联苯的热降解产品引发的大范围中毒事件（Kuratsune，1980）。爆发中毒原因被追溯到加工过程中未被检测到的多氯联苯泄漏到食用油中。中毒的主要症状是出现氯痤疮：一个具有高度囊性、非炎性痤疮样皮疹（Hsu等，1984）。关于母乳中多氯联苯含量水平的数据较少。1968年，中国台湾爆发PCB中毒事件，患者被告知不要进行母乳喂养。然而，当时的分析技术也并不是特别先进（Rogan，1982）。母乳中多氯联苯最可能的来源是低水平的食品污染，真皮肺吸收也可能是另一种来源。对于婴幼儿多氯联苯值趋于最敏感的体外系统反应水平。

10.4.3 三聚氰胺

三聚氰胺是一种工业合成化学品，俗称蛋白精。食品被三聚氰胺副产品污染后，会导致身体中产生毒性较高的三聚氰酸。三聚氰胺具有较低的溶解度，当其浓度变得足够高时在体内会形成粒子结晶，阻塞肾脏上尿液的管状通道并形成高压导致肾脏细胞死亡，最终出现肾衰竭。此外，对婴幼儿造成的危险性更高。

2008年9月，儿科医生和肾脏病学者注意到中国大陆一些省份的婴幼儿尿路结石的人数在增加（Chan等，2008）。这可以追溯到非法使用经水稀释的三聚氰胺来增加原料乳中的蛋白含量。该事件引起了全世界对中国食品安全的关注。婴儿配方乳粉的主要原料是原料乳，中国主要根据蛋白和脂肪含量来判定原料乳质量。因此，一些不法分子在婴儿配方乳粉中添加三聚氰胺来提高氮含量，虚假提高牛乳的蛋白质值。该事件主要发生在婴儿配方乳粉产品中，其他乳制品也受到了影响（Hau等，2009）。中国采取了积极的措施应对三聚氰胺危机，婴儿配方乳粉的标准也在不断提高。政府致力于改善与食品安全相关的法律制度，同时加强了对整个食品链的监管控制和检查。

三聚氰胺事件影响了数以千计的儿童，并出现了死亡案例。为了防止此类危机事件再次发生，2010年，国际标准化组织（ISO）和国际乳品联合会（IDF）出版了乳、乳制品及婴儿配方乳粉——利用LC-MS/MS定量检测三聚氰胺与三聚氰酸操作指南ISO/TS 15495—2010。2011年，这些操作指南得到了分析方法与采样法典委员会的认可（CCMAS-CAC部分）。对这些指南的认可就意味着，国际上一致同意采用这些程序，允许各国官方检测婴儿配方乳粉中的三聚氰胺水平，最近通过的法典规定三聚氰胺限量值为1mg/kg。不同产品允许含有三聚氰胺的最大值将区分出产品中三聚氰胺是被人为添加的还是可能来源于包装材料的迁移。这些迁移通常是可以忽略不计的，对人类健康不会造成威胁。法律规定了迁移引起的三聚氰胺水平。该指南已被超过60个IDF/ISO联合标准采纳来促进乳制品贸易和保护消费者。

10.4.4 双酚 A

研究人员越来越重视天然和合成的具有雌激素作用的化学物质，已经开发了一些筛选程序来识别具有内分泌干扰物作用的化学物质。植物源的雌激素是干扰物中的一种，存在于许多食品原料中。其生物学特性与天然雌二醇或人类其他内源性雌激素是不同的。植物雌激素具有一定的保护效果（Adlercreutz 等，1991a，1992；Lee 等，1991；Knight and Eden，1996）；然而，如果婴幼儿长期暴露在这些物质中，会引起胸腺和免疫发育异常（Setchell 等，1997，1998；Yellayl 等，2002）。

生命早期暴露可以为患有激素依赖型疾病的儿童带来长期的健康益处。然而，很小的儿童对于内分泌功能相关的复合物引发的雌激素功能显示出定性和定量的敏感性。婴儿配方乳粉中雌激素的浓度是不清楚的，很少有生产商标明他们的产品中含有雌激素，这就使消费者很难评价其对健康的影响效果。具有激素活性的污染物也可能来自于加工过程或包装的容器（Kuo，2004）。

双酚 A（BPA）是一种有毒的化学物质，能渗入到金属罐装液体配方食品中。双酚 A 同时也是一种用于生产聚碳酸酯、环氧树脂和苯乙烯树脂聚酯的单体（Larroque 等，1988；Brotons 等，1995；Olea 等，1996）。这些树脂被广泛应用于罐头食品和饮料包装行业，这些行业的工作人员也存在着暴露的风险（Brotons 等，1995；Olea 等，1996）。已经在酒、矿泉水、塑料容器包装的食品中检测到含有双酚 A 残留（Larroque 等，1988；Sharman 等，1995；Lambert and Larroque，1997）。同时，也在以表面涂有环氧树脂的金属罐包装的食品中检测到了双酚 A（Brotons 等，1995；Yoshida 等，2001）。已对各类罐头食品中双酚 A 污染开展了调查（Larroque 等，1988；Brotons 等，1995；Sharman 等，1995；Olea 等，1996；Lambert and Larroque，1997；Yoshida 等，2001）。然而，这些报告不涉及双酚 A 对罐装乳粉的污染问题。

已经开发了许多检测双酚 A 和植物雌激素的分析方法。为了表征双酚 A 及植物雌激素对婴幼儿及儿童食品组分的影响，我们开发了基于气相色谱-质谱的方法，该方法可以检测婴幼儿乳粉及配方食品中痕量双酚 A、大豆苷、大豆异黄酮素。许多分析实验室除了气相色谱、气相色谱-质谱分析方法外，还可以提供具有更高灵敏度和更高分辨率的毛细管分离法（Kuratsune，1980；Hsu 等，1984；Rogan，1991）。因为正常乳粉中的双酚 A 是 ng/g 水平的，所以质谱检测中最重要的要求是形成单一的衍生物。从高灵敏度和高特异性角度来讲，高诊断值离子是比较受欢迎的（Kuo，2004）。

10.5 婴儿配方乳粉的污染物来源：水和空气

无论在家里还是其他一些健康场所，水的质量对保持婴儿配方乳粉的安全是非常重要的。污染的水对奶瓶、奶嘴及婴儿配方乳粉本身都具有较大的潜在风险，以配方乳粉喂养婴幼儿存在的卫生问题受到人们的关注。

含有大量微生物的污染水引起严重的感染疾病是全球性问题，特别是由于婴儿的免疫系统发育尚不完全,用污染的水配制乳粉会使婴儿出现疾病及死亡。同时,婴儿配方乳粉的重金属污染也是通过被污染的水引起的。与之类似,环境,特别是空气,也应在婴儿配方乳粉加工过程中作为关键控制点加以考虑。建议在婴儿配方乳粉加工区使用过滤的空气(CAC,1997)。

10.5.1 水质的影响

根据世界卫生组织(WHO)(2007a)规定,婴儿配方乳粉中可能含有导致婴幼儿发生疾病的细菌。然而,正确的制备和处理可以减少疾病发生的风险。婴儿配方乳粉喂养成本是比较低的,但需要注意配制时所用水的质量。在一些发展中国家经常发生自来水中断或水质不达标的问题,通常采取的措施就是向受影响的家庭提供桶装水。桶装水被认为是不合适用来配制婴儿配方乳粉的,但是也没有更好的选择,特别是在没有其他水源可用的情况下。所以,父母不得不选择这种不合适或不安全的婴儿喂养方式(Osborn and Lyons,2010)。

根据食品法典委员会(CAC)(1981)规定,配制液体或浓缩婴儿配方食品所用的水必须是安全的或者在配制或食用前煮沸后是安全的。根据WHO,饮用水可能是人们对某些化学物质(例如锰、钼)摄入过量的重要因素,特别是对于婴儿配方乳粉。根据各种矿物质的指标值,用饮用水配制婴儿配方乳粉,有时会出现过度营养现象。

尽管城市和公共饮用水供应必须遵守严格的管理规定,儿科医生建议至少为3~4个月以下的婴儿使用煮沸的水来配制婴儿配方乳粉。即使使用桶装水配制乳粉,水也应该煮沸,因为没有证据可以证明桶装水比市政供水更安全。在美国市场上有一些专门的公司提供婴幼儿饮用或冲调婴儿乳粉桶装水,这些产品必须符合FDA对桶装水的质量要求。如果产品不是无菌的,这应该在标签上标明,否则,水必须符合FDA对商业无菌的要求(FDA,2007)。

美国FDA特别建议水沸腾后继续煮2min。生活在高海拔地区的人们,水要煮的时间更长一点。配制婴儿配方乳粉前,要用干净的锅来烧水,让水自然冷却至室温。不能通过添加冷的非无菌水来冷却(Keefer,2009)。普通自来水煮沸至少1min后再冷却,用于配制乳粉是安全的(FDA,2007)。

最新研究表明,在配制婴儿配方乳粉时,使用70℃以上的水可以有效消除阪崎肠杆菌的危险。如果要立即喂养婴幼儿,用热水配制的乳粉要冷却到体温。要不然,使用前要一直冷藏(FDA,2007)。奶瓶和奶嘴在第一次使用前一定要消毒。

配制乳粉时如果过浓会导致乳粉溶解问题,如果过稀的话又不能保证提供足够的营养。同时,如果延长使用时间,可能会导致生长缓慢。因此,应该认真观察标签上的推荐用水量。加热乳的时候,应将装有乳粉的奶瓶放到锅里,然后大约加热到体温。不应使用微波炉加热乳粉,因为有可能发生乳粉已经很热了,但奶瓶还是凉的现象,过度的加热可能会导致婴幼儿烫伤。

10.5.2 空气质量的影响

婴儿配方乳粉是通过干混或湿混加工工艺后进行喷雾干燥而制成的。通过提高干燥空气和排气温度之间的差异可以增加干燥效率及喷雾塔的生产能力。在周围空气湿度较高的情况下，降低喷雾干燥温度或除湿是必要的，显然这会增加生产成本。空气的质量、组成成分和湿度对终产品的品质是非常重要的，影响产品的理化参数如颗粒密度、结块率及致密性。

婴儿配方乳粉生产工厂应确保干式和湿式加工区域严格的物理分离，以避免来自环境的后加工污染。这种物理分离也称为"分区"，需要有一定的其他措施才能有效，如维持正压以防止未经过滤的空气进入较高卫生等级的区域（CAC，2008）。应该严格限制或控制进入这些区域，如要求工作人员打开某些门穿上保护性外衣或鞋套才能进入；包括配料、包装材料及需要运出及运进卫生区域的设备，都应该被严格的限制，以防止致病菌及其他污染物进入。分区原则同时也包括建筑物及运输工具中的空气过滤系统（CAC，2008），这些都需要相应的设计和安装。

根据 CAC 推荐的国际操作规范——食品卫生总则要求，安装空气处理系统和排风单元是非常重要的。空气处理单元不能变成污染源。例如，过滤器设计应阻止未过滤的空气通过，排污设计应避免浓缩物的聚集。过滤器应妥善地用垫片密封以防止未过滤空气进入系统。外部空气进气口应远离干燥器尾气、锅炉和其他来自环境的污染物。过滤器应定期更换或清洗和消毒，以这样一种方式来保障加工环境不受污染（CAC，2008）。

对湿混工艺来讲，乳粉在通过冷却流化床等干燥室过程中被冷却。接触产品的空气也应该被适当的过滤。同时，包装区域也应该包含适当的过滤空气，并保持正压以防止外部污染空气进入设备（国际推荐操作规程——食品卫生通用准则，CAC/RCP 1-1969，sub-subsection 4.4.6）。

10.6 婴儿配方乳粉营养成分的质量控制

婴儿配方乳粉通常是用低脂的牛乳或羊乳，或它们的混合物来生产的。通过在牛乳中添加乳清蛋白来调整酪蛋白和乳白蛋白的比率，提高乳糖含量，添加植物油来改善不饱和脂肪酸的比例，这就是第一代婴儿配方乳粉。现在，所有的成分都必须被证明适合婴幼儿成长需要。任何配料和食品添加剂不得含有谷蛋白（CAC，1981）。配料可包括糖类，如乳糖、玉米糖浆或其他糖类，脂肪，如椰子油和大豆油。通常还添加一些维生素和矿物质补充剂，一些品牌还添加像单甘脂和双甘脂这样的乳化剂来阻止溶液的分层（Arvanitoyannis，2009）。De Wit（1998）指出，婴儿配方乳粉中乳清蛋白的使用量在不断增加，这主要由于其采用天然或预消化蛋白而具有较好的营养效果。此外，他还详述了母乳和牛乳组成成分的差异性和相似性，发现婴儿配方乳粉中添加了来源于牛乳的乳铁蛋白和其他特定蛋白成分，使蛋白组成更适合人类消费。

根据 CAC 规定，每 100 mL 婴儿配方乳粉中应含有不少于 251kJ、不多于 293kJ 能量（CAC，1981）。用于婴儿配方乳粉中的添加剂主要有增稠剂、乳化剂、酸味调节剂、抗氧化剂及包装气体。这些添加剂的使用具有严格的规定（EU，1995；FAO/WHO，2007）。将任何安全和质量控制引入法规或标准前，必须要经过科学专家的详细评估（Montagne 等，2009）。如对 CAC 来讲，就会向美国食品药品管理局咨询食品添加剂事宜；在欧洲，由欧洲食品安全管理局来执行风险评估事宜。根据当前的法律规定，在美国，只有在婴幼儿乳粉生产企业向食品药品管理局提供详细的营养品质保证之后，新的婴幼儿乳粉产品才可以上市销售。美国食品药品管理局对于标识营养成分、制造商的质量控制程序、公司记录和报告等有相应要求。

根据 CAC（1981）规定，一个完整的配料表应以成分含量降序的方式印刷在婴儿配方食品瓶子标签上，但维生素和矿物质是个例外，它们可以单独列组，并且不要求以降序顺序排列。动物或植物性原料作为食品添加剂时要特别说明。同时，还应包括适当的分类名（FAO/WHO，2007）。营养信息的展示必须包含下面的信息，顺序如下：

a. 能量，以 kcal 或 kJ 表示。同时，每 100g 或 100mL 所售的食品及 100mL 按标签说明配制的食品中含有的蛋白质、脂肪和碳水化合物的克数；

b. 每 100g 或 100mL 所售的食品及 100mL 按标签说明配制的食品中含有的各种维生素、矿物质、胆碱及其他成分的总量（CAC，1981）。

另外，说明 a 和 b 中允许的每 100kcal（或 100kJ）养分含量（Montagne 等，2009）。

根据 CAC（2011），作为国际食品添加剂法典委员会第三十四届会议的成果，对两个主要的建议进行了解释。

（1）只要有可能，婴儿食品中应该不含有食品添加剂。当必须在婴幼儿食品中使用食品添加剂时，应对添加剂的选择和使用水平高度谨慎。

（2）建议在低于 12 周龄的婴儿食品法典标准中包含食品添加剂时，由食品添加剂联合专家委员会（JECFA）单独进行评估，因为向这类人群使用食品添加剂，需要开展更广泛的毒理学调查，其中应包括动物幼仔安全性证据。

在美国，食品药品管理局对婴儿配方乳粉的养分含量进行特别说明，规格设置的水平应满足婴儿的营养需求。生产商往往设置的水平普遍高于最低要求。使用婴儿配方乳粉喂养的婴儿不需要再补充额外的营养，除非使用的是低铁配方的产品。目前，美国市场上有大约 12mg/L 铁的"铁强化"和 2mg/L 铁的"低铁"配方乳粉。根据美国儿科学会，配方乳粉喂养的婴儿应使用铁强化的配方乳粉以减少缺铁性贫血的发生。如果婴幼儿喂养采用低铁配方乳粉，推荐补充一定的铁，尤其是在 4 个月之后（FDA，2007）。

乳粉制造商继续尝试模仿母乳的营养成分，同时，市场上出现了更多种类的婴儿配方乳粉。父母可以从液体配方食品、配方乳粉、即食配方食品、有机配方乳粉和 DHA 强化配方乳粉中选择。DHA 是母乳重要的组成成分，有助于大脑发育。大多乳粉中不含有 DHA，尽管有些婴儿配方乳粉公司有所尝试，但 DHA 不能像母乳中的形式那样被合成和添加到配方乳粉中。现实情况就是，母乳不能被完美复制（MaPP）。

10.6.1 豆基婴儿配方食品存在的问题

在美国，每年消费的婴儿配方乳粉占婴儿配方乳粉的10%～20%，约喂养75万个婴幼儿。对于不能接受母乳喂养及对牛乳过敏的婴幼儿，豆基婴儿配方食品是一个很好的选择。然而，大豆中包含有潜在危害的植物源雌激素。植物雌激素影响甲状腺，可引起甲状腺肿大、内分泌失调、免疫系统紊乱及甲状腺抑郁症。研究表明大豆基的婴儿配方食品和8岁以下女孩的乳房发育具有直接关系，更进一步的风险包括生殖问题和成年后哮喘的加剧（MaPP）。

10.7 小结

19世纪之后，技术进步和国际标准的制定使婴儿配方乳粉的营养组成和总的品质有了很大的改进。质量控制体系的性能取决于食品基质/配料、每个配料的加工工艺、微生物和环境因子及分销系统。对潜在的婴儿配方乳粉，必须利用所有的标准和操作指南对其评估，以确定合法性、实用性及效果。国际食品法典委员会出版的指南不仅能帮助生产商生产出最好的产品，同时也帮助消费者做出最好的选择。然而，在GMP、HACCP及其他相似体系的基础上，我们仍然需要制订更精确的添加剂标准，越来越多这样的添加剂被用于婴儿配方乳粉的加工中以提高产品品质。

参考文献

ADLERCREUTZ H, HONJO H, HIGASHI A, FOTSIS T, HAMALAINEN E, HASEGAWA T and OKADA H. (1991). Urinary excretion of lignans and isoflavonoid phytoestrogens in Japanese men and women consuming a traditional Japanese diet. *Am J Clin Nutr* **54** (6): 1093 – 1100.

ADLERCREUTZ H, HAMALAINEN E, GORBACH S and GOLDIN B. (1992). Dietary phytooestrogens and menopause in Japan. *Lancet* **339** (8803): 1233.

ALMEIDA RCC, MATOSA CO and ALMEIDAB PF. (1999). Implementation of a HACCP system for on – site hospital preparation of infant formula. *Food Control* **10**: 181 – 187.

BAUMAN HE. (1990). HACCP: concept, development, and application. *Food Technol* **44** (5): 156 – 165.

BOBENG BJ and DAVID BD. (1978). HACCP models for quality control of entree production in hospital foodservice systems. I. Development of hazard analysis critical control point models. *J Am Dietetic Asso* **73**: 524 – 529.

BREEUWER J, LARDEAU A, PETEREZ M and JOOSTEN HM. (2003). Desiccation and heat tolerance of *Enterobacter sakazakii*. *J Appl Microbiol* **95**: 967 – 973.

BRYAN FL. (1988). Risk of practices procedures and processes that lead to outbreaks of foodborne diseases. *J Food Protection* **5**: 663 – 673.

BRINKMAN UAT and DEKOK A. (1980). Production, properties, and usage. In: KIMBROUGH RD

(Ed.): *Topics in Environmental Health. Halogenated Biphenyls, Terphenyls, Naphthalenes, Dibenzodioxins and Related Products*. Amsterdam: Elsevier/North Holland Biomedical Press: 1 – 40.

BROTONS JA, OLEA – SERRANO MF, VILLALABOS M, PEDRAZA V and OLEA N. (1995). Xenoestrogens released from lacquer coatings in food cans. *Environ Health Perspect* **103** (6): 608 – 612.

BUCHANAN RL and ONI R. (2012). Use of microbiological indicators for assessing hygiene controls for the manufacture of powdered infant formula. *J Food Prot* **75** (5): 989 – 997.

CAC (CODEX ALIMENTARIUS COMMISSION). (1981). Standard for infant formula and formulas for special medical purposes intended for infants. In: *CODEX STAN 72*.

CAC (CODEX ALIMENTARIUS COMMISSION). (1997). Hazard Analysis Critical Control Point (HACCP) system and guidelines for its application. Annex II CAC/RCPI – 1969, Rev. 3.

CAC (CODEX ALIMENTARIUS COMMISSION). (2007). Recommended International Code of Hygienic Practice for Foods for Infants and Children. *CAC/RCP* 21 – 1979. http://www.codexalimentarius.net/download/standards/297/CXP_ 021e. pdf.

CAC (CODEX ALIMENTARIUS COMMISSION). (2008). Code of hygienic practice for powdered formulae for infants and young children. *CAC/RCP* **66**: 1 – 29.

CAC (CODEX ALIMENTARIUS COMMISSION). (2011). Joint FAO/WHO food standards programme Codex Alimentarius Commission, Thirty – fourth Session, International Conference Centre, Geneva, Switzerland, 4 – 9 July 2011.

CDC (CENTERS FOR DISEASE CONTROL and PREVENTION). (2004). FoodNet Annual Report. http://www.cdc.gov/foodnet/annual/2004/Tables. pdf.

CDC (CENTERS FOR DISEASE CONTROL and PREVENTION). (2007). Factsheet: Eliminate disparities in infant mortality. http://www.cdc.gov/omhd/AMH/factsheets/infant.htm#Examples.

CHAN EY, GRIFFITHS SM and CHAN CW. (2008). Public – health risks of melamine in milk. *Lancet* **372** (9648): 1444 – 1445.

COLLINS RN, TREGER MD, GOLDSBY JB, BORING JR, COOHON DB and BARR RN. (1968). Interstate outbreak of Salmonella newbrunswick infection traced to powdered milk. *JAMA* **203**: 838 – 844.

DE WIT JN. (1998). Nutritional and functional characteristics of whey proteins in food products. *J Dairy Sci* **81** (3): 597 – 608.

DRUDY D, NULLANE NR, QUINN T, WALL PG and FANNING S. (2006). *Enterobacter sakazakii*: An emerging pathogen in powdered infant formula. *CID* **42**: 996 – 1002.

EU (EUROPEAN UNION). (1995). Food additives other than colours and sweetners. European Parliament and Council Directive No. 95/2/EC of February 20, 1995. http://www.ec.europa.eu/foods/fs/sfp/addit_ flavor/flav11_ en. pdf.

EU (EUROPEANUNION). (2005). Microbiological criteria for foodstuffs. Commission regulation No. 2073/2005 of 15 November 2005. http://www.europa.eu.int/eurlex/lex/LexUriServ/site/en/oj/2005/I_ 338/I_ 33820051222en00010023. pdf.

EFSA (EUROPEAN FOOD SAFETY AUTHORITY). (2004). Opinion of the scientific panel on biological hazards on a request from the commission related to the microbiological risks in infant formulae and follow – on formulae. *EFSA J* **13**: 1 – 34.

FAO (FOOD and AGRICULTURE ORGANIZATION) OF THE UNITED NATIONS/WHO (WORLD HEALTH ORGANIZATION). (2004a). *Enterobacter sakazakii* and other microorganisms in powdered infant formula; meeting report. *Microbiological Risk Assessment Series*: 6.

FAO (FOOD and AGRICULTURE ORGANIZATION) OF THE UNITED NATIONS/WHO (WORLD HEALTH ORGANISATION). (2004b). Regional Conference on Food Safety in Asia and the Pacific Annex. Seremban, Malaysia.

FAO (FOOD and AGRICULTURE ORGANIZATION) OF THE UNITED NATIONS/WHO (WORLD HEALTH ORGANIZATION). (2006). *Enterobacter sakazakii* and Salmonella in powdered infant formula; meeting report. *Microbiological Risk Assessment Series*: 10.

FAO (FOOD and AGRICULTURE ORGANIZATION) OF THE UNITED NATIONS/WHO (WORLD HEALTH ORGANIZATION). (2007). Standards for infant formula and formulas for special medical purposes intended for infants, CODEX STAN 72 – 1981. Food and Agriculture Organization of the United Nations, Rome.

FDA (US FOOD and DRUG ADMINISTRATION). (2002). Regulations and Information on the Manufacture and Distribution of Infant Formula. http://www.fda.gov/Food/GuidanceRegulation/GuidanceDocumentsRegulatoryInformation/InfantFormula/ucm136118.htm.

FDA (US FOOD and DRUG ADMINISTRATION). (2007). FDA 101: Infant Formula. http://www.fda.gov/ForConsumers/ConsumerUpdates/ucm048694.htm.

FARMER JJI, ASBURY MA, HICKMANN FW and BRENNER DJ. (1980). *Enterobacter sakazakii*: a new species of '*Enterobacteriaceae*' isolated from clinical specimens. *Int J Syst Bacteriol* **30**: 569 – 584.

FORSYTH JR, BENNETT NM, HOGBEN S, HUTCHINSON EM, ROUCH G, TAN A and TAPLIN J. (2003). The year of the *Salmonella* seekers (1977). *Aust N Z J Public Health* **27**: 385 – 389.

FSAI (FOOD SAFETY AUTHORITY OF IRELAND). (1999). Recommendations for a national infant feeding policy. Dublin: FSAI: 94 – 121.

GALANAKIS E, BITSORI M, MARAKI S, GIANNAKOPOULOU C, SAMONIS G and TSELENTIS Y. (2008). Invasive non – typhoidal salmonellosis in immunocompetent infants and children. *Int J Infect Dis* **11**: 36 – 39.

GUNDACKER C, PIETSCHNIG B, WITTMANN KJ, LISCHKA A, SALZER H, HOHENAUER L and SCHUSTER E. (2002). Lead and mercury in breast milk. *Pediatrics* **110** (5): 873 – 878.

GURTLER JB, KORNACKI JL and BEUCHAT LR. (2005). *Enterobacter sakazakii*: a coliform of increased concern to infant health. *Int J Food Microbiol* **104**: 1 – 34.

HAMILTON JV, LEHANE MJ and BRAIG HR. (2003). Isolation of *Enterobacter sakazakii* from midgut of stomoxys calcitrans. *Emerg Infect Dis* **9**: 1355 – 1356.

HAU AKC, KWAN TH and LI PKT. (2009). Melamine toxicity and the kidney. *J Am Soc Nephrol* **20**: 245 – 250.

HEALTH CANADA. (2006). Good manufacturing practices (GMP) for infant formula. Nutrition Evaluation Division Bureau of Nutritional Sciences Health Products and Food Branch, *Health Canada*: 1 – 39.

HSU S, MA C, HSU SK, WU S, HSU NH and YEH C. (1984). Discovery and epidemiology of PCB poisoning in Taiwan. *Am J Industr Med* **5**: 71 – 79.

IM (INSTITUTE OF MEDICINE) OF THE NATIONAL ACADEMIES. (2004). Infant formula: Evaluating the safety of new ingredients. The National Academies™ Washington DC: 4.

IBFAN (INTERNATIONAL BABY FOOD ACTION NETWORK). (2005). Draft Revised Standard for Infant Formula and Formulas for Special Medical Purposes Intended for Infants. Alinorm 05/28/26

Appendix 1V.

ISO (INTERNATIONAL STANDARDS ORGANIZATION). (2011). Codex endorses joint ISO/IDF guidelines for detecting melamine in milk. http: //www. iso. org/iso/pressrelease. htm? refid = Ref1412.

JASPAR AH, MUYTJENS HL andKOLLEE LA. (1990). Neonatal meningitis caused by Enterobacter sakazakii: milk powder is not sterile and bacteria like milk too. *Tijdschr Kindergeneeskd* **58**: 151 – 155.

JUGO, S. (1977). Metabolism of toxic heavy metals in growing organisms: a review. *Environ Res* **13** (1): 36 – 46.

KEEFER A. (2009). What kind of water should be used in infant formula? http: //www. modernmom. com/article/what – kind – of – water – should – be – used – in – infant – formula.

KIM SA, KIM OY and RHEE MS. (2010). Direct application of supercritical carbon dioxide for the reduction of Cronobacter spp. (*Enterobacter sakazakii*) in end products of dehydrated powdered infant formula. *J Dairy Sci* **93** (5): 1854 – 1860.

KNIGHT DC and EDEN JA. (1996). A review of the clinical effects of phytoesterogens. *Obstet Gynecol* **87** (5 – 2): 897 – 904.

KURATSUNE M. (1980). Yusho. In: KIMBROUGH RD (Ed.): *Halogenated Biphenyls, Terphenyls, Naphthalenes, Dibenzodioxins and Related Products*. Amsterdam: Elsevier/North – Holland Biomedical Press: 287 – 302.

KUZINA LV, PELOQUIN JJ, VACEK DC and MILLER TA. (2001). Isolation and identification of bacteria associated with adult laboratory Mexican fruit flies, Anastrepha ludens (Diptera: Tephritidae). *Curr Microbiol* **42**: 290 – 294.

LAI KK. (2001). *Enterobacter sakazakii* infections among neonates, infants, children, and adults: case reports and a review of the literature. *Medicine (Baltimore)* **80**: 113 – 122.

LAMBERT C and LARROQUE M. (1997). Chromatographic analysis of water and wine samples for phenolic compounds released from food – contact epoxy resins. *J Chromatogr Sci* **35** (2): 57 – 62.

LARROQUE M, VIAN L, BLAISE A and BRUN SJ. (1988). Determination of residual monomers of epoxy resins in wine simulants. *J Chromatogr* **445** (1): 107 – 117.

LEE HP, GOURLEY L, DUFFY SW, ESTEVE J, LEE J and DAY NE. (1991). Dietary effects on breast – cancer risk in Singapore. *Lancet* **337** (8751): 1197 – 1200.

LEHNER A, RIEDEL K, EBERL L, BREEUWER P, DIEP B and STEPHAN R. (2005). Biofilm formation, extracellular polysaccharide production, and cell – to – cell signaling in various *Enterobacter sakazakii* strains: aspects promoting environmental persistence. *J Food Prot* **68**: 2287 – 2294.

MaPP (Moms and Pops Project). http: //www. momsandpopsproject. org/.

MARTH EH. (1969). Salmonellae and salmonellosis associated with milk and milk products: a review. *J Dairy Sci* **52**: 283 – 315.

MASAKI H, ASOH N, TAO M, IKEDA H, DEGAWA S, MATSUMOTO K, INOKUCHI K, WATANABE K, WATANABE H, OISHI K and NAGATAKE T. (2001). Detection of gram – negative bacteria in patients and hospital environment at a room in geriatric wards under the infection control against MR-SA. *Kansenshogaku Zasshi* **75**: 144 – 150.

MONTAGNE DH, VAN DAEL P, SKANDERBY M and HUGELSHOFER W. (2009). Infant formulae powders and liquids. In: *Dairy Powders and Concentrated Products* (TAMIME AY (Ed.)), Wiley – Blackwell, Oxford, UK: 294 – 331.

MUYTJENS HL, ROELOFS – WILLEMSE H and JASPAR GH. (1988). Quality of powdered substitutes for breast milk with regard to members of the family Enterobacteriaceae. *J Clin Microbiol* **26**: 743 – 746.

MUYTJENS HL and KOLLEE LA. (1990). *Enterobacter sakazakii* meningitis in neonates: causative role of formula? *Pediatr Infect Dis J* **9**: 372 – 373.

NAZAROWEC – WHITE M and FARBER JM. (1997). Thermal resistance of Enterobacter sakazakii in reconstituted dried – infant formula. *Lett Appl Microbiol* **24**: 9 – 13.

NAZAROWEC – WHITE M and FARBER JM. (1999). Phenotypic and genotypic typing of food and clinical isolates of Enterobacter sakazakii. *J Med Microbiol* **48**: 559 – 567.

NRDC (NATURAL RESOURCES DEFENSE COUNCIL). (2005). Problems with infant formula: In: Issues: Health, Healthy milk, health baby, chemical pollution and mother's milk. http://www.nrdc.org/breastmilk/formula.asp.

NZMH (NEW ZEALAND MINISTRY OF HEALTH). (2005). *Enterobacter sakazakii*. http://www.health.govt.nz/our – work/diseases – and – conditions/e – sakzakii.

OLEA N, PULGAR R, PEREZ P, OLEA – SERRANO F, RIVAS A, NOVILLO – FERTRELL A, PEDRAZA V, SOTO AM and SONNENSCHEIN C. (1996). Estrogenicity of resin – based composites and sealants used in dentistry. *Environ Health Perspect* **104** (3): 298 – 305.

OLSEN SJ, BISHOP R, BRENNER FW, ROELS TH, BEAN N, TAUXE RV and SLUTSKER L. (2001). The changing epidemiology of salmonella: trends in serotypes isolated from humans in the United States, 1987 – 1997. *J Infect Dis* **183**: 753 – 761.

OSBORN K and LYONS M. (2010). Is bottled water really unsafe for making up infant formula? *Community Pract* **83** (3): 31 – 34.

ROGAN WJ. (1982). PCBs and cola colored babies. *Teratology* **26**: 259 – 262.

ROGAN WJ, GLADEN BC, MCKINNEY JD, CARRERAS N, HARDY P, THULLEN J, TINGELSTAD J and TULLY M. (1986). Polychlorinated biphenyls (PCBs) and dichlorodiphenyl dichloroethene (DDE) in human milk: effects of maternal factors and previous lactation. *Am J Public Health* **76** (2): 172 – 177.

SCF (SCIENTIFIC COMMITTEE FOR FOOD) (1983). First report on the essential requirements of infant formulae and follow – up milks based on cow's milk proteins. Opinion expressed on 27 April 1983. Reports of the Scientific Committee for Food, Fourteenth Series. European Commission, Luxembourg.

SCF (SCIENTIFIC COMMITTEE FOR FOOD) (1989). The minimum requirements for soya – based infant formulae and follow – up milks. Opinion expressed on 9 December 1988. Reports of the Scientific Committee for Food, Twenty – third Series. European Commission, Luxembourg.

SCF (SCIENTIFIC COMMITTEE FOR FOOD) (1991). First addendum to the Reports of the Scientific Committee on Food concerning the essential requirements of infant formulae and follow – up milks based on cow's milk proteins (opinion expressed on 27 April 1983) and the minimum requirements for soya – based infant formulae and follow – up milks (opinion expressed on 9 December 1988). Opinion expressed on 27 October 1989. Reports of the Scientific Committee for Food, Twenty – fourth Series. European Commission, Luxembourg.

SCF (SCIENTIFIC COMMITTEE FOR FOOD) (1993). Report on infant formulae claimed to be 'hypoallergenic' or 'hypoantigenic' (opinion expressed on 9 December 1991). Second Addendum concerning the essential requirements of infant formulae and follow – up milks based on cows' milk proteins and the minimal requirements for soya – based infant formulae and follow – up milks (opinion expressed on 9 December

1991). Reports of the Scientific Committee for Food, Twenty – eight Series. European Commission, Luxembourg. 198.

SCF (SCIENTIFIC COMMITTEE FOR FOOD) (1995). Report on essential requirements for infant formulae and follow – on formulae. Opinion expressed on 17 September 1993. Reports of the Scientific Committee for Food, Thirty – fourth Series. European Commission, Luxembourg.

SCF (SCIENTIFIC COMMITTEE FOR FOOD) (2003). Revision of essential requirements of infant formulae and follow – on formulae. Adopted on 4 April 2003. Reports of the Scientific Committee for Food, European Commission, Belgium.

SETCHELL KDR, ZIMMER – NECHEMIAS L, CAI J and HEUBI JE. (1997). Exposure of infants to phyto – oestrogens for soy – based infant formula. *Lancet* **350** (9070): 23 – 27.

SETCHELL KDR, ZIMMER – NECHEMIAS L, CAI J and HEUBI JE. (1998). Isoflavone content of infant formulae and the metabolic fate of these phytoestrogens in early life[1-4]. *Am J Clin Nutr* **68** (suppl): 1453S – 1464S.

SHARMAN M, HONEYBONE C, JICKELS S and CASTLE L. (1995). Detection of residues of the epoxy adhesive component bisphenol A diglycidyl ether (BADGE) in micro – wave susceptors and its migration into food. *Food Addit Contam* **12** (6): 779 – 787.

SKIRROW M. (1987). A demographic survey of Campylobacter, Salmonella, andShigella infections in England: a public health laboratory service survey. *Epidemiol Infect* **99**: 647 – 657.

STOCK I and WIEDEMANN B. (2002). Natural antibiotic susceptibility of *Enterobacter amnigenus*, *Enterobacter cancerogenus*, *Enterobacter gergoviae* and *Enterobacter sakazakii* strains. *Clin Microbiol Infect* **8**: 564 – 578.

THURM V and GERICKE B. (1994). Identification of infant food as a vehicle in a nosocomial outbreak of *Citrobacter freundii*: epidemiological subtyping by allozyme, whole – cell protein and antibiotic resistance. *J Appl Bacteriol* **76**: 553 – 558.

TRIPATHI RM, RAGHUNATH R, SASTRY VN and KRISHNAMOORTHY TM. (1999). Daily intake of heavy metals by infants through milk and milk products. *Sci Total Environ* **227** (2 – 3): 229 – 235.

USDA (THE UNITED STATES DEPARTMENT OF AGRICULTURE). (2008). USDA commodity requirements IFD3 infant formula for use in domestic programs. www.fsa.usda.gov/Internet/FSA_ File/ifd3.pdf.

VANDERVEEN JE. (1991). The role of the Food and Drug Administration in regulating food products for children. *Ann N Y Acad Sci* **623**: 400 – 405.

VARGAS – LEGUÁS H, RODRÍGUEZ GARRIDO V, LORITECUENCA R, PÉREZ – PORTABELLA C, REDECILLAS FERREIRO S and CAMPINS MARTÍ M. (2009). Powdered infant formulae preparation guide for hospitals based on Hazard Analysis and Critical Control Points (HACCP) principles. *An Pediatr (Barc)* **70** (6): 586 – 593.

WEINBERGER M, SOLNIK – ISAAC H, SHACHAR D, REISFELD A, VALINSKY L, ANDORN N, AGMON V, YISHAI R, BASSAL R, FRASER A, YARON S and COHEN D. (2006). Salmonella enterica serotype Virchow: epidemiology, resistance patterns and molecular characterisation of an invasive Salmonella serotype in Israel. *Clin Microbiol Infect* **12**: 999 – 1005.

WEISSMAN JB, DEEN RMAD, WILLIAMS M, SWANSTON N and ALI S. (1977). An island – wide epidemic of salmonellosis inTrinidad traced to contaminated powdered milk. *West Indian Med J* **26**: 135 – 143.

WHA (WORLD HEALTH ASSEMBLY). WHA RESOLUTION 58.32. (2005). In: Infant and young child nutrition. http://www.ibfan.org/issue-international_code-full-5832.html.

WHO (WORLD HEALTH ORGANIZATION). (2003). Infant and young child feeding. http://www.who.int/maternal_child_adolescent/documents/9241562218/en/index.html.

WHO (WORLD HEALTH ORGANIZATION). (2007a). *Enterobacter sakazakii* and other microorganisms in powdered infant formulae, Microbilogical risk assessment series, Vol, 6. WHO-FAO Food Safety Department, Geneva. http://www.who.int/foodsafety/fs_management/en/No_01_EsakazakiI_Jan05_en.pdf.

WHO (WORLD HEALTH ORGANIZATION). (2007b). How to prepare powdered infant formula in care settings. *Food Safety Authority of Ireland*: 1-24.

WHO (WORLD HEALTH ORGANIZATION). (2008). Safe preparation, storage and handling of powdered infant formula: guidelines. http://www.who.int/foodsafety/publications/micro/pif_guidelines.pdf.

WINIARSKA-MIECZAN A. (2009). Assessment of infant exposure to lead and cadmium contents in infant formula. *J Elementol* **14** (3): 573-581.

YELLAYI S, NAAZ A, SZEWCZYKOWSKI MA, SATO T, WOODS JA, CHANG J, SEGRE M, ALLRED CD, HELFERICH WG and COOKE PS. (2002). The phytoestrogen genistein induces thymic and immune changes: A human health concern? *Proc Natl Acd Sci* **99** (11): 7616-7621.

YOSHIDA T, HORIE M, HOSHINO Y and NAKAZAWA H. (2001). Determination of bisphenol A in canned vegetables and fruit by high performance liquid chromatography. *Food Addit Contam* **18** (1): 69-75.

ZINK D. (2003). Powdered infant formulas: An overview of manufacturing processes, a White Paper on Contaminants and Natural Toxicants Subcommittee Meeting *Enterobacter Sakazakii* contamination in powdered infant formula, 18-19 March 2003.

11 婴儿配方食品法规

Y. J. Jiang, Northeast Agriculture of University, People's Republic of China

摘　要：世界各国制定的婴儿配方食品法规对食品生产、营养强化及农药残留做了详细规定。与婴幼儿食品相关的标准与法规的制定及实施是确保食品质量与婴幼儿安全的基础。本章将对亚太地区的一些国家（中国、日本、韩国、澳大利亚和新西兰）及美国、欧盟制定的婴儿配方食品的标准与法规进行讨论。

关键词：标准与法规　婴儿配方食品　亚太地区国家　美国　欧盟

11.1 引言

婴儿阶段是人一生中身体和大脑发育的重要时期，因此，充足的营养对婴幼儿身体极其重要。母乳是婴儿理想的食物，当母乳供应不足或母亲不能进行母乳喂养时，婴儿配方食品就成为适合于从出生到 36 个月龄婴幼儿的母乳最佳替代品。婴儿配方食品的营养成分应满足婴儿的正常生长需求，而要满足 6～36 个月大的婴幼儿的营养需求则要在后续的配方食品中添加适当的辅食。根据原料组成、包装形式及不同年龄段的要求，可将婴幼儿辅食概括地分为两类（罐装辅助食品和婴幼儿谷类辅助食品）。特殊医学用途婴儿配方食品是为有特殊营养需求的早产儿、低出生体重婴儿及有代谢障碍的婴儿所特别设计的。

婴儿配方食品和一般的食品不同，有着特殊的营养和健康需求，此类食品必须遵守相关的法规和标准。与婴幼儿食品相关的标准与法规的制定及实施是确保婴幼儿食品质量与安全的基础。本章将对亚太地区的一些国家（中国、日本、韩国、澳大利亚和新西兰）及美国、欧盟制定的婴儿配方食品的法规和标准进行讨论。

中国 2015 年 4 月新修订的《食品安全法》对婴儿配方食品提出了较为详细的要求。中国婴儿配方食品的质量安全总体上是由国家食品药品监督管理总局（CFDA）进行监督与管理。中华人民共和国国家卫生与计划生育委员会同时也规定了婴儿配方乳粉的产品标准和检验方法标准；同时，依据生产许可审查细则、良好操作规范（GMP）、危害分析和关键控制点（HACCP）体系对婴儿配方食品的生产与卫生提出要求。根据《食品安全法》及其实施条例、《食品生产许可管理办法》等有关规定，国家食品药品监督管理总局组织制定了《食品生产许可审查通则》，自 2016 年 10 月 1 日起施行。根据新《食品生产许可管理办法》规定，2018 年 10 月 1 日及以后生产的食品一律不得继续使用原包装和标签以及"QS"标识，取而代之的是有"SC"标识的编码。对公众来说最直观的变化是，食品包装袋上印制的"QS"标识（全国工业产品生产许可证),将被"SC"(食品生产许可证)替代。"QS"体现的是由政府部门担保的食品安全,"SC"则体现了食品生产企业在保证食品安全方面的主体地位,而监管部门则从单纯发证,变成了事前、事中、事后的持续监管。食品安全标准中的食品添加剂的使用标准、食品营养强化剂使用标准和预包装食品标签通则等国家标准则对婴儿配方乳粉、婴幼儿补充食品、罐装辅助食品等配方食品提出了安全要求与产品标准。

日本负责监管食品安全的主要部门是食品安全委员会、厚生劳动省和农林水产省,食品安全法律体系包含《食品卫生法》《食品安全基本法》和一系列行业及专业的法律法规。根据《健康增进法》,婴儿配方食品是一种特殊膳食用食品。根据营养标识标准的要求,只有被厚生劳动省认定为安全的添加剂才可被用于婴幼儿食品中。乳及乳制品成分标准等部长条例提出了对乳成分、生产及生产设备的标准。婴儿食品协会发布的《婴儿食品自愿标准》(第四版),对婴儿食品的说明提出了相应要求(Infant Foods Association of Japan,2005)。

日本农林渔业食品局和韩国食品药品管理局分别负责两国的食品质量与安全管理。韩国主要的婴儿配方食品法规包括《食品卫生法》《食品法典》《韩国食品添加剂法典》《食品标识标准》和《转基因食品标识体系》。

澳大利亚和新西兰的政府共同制定了《澳大利亚-新西兰食品标准法典》,规定了无论国内生产的食品还是进口食品都要满足该法典的标准。法典中的标准对婴儿食品、配料、营养含量、添加剂限定标准、标识要求、包装及安全的生产程序都做了定义。《新西兰动物产品法案》中的说明及标准规定了对制造商的注册要求以及对乳产品(乳基质婴儿食品)生产中的一些原料、生产、包装等的要求。

美国负责食品安全的机构是美国食品药品管理局、美国农业部的食品安全及检验局和环境保护局。根据美国《联邦食品、药物和化妆品法案》《联邦法规汇编》详述了婴儿配方乳粉的标签要求、营养需求以及良好操作规范(GMP)等质量控制程序。此外,所有的婴儿配方食品必须满足《婴儿配方食品法案》的要求。

欧洲议会、欧盟理事会、欧洲委员会对食品安全拥有不同的立法职责。欧洲食品安全局负责整个食品链,它的作用是为欧洲委员会、欧洲议会和欧盟成员国提供风险评估,同时也给公众提供风险信息。欧盟委员会主要负责协调、审查、加强欧盟成员之间现有的法律执行力度。欧盟发布的《食品安全白皮书》包含84项食品安全措施。欧盟委员会指令规定了婴儿配方乳粉和婴儿食品的成分、标签、农药残留的标准。根据欧盟指令第178/2002号,婴儿配方乳粉生产商必须向当地政府部门提交文件,同时必须在生产前获得认证。

11.2 中国的食品法律法规体系

中国有六个主要的食品安全监管机构,包括国家食品药品监督管理总局(CFDA)、国家质量监督检验检疫总局(AQSIQ)、国家卫生和计划生育委员会、工业和信息化部(MIIT)、国家工商行政管理局(SAIC)和农业部(MOA)。每个机构依据食品、生产、流通的类型承担不同的责任。国家食品药品监督管理总局主要负责起草食品的法律法规草案、各部门的规章制度，并组织实施和监督检查，着力防范区域性、系统性食品安全风险；负责制定食品行政许可的实施办法并监督实施工作；负责食品安全事故应急体系建设及调查处理工作。国家质量监督检验检疫总局负责统一组织食品生产加工企业的质量安全监督管理工作；负责食品包装材料、容器、食品生产经营工具等食品相关产品生产加工的监督管理，并对进出口的食品安全实施监督管理、产品检验工作、风险评估及控制措施；确保进口食品符合我国相关的食品法律法规。国家卫生和计划生育委员会组织拟订食品安全标准，组织开展食品安全风险监测、评估和交流；承担食品新原料、食品添加剂新品种、食品相关产品新品种的安全性审查；参与拟订食品安全检验机构资质认定的条件和检验规范。工业和信息化部负责监管食品工业行业，制定合理科学的产业政策和发展规划，完善食品工业行业标准，加强行业自律及食品行业相关基础信息的统计与监测。国家工商行政管理局监管食品流通环节，即承担流通环节食品安全的责任；组织实施流通环节食品安全监督检查、质量监测、相关市场准入制度及食品广告活动的监督检查。而农业部负责监管初级农产品生产环节的监管，制定农产品质量安全国家标准及质量安全的监督管理。在中国，婴儿配方食品的安全工作主要由国家食品药品监督管理总局负责，其他各职能部门与其协同合作。

中国的《食品安全法》是在 2009 年 6 月 1 日开始实施，为食品安全风险做监测和评估，提供食品安全标准、生产操作、检验、进出口、食品安全的事件处理、监督管理、法律责任，地方政府负责本行政区域的食品安全监督管理。而在 2015 年 4 月新修订的《食品安全法》明确规定婴儿配方食品生产企业应当建立实施从原料进厂到成品出厂的全过程质量控制，对出厂的婴儿配方食品实施逐批检验，保证食品安全，新修订的《食品安全法》于 2015 年 10 月 1 日开始实施。

11.2.1 婴儿配方食品的基本标准

基本标准包含 GB 2760—2014《食品添加剂使用标准》，GB 14880—2012《食品营养强化剂使用标准》和 GB 13432—2013《预包装特殊膳食用食品标签》。

婴儿配方食品作为一种特殊的产品，必须加强食品添加剂的有关国家标准。GB 2760—2014 提供了婴儿配方食品和各种食品添加剂的使用范围和剂量要求。GB 14880—2012 详细说明了营养物质（维生素和矿物质）的来源、品种和用量。婴儿配方食品允许使用的添加剂和矿物质都要小于国际食品法典委员会（CAC）所允许的用量（GB 14880—2012）。GB 13432—2013 对预包装特殊膳食用食品标签（含营养标签）提出基本要求，对营养成分、摄入量、强制标识内容及可选择标示内容等有明确规定。

婴儿配方乳粉的营养和其他组分的分析是保证产品质量的重要手段。在 GB 5413—2010 系列标准中针对乳粉及婴幼儿配方食品约有 34 个检测方法。

11.2.2 婴儿配方乳粉产品标准

婴儿配方食品产品标准：GB 10765—2010《婴儿配方食品》和 GB 10767—2010

《较大婴儿和幼儿配方食品》分别对婴儿配方食品及较大婴儿和幼儿配方食品提出了相关要求。两者都对原材料的选择、感官需求、必需成分、可选择成分、微生物含量、真菌毒素及污染物限量等内容规定了一般的技术要求，同时对营养成分的含量及其他内容，如标签、使用说明、包装等都提出了详细的规定。

GB10769—2010《婴幼儿谷类辅助食品》为婴幼儿制定了谷类辅助食品的相关技术要求，如产品类别、原料和感官要求、基本的和可选择的营养成分指标、污染物、真菌毒素、微生物限量等都提出了详细的技术要求；GB 10770—2010《婴幼儿罐装辅助食品》则为婴幼儿罐装辅助食品规定了一般的技术要求及限量标准，如产品分类、原料和感官要求、理化指标、污染物限量、微生物要求等提出了详细的技术要求。GB 2760—2014《食品添加剂使用标准》对婴儿配方食品的食品添加剂使用提出了详细的要求，对其使用原则、使用规定和功能类别等都做出了明确的规定。GB14880—2012《食品营养强化剂使用标准》则对营养强化剂的使用规定、检验方法、质量标准和技术要求等都做出了详细的规定。

GB 13432—2013《预包装特殊膳食用食品标签》则要求婴儿配方食品必须注明强制标识内容，包括食品名称、营养和成分标识、储存条件、食用方法和适宜人群等；还有可选择标识内容的一般要求。婴儿配方乳粉的标签应标明"婴儿最理想的食品是母乳，在母乳缺失或不充足的情况下，可以使用本产品。"如果这个产品是给 6 个月以上的婴儿所食用，则婴儿配方乳粉的一些微量元素的含量是非常重要的，微量营养素含量过低会影响婴幼儿的生长和发育，而含量过高可能导致中毒。这些标准并没有规定基本氨基酸和脂肪酸的最低限度和脂肪中各种脂肪酸的比例。这些标准在控制生产、检验和监控婴儿配方乳粉的生产中发挥重要作用。

11.2.3 婴儿配方乳粉工业生产条例与法规

目前，中国与国际食品法典委员会、美国及其他发达国家相比，婴儿配方乳粉的生产法规和 HACCP 体系才刚刚开始发展。GB 23790—2010《粉状婴幼儿配方食品良好生产规范》对中国婴儿配方乳粉制造商提出了对人员健康、工厂设施及设备的设置和管理、生产流程、所采购原材料的产品质量、生产加工、包装、存储和运输流程的要求，以确保提供安全的产品。GB／T 27342—2009《危害分析与关键控制点（HACCP）体系 乳制品生产企业要求》对乳制品制造商明确指出了 HACCP 系统的发展和实施，其中包括婴儿配方乳粉制造商。

2013 年，国家食品药品监督管理总局发布了《婴幼儿配方乳粉生产许可审查细则》，其规定了婴幼儿配方食品的生产许可管理条例，随后发布了详细的检验规则。新版细则共分为适用范围、生产许可条件审查、生产许可产品检验和其他要求四大部分。重点提高了企业质量安全管理、生产设备设施、原辅料把关、生产过程控制、检验检测能力、人员素质条件、环境条件控制和自主研发能力等方面的要求。按照规定，制造商必须向省级部门提交质量监督检验、检疫的申请材料，通过审核的应用材料和工厂，有关部门将颁发生产许可证。只有通过这个系统才可以允许授权制造商生产婴儿配方食品。

为了提高乳制品的质量和安全管理以及保护公众健康和安全，2008年国务院公布了国务院令第536号《乳品质量安全监督管理条例》。法律规定购买原料乳及生产和销售，需要婴儿配方乳粉制造商来实现一个完整的HACCP系统。2010版细则只是要求企业应当建立实施危害分析与关键控制点体系（HACCP），除此之外对管理体系没有更多要求。而实施良好操作规范（GMP），是现代化生产企业保证产品质量安全的有效手段，是生产质量安全可靠的婴儿配方乳粉的质量保证。因此在2013新版细则参考药品良好操作规范，提出与婴儿配方乳粉生产相适应的质量安全管理模式，增加验证、清场等规范程序，并要求企业严格执行危害分析和关键控制点体系（HACCP）和粉状婴儿配方食品良好操作规范（GMP），实行覆盖生产全过程的质量安全控制。

依照国家法律和2009年新修订的《乳制品工业产业政策》，国家发展和改革委员会颁布了乳制品加工行业准入条件，规范了乳品加工业的投资行为。指南中要求生产过程要有效地使用资源以保护环境，并促进原料乳生产加工的协调发展。

通过强制性标准和推荐性标准的结合以及国家标准和企业标准的支持，中国食品安全标准体系正在成为一个相对完整的标准体系。食品安全标准更加具有综合性，它涵盖了主要食品类别和食品的整个生产过程及其危险因素。它的目的是对整个食品生产系统"从农场到餐桌"（包括初级生产、生产、加工、销售和食品消费）的安全进行监控和管理。

11.3 日本的食品法律法规体系

日本负责食品安全的主要监管部门是食品安全委员会（FSC）、厚生劳动省（MHLW）和农林水产省（MAFF）。

日本的食品安全委员会是一个内阁水平的公共机构，成立于2003年7月份，负责食品安全事务的管理和风险评估工作。食品安全委员会的主要职责包括：食品安全风险评估、对风险控制部门（厚生劳动省和农林水产省）进行政策引导和监管。根据日本法律，厚生劳动省和农林水产省负责食品安全的管理。

农林水产省下的食品安全局和消费安全局主要负责国内新鲜农产品和半成品的质量和安全的管理，监管农药、兽药、肥料、饲料以及在加工、销售和食用过程中的其他农业添加物。还负责检疫进口动植物产品、国内及进口食品的质量和安全，监管农产品的质量、认证及标签以及对农产品加工环节实施HACCP。

厚生劳动省下的食品安全行政机构负责监管在加工和流通过程中食品的质量和安全、农药标准以及食品中兽药的最大残留限量。此外，还负责食品加工中的卫生安全标准、进口农产品和食品的安全检查、批准食品加工制造商、调查食品毒害事件以及发布食品安全信息。

日本食品安全法律体系是由基础法和一系列专业、专门的法律法规组成的。《食品卫生法》和《食品安全基本法》是食品法规的基础。《食品卫生法》涉及食品、食品添加剂、设备、包装和标签等方面。该法授权于卫生劳动部，规定厚生劳动省和当地政府负责该地的食品安全。《食品卫生法》是基于 HACCP 和"食品中农业化学品残留肯定列表制度"的综合性的卫生体系。为加强食品安全，日本又在 2003 年出台了《食品安全基本法》。该法定义了"消费者至上""科学风险评估"和"从农场到餐桌监控"的食品安全概念，确保食品安全并允许对国内和进口食品供需链中各环节的进口食品提出预防禁令。

为提高公众的健康和营养，日本国会在 2002 年颁布了《健康促进法》，该法规定了促进健康的基本原则、营养调查、健康引导、特定服务、特殊用途标识以及营养标识的标准。《健康促进法》中的食品包括一般食品、健康声明食品和特殊膳食用食品。特殊膳食用食品分五类：孕妇及哺乳期妇女的配方食品、婴儿配方食品、有咀嚼或吞咽困难的老年人食品、用于病人的医疗食品以及特定保健用途的食品。若要生产以上特殊膳食用食品需得到厚生劳动省的许可和批准（under the Health Promotion Law，Article 26）。

婴儿配方食品制造商必须遵守《食品卫生法》《食品安全基本法》《健康促进法》、厚生劳动省的决议、公告以及《关于乳及乳制品成分标准的部长条例》。

11.3.1 婴儿配方产品法规

日本《健康增进法》第六章规定了特殊膳食用食品生产申请程序：检验程序、检查、批准、撤回许可、标签。制造商关于婴儿配方食品申请批准的步骤如下：

（1）申请人向食品安全部门递交许可申请，若批准通过，则该申请直接转交到厚生劳动省进行复审。

（2）国家健康营养协会负责采集样品进行检查，并向厚生劳动省提交检查报告。

《健康增进法》中提出了营养标识标准，列出了标识发布要求、标识方法、营养和能量信息及一些特殊声明。

在食品添加剂肯定列表制度下，只有被厚生劳动省认定为安全的添加剂才可被用于食品中。日本对于食品添加剂的说明和标准规定了对一般通知、检验、专题著作、储藏标准、生产标准及标识标准的要求。

通知部分给出了按照说明和标准进行检验的一般规定。检验部分描述了特定添加物所通用的实际检测方法。试剂、溶液及其他参照溶液部分包含说明书涉及的试剂、检验溶液和标准溶液。专题部分由"定义""目录""描述""鉴定""纯度""含水量""干燥失重""灰分""试验"及"储藏标准"组成。生产标准部分包含添加剂使用的一般和特殊的标准。使用标准部分提出了目标食品及其最大使用量以及有使用标准的添加剂的其他限制。标识标准指定声明某物质为添加剂，并对其有相关要求（Ministry of Health and Welfare of Japan，2000）。

厚生劳动省的食品安全部门制定了《关于乳及乳制品成分标准的部长条例》。该条例提出了关于牛乳成分、生产、烹饪和储藏的标准，牛乳生产加工过程中的卫生控制标准以及对于设备和牛乳储存容器的标准。生产加工过程及乳产品储藏条件的综合性标准要求：乳固体含量必须超过最少量的50%，湿度不超过5%，细菌数（标准平板计数法）不得超过50000/g，且大肠杆菌检验呈阴性。配方乳粉中，除乳、乳产品及类型和混合比例已获厚生劳动省批准的产品外不得添加其他物质（该乳中不包括生的山羊乳、巴氏消毒山羊乳以及生的绵羊乳）（Ministry of Health and Welfare of Japan，1951）。

厚生劳动省的食品安全部于2009年2月公布了特殊膳食用食品的标识许可通知。此通知概述了特殊规定用途食品标识许可的法规及特殊规定用途食品的治疗与指南，并于同年4月1日开始实施。条款5《婴儿配方乳粉的标识许可标准》规定了配方乳粉的组成成分和要求强制标识的部分，包括：（1）术语"婴儿配方"；（2）可被用作母乳替代品的食品（当然，母乳对婴儿来说是最好的）；（3）与医生和营养师的咨询结果一致；（4）标准的制备方法；（5）考虑到婴幼儿的个体差异。商标许可的申请中应包含以下文件：公司的生产执照、检测报告、产品标签模板、申请者的试验结果、质量管理说明以及其他生产要求。根据《健康促进法》下的部长条例《特殊膳食用食品治疗与指南》的规定，此类产品的标签中应包含如下信息：产品名称、限用日期或最短耐用期限、保存方法、制造商的名称及地址、许可或批准的商标、许可或批准的显示用语、食品的营养总量（包括能量值）、食品原料名称及食品添加剂、消费、制备和保存的相关说明（Japan Health Food and Nutrition Food Association，2010）。

《婴儿配方食品指南》的通知部分规定了婴儿配方食品的营养组成和标识用语，并要求制造商遵守这些规定（Safety Life Information of Japan，1996）。其中有关营养组成的规定如下：

钠含量必须小于200mg/100g；

产品味道应适合婴幼儿；

仅允许添加极个别添加剂；

富含淀粉的食品，其糊化度应超过80%；

产品的物理状态应适合喂养发育中的婴儿等。

为促进婴儿的健康发展，日本生产及销售婴儿食品的公司在1961年建立了婴儿食品协会。该协会发布了《婴儿食品推荐性标准》，该标准对婴儿食品提出了以下具体要求：

质量；

保质期；

卫生程序；

原料（包括转基因原料）；

食品添加剂；

婴儿食品的规定检测方法；

包装质量说明和标签说明。

该标准将婴儿食品分为粉末状食品和液体类食品两种，对多种农药提出了限定，如多氯联苯（PCB）、内分泌干扰物、苹果制品中的棒曲霉毒素、小麦制品中的脱氧雪腐镰刀菌烯醇以及玉米制品中的伏马菌素，并禁止婴儿食品中存在黄曲霉毒素。（Infant foods association of Japan，2005）

婴儿配方产品的销售和生产必须符合日本《食品安全基本法》《食品卫生法》《日本农业标准法》《健康促进法》、厚生劳动省和进出口委员会的命令与通知，当然还包括日本婴儿食品委员会内部的《婴儿食品推荐性标准》。

11.4 韩国的食品法律法规体系

韩国的食品法规体系是为了保障消费者安全、改善食品质量和市场竞争力及发展方式而制定的。该体系中，韩国食品安全协会（KFSA）受首相领导，负责食品安全管理方针、政策、组织和部门之间的协调，处理食品安全事件。食品质量和安全管理由食品农林渔业部（MIFAFF）和韩国食品药品管理局（KFDA）负责，而韩国技术和标准机构（KATS）负责韩国工业标准（KS）的发展。

韩国食品农林渔业部负责农业生产的质量和安全管理、存储和批发市场、质量、畜产品从"农场到餐桌"的安全管理以及水产品质量安全的管理。韩国食品药品管理局负责产品安全管理和农产品加工，其有明确的各部门责任划分和专业机构的合作，形成一套相对完整、清晰的管理系统。韩国技术和标准机构负责韩国工业标准的发展，控制消费产品的质量和安全、法定计量系统的操作、管理技术评估和认证最先进的技术和产品。

韩国的食品安全法律法规包含有关食品安全和质量的技术法规和标准的要求。它们也含有技术法规和强制性执行法规，涉及农药、兽药、种子、肥料、饲料、食品添加剂、植物生长调节、水产品和畜产品。韩国食品安全标准提供食品或相关食品加工和生产方法的规则、指南以及文件，还包括适用于包装、商标和标签的特殊规定（Jiang，2003）。

在韩国，监管婴儿配方乳粉的主要规定包括《食品卫生法》《食品安全基本法》《食品添加剂分析法》以及《转基因食品标识系统》《儿童食品安全管理特别法》。

11.4.1 婴儿配方产品的监管

韩国《食品卫生法》作为所有食品法规的基础，旨在防止有害物质和污染产生，从而提高食品的营养价值和市民的健康水平；2009年进行了全部修订，2014年《食品卫生法》进行了部分的修订；该法规定义了食品、食品添加剂、设备、容器、包装材料、标签、编码、食品检验、食品生产活动和营养专家、食品卫生审查会议、食品卫生组织和行政处罚的要求。《食品卫生法》是韩国食品生产的综合法，管理着"从农场到餐桌"的程序。《食品卫生法实施令》提供了《食品卫生法》的条文规定（Korea Food Drug Administration，2008a）。

韩国《食品法》可划分为11个条款，分别为：

一般食品通用标准和规范；

对长保质期食物的规范；
一般加工食品的标准和规范；
单个食品的规格；
海洋产品的临时性规范；
设备的标准和规范；
单个食品的容器和包装；
餐馆熟食中的微生物推荐指标；
样本的收集和处理；
一般测试方法；
试剂和标准溶液等。

韩国《食品法》规定了食品生产、加工、食用、烹制和储藏的方法。它也概述了食品成分，器具、容器、包装的生产方法、规格及原材料，以及食品、食品添加剂、器具、容器、包装和转基因生物（GMO）的标识标准。

第5条《单个食品的标准和规范》规定，婴儿配方乳粉属于特殊膳食食品（FOSDU）。该项目提供了婴儿配方乳粉、后续配方、婴幼儿谷类食物、婴儿和儿童的其他食物以及以提供特殊医疗为目的的婴儿配方食品的定义、生产加工和规范。第5条也提出了对于营养、添加剂以及微生物的要求。婴儿配方乳粉要适合婴儿的正常生长和发育，并可以添加分离大豆蛋白或其他食品作为其蛋白质的来源。后续配方也可以使用分离大豆蛋白或其他食物作为蛋白质的来源，且该产品应适用于6个月断乳后的婴儿的正常的生长和发育。婴幼儿谷类食物是由谷物、大豆、马铃薯组成（25%或更多的终端产品固体含量），旨在提供断乳时期的饮食补充。其他食物指的是粉末状、浆状或液体的配方，用于新生儿和婴儿在哺乳期或断乳期。特殊医疗用途的婴儿配方有不同的规范，是专门为满足早产婴儿的特殊营养要求而设计的，早产儿与正常婴幼儿（0~36个月）有不同的营养需求。

婴儿配方食品加工要求注明下列事项：（1）产品应进行巴氏杀菌或灭菌，以免被微生物污染损坏；（2）干燥后的产品应充满氮气，液体产品应消毒；（3）为了使婴儿配方食品更接近于母乳，营养物质可以在必要时进行适量的添加，但添加前应当进行严谨的科学论证，加入量可依据母乳；（4）最终产品中蛋白质的氨基酸评分不得超过85%；（5）即食产品，其固体成分应当为10%~15%。但对于那些食用前要稀释的即食食品，其固体含量指标可能会有所不同；（6）锡材料不得用作液体或糊状食品的容器；（7）在使用蜂蜜或枫糖汁为原料的情况下，必须要杀死肉毒梭状芽胞杆菌的孢子；（8）可可不能用于婴儿产品；（9）干原料应经过干燥过程降低水分含量后再储藏，以预防微生物增长，其他原材料的储存应严格控制储藏的温度和湿度；（10）为了防止微生物污染或其他类型的污染，用于制造粉状婴儿食品的喷雾干燥设备应当定期清洗；（11）在包装之前须采取有效的方法防止外来材料或金属混入，如使用筛、磁铁、电子金属探测器。

《韩国食品添加剂法》规定，一般食品添加剂标准定义适用于婴儿配方乳粉的大约有119种添加剂（韩国食品药品监督管理局，2008 b）。对于基于谷物的婴儿配方食品以及其他婴儿食品，不允许使用法规中没有提到的添加剂。婴儿配方乳粉和后续配方可用添加剂种类多于基于谷物的婴儿配方乳粉和其他婴儿配方乳粉。只有法规中列出的添加剂中才可以使用，其他食品添加剂的使用应基于食品添加剂的法规。合成添加剂的标准和规范有不同的国际标准。韩国食品药品监督管理局的专员在食品卫生评估委员会指导下应用适用性标准的临时应用程序《食品法典》标准来解决这一问题。

韩国1995年颁布的《国家健康促进法案》包括国家对于营养相关慢性疾病和肥胖干预措施和处理程序。由卫生部、福利组织及其附属机构，每三年进行一次全国性的系统监测，包括营养和健康调查。

韩国的食品质量与安全标准包含两个主要类别：第一类是安全和卫生标准，由卫生管理部门制定。该标准涉及植物和动物疾病、有毒残留物和其他有害物质的要求。第二类质量标准和包装规格由食品农林渔业部制定。KS是推荐性标准。韩国 KSH 2024《婴儿配方食品》和 KSH 2512《基于谷物的婴幼儿配方食品》确立了婴儿配方食品的基本要求。

韩国食品药品监督管理局在1998年10月7日发布了《食品标签标准》，2009年发布《食品标签标准修正提案》。该标准的目的是通过定义食品标签、添加剂、设备、容器、包装等标准来促进食物的卫生处理，为消费者提供正确的信息。第7条（详细的食品标签标准）规定了一般食品标签标准和单个食品标签标准。一般食品标签标准涵盖了产品名称、食品类型、企业名称和地址、生产日期、最迟销售日期、净含量、名称和原材料、食品名称和数量、营养物质和其他信息。该标准还指定了特殊营养食品和健康营养补充食品的标识方法。第12项定义了特殊营养食品和独立包装食品标签标准，规定了配方乳制品、婴儿配方食品、儿童成长期配方食品和婴幼儿配方谷物制品的基本要求，并要求其他婴幼儿食品说明对婴儿和儿童的喂养方法、食品名称和营养标签。韩国食品药品监督管理局颁布的转基因食品标签系统，从生产、加工、进口方式定义和管理27个类别的食品和食品添加剂（包括婴儿食品等）。转基因食品标识制度适用于所有来源于农、林、畜牧、养殖业的成分。简而言之，食品必须注明DNA遗传变异，或保留在最终的产品中的外源蛋白质。

韩国政府在韩国食品药品监督管理局半官方行业协会的监督下进行管理食品安全，它在1997年建立了HACCP认证体系。韩国政府鼓励食品生产商从政府或认可的认证机构获得HACCP体系认证，并严格管理没有认证的食品生产商。在韩国，食品行业机构负责检查食品和包装的卫生和安全。该机构通过收集各种团体的意见以及定期举行公众听证会来为政府提供数据。根据韩国法律，不经过检查的食品不允许销售。公务员和消费者合作监督餐厅和食品市场。对韩国的食品生产商从材料选择、加工、包装方面等进行检查，确保符合标准减少污染保证质量。政府参与认证机构定期检查和实施HACCP、ISO9001系统的执行情况（Om 等，2007）。

11.4.2 婴幼儿食品标准与法规的特点

在定期修改和完善后，韩国的技术法规和食品安全标准，形成了一个具有非常鲜明特点的综合系统：（1）由于各部门职责明确和专门机构协调合作，形成了一套在食品安全监管过程中相对完整和清晰的管理系统，韩国政府集中管理和处罚，促进食品安全意识以防止和杜绝食品中的有害因素；（2）随着食品质量安全新问题的出现，以及人们对这些问题的深入认识，有关法律、法规和标准已经被广泛地修正，例如：转基因食品安全管理新法规。

11.5 澳大利亚和新西兰的食品法律法规体系

澳大利亚是一个联邦制国家，联邦政府负责管理进出口食品，各个州及地区政府负责管理国内食品。在澳大利亚存在着两个具体负责食品管理的部门：澳大利亚新西兰食品管理局以及澳大利亚检疫检验局。新西兰食品安全局是食品质量卫生的最高政府管理机关，成立于 2002 年 7 月，其职能是确保新西兰有效执行食品安全法规。

澳大利亚新西兰食品标准体系是依据澳大利亚和新西兰政府于 1995 年 12 月签订的条约建立。该体系根据《2002 食品监管协议》而持续运作，由澳洲食品立法部门依据《澳大利亚新西兰食品监管法案》（以下简称 FSANZ 法案）1991 加以执行。FSANZ 法案建立了食品联合管理（食品标准或实施规范）的发展机制，同时也规定了由澳大利亚新西兰食品管理局来负责制定与维护《澳大利亚新西兰食品标准法典》（the Code）。

该法典是单个食品标准的汇总：标准按相关性分成若干部分，并按次序整理成为四章。第一章为适用于所有食品的一般食品标准，但并没有囊括食品最大残留限量标准（MRLs）和相关要求，因为新西兰对此有自己的标准。第二章是有关于特定食物类别的标准，由于食品卫生不属于澳大利亚新西兰共同食品标准体系的一部分，所以第三章阐述了仅适用于澳大利亚的食品卫生安全规定。第四章为澳大利亚初级产品标准，同样的，新西兰有自己的对于初级产品标准的管理办法。该法典的主要内容包括食品的成分和标签标准、添加剂、污染物限量、微生物学标准以及营养标签和警示声明要求的标准（Food Standards Australia and New Zealand，2009）。

澳大利亚新西兰标准局在其双方部长级委员会政策引导与风险评估下制定了此法典。该食品标准法典由联邦政府批准，各个州政府负责相关法律法规的执行。所有相关的厂商都必须遵守该法典；这些标准也在不断地被优化和修订。这些食品标准具有法律效益，如果提供了不符合该标准的食品将被视作违法。该食品标准法典不仅内容简单明了，而且在执行过程中极其严格透明。

"保障公共卫生和安全"是 FSANZ 的根本目标，任何对于食品标准的修订、重审或改变都必须基于这个基础。FSANZ 在处理与婴儿配方食品有关的应用和建议时应用了风险评估、风险管理和风险交流的方法。根据立法要求进行的风险评估过程是基于可靠的科学证据的，并且是在"完全实证"的基础上得出的结论。在一种给定原料被添加之前，其安全性必须要给出清晰的说明。

另外，新西兰有自己的食品管理办法。动物产品修正法案1999由新西兰食品安全局执行。该法案包括导言、风险管理计划、规定的控制计划、动物产品标准和规范、动物原料和产品的出口、出口商的职责、家用屠宰和娱乐性捕获、官员及权利、认可机构及认可成员、收费、犯罪行为、违法处罚及诉讼和杂项规定（New Zealand Food Safety Authority, 1999）。依据1999年颁布的动物产品法案，动物产品（乳制品）条例2005规定了牛乳原料以及乳制品生产加工标准；牛乳产品的包装、储存；牛乳产品的标签、记录保持标准；奶牛农场主应缴关税及其他要求；被认可的机构和人员及其他相关规定。为了确定在牛乳原料以及产品中的残留量是否被有效控制，乳品工业（国家残留量管制计划）条例2002被修订。

11.5.1 婴儿配方食品标准和条例

基础标准：

标准1.1.1 总则——导言阐述了澳新食品标准法典的应用、释义、禁令。该标准包括了条例的应用和释义，也囊括了针对单个食品标准的应用和释义。

标准1.3.4 该标准包括了添加到食品中的核苷酸和营养物质的质量规格要求。该标准确保按照本法典添加到食品当中的物质符合质量规格要求和纯度，如食品添加剂、加工助剂、维生素、矿物质以及其他营养物质。

标准1.5.1 该标准包括了新资源食品及新资源食品配料销售规定。除了表格中符合特定使用条件的食品，其他食品一律禁止销售。该许可条款对有关于前期准备的需要或烹饪指导、警告声明、其他建议或符合成分或纯度的特定需要都阐述了实施条件。

标准1.6.1 《食品中的微生物限量》规定了蜡样芽孢杆菌、凝固酶阳性葡萄球菌、大肠杆菌、沙门菌以及粉状婴儿配方食品的平皿菌落计数（SPC）的限量标准。

标准1.3.1 新型营养物质、食品添加剂、加工助剂或新资源食品不允许被添加到婴儿配方食品中，除非法典中特别允许或者本身存在于现有的或认可的原料中。标准1.3.1的第一条食品添加剂条例列举了可以被加入到婴儿配方食品中的食品添加剂。另外，婴儿配方食品的定义也限制了那些在其他食品中可以考虑的配料的添加。其他配料（未被定义为新配料）、营养物质（营养目标）、食品添加剂或者加工助剂（技术功能）不需要明确许可。

标准3.2.1 《食品安全计划》（仅适用于澳大利亚）规定了确保食品安全的最佳方式是按照"危害分析与关键控制点（HACCP）体系"，在食品生产、加工操作和处理过程中进行控制，而不是单纯依靠末端产品标准。各个州和地区应当要求食品企业执行基于HACCP理念的食品安全计划。食品安全计划应由食品企业实施和检查，并定期由具备合适资质的食品安全审核员审核。

标准4.2.4 《乳制品初级生产加工标准》（仅适用于澳大利亚）规定了一系列的食品安全要求，包括对乳制品初级生产、收集、运输及加工实施的文件化的食品安全计划。

依据《新西兰动物产品（乳制品加工过程规范）公告2006》的第九项条款，并旨在提出对于乳制品加工处理操作适当评估的规定，额外添加了四项规范。"规范1：动物产品（乳制品）：《日常乳制品生产处理的标准》"规定了有关乳制品安全、农业化合物残留量以及兽药、营养强化剂（配方）、乳品HACCP计划和针对不合格的乳品原料或乳制品管理的规定。"规范2：动物产品（乳制品）：《关于乳牛场的标准》"增加了一些新规定，包括厂房设施与设备的设计、过滤和冷却、水的质量以及原料乳的接收标准。"规范3：动物产品（乳制品）：《乳品原料及产品加工》"详细说明了关于产品安全与HACCP、病虫害控制、原料控制、包装、非营业注册加工厂以及需求评估的要求。"规范4：动物产品（乳制品）：《乳品原料和产品储存与运输标准》"规范了有关加工厂、运输人员、储存人员以及非营业的乳品商店的执行要求。

条例：

在2002年被批准执行的澳新食品法典2.9.1《婴儿配方食品标准》中规定了婴儿配方食品的成分和标签要求。婴儿配方产品被分为以下三类：

（1）婴儿配方食品；

（2）6个月以上婴儿配方食品；

（3）特殊膳食用婴儿配方食品。这些食品包括：

a. 针对早产和低出生体重儿的食品；

b. 针对免疫、肾、肝以及特定代谢条件的食品；

c. 蛋白替代物食品。

该标准分为三个部分：导言、婴儿配方食品和6个月以上婴儿配方食品，以及基于蛋白替代物的特殊膳食用婴儿配方产品。导言部分规定了定义、能量计算、蛋白质以及肾溶质负荷、成分、标签以及包装的要求。婴儿配方食品中不得检测出谷蛋白。乳酸菌的培养物可以添加到婴儿配方食品中。允许添加的菊粉制品和低聚半乳糖有最大限量，铝含量也被规定了限定值。婴儿配方食品包装上的标签必须包括警示声明、制备和使用说明、营养成分的说明、日期和存储说明以及蛋白来源的说明。这部分也包括一个声明："母乳是婴儿最理想的食物"。

婴儿配方食品和6个月以上婴儿配方食品的导言部分也规定了其中蛋白质和脂肪含量的范围。L型氨基酸必须添加到婴儿配方食品或6个月以上婴儿配方食品中，添加量为提高蛋白质质量的必要用量。中链甘油三酯不允许添加，脂肪和反式脂肪酸的添加量不能超过最大限值。婴儿配方食品和6个月以上婴儿配方食品中添加的维生素、矿物质以及电解质必须在含量要求范围内。

针对早产和低出生体重儿的特殊膳食用婴儿配方食品，导言中规定了配方食品的成分和标签。它依据新陈代谢、免疫、肾脏、肝脏和吸收是否有障碍的条件规定了无乳糖或低乳糖婴儿配方食品中的成分和标准。该部分对基于蛋白替代物的特殊膳食用婴儿配方食品更深层次地定义了其中的成分、蛋白质含量、维生素、矿物质以及额外允许添加的甘油三酯。低乳糖配方食品中乳糖含量不能超过$0.3g/dL$。被添加到基于蛋白替代物的特殊膳食用婴儿配方食品中的L型氨基酸含量也须根据提高蛋白品质的需求被限定。

标准2.9.2《婴儿食品标准》考虑了婴儿有关的具体需求，如食品质构、婴儿的消化能力、肾脏能力以及对高能量和营养摄取的需求以维持快速成长。该标准考虑了婴儿体内特殊微生物及免疫敏感性，也包括食品过敏源形成的可能性。该标准规定了一般成分的要求、谷物食品或非谷物食品成分的要求、标签以及关于维生素、矿物质和储存的要求。

依据这些要求，婴儿配方食品不许添加除法典允许外的食品添加剂或营养成分，除非它们天然存在于食品原料中。婴儿配方食品可以含有糖、乳酸、菊粉物质以及低聚半乳糖。婴儿食品中总铁含量不得超过50mg/100g，其中钠含量也不得超过最大限量值，婴儿食品中也不得添加盐分。针对超过6个月大的婴儿，含有谷物的食品干物质中铁含量不得少于20mg/100g。不含谷物的食品中维生素C含量不得少于25mg/100g。标签中不得包括该产品适于4个月以下的婴儿食用的建议或该产品可以作为辅助食品添加到婴儿配方食品中的标注。标签必须以数据说明产品成分以及适于食用的最低婴儿年龄。在最终食品中蛋白质来源以及蛋白质来源的百分比也必须标注在标签上。

标准2.9.3《代餐配方食品及膳食补充配方食品标准》规定了代餐配方食品及膳食补充配方食品的组分及标签要求。另外还规定了针对幼龄儿童（1~3岁）膳食补充配方食品的组分及标签要求。对于代餐配方食品，其标签中的营养成分表必须有关于添加到或现存于食品中的维生素和矿物质的平均含量。标签中也必须说明代餐配方食品不能全部代替婴幼儿食品。对于膳食补充配方食品，其标签也须包括有关于食品中现存的维生素及矿物质的平均含量的声明。标签须注明该产品是作为膳食补充配方食品。针对幼儿的膳食补充配方食品可以添加叶黄素。

11.5.2 婴儿配方食品的说明与注释

《新西兰动物食品法案1999》要求所有生产、处理、储存、运输牛乳或乳制品的人员须经过由新西兰食品安全局注册的风险管理项目的认证。《动物产品（风险管理项目说明）注释2008》包括关于奶牛场、产品处理、运输以及储存的风险管理项目的要求。定义、分析以及危害控制基于法典中的HACCP原则（New Zealand Food Safety Authority 2008a，b）。《动物产品（乳制品加工处理说明）注释2006》规定了日常乳制品处理、奶牛场、原料乳的接收、加工以及与乳品原料以及乳制品有关的风险管理项目的要求。

11.6 美国的食品法律法规体系

近年来，食品安全问题已经成为人们关注的焦点，并且许多国家已经采取措施来加强食品安全监管。为了使这个监管过程更有效率，美国等国家已经制定了法律、法规和统一的监管系统（Wan，2007）。

美国联邦政府负责进出口食品的管理，美国各州和地区负责国内食品供应的管理。美国食品监管和管理的体系是非常复杂的，因为管辖权的责任分放到20多个机构。美国食品药品管理局下属的美国健康和人类服务部门、美国农业部、食品安全监督服务局、动植物卫生检验服务部门和美国环境保护局都在确保食品安全的监管和审查过程中扮演了重要的角色（Liu and Fang，2005）。

美国食品药品管理局的责任是保护消费者，防止食品掺假、食品安全和虚假标签。美国食品药品管理局监管除食品安全监督服务局监管外的全部种类的食品，食品安全监督服务局的责任是确保肉类、家禽类和蛋制品的安全、健康以及标签的正确。环境保护局的工作包括使消费者远离农药的危害和提高有害物质的安全管理。美国食品药品管理局禁止一切包含食品添加剂和兽药残留的食物或者饲料。含有的农药残留超过规定限度的食品是由环境保护局管理的，同时这些食品将不会被允许进入消费者市场。动植物卫生检验处的主要作用是防止有危害的生物体进入消费者的食物链（Lv，2007）。

美国农业部和食品药品管理局为进出口配方乳规范了乳品产业的政策，同时也规范了乳制品质量、规格要求和包装的政策。食品药品管理局负责标准产品定义、食品添加剂、相关食品制造业务的质量标准、食品安全管理体系、添加剂的使用以及包括乳粉、炼乳、乳酪、酸乳、黄油在内的标准（Lv，2007）。

美国的食品安全技术的援助和合作活动提高了面向所有消费者的食品的安全，对于加强可持续的生产系统和出口市场获得的经济发展也做出了贡献。这些活动影响了"从农场到餐桌"的过程，这个过程基于一个原则，即全球食品安全的保证需要食品生产商、加工者、操作者、调节系统、国内外卫生和农业组织以及消费者的协调合作。因此，"从农场到餐桌"这一过程涉及了许多部分：技术、政策、公众、媒体和个人。援助和合作活动则包括了技术培训、项目、咨询及消费者教育。此外，美国的政府机构与捐赠组织合作进行综合的食品安全分析，以及其他需要优先完成的活动。

在管理和维护美国的食品安全过程中，美国政府的执行者、法院以及立法机构都扮演了重要的角色。国会制定了法律来保障供给，同时建立了一个国家的食品保护系统。它管理着那些执行法律和颁布相应法规的部门。这些法规发表在了《联邦公报》中。

《联邦食品、药品与化妆品法》《联邦肉类检验法》《联邦家禽产品检查法》《蛋产品检验法》《食品质量保护法》和《公共保健服务法》是法律的主体，规范了美国的食品行业。美国的食物供给是世界上最安全的，食品的生产和流通都是被地区、州以及国家共同监管的（United States Department of Social and Health Serves，2005）。

美国的食品安全监管体系由以下五种政府机构所构成（Smith等，2009）：

（1）美国卫生和人类服务部——美国食品药品管理局下属的食品安全局：监管生产国内州与州之间的销售以及进口食品。这些进口食品包括带壳的鸡蛋食品，但是不包括肉类和家禽类。同时监管瓶装水和酒精含量低于70%的酒饮料。

美国食品安全局为除了肉和家禽的国内生产以及进口食品建立了食品安全法。

（2）美国疾病预防控制中心：监管所有的食物。

美国食品安全局调查了由食源性病原菌造成的传染性疾病，并且进行了预防食源性疾病的研究。

（3）美国农业部：美国食品安全监督服务局负责国内的生产以及进口肉、家禽和相关产品的监控，这些相关产品包括含有肉的汤、比萨、冷冻食品和加工的蛋制品（通常是液体的、冷冻的或者干燥的消毒的蛋制品）。

美国农业部还有美国食品安全局来制定条例管理国内的生产以及进口的肉和家禽。

（4）美国环境保护局：监管水的安全。

美国食品安全局：饮用水、水安全标准；为农药残留建立标准以及农药安全标准指南。

（5）美国国家海洋和大气管理局：鱼和海产食品的监管。

美国食品安全局：检查船舶、海鲜加工厂和零售商是否通过联邦卫生标准，颁发检验证。

11.6.1　婴儿配方乳粉的标准和法规

《联邦食品、药品与化妆品法》对婴儿配方乳粉的定义为：因其模拟了母乳或者适合完全或者部分代替母乳，可以成为婴儿唯一的特殊膳食来源的食物。美国食品药品管理局的条例定义婴儿是指不超过 12 个月大的人（Liu and Fang，2005）。

婴儿配方乳粉是一种食品，因此法律法规也适用于婴儿配方食品。但额外也需要一些适用于婴儿配方乳粉的法律法规，因为婴儿配方乳粉常常作为脆弱人群生长和发育的关键时期唯一的营养来源。这些额外的法律法规收录在《联邦食品、药物与化妆品法》的第 412 章和美国食品药品管理局《联邦法规汇编》第 21 章的第 106 条和第 107 条实施条例中（Di，2009）。

美国食品药品管理局建立了食品安全法规以及婴儿配方乳粉的营养标准。营养产品、标签和膳食补充剂办公室负责婴儿配方乳粉生产规定的实施。食品添加剂安全办公室负责食品配料和包装（FAO/WHO，2004）。营养产品、标签和膳食补充剂办公室对婴儿配方乳粉生产商是否满足《联邦食品、药品和化妆品法》的第 412 章的要求做出评估。标签和膳食补充剂办公室与食品添加剂安全办公室对于婴儿配方乳粉的成分和包装材料的安全进行协商。在《联邦食品、药物与化妆品法》的第 201 章和第 409 章，食品添加剂安全办公室对用于或接触婴儿配方乳粉的物质安全进行评估（Bai，2004）。

在美国，婴儿配方乳品是规范最严格的食品。未经美国食品药品管理局批准的婴儿配方乳品不得上市销售。而在美国市场销售的所有的配方食品必须满足联邦的营养需求，并且婴儿配方乳生产商必须在新配方进入市场前通知美国食品药品管理局。在美国，一个新的配方能够投入市场之前，婴儿配方乳生产商必须向美国食品药品管理局提供关于婴儿配方乳的通知。这个上市前的婴儿配方乳的通知必须提供具体的关于配方食品以及营养和生产的保证的详细信息。婴儿配方乳生产商必须能够保证配方会为婴儿提供适当的营养使他们健康成长，也要保证配方食品是在最近的包括质量控制程序在内的良好操作规范（GMP）体系下生产的，同时也要保证每一批配方食品都可以满足营养需求（Smith 等，2009）。

婴幼儿食品

以下摘选自美国卫生部（2001a）：

（1）如果一种食物（除了维生素和矿物质的膳食补充）是为婴儿提供特殊膳食营养的，标签是需要注明的。如果这种食物是由两种或者更多的配料组成的，食物中的每一种成分，包括使用的香料、调味剂和着色剂都要在标签中标出它们的常用名。

（2）如果食品或其配料全部或部分来源于特殊的植物和动物，那么只有清晰地反映其动植物来源的食品或配料的名称才是合格的。

定义

以下摘选自美国卫生部（2001b）：

当应用这部分时，在201章包含的定义和解释适用于这一条款。下面的定义也适用：

（1）指示营养素。指示营养是婴儿配方乳粉生产中需要监测的，用以确定预混料或其他物质已全部加入且分布均匀的营养素。

（2）过程中的分批操作。过程中的分批操作是指在包装前的生产过程中的任一点进行配料的操作。

（3）生产商。生产商是指一个制备、复原或改变婴儿配方乳的物理或者化学特性或者将产品进行包装以利于分销的企业。

（4）营养物质。营养物质是指在法案的第412卷（g）或者在法案的第412卷（a）（2）（A）中规定的与用餐食物一致的所有的维生素、矿物质或者其他物质。

（5）营养物质预混料。营养物质预混料是包含两种或更多营养物质的食品配料的混合物。营养物质预混料是供应商或者是婴儿配方乳生产商提供的。

配料控制

以下摘选自美国卫生部（2001c）：

（1）除了条款106.20（b）规定外，在生产制造过程中，以下情况配料在使用之前不需要进行分析：运输和储藏过程通常很稳定的配料；供应商提供保证或者认证的配料，证明混合物已经作为营养混合成分被分析或者混合物被认证其营养成分符合《美国药典》规范、《国家药方》、《食品化学法典》或者其他类似的公认标准。

（2）除非制成品的每一批次在商业或者慈善分销之前都按照条款106.30（b）进行分析，否则要符合以下条例：

a. 当一种配料作为一种营养素的限制性来源而且配料中的这种营养可能会因运输和储藏的情况产生不利的影响，生产商应该使用经过验证的分析方法，分析配料中每一个易受到影响的限制性营养素。

b. 包括营养混料在内的配料，没有供应商的保证和证明或者也没有贴上符合规定的标签，生产商应该采样和分析每一种营养成分。如果制造商可以表明每个营养素在一个相当稳定的水平，那么作为蛋白质或脂肪主要来源的配料不需要对每一个限制性营养素进行分析。供应商提供的营养预混料的每一种限制性营养素应该被采样和分析，除非供应商已经每批取样和分析而且已经做出书面证明。

生产控制

以下摘选自美国卫生部（200d）：

（1）对于每一种婴儿配方乳，一个生产商负责人应该编制和批准主要的生产规程。生产商应该建立一种质量管理体系来确保和验证每个指定成分的添加都遵守生产规程。

（2）每一批制成品都应该按照条款106.30（b）详细规定进行分析。

生产商在每一批加工过程中将要分析以下项目：

a. 固形物；

b. 蛋白质、脂肪和碳水化合物；

c. 营养预混料的每一种指示营养素；

d. 在产品的配方中营养预混料以外每一种被单独加入的营养素，除了亚油酸、维生素D、维生素K、胆碱、肌醇和生物素；

e. 按照本节段落（b）（1）到（4）分析确定最后的稀释度时，将固形物或适当的营养素适当地稀释。

美国食品药品管理局的规定，第201章第一段表明食品添加剂可以直接或间接地添加到食物中。直接加入的食品添加剂是指可以被直接添加到食品中的物质。而间接食品添加剂是指包装材料和其他接触食品的材料，这些材料中的添加剂是被合理估计会转移到食品中的（Bourn and Prescott，2002）。

美国良好操作规范在几个方面适用于婴儿配方乳粉和牛乳替代品（FAO/WHO，2002）：

（1）作为婴幼儿食品的原材料应该是安全和健康的。原材料的环境应当符合相应的卫生要求，并且要求可防止污染、害虫和疾病等。原材料生产的方法和步骤应当遵守卫生要求，并且应当使用清洁、无污染的设备和容器。在原材料的储藏期间，必须采取严格的措施防止污染。

（2）建立婴儿食品工厂区域。应当科学、合理地设计和选址，设施和设备应该是安全的，同时建立一个严格的污染控制工程。

（3）婴幼儿食品生产的流程和与食品接触的人员必须安排健康检查，以确保人员的卫生、行为、伤害或疾病不会影响食品卫生。

（4）成品的检验，包括检验农药残留、食品添加剂以及微生物项目。

（5）婴儿食品微生物检测方法。

美国食品药品管理局和其他国家级监管机构筛查来自国外的产品进行污染物和掺杂物监测，防止受污染的食品进口到美国市场这种潜在的风险。

11.6.2 婴儿食品规范和通知

国际食品法典委员会的标准是国际标准，它的作用是保护婴儿食品的安全和质量（Ma，2008）。

在美国食品药品管理局，已经有数以千计的科学家参与到研究中，例如食品安全化学家、微生物学家和流行病学家。此外,有许多人专门负责监督农场、食品工厂、检查酒店、原料供应、生产、流通、销售和售后。每一个环节都要保证全面的监督,并且确认所有的生产过程、食品标签和包装都遵循了法规,以防止不安全食品以及不符合标准的标签进入市场。美国政府充分利用网络的优势向消费者发放食品安全信息,以防止食品安全事故的发生。联邦政府已经成立了一个"政府食品安全信息门户网站",通过这个网站消费者可以连接到相关的食品安全网站,找到精确的关于食品安全问题的信息。

美国食品药品管理局对婴儿配方食品中的营养需求,在《联邦食品、药品与化妆品法》的第412条和《美国联邦法规汇编》第107部分。这些营养规范包括29种营养的最低限度和9种营养的最高限度。如果一种婴儿配方乳粉不含有这29中营养素或者营养素水平没超过这个最低限度,又或者营养素量没有在指定的范围内,这种食品被认为是掺假食品,除非这个配方来源于特定的营养需求。这种"特殊的婴儿食品"是"标识或被冠以有先天性代谢问题、较低体重、有其他特殊医学或者饮食问题的婴儿食用的婴儿配方食品"(Becker, 2009)。

11.7 欧盟食品法律法规体系

在欧洲,欧洲议会和欧盟理事会负责指令法规框架,理事会负责相关框架指令的政策实施。也就是说,在该法规框架经欧洲理事会认可后,欧洲理事会的委员会负责直接执行。作为食品立法的重要机构,欧洲委员会被赋予了简化和加快食品技术立法程序的职责。因此,欧洲议会、欧盟理事会、欧洲委员会对食品安全拥有不同的立法职责。

该食品安全体系被划分成三个有效的部门:第一个负责整个食品安全技术法规体系;第二个负责欧洲食品安全局的有效运作;第三个负责实施并且不断修订新的官方控制和管理措施。与美国食品药品监督管理局不同的是,欧盟食品安全局没有修订法律法规的权利。然而,欧洲食品安全局负责整个食品链,它的作用是向公众、欧洲委员会、欧洲议会和欧盟成员国提供风险评估和信息。

欧盟食品安全局是一个独立的食品安全管理机构。它是由管理董事会(设置若干执行主任和职员)、咨询论坛、科学协调委员会和八个科学专家工作组构成的。执行董事只对管理委员会负责,风险管理决策仍然按照欧盟政策机构的规定执行。

1974年,为了加快制定普遍可接受的婴儿膳食及营养标准,欧洲儿科胃肠病学、肝病学和营养协会营养委员会随之产生。该协会支持婴儿配方食品修订标准草案的大纲以及大部分内容,与国际专家组共同提出的观点和建议已得到采纳。

从2002年发布的《食品安全白皮书》到2002年生效的《食品安全基本法》,欧盟已经建立一系列的基本标准。

2002年发布的《食品安全白皮书》并不是法律文件,但它确立了欧盟食品安全法规体系的基本原则以及有关欧盟食品、饲料和食品安全控制的新的基本法规。

欧盟于 2002 年制定了欧洲议会和理事会第 178/2002（EC）号法规，即著名的《食品安全基本法》，共包含三个方面的内容：第一，确定了食品法的基本原则和要求；第二，确定建立欧洲食品安全局；第三，确定了有关食品安全的程序要求。2004 年，欧盟食品链和动物健康委员会通过并实施了《食品安全基本法》中的相关条例。

欧盟指令有法定权力对欧盟成员国进行现行法律的协调，欧盟成员国需要将欧盟委员会纳入其国家法律以获得法律效力，与指令冲突的现行国家法律都应被撤销。欧盟颁布指令的根本目是消除欧盟成员国质检的贸易技术壁垒，实现产品在成员国之间的"自由流通"。

2004 年 4 月，欧盟发布了四个补充的法规，涵盖了 HACCP、可追溯性、饲料和食品控制以及从第三国进口食品的官方控制等方面的内容。它们被称为"食品卫生系统措施"，包括：

- 2004 年 4 月 29 日欧洲议会和理事会第 852/2004（EC）号法规，是关于食品卫生；
- 2004 年 4 月 29 日欧洲议会和理事会第 853/2004（EC）号法规，是供人类消费的动物源性食品的具体卫生规定；
- 2004 年 4 月 29 日欧洲议会和理事会第 854/2004（EC）号法规，是供人类消费的动物源性食品的官方控制组织细则；
- 2004 年 4 月 29 日欧洲议会和理事会第 882/2004（EC）号法规，是关于确保符合饲料法和食品法、动物健康及动物福利规定而采取官方控制与实施措施。

11.7.1 婴儿配方食品标准与法规

2000 年 1 月，欧盟发布的《食品安全白皮书》包括 84 项食品安全措施、欧盟食品立法基本大纲以及欧洲食品安全局的建立（欧洲共同体委员会，2002）。婴儿配方食品法规是以欧盟成员可以直接采纳的条例或指令的形式呈现的，其中包括乳清蛋白水解配方乳粉、谷类配方食品以及特殊膳食用婴儿配方食品，其中婴儿配方食品的成分必须满足其特殊营养需求。在婴儿配方食品中添加的新原料，或者添加目前配方中不存在的物质，必须是经过欧盟食品科学委员会、英国食品营养政策（药品）委员会以及欧洲儿科胃肠病学、肝病学和营养协会认证过，并确认为安全、有益、适合婴儿食用的营养物质，方可添加到婴儿配方食品中。

1991 年 5 月 14 日欧盟委员会指令第 91/321/EEC 号《婴儿配方和较大婴儿配方食品指令》规定对于产品成分、标签和广告的管理应与其原则保持一致，应达到第 34 届世界卫生大会通过的《国际母乳代用品销售规则》的目标，同时也需要考虑在社区中实际存在的法律的和现实的情况。

该指令是欧盟委员会指令第 89/398/EEC/号第四条中一个特殊指令，规定了婴儿配方和较大婴儿配方食品有关成分和标签的相关制度，同时要求成员国将其制度生效，从而妥善处理《国际母乳代用品销售规则》与市场、信息以及卫生部门之间的关系。

婴儿配方食品的标签禁止印有婴儿图片，禁止使用理想化的图片及文字美化产品。

然而，对于简化产品的识别及其制备的方法可采用图示法说明。附录3中列举的物质可以被婴儿配方乳粉和较大婴儿配方食品生产商所应用，以此达到婴幼儿对矿物质、维生素、核酸、含氮化合物和其他具有特殊营养成分的需求。

2004年4月13日欧盟委员会指令第2004/43/EC号对第98/53/EC号和第2002/26/EC号指令进行修订，并将其修订为《关于采用抽样和分析方法对婴幼儿食品中黄曲霉毒素和赭曲霉毒素A官方控制标准指令》（委员会指令2004/43/EC）。欧盟委员会添加了对包括谷类食品在内的婴幼儿食品毒素限量标准的规定。目前，黄曲霉毒素B_1的最大限量为0.05μg/kg。在婴儿配方食品和改良配方食品中，黄曲霉毒素M_1的最大限量为0.025μg/kg，赭曲霉毒素A的最大限量为0.3μg/kg。

2004年4月7日欧盟委员会指令第2004/655/EC号修订第2001/466/EC号指令《关于婴幼儿食品中硝酸盐含量指令》（委员会指令2004/655/EC），该指令将第2001/466/EC号指令修订为《关于婴幼儿食品中硝酸盐含量指令》。该指令适用于作为弱势群体婴幼儿的健康保护，在通过对用于生产加工谷类食品和婴儿食品原料严格筛选的基础上，规定了硝酸盐的最低限量。

2006年12月5日欧盟委员会指令第2006/125/EC号《关于加工谷类食品和婴幼儿食品指令》（委员会指令2006/125/EC）。该指令所指的特殊营养食品是为满足社区中存在有特殊需求的婴幼儿提供的，尤其适合刚断乳的婴儿和需要膳食补充的幼儿，为其逐步适应常规食物提供帮助。用于生产谷类食品和婴幼儿食品的原料应适合并满足婴幼儿特殊需求，同时需确立普遍可接受的科学依据。

该指令规定，加工谷类食品成分应达到附录Ⅰ指定的标准。附录Ⅳ中列举的营养物质可能在生产加工时添加。为达到工艺生产目的，可向谷类食品中添加钠盐，但其用量不得超过25mg/kJ。

2013年8月28日欧盟委员会指令第2013/46/EU号修订第2006/141/EC号指令《婴儿配方乳粉和较大婴儿配方乳粉的蛋白质要求》，批准羊乳蛋白质作为婴儿配方乳粉和较大婴儿配方乳粉的蛋白质来源。最终产品在上市之前应符合2006/141/EC号指令下的营养要求。欧盟各成员国应于2014年2月28日之前实施新规。

根据2006/141/EC号指令，婴儿配方乳粉和较大婴儿配方乳粉的基本配方必须满足婴儿健康的营养需求，并有可接受的科学数据来证明。蛋白质是该要求主要关注的部分。单独的牛乳蛋白质和大豆蛋白质或其混合物允许在婴儿配方乳粉和较大婴儿配方乳粉中使用，而水解蛋白只准许在婴儿配方乳粉中使用。

近几年，羊乳被考虑作为牛乳的天然替代品，由于这两者有相似的口味以及矿物、维生素、脂肪、蛋白质和氨基酸的营养架构（除了羊乳比牛乳的$\alpha-S_1$酪蛋白含量低一些）。2012年，欧洲食品安全局（EFSA）为支持羊乳蛋白质与牛乳蛋白质和大豆蛋白质采取同样的方式用作婴儿配方乳粉的蛋白质来源提供了科学意见。该意见引导了在已经投放市场的羊乳蛋白质的基础上进行创新产品的开发。然而，还没有针对羊乳蛋白质在婴儿产品中应用的法规。附录3中列举了营养物质的来源，并提供了维生素、矿物质、氨基酸与其他成分的化合物名称。只有在附录3中列举的营养物质才允许在婴儿配方和较大婴儿配方食品加工生产时添加。欧盟委员会第 1999/21/EC 号对特殊膳食产品定义、营养需求量、标签以及监管几方面做出了相关规定。表 11.1 列举出特殊膳食用婴儿配方食品的必需营养素和含量范围（欧盟委员会指令 1999/21/EC）。美国、欧盟、澳大利亚以及新西兰关于营养物质的限量比较在表 11.1 中列出。

表 11.1　　　　　　　　　　配方食品营养成分限制含量比较

必需成分	国际食品法典委员会	美国	欧盟	澳大利亚和新西兰
能量/（kJ/dL）	250.8~292.6		250.8~313.5	250.8~313.5
蛋白质（牛乳）/g	1.8~3.0	1.8~4.5	1.8~3	1.88~3
蛋白质（酱油）/g	2.25~3.0	N/A	2.56~3	N/A
蛋白质（部分水解）/g	N/A	N/A	2.25~3	N/A
半胱氨酸/mg	N/A	N/A	N/A	25~NR
苯丙氨酸/mg	N/A	N/A	N/A	71~NR
脂肪/g	4.4~6.0	N/A	4.4~6.0	4.3~6.3
月桂酸	NR~20%脂肪	N/A	NR~15%脂肪	N/A
肉豆蔻酸	NR~20%脂肪	N/A	NR~15%脂肪	N/A
反式脂肪酸	NR~3%脂肪	N/A	NR~4%脂肪	NR~4%脂肪
磷脂/mg	NR~300	N/A	N/A	N/A
亚油酸/mg	300~1400（GUL）	300~NR	300~1200	9%~26%脂肪
α-亚麻酸/mg	70~NR	N/A	50~NR	1.1%~4%脂肪酸
亚油酸/α-亚麻酸/mg	5:1~15:1	N/A	5~15	5~15
碳水化合物/g	9.0~14.0	N/A	7~14	N/A
维生素 A/μg RE	60~180	75~225	60~180	58.4~179
维生素 D_3/μg	1~2.5	1~2.5	1~2.5	1~2.5
维生素 E/mg$^{α-TE}$	0.5~5（GUL）	0.7~NR	0.5~NR	0.5~5
维生素 K/μg	4~27（GUL）	4.0~NR	4~NR	4~NR
维生素 B_1/μg	60~300（GUL）	40.0~NR	40.0~NR	40.0~NR
维生素 B_2/μg	80~500（GUL）	60~NR	60~NR	60~NR
烟酸/μg	300~1500（GUL）	250~NR	800~NR	130~NR
维生素 B_6/μg	35~175（GUL）	35~NR	35~NR	35~150
维生素 B_{12}/μg	0.1~1.5（GUL）	0.15~NR	0.1~NR	0.1~NR
泛酸/μg	400~2000（GUL）	300~NR	300~NR	300~NR
叶酸/μg	10~50（GUL）	4.0~NR	4~NR	8~NR

续表

必需成分	国际食品法典委员会	美国	欧盟	澳大利亚和新西兰
维生素 C/mg	10~70（GUL）	8.0~NR	8~NR	8~NR
生物素/μg	1.5~10（GUL）	1.5~NR（非乳类）	1.5~NR	1.5~NR
铁（牛乳）/mg	0.45~N/A	0.15~N/A	0.5~1.5	0.8~2
铁（硫酸黑土）/mg	N/A	N/A	1~2	N/A
钙/mg	50~140（GUL）	50.0~NR	50~NR	50~NR
磷/mg	25~100（GUL）	25.0~NR	25~90	25~100
钙/磷	1:1~2:1	1.1~2.0	1.2~2.0	1.2:1~2:1
镁/mg	5~15（GUL）	6.0~NR	5~15	5~15
钠/mg	20~60	20.0~60.0	20~60	20~60
氯/mg	50~160	55.0~150.0	50~125	55~150
钾/mg	60~180	80.0~200.0	60~145	80~200
锰/μg	1~100（GUL）	5.0~NR	N/A	1~100
碘/μg	1~60（GUL）	5.0~NR	5~NR	5~42
硒/μg	1~9（GUL）	N/A	NR~3	1~5
铜/μg	35~120（GUL）	60.0~NR	20~80	60~180
锌（牛乳）/mg	0.5~1.5（GUL）	5.0~NR	0.5~1.5	0.5~1.8
锌（酱油）/mg	N/A	N/A	0.75~2.4	N/A
胆碱/mg	7~50（GUL）	7.0~NR（非乳类）	N/A	N/A
肌醇/mg	4~40（GUL）	4.0~NR（非乳类）	N/A	N/A
左旋肉碱	1.2mg~NR	N/A	7.5μmol~NR	N/A
核苷酸/mg	N/A	N/A	NR~5	N/A

注：GUL：上限；N/A：不适用；NR：无要求。

资料来源：国际食品法典委员会，2007；美国卫生及公共服务部，2001（a）；欧盟指令，1999；澳大利亚和新西兰食品标准法，2008。

欧盟委员会指令第 2010/69/EU 号法规修订第 95/2/EC 号指令《除着色剂和甜味剂以外的食品添加剂指令》（欧盟委员会指令 2010/69/EU）该委员会指令对 95/2/EC 附录Ⅱ至Ⅵ进行修订，增加并替换了某些食品添加剂，并规定了现有食品添加剂的新用法。

欧洲儿科胃肠病学、肝病学和营养协会支持国际专家组报告的结论，即婴儿配方食品中成分的含量以满足营养需求或提供其他益处为准。非必需的成分可能会加重婴儿新陈代谢和其他生理功能负担。膳食中非必需成分不能被婴儿吸收或利用，通常随尿液以溶质的形式排出。由于水形成的尿液是有限的,而刚出生一个月大的婴儿并没有集中尿液的能力,当需要排出额外的溶质时就会降低安全系数,尤其在有应激的条件下,如发烧、腹泻或减肥期间(Koletzko,2006)。

11.7.2 婴儿配方食品加工和进口规定及实行

婴儿配方食品生产商必须告知地方政府部门,并通过欧盟委员会第 187/2002 指令认证。食品安全生产过程的建立要以食品安全管理体系要求为基础,以确保所有种类的食品微生物指标满足食品卫生要求。欧盟委员会第 178/2002 号指令第 53 条规定,对于从第三国进口的食品与饲料应采取适当的应急措施,以便保护人、动物的健康以及环境安全,而不可冒险地采用个别成员国采取的措施。

11.7.3 婴儿食品标准法规的特点

通过比较国外婴幼儿食品营养限制标准,可发现,欧盟法律法规在对营养成分限制方面较美国详细,但不及澳大利亚和新西兰。对于特殊营养物质,例如胆碱、肌醇、左旋肉碱和核苷酸,国际组织没有给出限量标准,仅欧盟规定了核苷酸的上限。较大婴儿配方食品及幼儿食品营养成分及特殊营养成分的比较如表 11.2 所示。

表 11.2　较大婴儿配方食品和幼儿食品营养成分限制含量(每 $4.18 \times 10^2 \text{kJ}$)

必需成分	国际食品法典委员会	欧盟	澳大利亚和新西兰
能量/(kJ/dL)	250.8 ~ 355.3	250.8 ~ 334.4	250.8 ~ 355.3
蛋白质(牛乳)/g	3.3 ~ 5.5	2.25 ~ 4.5	1.88 ~ 5.4
蛋白质(酱油)/g	N/A	N/A	N/A
蛋白质(部分水解)/g	N/A	N/A	N/A
半胱氨酸/mg	N/A	N/A	25 ~ NS
苯丙氨酸/mg	N/A	N/A	71 ~ NS
脂肪/g	3 ~ 6	3.3 ~ 6.5	4.3 ~ 6.3
亚油酸/mg	300 ~	≥300	9% ~ 26% 脂肪酸
碳水化合物/g	N/A	7 ~ 14	N/A
维生素 A/μg RE	75 ~ 225	60 ~ 180	58.4 ~ 179
维生素 D_3/μg	1 ~ 3	1 ~ 3	1 ~ 2.5
维生素 E/mg$^{\alpha-TE}$	0.7 ~	0.5 ~ NR	0.5 ~ 5
维生素 K/μg	4 ~	N/A	4 ~ NS
维生素 B_1/μg	40 ~	N/A	40.0 ~ NR
维生素 B_2/μg	60 ~	N/A	60.0 ~ NR
烟酸/μg	250 ~	N/A	130 ~ NR
维生素 B_6/μg	45 ~	N/A	35 ~ 150

续表

必需成分	国际食品法典委员会	欧盟	澳大利亚和新西兰
维生素 B_{12}/μg	0.15 ~	N/A	0.1 ~ NR
泛酸/μg	300 ~	N/A	300 ~ NR
叶酸/μg	4 ~	N/A	8 ~ NR
维生素 C/mg	8 ~	8 ~ NR	8 ~ NR
生物素/μg	1.5 ~	N/A	1.5 ~ NR
铁（牛乳）/mg	1 ~ 2	1 ~ 2	0.8 ~ 2
铁（大豆）/mg	N/A	N/A	N/A
钙/mg	90 ~	N/A	50 ~ NR
磷/mg	60 ~	N/A	25 ~ 100
钙/磷	1.2:1 ~ 2:1	≤2.0	1.2:1 ~ 2:1
镁/mg	6 ~	N/A	5 ~ 15
钠/mg	~ 85	N/A	20 ~ 60
氯/mg	55 ~	N/A	55 ~ 150
钾/mg	80 ~	N/A	80 ~ 200
锰/μg	N/A	N/A	1 ~ 100
碘/μg	5 ~	5 ~ NR	5 ~ 42
硒/μg	N/A	N/A	1 ~ 5
铜/μg	N/A	V	60 ~ 180
锌（牛乳）/mg	0.5 ~	0.5 ~	0.5 ~ 1.8
锌（大豆）/mg	N/A	0.75 ~	N/A
胆碱/mg	N/A	N/A	N/A
肌醇/mg	N/A	N/A	N/A
左旋肉碱	N/A	N/A	N/A
核苷酸/mg	N/A	NR ~ 5	N/A

注：N/A：不适用；NR：无要求。

资料来源：国际食品法典委员会，2007；欧盟指令，1999；澳大利亚和新西兰的食品标准法，2008。

欧盟食品安全体系的有效执行在预防、处理欧盟及欧盟成员国的食品安全问题上起着不可忽视的作用。

欧盟拥有一个较完善的食品安全法规体系，涵盖了"从农场到餐桌"的整个生产链，形成了一个新的食品安全体系框架（欧盟委员会条例 2004/655/EC）。欧盟法规是一个相对来说完整的准则，目前被誉为全球最成功的食品安全体系之一。

11.8 小结

世界各地区婴儿配方食品的规定都细化了生产规范、营养强化以及农药残留的要求。本章讨论了一些在亚太地区、美国和欧盟国家的规定。

中国《食品安全法》、GMP 和 HACCP 体系规定了婴儿配方食品的生产和卫生要求。基本的强制性标准和婴儿配方食品产品标准为生产婴儿配方乳粉、辅助食品以及婴幼儿灌装辅助食品提出了相应的技术要求。

在日本，销售和生产婴儿配方食品应按照《食品安全基本法》《食品卫生法》《日本农业标准法》《健康促进法》以及厚生劳动省（MHLW）和法典（CODEX）的规定和通知等。除了这些法规，还有《婴儿食品推荐性标准》指导生产等。这些法规明确规定了生产过程、加工、标签和权限的应用程序的要求。

韩国食品安全技术法规和标准法律不断修改和改进后已经形成了更完整的综合体系，《食品卫生法》《食品安全基本法》《食品添加剂分析法》以及《食品标签标准》，扩大了婴儿配方食品的要求。

据《澳大利亚新西兰食品标准法典》，澳大利亚和新西兰政府负责控制婴儿配方食品安全和质量。法律规定基本的营养、微生物限值、添加剂、食品安全项目、组成、标签的一般标准和婴儿配方食品产品标准。澳大利亚新西兰食品标准局（FSANZ）在规范每一项婴儿配方食品标准时所做的制定、审查和修订都是以"保护公众健康和安全"为主要目标。

美国的《联邦食品、药品和化妆品法案》（FFDCA）和《联邦管理规定》阐述了婴儿配方食品的质量控制程序、标签要求、营养需求和良好操作规范（GMP）。所有的婴儿配方食品必须满足《婴儿配方食品法》。

食品安全技术法规体系已成为整个欧盟食品安全体系的方面基础。欧盟委员会指令规定了婴儿配方乳粉和婴儿食品成分、标签和农药残留方面的要求。根据欧盟一般食品法 2002/178/EC，要求婴儿配方食品企业必须通知当地政府部门和获得认证才能生产和投放市场。欧盟的食品法规已经形成一套相对完整的标准，并被誉为是世界上最成功的食品安全体系。

参考文献

BECKER S (2009), *U. S. Food and Agricultural Imports: Safeguards and Selected Issues*, Washington.

BAI F (2004), 'The US food laws and its management of imported food', *Food Safety*, **06**, 50–54 (in Chinese).

BOURN D and PRESCOTT J (2002), 'A comparison of the nutritional value, sensory qualities and food safety of organically and conventionally produced foods', *Critical Reviews in Food Science and Nutrition*, **42**, 1–34.

CODEX ALIMENTARIUS COMMISSION (2007), 'Standard for Infant formula and formula for special medical used purpose intended for infants'. Available from: http://www.codexalimentarius.net/download/

standards/288/CXS_ 072e. pdf (Accessed 26 August 2010).

Commission Directive 2006/141/EC relating to Infant formulae and follow – on formulae and amending Directive 1999/21/EC. Official Journal L 401/1, 30/12/2006.

Commission Directive 2006/125/EC relating to Processed cereal – based foods and baby foods for infants and young children. Official Journal L 339/16, 6/12/2006.

Commission Directive 2004/43/EC relating to Sampling methods and methods of analysis for the official control of the levels of aflatoxin and ochratoxin A in food for infants and young children. Official Journal L 113/14, 20/4/2004.

Commission Regulation 655/2004/EC relating to Amending Regulation No 466/2001/EC as regards nitrate in foods for infants and young children. Official Journal L 104/48, 08/4/2004.

COMMISSION OF THE EUROPEAN COMMUNITIES (2002), 'White Paper on Food Safety', *Brussels*.

Commission Directive 1999/21/EC relating to Dietary foods for special medical purposes. Official Journal L 91/19, 07/04/1999.

Council Directive 91/321/EEC relating toInfant formulae and follow – on formulae. Official Journal L 175, 04/07/1991, p. 35.

Commission Directive 89/398/EEC relating to The approximation of the laws of the Member States relating to foodstuffs intended for particular nutritional uses. Official Journal L 186/27, 30/6/1989.

DIX (2009), 'Discussion and analysis of domestic dairy standards and regulations system', *Quality Control*, **08**, 54 – 57 (in Chinese).

EUROPEAN COMMISSION (2004), From Farm to Fork, Safe Food for Europe's Consumers, Available from: http: //ec. europa. eu/publications/booklets/move/46/en. pdf (Accessed 26 August 2010).

IEuropean Parliament and Council Directive No 95/2/EC relating to Food additives other than colours and sweeteners. Official Journal L 61, 18. 3. 1995, p. 1.

FOOD STANDARDS AUSTRALIA and NEW ZEALAND (2009), Australia New Zealand Food Standards Code. Available from: http: //www. foodstandards. gov. au/foodstandards/ (Accessed 26 August 2010).

FOOD STANDARDS AUSTRALIA and NEW ZEALAND (2008), Infant formula products. Available from: http: //www. foodstandards. gov. au/foodstandardscode/ (Accessed 30 January 2010).

FAO/WHO (2004), Infant and young child nutrition. The Fifty – eighth World Health Assembly. Available from: http: //www. ibfanasia. org/img/wha58_ 32. pdf (Accessed 30 January 2010).

GB/T23790 – 2009 relating to Good manufacturing practice (GMP) for powdered formulae for infants and young children (in Chinese).

GB/T27342 – 2009 relating to Hazard analysis and critical control point (HACCP) system – requirement for dairy processing plant (in Chinese).

GB2760 – 2007 relating to Hygienic standards for uses of food additives (in Chinese). GAO S, YANG Y and SONG L (2007), 'The production, development and prospect of the EU food safety technical regulation system', *International Business – Journal of International Business and Economics University*, **3**, 94 – 97 (in Chinese).

GB13432 – 2004relating to General standard for the labeling of prepackaged foods for special dietary uses (in Chinese).

GB 10765 – 1997 relating to Infant formula (in Chinese).

GB10766 – 1997 relating to Infant formula II and I (in Chinese).

GB10767 – 1997 relating to General technical requirements of infant formula, followup formula and supplementary foods for infant and young children (in Chinese).

GB10769 – 1997 relating to Formulated weaning foods for infants and young children (in Chinese).

GB10770 – 1997, relating to Supplementary weaning foods for infants and young children (in Chinese).

GB/T 5413 – 1997 relating to Infant formula and powder (in Chinese).

GB14880 – 1994 relating to Hygienic standard for the use of nutritional fortification substances in foods (in Chinese).

INFANT FOODS ASSOCIATION OF JAPAN (2005), Infant foods voluntary standards (4th edition). Available from: http: //www. baby – food. jp/formula2008. pdf (Accessed 30 January 2010) (in Japanese).

JAPAN HEALTH FOOD and NUTRITION FOOD ASSOCIATION (2010), Labeling Permission Notices of Food for Special Dietary Uses. Available from: http: //jhnfa. org/tokuhou43. pdf (Accessed 26 August 2010) (in Japanese).

JIANG Z (2003), 'Korea food safety regulation and standards', *Industry and Commerce Press of China*. Beijing, China (in Chinese).

KOREA FOOD DRUG ADMINISTRATION (2008a), Food Sanitation Act. Available from: http: //www. foodnara. go. kr/portal/site/kfdaportal/infostatutetelegramsub/ (Accessed 26 August 2010) (in Korean).

KOREA FOOD DRUG ADMINISTRATION (2008b), Food Additives Code. Available from: http: //fa. kfda. go. kr/ (Accessed 26 August 2010) (in Korean).

KOLETZKO B (2006), IBFAN Comments on the European Commission's Proposals fora recast directive on infant formula and follow – on formula, Available from: http: //www. babyfeedinglawgroup. org. uk/pdfs/eudircomments/ibfancomments0706. pdf (Accessed 26 August 2010).

KOLETZKO B, BAKER S and CLEGHOR G (2005), 'Global standard for the composition of infant formula: recommendations of an ESPGHAN coordinated international expert group', *Journal of Pediatric Gastroenterology and Nutrition*, **41**, 584 – 599.

LV Q (2007), 'American HACCP system establishment and implementation of laws and regulations', *Journal of Anhui Agriculture*, **36**, 340 – 341 (in Chinese).

LIU W and FANG X (2005), 'The food safety supervision system', *Anhui Medical and Pharmaceutical Journal*, **9**, 57 – 58 (in Chinese).

MA A (2008) 'The international food Codex Alimentarius Commission (CAC) infants food standards', *Food Safety*, **9**, 49 – 51 (in Chinese).

MINISTRY OF HEALTH and WELFARE OF JAPAN (2000), Japan's Specifications and Standards for Food Additives (4th edition). Available from: http: //www. ffcr. or. jp/zaidan/FFCRHOME. nsf/pages/spec. stand. fa (Accessed 30 January 2010).

MINISTRY OF HEALTH and WELFARE OF JAPAN (1951), Ministerial Ordinance on Milk and Milk products Concerning Compositional Standards. Available from: http: //www. mhlw. go. jp/english/topics/foodsafety/dl/t – 1. pdf (Accessed 30 January 2010).

NEW ZEALAND FOOD SAFETY AUTHORITY (2008a), Animal Products (Risk Management Programme Specifications) Notice 2008. Available from: http: //www. nzfsa. govt. nz/animalproducts/legislation/notices/animal – material – product/rmp/120308 – animalproducts – risk – management – programme –

specifications – notice – 2008. pdf (Accessed 26 August 2010).

NEW ZEALAND FOOD SAFETY AUTHORITY (2008b), Advice to Importers. Available from: http://www.nzfsa.govt.nz/dairy/subject/residues/additional – information – ltrv2 – 200811 (Accessed 26 August 2010).

NEW ZEALAND FOOD SAFETY AUTHORITY (1999), Animal Products Act. Available from: http://www.legislation.govt.nz/act/public/1999/0093/latest/DLM33502.html? search = ts _ all% 40act% 40bill% 40regulation_ Animal + Products + Act + 1999_ noresel&sr = 1 (Accessed 30 January 2010).

OM A, LEE H, MOON J, SHIM J, KIM I, WON S, RHA Y, CHOI Y, LEE H, PARK H and KIM M (2007), 'A Study on the amendment scheme of nutrient standard regulations for infant formula in korea', *Journal of the Korean Society of Food Science andNutrition*, **36**, 569 – 577 (in Korean).

Regulation (EC) No 178/2002 relating to General principles and requirements of food law. Official Journal L 31, 1/2/2002, p. 1.

SMITH C, DEWAAL J, DAVID W and PLUNKETT J (2009), 'Building a Modern Food Safety System For FDA Regulated Foods', White Paper of Center for Science in the Public Interest (CSPI). Available from: http://www.cspinet.org/new/pdf/fswhitepaper.pdf (Accessed 26 August 2010).

SAFETY LIFE INFORMATION OF JAPAN (1996), Notice of the Guidance for Infant Formula. Available from: http://www.anzen.metro.tokyo.jp/tocho/kyougikai/8th/pdf/2_ sankou4.pdf (Accessed 26 August 2010) (in Japanese).

UNITED STATES DEPARTMENT OF SOCIAL and HEALTH SERVES (2005), Basic Infant Formula Module. Available from: http://www.dshs.wa.gov/ (Accessed 26 August 2010).

USHHS (2001a), 'Special dietary with food: Infant foods', *Food Drug Administration* 105.65.

USHHS (2001b), 'Baby food preparation process quality control: Defi nitions', *Food Drug Administration* 106.3.

USHHS (2001c), 'Baby food preparation process quality control: Ingredient control', *Food Drug Administration* 106.20.

USHHS (2001d), 'Baby food preparation process quality control: In – process control', *Food Drug Administration* 106.25.

USHHS (2001e), 'Food standards: general: Label designations of ingredients for standardized foods', *Food Drug Administration* 130.11.

WAN Z (2007), 'Food regulation of United States', *Decision and Information*, **09**, 58 – 61 (in Chinese).

12 婴儿配方乳粉产品分析与检测

H. Walsh, University of Vermont, USA

摘　要： 婴儿配方乳粉的生产的一个重要方面是严格和可靠地控制和分析整个生产过程的每一个阶段。本章详细地说明了配方乳粉是如何生产的，抽样如何达到满意的要求；同时概述了关于婴儿乳粉生产的立法以及每种主要营养物质的分析是如何进行的。以美国分析化学家协会（AOAC）标准为准则，这些都是最常被引用的。当没有适用的标准时，或者有一种新成分出现时，被描述行业标准采用。

关键词： 婴儿配方乳粉管理　标签　分析和验证方法　包装完整性　维生素　矿物质　总组成　$\omega-3/\omega-6$　低聚糖

12.1 引言

有许多原因可以解释为什么用乳粉喂养孩子被证明是有好处的；然而，最重要的是婴儿配方乳粉必须足够优质才能替代母乳。保证原料的优质和严格的生产程序是必须的。配方乳不仅要含有母乳包含的各种营养成分，并且不能包含过多。

最近，通过营养来达到基础预防或者减少疾病发生已经发展成为基本的原则（Lucas and Sampson, 2006）。来自母亲的母乳对于婴儿来说能达到最好的营养效果，对于预防感染有优势；然而，如果母亲的母乳供给量不足，确定替代食物的质量是十分重要的，要对足够的样品进行严格和精准的分析，以保证所需的营养物质充足，而不需的物质不会混入。

12.2 法规、检测方法及正确性验证

12.2.1 美国的规定和执行

美国的当前的食品及相关法律可在能源和商业委员会的管辖范围内的所选法案汇编中找到：食品、药品和其相关法律。（Anon, 2005）。汇编中包括《联邦食品、药品和化妆品法》（FD&C）（21 USC 301）（FDA, 2011a），这是关于食品法规设计的法律框架部分，412（FDA, 2011b）适用于婴儿配方乳粉。这种规定已在联邦法规的管制下实行，关于婴儿配方乳粉的要求已列入21章106条《乳粉质量的监控程序》和107条《婴儿配方食品》。（e-FCR, 2011a, b）。美国食品药品管理局网站上已刊登了上述规定，包括已更新的细节和部分修改的内容，现已成为最新的关于食品法律信息的来源。

12.2.2 标签和标签描述要求

配方乳粉的生产是受美国《联邦法规汇编》（CFR）严格监控和保护的。第21章106条建立了配方乳粉的生产质量控制程序，从配方成分和质量控制的所有方面，到成品质量检测，连同记录要求以及法规的修订都有详细的说明。第21章107条规定了实际产品以及其营养需求指标，尤其是规定了标签的标准。

标签需要详细的标明能提供100kcal所需的流体盎司①，及每一种营养素的质量，如表12.1所示。

表12.1　100kcal的婴儿配方奶粉中所需的营养成分含量

营养素	计量单位	营养素	计量单位
蛋白质	g	生物素	μg
脂肪	g	维生素C（抗坏血酸）	mg
碳水化合物	g	胆碱	mg
水	g	肌醇	mg
亚油酸	mg	矿物质	
维生素类		钙	mg
维生素A	国际单位（IU）	磷	mg
维生素D	IU	镁	mg
维生素E	IU	铁	mg
维生素K	μg	锌	mg
硫胺素（维生素B_1）	μg	锰	μg
核黄素（维生素B_2）	μg	铜	μg
维生素B_6	μg	碘	μg
维生素B_{12}	μg	钠	mg
烟酸	μg	钾	mg
叶酸	μg	氯化物	mg
泛酸	μg		

资料来源：Title 21，107，Subpart B 107.10，e-CFR，2011b。

对于维生素A、维生素D、维生素E、生物素、胆碱和肌醇有更为特殊的要求，如果添加了必须要标明。铁必须以10mg/Mcal的最小添加量添加，产品必须标明"添加了铁的婴儿配方乳粉"，而且包装必须标明，如果铁的含量低于这个最小值就需要额外添加。其他的维生素和矿物质也需要列在这个表中，并辅以说明一些注意事项，比如

---

① 注：体积的国际单位制单位为毫升（mL），美制流体盎司（fl.oz）与毫升（mL）的换算关系：1fl.oz = 29.57mL。

列表中的营养素是通过美国国家科学院鉴定的人体所需的重要物质,并且在生物活性的功能上也十分重要。

12.2.3　美国分析化学家协会认可的规定方法

食品安全与应用营养中心是归属联邦调查局的一个部门,以确保国家食品供应的安全、卫生、种类齐全并且标签的真实性为责任,来推动和保护公共健康(FDA,2011c)。它批准了行业手册(FDA,2006),其中规定包括婴儿配方乳粉的国内和国外生产的所有方面。样品采集和营养分析方面的详细要求是根据美国食品药品管理局法案中第412条所确定的。亚特兰大营养分析中心-食品检测实验室被要求用美国食品药品管理局认证的指导手册当作准许的试验方法(第四部分第三节营养分析)(FDA,2006),这些方法中许多也是美国分析化学家协会(AOAC)使用的。另外,他们也必须使用食品安全与应用营养中心先前规定的方法。在表12.2中列出了分析方法以及在AOAC手册中相应的位置。无特殊要求的步骤是按斜体字印刷的。

表 12.2　　AOAC 中规定的分析样品的方法(包括 CFR 的要求)

章节标题	方法	方法编号	AOAC 手册中的部分
12.7	样品	**985.30**	50.1.01
12.8	总成分	**986.25**	50.1.16
12.8.1	总固形物	990.19	33.2.43
		990.20	33.2.44
12.8.2	灰分	945.46	33.2.10
12.8.3	脂肪	925.25	33.3.01
	取样	*968.12*	*33.1.01*
		970.26	*33.1.02*
	脂肪	945.48B	33.4.01
		945.48G	33.4.01
		989.05	*33.2.26*
		996.01(不适用于顺式或反式脂肪)	32.2.02A
12.8.4	蛋白质	955.04	2.4.03
		991.20	33.2.11
12.8.5	碳水化合物	差减法 *988.12*	碳水化合物 = 总固形物 -(蛋白质 + 脂肪 + 灰分) *44.1.30*
12.9.1	维生素 C	**985.33**	50.1.09
12.9.2	维生素 B_1(硫胺素)	**986.27**	50.1.08

续表

章节标题	方法	方法编号	AOAC 手册中的部分
12.9.3	维生素 B_2（核黄素）	985.31	50.1.07
		(参考 970.65)	45.1.08
12.9.4	维生素 B_3（烟酸）	985.34	50.1.19
12.9.5	维生素 B_5（泛酸）	992.07	50.1.22
12.9.6	维生素 B_6（吡哆醇，吡哆醛，吡多胺）	985.32	50.1.18
12.9.7	维生素 B_{12}（钴胺素）	986.23	50.1.20
12.9.8	叶酸（蝶酰谷氨酸）	992.05	50.1.21
12.10.1	维生素 A（视黄醇同分异构体）	992.04	50.1.02
	维生素 A（视黄醇 LC）	992.06	50.1.03
12.10.2	维生素 D	992.26 或	50.1.05
	维生素 D_3	995.05	50.1.23
	维生素 D（老鼠生物测定）	936.14	45.3.02
12.10.3	维生素 E	992.03	50.1.04
12.10.4	维生素 K 叶绿醌	992.27 或	50.1.06
		999.15	50.1.25
12.11.1	钙，铜	985.35 或	50.1.14
	铁，镁，锰，钾，钠，锌	984.27	50.1.15
12.11.2	氯化物	986.26	50.1.10
12.11.3	磷	986.24 或	50.1.12
		984.27	50.1.15
12.12.1	肌醇		
12.12.2	胆碱	999.14	50.1.24
12.13.1	牛磺酸	997.05	50.1.07A
12.13.2	其他氨基酸		
	色氨酸	982.30	45.3.05
12.13.3	肉毒碱		
12.13.4	核酸		
12.13.5	$\omega-3$（EPA，DHA）和 $\omega-6$（花生四烯酸，共轭亚油酸）脂肪酸	996.01	32.2.02A
	亚麻酸	992.25	50.1.17
12.13.6	低聚果糖（FOS）和低聚半乳糖（GOS）	991.43	
12.13.7	唾液酸		

注：粗体字表示的是 FDA 要求的方法；斜体字表示的是章节中所用的方法或是引用的其他方法。
资料来源：FDA（2006）。

12.2.4 等价方法的概念和方法的确认

等价方法是确定采用不同方法导致检测结果出现何种差异,也就是最新的检测方法能否有保证监督生产过程质量的能力。一种新的方法可能会需要或多或少的样品采集,可能有不同的接受准则,但是总体上需要与原方法一样的、或者更好的过程控制(Chatfield 和 borman,2009)。如果方法发生改变或者使用了完全不同的程序,等价方法将非常重要。采用一种新方法时,如果没有贯彻重要的、接受度高的等价方法,在检测程序中可能会导致结果就是经验性的结果,并不能保证其自身正确性。因此,对一种方法的验证决定了这种方法结果的正确程度,然而等价方法决定两种或多种结果的准确性。

AOAC 有一种集中的评价方法的程序——以已知的特征,例如准确性、精确度、敏感性、适用范围、特异性、测量限制以及其他类似的属性等进行方法评估(AOAC,2011)。分析方法可以提交给多个部门,如果证明可行,就会进一步进行方面和程序的研究。这需要:(1)一种方法的开发情况及适用性,内部试验的正确性来决定其可行性以及 AOAC 的内部评价。(2)招募有相关经验的实验室,对于试验提出的新方法佐以相关的试验,如试验材料、过程、特殊的研究事项及向合作实验室的材料运送。(3)参与合作者要按照所描述的程序进行试验。(4)专家评审决定研究结果的正确性,包括统计分析;最后,决定是否通过 AOAC 的评估。(5)通过评估,成为官方 AOAC 程序(AOAC,2011)。

并不是所有婴儿配方乳粉的生产检测程序在 AOAC 手册中都有规定,内部检测要有严格的方法学上的验证,并保存所有记录备查(AOAC,2011)。然而,美国食品药品管理局在其强制采用的分析方法中大多规定采用 AOAC 国际发表在其出版物《官方分析方法》(第 18 版)中的方法(AOAC,2005)。

恰逢本书写作之时,有一个项目正在进行修订,以改进婴儿配方乳粉标准分析方法。早在 2005 年 AOAC 就讨论了水溶性维生素的分析方法,并得出结论"测定水溶性维生素这种方法是过时的",高效液相色谱是更好的替代方法。相关组织在 2010 年 11 月 15 日发布了关于更新婴儿配方乳粉中多种营养成分分析方法的提议(AOAC)。这导致生产商、相关实验室以及其他利益相关方形成多元化的团组,致力于彻底检查更新现有体系。

12.3 混合和抽样:产品的分批处理与产品的干混

混合是一个复杂的过程,若混合不充分就不大可能得到一个批次的配方食品的代表性样本。本部分内容概述了充分混合和采用规定的取样方法来确保样本的代表性的重要性。

12.3.1 混合

配方乳粉有两种有代表性的混合方法，已在第 8 章里详细讨论。有干混法和湿混－喷雾干燥法。湿混程序在美国是常用的，无论从混合效果还是微生物学质量看，都更为高效。但其他国家也有使用干混方法。

混合是使配料互相分散。在食品工业中混合是最常用的生产程序。然而物料的混合极少能达到完美的混匀程度。干燥混合的多种成分具有不同分子量不同体积，很难达到完美的融合。颗粒的混合，从不同组分分离开始，以随机分布结束，使各种特定组分均可在给定样品中找到。这合理地解释了颗粒是同样尺寸同样纯度的物质的情形；然而对于混合不同种物质或不同密度的物质，混合的程序就会变得更复杂。

在处理过程中，需要进行有效的混合，混合程序需要确保成分已经以最大的可能混合均匀。即使对于喷雾干燥来说，不同的操作温度、物料喷出速度和作用时间等，都会导致产品质量的些许不同。

混合的完成并不是"所有样品与混合物主体都具有相同的组成"而是"一种组分在样品中出现的比例与统计学上随机分散的组分的概率是一样的"这样被认为是达到了随机分布混合过程的最好效果（Earle，1983）。

12.3.2 抽样

混合及抽样也是一个复杂的过程，实际样本大小的问题成为一个主要的问题；在很多情况下，结果的准确性是依赖于样本大小的——这是我们要清楚知道的。作为上述讨论的推论，在抽样的过程中样品组成偏离于混合物主体组成成分的平均值的误差，是混合过程中的指标之一。抽样不存在偏倚的时候，即当抽样中的误差为与真正平均值接近的随机变量，这时的样品被认为是准确的。当数值偏离均值幅度小时它的精密度高，但这并不能保证所获得的均值更接近于真实值（Barbosa－Canovas 等，2005）。

下面是几个主要的误差类型：

- 由于非黏性物料的间隔——可通过混合，或由很多小样本构建样品缓解这一问题。
- 统计误差——不论混合程度多么完美，统计误差都是不能避免的，因为它是属于随机波动的。
- 就颗粒状物料来说，一个随机取样试验需要以下三个主要的步骤：
  ○ 选择一个给定体积值的部分，使其他所有部分出现概率相同。
  ○ 进一步降低体积，选择样品中的一部分。
  ○ 检测最后的部分。

取样量对于结果会产生影响，因此每次除去不同的样本含量会导致结果的多变性。必须确定一定置信度下最小的样本数量。从母本得到一个没有偏差的样本是遥不可及的事情，所以通过在不同位置或时间采集多个样本是得到一个代表性样本的最佳方法。Barbosa－Canovas 等（2005）指出一种好的样品的描述取决于正态总体分布和置信区间。然而，通常样本数量在30～50之间会得到一个可靠的真实值。

注意有哪些物料可能会比较难混合是十分重要的，比如较大的颗粒、喷雾干燥的粉末、干混的不同配料。例如，微粒物料堆积在中等粒度的物料中间，当容器开始震动，细小的微粒会从粗大的微粒中分离出来，落入底部，从料斗中流失的物料是不会被混合的。用勺子或铲子收集样品是一种从定量样品中得到代表性样品的好方法。取样能从一批次的样品或者从已上线的样品或者流动的生产线上得到代表性样品。然而，对于取样来说有许多不同方法，最重要的问题就是证实哪些过程是在生产中被使用的。

样品的混合过程和混合的标准，也就是每一批次、每一天、每一种主要原料，属于另一个领域，需要详细和特定的程序。这个程序是需要有文件记录的，任何改变都需要严格限制，而且需要保留详细记录。这个记录必须保留足够长的时间，通常是3～5年，同时样品也必须按规定的条件和必要的时间存储。

12.4 已开封样品中维生素、营养素的降解

生产商尽最大努力包装产品以保证配方乳粉的质量，尽可能延长保质期，这也是他们自己的利益所在。保质期的时间长短是建立在维持乳粉最佳质量和安全性基础上的。其实对于生产商来说，保证乳粉这类产品的质量无疑是重要的，许多公司都有对于过期产品的赔偿或退换程序。生厂商们一般都建议乳粉在开口一个月内用完（IFC，2011）。然而，一旦出厂产品的密封包装被破坏了，产品和空气接触后，最好的存储系统也会失效。保存容器，尤其密封性良好的容器会保持产品的质量不变，但是产品仍会开始降解，这种降解会有许多种形式。

脂肪酸结构的改变，易挥发化合物的挥发都会发生。Chavez – servin 等（2008b）在试验研究中发现，挥发性化合物丙醇、戊醛、己醛、脂肪酸在配方乳粉（$n=20$）中都有检出，这说明了在25℃存储70d条件下，在某些产品中 C18∶2 和 C18∶3 脂肪酸减少显著；然而挥发性化合物增加，表明了产品氧化稳定性的下降。当前的趋势是在乳粉中添加一种有着重要作用的脂肪酸——二十二碳六烯酸（DHA）（$n-3$ PUFA）；然而，DHA 对于氧化酸败的敏感性对于含有这种配料的乳粉来说是限制因素（Steele，2004）。脂肪氧化能引起营养价值下降。光照能引起产品脂肪氧化几率上升，会产生异味；波长小于200nm 的紫外光会产生最严重的破坏，能产生最大吸收的基团是双键和过氧化物的 O – O 键（Tehrany and Sonnveld，2010）。

紫外线波长在小于200nm 时也会引起维生素的损失，尤其是核黄素和 β – 胡萝卜素。事实上核黄素对光特别敏感，在可见光与紫外线的照射下核黄素能产生高反应活性的氧气，它不仅使自己的功能性质下降而且还会引发其他反应导致产品进一步的降解。

美拉德反应的发生来自于还原糖的羰基基团与氨基化合物，经常发生在加热处理过程中（最著名的例子就是在焙烤食品的表面出现的棕褐色）；这个反应的结果可以改变产品的风味、芳香、颜色、营养价值、稳定性及货架期。在实验上羟甲基糠醛

（HMF）与赖氨酸用来作为美拉德反应的标志。赖氨酸是一个重要的参数，婴儿配方乳粉是婴儿获取赖氨酸是唯一来源，并且它也是氨基酸中最敏感的，赖氨酸在发生美拉德反应后就无法再被机体利用。羟甲基糠醛是美拉德反应形成的产物。结果表明在初始的样品中（由加热处理引起的）羟甲基糠醛含量低，在储藏过程（9个月）中，可以显著的提高，其中储存时间超过1个月后羟甲基糠醛已经明显增加。

水分的流失特别是在光照、氧气、高温条件下会提高酶反应、美拉德反应、氧化、乳糖结晶与微生物腐败，减少配方乳粉的货架期。

大量的因素会影响维生素A的稳定性，在光照、加热、在富氧的条件下等均是影响其在食品中的稳定性的有害因素，同时水分活度对其也有影响。Frias等研究结果显示水分活度在0.44，储存6个月的婴儿配方乳粉维生素A的损失在58%~60%，在未控制水分活度时损失较低是29%。Chavez-Servin进一步研究发现当模拟使用配方乳粉超过70d时，维生素A的损失达到34%。他们也对维生素E也进行了研究，发现其在储存期间，含量损失没有显著变化。

12.5 包装的完整性检验

包装的材料必须有能力阻止光线、避免沾染水、水蒸气与氧气的能力，封口首先得保证在开启前不得漏气，在打开后的储存期间也要保证其密封性的完好。很重要的是，包装材料得耐冲击和叠加。较高的储存温度也会对在塑料容器内储存的产品带来影响，由于长时间浸在塑料材料中会促进某些反应的发生。

乳粉的水分吸附等温线表明在恒温条件下产品的水分含量与相对湿度的关系。这个信息对于优化包装条件很有用，包括乳粉的水分活度、包装材料要求的类型等。

12.6 幼儿配方乳粉的营养证实检验、稳定性及发布（上市、销售）

生产商要遵守美国食品药品管理局与食品安全与应用营养中心制订的法规。每一个工厂都可以根据其需求来自由使用合适的；但是产品的营养分析必须在成品上市之前完成。表12.3列出了在加工过程中的每一个阶段的成分检测的各种要求。法规要求标明：（1）食品的包装材料；（2）预混料；（3）通过产品有效期来证实目前的营养水平；（4）质量控制；（5）成品的营养水平与检验结果；（6）原料与成品的微生物与纯度的检测；（7）婴儿配方乳粉的销售；（8）生产商的审计；（9）投诉。法规规定了关于在哪、如何做记录并且需要保留多长时间的管理要求。

12.7 抽样（AOAC 985.30）

该程序应用于即食配方乳粉中。这个过程要求各种标准化的程序，最少是抽取12个可以代表整体的具有典型性的样品，在60℃保温，在打开前要充分混合。在充有氮气与低光线下转移样品,这样会阻止一些挥发性的、对光不稳定的营养素的损失,将样品混合并且搅拌,搅拌时注意减少泡沫及过多空气的混入。将 500mL 用来做矿物质检测,其他静置在无菌容器中。首要问题是降低交叉污染、不同批次产品的间混杂、样品损失的风险。获得一个代表性强的样品是非常重要的。AOAC 抽样仅规定了包装后的成品的抽样。对于其他的检测点(关键控制点),要选取合适的地方进行内部测试。例如,这个程序实际上并未顾及这样一个事实:很多婴儿配方乳粉是以粉末状销售的。美国食品药品管理局指导手册详细规定了检验员抽样程序,并规定将这些程序作为抽样记录的基础。表 12.3 列出了相应的标准和婴儿配方粉中常用的分析形式。凡是 CFR 含有的特定营养成分的标准 AOAC 方法,都会在表 12.2 用加粗表示,其他的操作程序或是非特殊程序,可供选择的方法都列在表 12.3 中。

表 12.3　美国联邦法规汇编(CFR)要求:成分检测决策表

成分状态	要求	CFR 条款
成分在运输过程中是稳定的	每批供应商的分析证明	Sec. 106.20
在运输过程中成分易受到不利的影响(除非有供应商提供的分析证明(COA)	生产商应该分析每一种营养成分	Sec. 106.20 (b)(1)
没有分析证明的成分	生产商应该进行抽样分析每一种营养成分	Sec. 106.20 (b)(2)
没有标示为符合规定标准的成分	生产商应该进行抽样分析每一种营养成分	Sec. 106.20 (b)(2)
作为蛋白质或脂肪主要来源的成分	若记录表明成分稳定,则不需要每批次产品都分析	Sec. 106.20 (b)(2)
内部制备的营养预混剂	生产商应该进行抽样分析每一种营养成分	Sec. 106.20 (b)(2)
有分析证明的营养预混剂	每批次供应商的分析证明	Sec. 106.20 (b)(2)
没有分析证明的营养预混剂	生产商应该进行抽样分析每一种营养成分	Sec. 106.20 (b)(2)
在(生产)过程中各个批次必须进行分析检测,除非每一个批次的成品进行分析检测	分析内容:(1)固体(2)蛋白质、脂肪与碳水化合物(3)预混剂(辅料)的营养指标(4)营养预混剂的每一个独立添加的营养素(5)确认冲调后每一个营养素的比例正确。不需要分析亚油酸、维生素 D、维生素 K、胆碱、肌醇与生物素	Sec. 106.25

续表

成分状态	要　　求	CFR 条款
成品的评估	生产商需要检测每一批成品中具有代表性的样品（1）评定特殊营养素的损失（2）生产商前期未分析的营养成分（不需要分析亚油酸、维生素 D、维生素 K、胆碱、肌醇与生物素）	Sec. 106.30
定期分析	至少每3个月分析一批，并且分析具有代表性样品的所有营养物质，除了那些生产商立即分析的营养素	Sec. 106.30 (b)(2)
稳定性分析	从成品批次中取具有代表性的样品，生产商应对于产品在整个保质期其营养素含量进行稳定性分析	Sec. 106.30 (b)(3)
新配方与加工条件的改变对成分的影响	所设计的测试程序要证明不同批次的一致性，以测定配方或条件变化对成分的影响	Sec. 106.30 (c)
较小的改变：任何经验或理论不会预测出将不会预知，可能对营养素水平或可用性具有显著不利影响的变化	取具有代表性的样品分析所有的发生变化营养素和那些很可能因改变而受到影响的营养物质	Sec. 106.30 (c)(1)
巨大的改变：任何新配方或是任何成分的改变或是加工工艺的经验与理论的改变，将会预测到很可能对于营养素水平产生不利或是有利的影响	取具有代表性的样品分析渗透压、所有营养素与蛋白质的生物质量 对于配方的改变，当预计不会对蛋白质的生物质量有不利影响时，蛋白质的生物质量分析不是必需的，生产商应至少进行一次此类分析，但在此期间不能超过产品的货架期	Sec. 106.30 (c)(2)

资料来源：e‑CFR（2011a）。

12.8　组成成分（AOAC 986.25）

AOAC 对乳基婴儿配方乳粉的总成分分析的官方方法包括灰分（945.46），脂肪[945.48B 与 945.48G 和 925.25（4~5g 试验蛋白质）]，蛋白质 [（991.20，955.04）（12g 试验蛋白质）]，总固形物（990.19 或 990.20）和碳水化合物（差减法）。

测灰分的量需要对产品中预计的矿物质数量和矿物质的比例有一定的了解。操作推荐量为粉末≥1.5g，液体 25mL。

12.8.1 总固形物 (AOAC 990.19, 990.20)

有两种测定总固形物的方法，但它们是不同的，其变化为一个是在蒸气浴下进行预干燥，一个是直接用热空气干燥。这两种方法，可以在适当的温度下（100℃）将水分转移出来，剩余的残渣就是总固形物。一般情况下，可用初始样品的质量减去总固形物也可计算样品的水分含量。

要注意在此过程中的主要问题是需要小心搬运干燥容器以免杂质粘到表面，并优化冷却时间（如保持足够的时间使容器内样品冷却至室温，同时尽可能避免水分的增加）。要求使用干燥器（被测定的样品），在校正过的分析天平上进行前后的称量。这些防护措施可以减少对总重的影响。如果干燥过程是在一个坩埚中，样品可以用于灰化分析详情如下。

12.8.2 灰分 (AOAC 945.46)

灰分是将全部的有机物除掉后剩下的无机物残留物。干燥灰化使用马弗炉，是进行组成成分分析的主要工具，是矿物质检测的有用方法；然而矿物质会在这个过程（灰化）发生许多变化，例如：铁、硒、铅和汞等会部分挥发。该测定建议是准备5g样品，经过干燥、炭化和灰化最终获得白色的灰；在灰中有黑色斑点可能是残存碳，这会影响最终的矿物质含量。灰分的检测不要超过8h。灰化的温度高达525℃（在这个过程中）会导致灰分值偏高，这是由于碳酸盐分解低、挥发性盐的损失或是挥发性矿物质（如铜、铁、锌）的损失所导致的，如铅和汞元素（在任何情况下都可以忽略不计），目前这种损失对于产品安全是一个严重问题。灰分含量按式（12 – 1）计算：

$$灰分的含量（干基）\% = \frac{灰化后的质量 - 坩埚的质量}{样品的质量} \times 100\% \quad (12-1)$$

12.8.3 脂肪 (AOAC 945.48B, 945.48G, 925.25, 996.01)

脂类分析有些复杂，这是因为"脂类"项下有太多的分子。脂肪是由单酰、二酰或三酰基甘油，短链或长链的脂肪酸，简单或是复合组成的，并有不同的溶解性与反应。脂肪一般定义为"室温下为固态的脂类"。美国食品药品管理局对总脂的定义为从C_4到C_{24}所有脂肪酸，以甘油三酯计。许多婴儿配方脂质是与酪蛋白结合，所以在精确测定前应将其除去。脂类是易溶于有机溶剂不溶于水的，所以许多方法都利用这个性质进行分析。

几种标准方法可用于脂肪的检测；925.25（参照968.12与970.26）详细说明了推荐方法对于乳制品及从储乳罐（原料乳）中取出的样品的检测。

重量分析法是计算除去样品中物质并将其完全分离以称重。AOAC 945.48是炼乳的分析方法；这里样品的准备是参照罗斯哥里特法。罗斯哥里特法与莫琼尼尔（ISO 3889 2006）原理和实践相似，名字也经常用同样的；AOAC对莫琼尼尔方法有所修改也应用于行业的分析。这两个方法都是用不同的醚从已知质量牛乳中进行提取，测量剩余物的质量，进行脂肪含量的计算。

气相色谱（GC）也常用于这个领域。AOAC 996.01 是气相色谱应用在谷物类产品的标准方法；然而其在婴儿配方乳粉已经经过查证。脂质是从一定量的配方乳粉提取的，提取物是皂化与甲基化的。脂肪酸甲酯的是由毛细管气相色谱（90%氰丙基/10%苯基硅氧烷毛细管柱）测定的。总脂肪是各个脂肪酸的总量表示为甘油三酯当量。与气相色谱的读数与 FAMEs 标准溶液做比较。

核磁共振对于测定总脂含量是没有破坏性的，它主要是依靠光谱技术，在特定的频率下产生核共振，而这个共振发生改变就可测定出这种物质的分子结构。

12.8.4 蛋白质（AOAC 955.04，991.20）

AOAC 955.04 对于总氮的测定用的是凯式定氮法，这个方法的测定中会使用汞，所以要考虑通风的需要。

其他的方法（991.20），特别是对牛乳的测定，也是用凯式定氮测定，但硫酸铜可以代替汞。这个方法有两个步骤——传统的方法，消化、蒸馏然后测定总氮。最基本的操作在两种情况都是相似的：牛乳消化时用硫酸作为催化剂（硫酸铜与硫酸钾可以提升沸点），蛋白质分解释放出有机氮并形成铵盐（蛋白质分解产生的氨可以与硫酸结合生产硫酸铵）。添加强碱（浓氢氧化钠）使蒸馏环境保持碱性，便于释放氨。蒸馏出的氨气用硼酸溶液吸收，氨含量用滴定测定。氮含量按式（12-2）计算：

$$\omega(N) = \frac{1.4007 \times (V_s - V_b) \times c_{HCl}}{m} \tag{12-2}$$

式中 V_s——滴定时消耗盐酸的毫升数

       V_b——空白样消耗盐酸的毫升数

       c_{HCl}——盐酸的摩尔浓度

       m——样品的质量

最后再用氮的百分含量乘以 6.38 即为蛋白的含量。

（在 2008 年三聚氰胺事件中，有毒物质三聚氰胺被掺在婴幼儿乳粉中，因其氮含量高达 66%。用这个方法增加样品中氮的含量是违法的）。

与传统的方法相比，这种方法在消化与蒸馏时更加流畅、测量更加精确。在消化时可以消化 18 个样品（加 2 个空白），温度易调，所有管罩都允许排出烟。而传统方法需要在一个设定房间进行（通风橱），难以控制并且结果更难验证。自动蒸馏仪器，如美国 Labconco 公司的 Labconco RapidStill II（Labconco Coporation，Kansas City，MO，USA）和美国 BUCHI 公司的 Buchi Distillation UnitK - 355（BUCHI Coporation，New Castle，DE，USA）都能提高测定的精确性与安全性。

12.8.5 碳水化合物的测定

检测碳水化合物最简单的方法是减去其他的组分。按式（12-3）计算：

$$碳水化合物 = 总固体的量 - (蛋白质 + 脂肪 + 灰分) \tag{12-3}$$

对于单糖和双糖的测定计算可以用液相色谱法（LC），用氨基柱进行分离。粉状样品用水或甲醇溶解、过滤，将滤液按照 Indyk（Indyk，1996）描述的方面注入液相色谱中，在色谱条件下可以容易地得到单糖与二糖，经过进一步的分离，二糖中的蔗糖、麦芽糖、乳糖都会检测到。长时间运行（40min），也会观察到丙糖与四糖。

当需要对乳糖进行定量分析时，要将样品峰值与已知浓度乳糖-水合物标准品的峰值相比较。样品和标准品的注入条件和时间都要相同，为了确保该乳糖定量分析是正确的，在用已知质量的乳糖标准品制备系列标准溶液。

另一种方法是苯酚-硫酸法。在这个过程中，多糖水解成单糖从而得以测定。该方法需要向碳水化合物添加强酸和苯酚（这产生了大量的热量，因此必须小心）的混合物；搅拌后，产生黄橙色，在490nm处测定。

功能成分低聚果糖和低聚葡萄糖是碳水化合物的特定子集，必须单独计算。

12.9　水溶性维生素

这些维生素并不能长时间储存在体内，所以婴儿需要有一个可靠的和持续的来源。水溶性维生素通常被认为在大剂量情况也是无毒的。

12.9.1　维生素C（抗坏血酸）（AOAC 985.33）

维生素C在碱性条件、铁离子及铜离子存在条件下能易发生氧化降解。在2,6-二氯靛酚法中，在指示剂染料的作用下，抗坏血酸被氧化成脱氢抗坏血酸。当溶液的颜色为粉色时表明滴加过量，抗坏血酸全部被氧化了。（为防止氧化降解发生）解决方法是向产品中添加 EDTA，它可以与铁离子和铜离子发生螯合反应，从而可以抵消它们的影响。

12.9.2　维生素B_1（硫胺素）（AOAC 986.27）

采用荧光光度方法测定。它使硫胺素氧化成脱氢硫胺素，测量溶液中产生的荧光；荧光越多，硫胺素浓度就越大。检测过程中还包括其磷酸酯的提取和酶解的步骤。硫胺素对光敏感，所以在操作过程中样品必须避光。必须小心处理防止氧化，这样做出的结果才会有精确度和准确度。这个实验在样品制备后操作一定要迅速，防止光照导致的降解。

12.9.3　维生素B_2（核黄素）（AOAC 985.31）

和硫胺素一样，核黄素也按照 AOAC 标准采用荧光法测定，这一方法适用于食品和维生素的制备，测试样品中的核黄素含量要求在 0.05~0.2μg/mL。采用荧光光度计测定样品的输出荧光度（输入滤波器波长≈450nm，输出滤波器波长≈565nm）。

12.9.4 维生素 B_3（烟酸）(AOAC 985.34)

烟酸测定采用浊度法，此法对所用微生物最基本的要求就是在正常生长条件下自身不能合成烟酸。对于烟酸，被检测微生物通常情况下只利用对它们有用的烟酸类化合物，并非利用所有类型的烟酸类化合物。植物乳杆菌是合适的接种菌种，因为它不仅能利用游离烟酸，也能利用烟酰胺、烟尿酸、辅酶以及烟酰胺核苷。植物乳杆菌还有其他优势，即无致病性、培养条件温和、对抑制生长物具有抗性。一种好的样品测试液的制备可以采用此方法，因为此途径能够有效地抑制蛋白的沉淀，然而采用的基本培养基是较复杂的，需要多种营养成分。（Snitkoff，2005）。所用细菌为已鉴定菌株，可以在 ATCC（美国菌种保藏中心）购买到。

12.9.5 维生素 B_5（泛酸）(AOAC 992.07)

泛酸在食物中的存在形式为辅酶 A 和酰基载体蛋白，参见图 12.1（Combs，2008）。在这个试验程序中，泛酸经过碱性肠磷酸酶处理，将辅酶 A 中的三磷酸腺苷酶解，蔗糖不发酵禽肝肽酶作用于肽链，使泛酸游离出来。游离的泛酸使用植物乳杆菌采用浊度法进行测定。

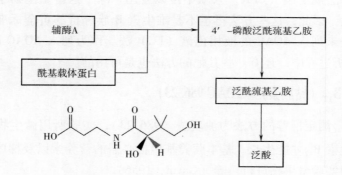

图 12.1 食品中辅酶释放泛酸示意图

12.9.6 维生素 B_6（吡哆醇）(AOAC 985.32)

维生素 B_6 有三种形式——吡哆醇、吡哆醛、吡多胺，每种形式在人体内的生物活性是相同的。自 1980 年起 AOAC 985.32 法就被认可为维生素 B_6 的测定方法，主要使用的酵母为酿酒酵母（Guilarte 等，1980）。已经研究证实，采用酿酒酵母，不同的形式的维生素 B_6 的生长效应不同（吡哆醇 1，吡哆醛 0.8，吡多胺 0.5）（Blake，2007），还有报道称由于一些研究报道年份太早，精确度也不是很高（Gregory，1980）。

该检测方法要求任何磷酸化形式的维生素 B_6 都要采用盐酸水解得到游离形式维生素 B_6（Guilarte 等，1980）（图 12.2）。然后进行过滤，并将残渣进行稀释。将稀释液按逐渐增加的稀释度加入接有酿酒酵母的基底原液中，基底原液含有其他必需的营养素。同时按逐渐增加的稀释度配制吡哆醇工作液并绘制曲线，实验结果用来对照，培养结束后（22h，30℃）采用分光光度计在550nm波长下测定浊度。

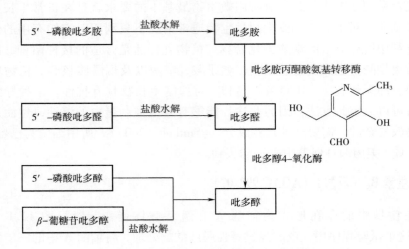

图12.2　盐酸水解维生素 B_6 脱磷酸示意图

在美国联邦法规汇编（CFR）条款中可以看出，除了这些微生物学检测方法，还有一些替代方法，因此，这些方法再也不是维生素 B 族分析的黄金标准了，另外一个可选择的方法是未列入 AOAC 的液相色谱（LC）法。作为列入 AOAC 的一类营养素，在维生素 B_6 分析过程中，还有一些其他的方法也是可用的。

12.9.7　维生素 B_{12}（钴胺素）（AOAC 986.23）

对维生素 B_{12} 测定推荐的方法为浊度法（986.23），实验所用微生物为莱希曼氏乳杆菌，需要维生素 B_{12} 才能生长。基本营养基包括必需的营养素以及梯度浓度的婴儿配方乳粉，然后对实验微生物进行培养（Gavin，1956）。

经过 16~24h 培养，测试菌的生长状况并通过浊度的测定进行评价，最终结果通过对照维生素 B_{12} 工作曲线，以此测定样品中的维生素 B_{12} 的水平。据报道（Blake，2007），食物中的维生素 B_{12} 通常含量很低，因此，采用液相色谱法等其他方法很难进行测定。

12.9.8　叶酸（AOAC 992.05）

叶酸的测定推荐使用微生物学方法。通过对干酪乳杆菌 ATCC 7469 进行培养测定叶酸含量。产品提取物通过三酶提取工序消化，即采用 α-淀粉酶和蛋白酶水解结合型叶酸，采用结合酶酶解聚 -γ-谷氨酰叶酸（poly - γ - glutamyl folate）。需要强调的是游离叶酸可能由于氧化作用和光化学催化而降解。为得到可靠的实验结论，此微生物实验要求严格遵守操作技术。设定一个未培养空白、一个培养空白及一个酶空白组，对分光光度计进行校准。将培养管在37℃培养 20~24h，在550nm波长下测定菌的生长状况。

12.9.9 表面等离子体共振（SPR）光学生物传感器免疫测定法测定水溶性维生素

在前边部分可以看出，水溶性维生素有多种分析方法，用的最多的有微生物法（MBA）和高效液相色谱法（HPLC）。然而例如对于维生素 B_{12} 分析，采用 MBA 则会由于非活性生物成分（如类咕啉）而造成人为性测定结果偏高，高效液相色谱法可靠却可能并不够灵敏。

采用生物传感器进行蛋白结合试验是测定维生素水平的另一种方法。Gao 等（2008）采用以表面等离子体共振为基础的生物分子相互作用分析技术（BIA）测定了补充到婴儿配方乳粉中的维生素 B_2、维生素 B_{12}、生物素、叶酸和泛酸。表面等离子体共振采用量子力学分析探测分子间的联系，在这个过程中，一个生物分子被固定，另一个则通过注射分析，通过绘制曲线体现它们之间的相互关系。为得到速率常数，被注射的生物分子要与不同浓度的固定分子进行关联（Szabo 等，1995）。

表面等离子体共振（SPR）光学生物传感器免疫测定法通过控制反射角，将光完全反射在玻璃金属薄膜界面，反射光的密度最小时表明金属熔体界面的表面等离子体被激发，这种共振以共振单位（RU）为量度单位（与一个基线相比较）。

关于此法用于维生素的研究是由 Gao 等人利用 Biacore Qflex 试剂盒实现的，试剂盒含有传感芯片，在芯片上，维生素及其衍生物将被固定。一种已知的特定维生素结合蛋白或抗体（VBP 或 A）添加到样本中，形成的溶液通过传感芯片被检测，预算检测到的维生素水平将超过检测物中的维生素水平。据调查，一些 VBP 或 A 会以一定的比例结合在所在样品的被测物上，如果有 VBP 或 A 没有被结合，其将继续存在于溶液中，直至与芯片表面上固定的被测物的对照物接触，接触后会有可测反应，从而可以计算得到样品中被测物质的量（Gao 等，2008）。

发生在芯片表面的结合在可控的连续流体中进行，因此，在芯片表面 VBP 或 A 的浓度保持不变，因此在样本和芯片表面间的响应水平与接触时间成一定的比例。响应的水平就是在样本检测前和检测后响应值之间的差异。样本中的被测物含量越高，抑制作用越强，生物传感器芯片上被监测到的响应值越小。用标准浓度作对照试验并制作标准曲线（Gao 等，2008）。

Biacore 试剂盒测定是通过了 AOAC 性能测试的方法，为获取维生素分析物而进行的提取实验过程务必仔细，并注意区分不同维生素的实验过程的差异。此测定方法快速（<12h）、操作简单、具有高度的选择性及灵敏度，且其自动化的分析系统能够快速地得到结果（Gao 等，2008）。

12.10 脂溶性维生素

脂溶性的维生素伴随食物中的脂肪一起被人体消化，且被脂肪组织及肝脏所吸收，维生素 A 和维生素 D 在这些组织中积累到不安全含量，可能产生毒性作用。因此，监测这些维生素是否不足或过量非常重要。

12.10.1 维生素A（AOAC 992.06，992.04）

大多数的婴儿配方中均添加了维生素A，通常以棕榈酸视黄酯或醋酸酯（最稳定的类似物）或者β-胡萝卜素（具有最高的维生素A活性）的形式添加。维生素A对于一些因素是敏感的，比如紫外线、光、空气、强氧化剂、高温以及水分。HPLC被认为是唯一精确的测定方法，下面为液相色谱法测定视黄醇异构体（992.04）以及视黄醇的检测程序（992.06）（Nielsen，2010）。

液相色谱法测定视黄醇异构体是通过二氧化硅柱测定的。在测定过程中，首先用KOH甲醇溶液对测试样品通过皂化进行消化，使得脂溶性的维生素完全被提取出来。在提取过程中采用的有机溶剂为乙醚-己烷，残渣溶解在庚烷并添加十六烷以抑制溶剂蒸发过程以及蒸发后造成的破坏。

具体的计算如式（12-4）：

$$\text{全反式视黄醇（ng/mL 牛乳或稀释的配方食品）含量} = \left(\frac{A_c}{A_{sc}}\right) \times m_c \times C_c \times DF \quad (12-4)$$

式中 A_c ——测试样品中全反式视黄醇的峰面积

A_{sc} ——标准品中全反式视黄醇的峰面积

m_c ——用于制备标准工作液的油溶液的质量，mg

C_c ——全反式视黄醇在油溶液中的浓度，ng/mL

DF ——稀释系数，为具体数值，$1/50 \times 25/15 \times 100/3 \times 1/2 \times 1/40 = 5/360$

在视黄醇异构体的LC测定过程中应注意，视黄醇异构体包括全反式视黄醇（视黄醛）以及顺式视黄醇，视黄醇异构体中活性最强的为全反式视黄醇，是在食物和婴儿配方中发现的最常见的维生素A形式。其他异构体的活性较低，但能够构成维生素A的浓度（Favaro等，2011），因此，在进行总的视黄醇含量测定时，当顺式异构体存在时，会造成对维生素A的测量值偏低。

此法（992.06）对维生素A（视黄醇）测定要求将维生素A从皂化处理的样品中分离出来并用LC定量分析，能够将真实有效的异构体的变异体也计入测量。计算中假定全反式视黄醇和顺式维生素A棕榈酸酯在336nm处的实际摩尔吸收系数相等，顺式维生素A棕榈酸酯曲线的峰面积乘以0.75%，然后累加到全反式视黄醇的总峰面积。每毫升维生素A活性成分（V）的IU为：

$$V = \frac{A_{sam}}{A_{std}} \times C_{std} \times \frac{1}{0.55}$$

式中 A_{sam} ——测试样品的总峰面积

A_{std} ——标准品的总峰面积

C_{std} ——标准工作液的浓度，μg/mL

1/0.55——IU/μg 棕榈酸视黄酯

12.10.2 维生素 D

维生素 D（AOAC 992.26，995.05）

992.26 法适用于维生素 D_3 的测定，与维生素 A 的测定方法类似，此过程需要进行皂化，然后用乙醚进行提取。需进行两次液相色谱分析，首先将提取物经过二氧化硅柱进行萃取，然后将所得部分通过二氧化硅柱，254nm 条件下进行紫外检测和定量分析。增加维生素 D_3 标准工作液的稀释梯度，并以一定间隔（最大测试组数目为 8）通过系统进行测定，最终将进行定量分析。

维生素 D_3 的浓度通过式（12-5）进行计算：

标准工作液浓度：

$$C_{std} = \frac{m_{std} \times K \times D}{10000} \tag{12-5}$$

式中 m_{std}——制备标准溶液所用的维生素 D_3 的质量，mg

K——重量转换因子，4000IU/mg

D——维生素 D 的稀释因子

10000——干燥的维生素 D 与中间工作液的结合稀释因子

995.05 法同样采用液相色谱法，但其测定的是总维生素 D。

维生素 D（AOAC 936.14）

要检测维生素 D 的有效性，需要采用大鼠生物检定法（AOAC 936.14 相应的美国《联邦法规汇编》（CFR）43.195—43.208）。活体测试时通过限制动物对某一特定营养素的膳食摄入，从而造成受试动物对这一营养素的缺乏，通过与摄入该营养素的动物组进行对照。在此实验过程中，测定了大鼠发生佝偻病的程度。给成对动物饲喂受试原料（此实验用婴儿食品），经过 7~10d 饲喂后长骨中钙量的变化表明维生素 D 对于钙吸收的影响。首先给鼠断乳，经过 16~25d 后，使其体内的维生素 D 消耗殆尽，然后在接下来的 7~12d 测试阶段给鼠饲喂受试产品（婴儿食品），给受试动物长骨纵向的半径末端用硝酸银进行着色，从而测定骨骼的再钙化情况。一只给予致佝偻饮食的大鼠，在长骨末端并未发生钙化。钙化线的宽度和长度表明测试样的功效强弱情况。动物实验过程耗时且费用较高，不适合用于分批实验评价，而用于添加速率验证。

12.10.3 维生素 E（AOAC 992.03）

此测定原理与维生素 A 类似，作为一种脂溶性维生素，样品首先经过皂化反应将全外消旋 $-\alpha-$ 生育酚进行提取分离，然后采用液相色谱法对其进行定量分析。此皂化溶液采用 0.5mol/L KOH 溶液。由于维生素 E 易被氧化，因此需要一种抗氧化剂（1% 焦性没食子酸），且皂化过程要求温度达到 70℃。

制备标准溶液作为对照，采用液相色谱对标准溶液和测试溶液进行测定，维生素 E 活力（A）通过式（12-6）计算：

$$A = \frac{H_{sam}}{H_{std}} \times C_{std} \times 0.001 IU/\propto g \tag{12-6}$$

式中　H_{sam}——测试样液的峰高

　　　H_{std}——标准品的峰高

　　　C_{std}——标准溶液的浓度，μg/mL

12.10.4　维生素K（AOAC 992.27，999.15）

反式维生素 K_1（叶绿醌）（AOAC 992.27）通过氢氧化铵和甲醇进行分离，然后通过有机溶剂二氯乙烷和异辛烷进行提取得到提取液，将溶剂挥干，采用另一种溶剂进行复溶，并添加到二氧化硅柱中。经过此程序得到的维生素 K_1 可进行常规液相色谱分离以及254nm波长下紫外监测分析。婴儿配方乳中的叶绿醌含量达到3~16μg/L，强化配方中含量达到100μg/L（WTO，2004）。999.15是一种液相色谱分析法，要求采用乙烷对预处理的样品进行维生素K的提取，然后采用高效液相色谱（HPLC）进行分离和荧光探测。甲基萘醌-4以及2′,3′-二氢叶绿醌的存在会使出峰变得复杂，洗脱顺序为：甲基萘醌-4 < K_1 < 2′,3′-二氢叶绿醌。

12.11　矿物质

维生素和矿物质在人体新陈代谢过程中作为辅酶和辅助因子是人体所必需的，在食物中含有足量的这些物质非常重要，尤其当它是婴儿唯一的营养来源时。

12.11.1　钙、铜、铁、镁、锰、钾、钠、锌（AOAC 985.35 或 984.27）

原子吸收分光光度法（985.35）和电感耦合等离子体发射光谱法（ICP）（984.27）是两种主要的测定矿物质的方法。对于原子吸收分光光度法，样本先进行灰化，然后溶解在酸液中，样品稀释后采用分光光度计测定。稀释的作用是使其读数处在仪器线性范围内。使用每种矿物质标准溶液制备浓度-吸光度标准曲线，然后对应标准曲线得到相应矿物质的浓度。

采用电感耦合等离子体发射光谱法，对测试样品使用 $HNO_3/HClO_4$ 进行消化并进行成分测定。这种方法的结果以 μg/mL 表示，并不是最终结果，还需换算为原始测试样品的含量 μg/mL（液体）或 μg/g（粉末），最终含量计算如式（12-7）：

$$C = A \times (50/B) \quad (12-7)$$

式中　A——采用ICP测定的成分浓度，μg/mL

　　　B——测试样品的体积（mL）或质量（g）

　　　C——测试液中所测成分的浓度，取决于B单位为 μg/mL 或 μg/g

12.11.2　氯化物（AOAC 986.26）

此法主要用 $AgNO_3$ 溶液对所测氯溶液进行滴定时的电位为基础，滴定终点取决于这样一个事实：氯离子浓度决定了被氯化银覆盖的银线浸入滴定容器里的电势。电极与伏特计（可通过多功能pH计实现）以及参比电极相连（Ramsay等，1955）。

电势通过以下平衡过程实现：

$$AgCl\ (s)\ +e \rightleftharpoons Ag\ (s)\ +Cl^-\ (aq)$$

半电池反应为：

$$Ag\ [AgCl\ (饱和浓度),\ KCl\ (mol/L)]\ (Topping,\ 2011)$$

在实验过程中，Ag 坯探针连接并置于氯化钠标准溶液中，然后用标准 $AgNO_3$ 溶液进行滴定，随着 $AgNO_3$ 溶液滴定量的增多，产生一定量的电压（mV），直至所滴定 $AgNO_3$ 溶液体积达到 50mL。将直接 50mL 即食配方乳置于烧杯，并加入 50mL HNO_3，同标准溶液一样，用 $AgNO_3$ 溶液对其进行滴定。计算如式（12-8）：

$$c_a = \frac{35.453 \times 1000 V_{AgNO_3} \cdot c_{AgNO_3}}{50} \quad (12-8)$$

式中　c_a——样品中的氯含量，mg/L

V_{AgNO_3}——滴定消耗和 $AgNO_3$ 体积，mL

c_{AgNO_3}——$AgNO_3$ 溶液浓度，mol/L

12.11.3　磷（AOAC 986.24，984.27）

磷采用 986.24，对灰分采用钒钼酸盐分光光度法进行测定。灰化过程是总灰分灰化过程，有时总灰分的获得过程也用于磷的灰化过程。在此过程中，灰化的磷酸盐通过酸性溶液稀释，得到一种化合物（磷酸盐/钼酸盐），钒的参与形成钼钒磷杂多酸（黄色），颜色的深浅与磷酸盐的浓度成一定比例，采用标准品制备线性曲线，最后可计算得到磷酸盐水平。

磷的含量计算如式（12-9）：

$$c_P = \frac{500 m_P \rho_s}{m_s} \quad (12-9)$$

式中　c_P——样品中的磷含量，mg/L

m_P——分光光度法测得的磷质量，mg

m_s——样品质量，g

ρ_s——样品密度，g/mL

测定方法 984.27 在先前的 12.11.1 已述。

12.12　其他成分

有些营养素不太容易分类，如肌醇和胆碱，它们也是有利于婴儿的健康的。

12.12.1　肌醇

肌醇是人乳中的磷脂之一，约占总磷脂的 6%。在哺乳动物组织中发现的最常见的形式是肌纤维醇（环己六醇），它是生理上比较容易合成的重要的成长因子。然而，有时也需要饮食摄入。血肌醇在新生儿中含量比较高，这表明它在早期的发育中起重要作用。

在植物中最常见的肌醇是植酸（肌醇六磷酸），然而，在含有铜、铁和锌的植物中，如大豆，由于矿物质复合物的形成会产生吸收和分析的问题（Koletzko，2003）。

当前最好的分析方法是气相色谱－质谱（GC-MC）分析。此方法可以检测出高度纯化的样品中肌醇的含量。在此方法中，样品中混合内标物六氘化肌醇，并进行强酸水解，由三甲基甲硅烷（TMS）衍生，然后将所得肌醇 TMS_6 衍生物通过 GC-MC 使用选择性离子检测器进行分析。该分析方法的问题是污染因素存在或植酸存在时，肌醇含量的测定值偏高（MacRae 和 Ferguson，2005）。

对于肌醇分析程序目前正被 AOAC 审定中（Sullivan，2010）。

12.12.2 胆碱

1998 年胆碱被列为人类必需营养素（Blusztajn，1998），它是为所有细胞的正常功能所必需的，并已被描述为"至关重要的胺"（以前被称为维生素）；然而，它却不归类为维生素。胆碱对新生儿非常重要，已通过大鼠实验证明它影响大脑发育、增强记忆和注意力，人体试验工作正在进行中（Zeisel，2004）。图 12.3 表明胆碱被纳入细胞功能的各种方式。AOAC 方法（999.14）是一种酶比色法，可以使胆碱组分从产品中释放出来。样品制备后，将显色剂加入到所有样品中（包括空白和标准品）；其中包含胆碱氧化酶，可以从胆碱—过氧化物酶中释放过氧化氢和 4-氨基安替比林。在过氧化物酶存在下苯酚被氧化和 4-氨基安替比林形成醌亚胺发色团。在 505nm 处测量吸光度并计算胆碱含量。胆碱被定义为氢氧化胆碱。

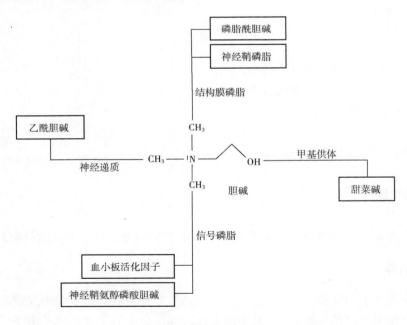

图 12.3　胆碱的存在形式
（资料来源：Blusztajn，1998）

12.13 功能性成分

功能性成分具有超出基础营养生理上的好处,并且它们对于慢性疾病的减少可能会有所帮助。

12.13.1 牛磺酸

牛磺酸是一种体内大量存在的氨基酸。虽然它不是一种必需氨基酸,但被定义为"条件性必需",特别是对于低出生体重儿。这种必要性是条件性的,取决于机体是否具备合成或维持足够数量氨基酸的能力(Furst,2004 年)。

牛磺酸可以使用 AOAC 997.05 进行评估;样品的蛋白质是使用卡瑞试剂 1(铁氰化钾Ⅱ溶液)和卡瑞试剂 2(硫酸锌溶液)析出。将该溶液过滤,并将滤液的等分试样用丹磺酰氯处理以形成牛磺酸衍生物。该衍生物通过反相液相色谱,在波长 254nm 处进行 UV 检测,通过同样来源的已知牛磺酸浓度的标准溶液比较峰面积进行定量。

12.13.2 其他氨基酸

色氨酸可以通过 AOAC 982.30(蛋白质效率比)来确定,胱氨酸使用离子色谱法测定,采用柱后衍生(Barkholt 和 Jensen,1989 年);许多其他氨基酸经柱前衍生后,再通过反相色谱法测定(Christiansen 等,2010 年)。

12.13.3 左旋肉碱

肉碱分析可以通过 LC – MS/MS(液相色谱 – 质谱法),这需要用蛋白水解酶消化样品产生肽类;然后使用串联质谱仪进行分离,将这些质谱在蛋白质数据库中搜索,以便鉴定是否属于现有已知蛋白质(McComack 等,1997)。

12.13.4 核酸

核苷和核苷酸是乳中非蛋白氮部分。

核苷结构具有嘧啶或碱基,与五碳单糖核糖以酯键相连。磷酸通过核糖 C'_5 酯化形成相应的核苷酸(Shlimme 等,2000)。核苷主要包括胞苷、尿苷、腺苷、鸟苷、胸苷和次黄嘌呤。

核苷酸是 RNA 和 DNA 的核心结构单元,在代谢中起作用,是化学能量的来源。它们参与细胞信号传导,并且可以作为辅酶。核苷酸具有一个含氮碱基、一个戊糖单糖以及 1~3 个磷酸基团(Champe 等,2008)。核苷和核苷酸对各种生理功能具有增强效果,从促进肠道对铁的吸收到促进长链不饱和脂肪酸(LCPUFA)的快速合成,还可通过增加抗体的形成以提高免疫应答(Christiansen 等,2010;Shlimme 等,2000)。

膳食核苷酸已被证明可影响机体免疫功能。例如,喂养含核苷酸(和那些母乳喂养的)的食物,比饲喂不含有核苷酸食物的 2 个月大的婴儿有显著较高的自然杀伤细胞的活性（Carver，1994年）。

核苷可以使用液相色谱法进行分析，在短时间内可以测定 0.5~200μmol/L 的尿嘧啶、胞苷、脱氧胞苷和尿苷。对照尿嘧啶（Ura）、胞嘧啶（Cyt）、尿嘧啶核苷（Urd）、胞嘧啶核苷（Cyd）、脱氧胞嘧啶核苷（dCyd）、次黄嘌呤（羟脯氨酸）和尿酸（UA）的标准溶液，可测定样品中相应成分的含量。Ura 和 Cyt 出峰很难充分分离，可在pH = 7 条件下洗脱 Ura 并在 274nm 测定 Cyt，使这一问题得以缓解。硫胺素也可以使用该方法定量（Olivares 和 Verdys，1988）。

核苷酸可利用液相色谱（LC）等强度反相色谱系统进行评估。比较样品的峰面积与已知浓度的单个核苷酸标准品的峰面积，进行定量分析，即可测定出样品中核苷酸含量，但要注意测试样和标准品必须在同样的条件下进样（Christiansen 等，2010）。

12.13.5 $\omega-3$ 和 $\omega-6$ 脂肪酸

二十碳五烯酸（EPA）是一种有 20 个碳的长链和 5 个顺式双键的羧酸；第一个双键位于第 3 个碳原子上。DHA 是 $\omega-3$ 脂肪酸。在化学结构中，DHA 是一种有 22 个碳的长链和 6 个顺式双键的羧酸，第一个双键位于 ω 末端第 3 个碳原子上（22:6 $\omega3$）。它天然存在于母乳中，是大脑和眼睛组织的重要组成部分。它是感光细胞磷脂酰乙醇胺中的主要脂肪酸，并且因此可能在早期人类视觉发育中起重要作用（Alessandri 等，1988）。通常 α 亚油酸被添加到婴儿配方产品中，以便婴儿合成 DHA；然而，如今一些配方产品中直接添加 DHA 成品（Nestle，2008）。

亚油酸通常构成人乳中脂肪酸谱的 10%~15%，并认为对婴幼儿的健康至关重要。因此亚油酸被允许列入婴儿配方，所以测定样品中的亚油酸亚油酸相当重要。因为气相色谱的读数给出了所有类型脂肪酸的定量，这就导致出现了一种亚油酸特定的测量方法（Lien，1992）。通过气相色谱（GC）采用腈硅柱和火焰离子化检测器也可测定亚油酸，这在方法 992.25 中已述及。共轭亚油酸（CLA）（$\omega-6$）是包含至少 28 个亚油酸异构体的家族。名字描述了双键的结构，即每两个双键间只有一个单键（Lien，1992）。

非气相色谱技术不比气相色谱技术好。然而，高效液相色谱可以用作辅助工具。当分析 $\omega-3$ 脂肪酸时，提取脂质的 Bligh – Dyer 法被食品化学家广泛使用，它是一个简单的过程，需要氯仿、甲醇与水的比例合适，从而允许产品分成两层，其中底层包含所有的脂质而没有非脂质物质（Schrener，2006）。

使用气相色谱测定高度不饱和脂肪酸会有一些问题，这与它们对氧化的敏感性有关；这意味着它无法获得可靠和稳定的标准品。然而，这不是常规试验条件下通常存在的问题，只是在需要高度精确的测量时才成为问题。

花生四烯酸（20:4 $\omega6$）也被添加到婴儿配方，同样，可以添加亚麻酸或直接添加花生四烯酸成品（Nestle，2008）。

12.13.6 低聚果糖（FOS）和低聚乳糖（GOS）

低聚乳糖是人乳中的第三大组成部分，而在牛乳中是不存在的。这似乎表明了婴儿肠道菌群存在差异的原因所在。正在哺乳的婴儿双歧杆菌和乳杆菌更丰富。低聚半乳糖和菊粉添加到婴儿配方中，获得了双歧杆菌增殖的效果（Vandenplas，2002）。

采用分析膳食纤维的标准方法不能准确、可靠地测定菊粉（一种果聚糖聚合物）或寡聚果糖（Coussemment，1999）。因此一种改良的 AOAC 方法被使用（AOAC 991.43），它采用特定的酶，也就是菊粉酶，被称之为"菊粉方法果聚糖测定"方法。然而，在测定菊粉时，并不会提高低聚果糖的回收率。菊粉酶的添加改良了糖化酶的处理效果。

测定果聚糖的酶试剂盒可以从 Megazyme International Ireland Ltd. 获得，果聚糖被分解成单糖，即果糖和葡萄糖，然后进行测量。然而，来自于其他糖类、尤其是蔗糖（果糖：葡萄糖 =1:1）的干扰将会导致结果偏高。因此，在水解前必须去除所有的非低聚糖。在此过程中，将样品在热水中提取果聚糖，添加蔗糖酶使蔗糖水解成单糖，添加纯淀粉降解酶将淀粉降解为葡萄糖。这样剩下的只有果聚糖了，可用果聚糖酶（外切和内切菊粉酶的组合）将其水解为葡萄糖和果糖。这些糖是使用对羟基苯甲酸酰肼（PAHBAH）法（McCleary 等，2000）进行还原糖测定。

低聚半乳糖是由乳糖经细菌 β 半乳糖苷酶催化产生的，通常包含葡萄糖的一个分子和 1~7 个半乳糖分子；在人乳中微量存在。

12.13.7 唾液酸

唾液酸是一组存在于动物组织和体液中的神经氨酸衍生物，是糖蛋白、游离的低聚糖和糖脂的一部分。人们发现在人乳中比牛乳中含量要高，因此有必要在婴儿配方乳粉中补充这种营养素。人乳几乎只含有唾液酸 N－乙酰神经氨酸（Neu5 AC），主要与游离的低聚糖结合（Sørensen，2010；Wang 等，2001 年）。Sørensen 指出，分析唾液酸存在多种方法，包括比色法、高效阴离子交换色谱以及使用荧光检测计的高效液相色谱法。然而，每个方法都有自身的缺点，包括测定过程长、程序复杂，而且缺乏特异性。本文推荐使用液相色谱－质谱（LC－MS/MS），利用一个简化的方法测定婴儿配方食品中的 Neu5Ac 和 Neu5Gc。

这个过程需要对加水及 0.25mol/L 硫酸的样液在 80℃条件下加热 2h。乳基产品一般使用硫酸进行水解，这是因为可通过控制时间和温度达到测定速度和结果的稳定性之间的平衡。取一小份样品与乙腈（acetonitrile）[也称为 methyl cyanide（MeCN）]结合、混合和离心，乙腈使得样品中的蛋白质发生沉淀。离心提取物可以直接注射入柱子中，从而获得无干扰的标准参考物质（SRM）色谱图。这个程序适用于配方乳粉中唾液酸的实际检测，并且具有与比色法检测同等的效果（Sørensen，2010）。

12.14 小结

营养素分析是产品生产和质量控制的一个关键步骤。然而营养配方必须根据需求和原产地进行分析，因此需总结各种方法的要点，包括 AOAC 和其他方法。同时我们需要拟定对功能成分的分析方法。

分析方法随着分析设备和仪器的进步而发展，因此在开始分析时调查这个行业最好的方法是很重要的。这里列出所有方法仅供读者参考，并应与标准方法进行对照。

参考文献

ALBALÁ – HURTADO S, VECIANA – NOGUÉS M T, MARINÉ – FONT A and VIDAL – CAROU M C (1998), 'Changes in furfural compounds during storage of infant milks'. *Journal of Agricultural and Food Chemistry* **46** (8): 2998 – 3003.

ALESSANDRI J, GOUSTARD B, GUESNET P and DURAND G (1998), 'Docosahexaenoic acid concentrations in retinal phospholipids of piglets fed an infant formula enriched with long – chain polyunsaturated fatty acids: effects of egg phospholipids and fish oils with different ratios of eicosapentaenoic acid to docosahexaenoic acid'. *The American Journal of Clinical Nutrition* **67** (3): 377 – 385.

ANON (2005), 'Compilation of Selected Acts Within the Jurisdiction of the Committee on Energy and Commerce; Food, Drug, and Related Law, As amended through December 31, 2004, prepared for the use of the Committee on Energy and Commerce, U. S. House of Representatives, March 2005'. *U. S. Government Printing Office*. Retrieved from: http://www.access.gpo.gov/congress/house/house05cp109.html. Date of Download: 31 March 2011.

AOAC (2011), 'AOAC Official Methods Validation Program'. Retrieved From: http://www.eoma.aoac.org/validation_program.asp. Date of Download: 24 April 2011.

AOAC (2010), 'Methods for Determination of Selected Nutrients in Infant Formula and Adult/Pediatric Nutritional Formulas'. Retrieved From: http://www.aoac.org/Postings/infant_formula_call.htm. Date of Download: 3 November 2010.

AOAC (2005), 'Official Methods of Analysis of AOAC International'. 18th edn. Gaithersburg (MD): AOAC International.

BARBOSA – CÁNOVAS G V, ORTEGA – RIVAS E, JULIANO P and YAN H (2005), 'Food powders characterization: sampling', In: *Food Powders: Physical Properties, Processing, and Functionality*. Ed: Barbosa – Canovas. Springer, New York, 372 p.

BLAKE C (2005), 'Committee on Food Nutrition: Fat Soluble Vitamins' General referee reports: *Journal of AOAC International* **88**: 1 325: 330.

BLAKE C (2007), 'Analytical procedures for water – soluble vitamins in foods and dietary supplements: a review'. *Analytical and Bioanalytical Chemistry* **389** (1): 63 – 76.

BLUSZTAJN, J K. (1998), 'Choline, a vital amine.' *Science* **281** (5378): 794 – 795.

CHAMPE P C., HARVEY R A and FERRIER D R (2008), Nucleotide metabolism. *Biochemistry*. Philadelphia, Wolters Kluwer Health/Lippincott Williams & Wilkins: 291 – 306.

CHATFIELD M J and BORMAN P J (2009), 'Acceptance criteria for method equivalency assessments'.

Analytical Chemistry **81** (24): 9841 – 9848.

CHÁVEZ – SERVÍN J L, CASTELLOTE A I and LÓPEZ – SABATER M C (2008a), 'Vitamins A and E content in infant milk – based powdered formulae after opening the packet'. *Food Chemistry* **106** (1): 299 – 309.

CHÁVEZ – SERVÍN J L, CASTELLOTE A I and LÓPEZ – SABATER M C (2008b), 'Volatile compounds and fatty acid profiles in commercial milk – based infant formulae by static headspace gas chromatography: evolution after opening the packet'. *Food Chemistry* **107** (1): 558 – 569.

CHÁVEZ – SERVÍN J L, CASTELLOTE A I, RIVERO M and LÓPEZ – SABATER M C (2008c), 'Analysis of vitamins A, E and C, iron and selenium contents in infant milk – based powdered formula during full shelf – life'. *Food Chemistry* **107** (3): 1187 – 1197.

CHRISTIANSEN S, GUO M and KJELDEN D (2010), 'Chemical composition and nutrient profile of low molecular weight fraction of bovine colostrum.' *International Dairy Journal* **20** (9): 630 – 636.

COMBS G F (2008), '*The Vitamins: Fundamental Aspects in Nutrition and Health*' 3rd Edn, Elsevier Academic Press, Burlington MA, 583 p.

COUSSEMENT P. (1999), Inulin and oligofructose as dietary fiber: analytical, nutritional and legal aspects. In: *Complex Carbohydrates in Foods*. Eds: S. Cho, L. Prosky and M. L. Dreher. Marcel Dekker, New York, xiii, 676 p.

DUTTA V and ARNEJA J (2007), 'Feeding in the low birth weight', In: *Advances in Pediatrics*, Eds: A. K. Dutta, A. Sachdeva, Jaypee Brothers, Medical Publishers, New Delhi, India 1144 p.

EARLE R L (1983), 'Mixing' In: *Unit Operations in Food Processing* 2nd edn, Pergamon Press, Manchester UK, 207 p.

EBBING D and GAMMON S (2007), 'Chemical reactions' In: *General Chemistry*, Cengage Learning, Houghton Mifflin, Boston, 1030 p.

E – CFR (2011a), 'Infant formula quality control procedures' CFR Title 21: Part 106. *U. S. Government Printing Office*. Retrieved from http: //ecfr. gpoaccess. gov/cgi/t/text/text – idx? c = ecfr; sid = c43ba5960d36152163083e82a6b33a5a; rgn = div5; view = text; node = 21% 3A2. 0. 1. 1. 6; idno = 21; cc = ecfr. Date of Download: 19 April 2011.

E – CFR (2011b), 'Infant formula' Title 21: Part 107. *U. S. Government Printing Office*. Retrieved from: http: //ecfr. gpoaccess. gov/cgi/t/text/text – idx? c = ecfr; sid = c43ba5960d36152163083e82a6b33a5a; rgn = div5; view = text; node = 21% 3A2. 0. 1. 1. 7; idno = 21; cc = ecfr. Date of Download: 19 April 2011.

FÁVARO R M D, IHA M H, MAZZI T C, FÁVARO R and BIANCHI M DL P (2011), 'Stability of vitamin A during storage of enteral feeding formulas'. *Food Chemistry* **126** (3): 827 – 830.

FDA (2006), 'Food and drug administration compliance program guidance manual'. FDA. Retrieved from: http: //www. fda. gov/downloads/Food/GuidanceComplianceRegulatoryInformation/ComplianceEnforcement/ucm073349. pdf. Date of Download: 19 April 2011.

FDA (2011a), 'Federal Food, Drug, and Cosmetic Act (FD&C Act)'. Retrieved from: http: // www. fda. gov/RegulatoryInformation/Legislation/FederalFoodDrugandCosmeticActFDCAct/default. htm. Date of Download: 19 April 2011.

FDA (2011b), 'Requirements for Infant Formulas'. Federal Food, Drug, and Cosmetic Act (FD&C Act) Sec. 412. (21 USC § 350a). FDA. Retrieved from: http: //www. fda. gov/ RegulatoryInformation/Legislation/ FederalFoodDrugandCosmeticActFDCAct/FDCActChapterIVFood/default. htm. Date of Download: 19 April 2011.

FDA (2011c), 'CFSAN – What We Do'. FDA. Retrieved from: http://www.fda.gov/aboutfda/centersoffices/officeoffoods/cfsan/whatwedo/default.htm. Date of Download: 12 December 2013.

FRIAS J, PEÑAS E and VIDAL–VALVERDE C (2009), 'Changes in vitamin content of powderenteral formulas as a consequence of storage'. *Food Chemistry* 115 (4): 1411–1416.

GAO Y, GUO F, GOKAVI S, CHOW A, SHENG Q and GUO M (2008). 'Quantification of water–soluble vitamins in milk–based infant formulae using biosensor–based assays.' *Food Chemistry* 110 (3): 769–776.

GAVIN J (1956), 'Microbiological process report. Analytical microbiology. III. Turbidimetric methods'. *Applied Microbiology* 5: 235–243.

GREGORY J F (1980), 'Comparison of high–performance liquid chromatographic and Saccharomyces uvarum methods for the determination of vitamin B6 in fortified breakfast cereals'. *Journal of Agricultural and Food Chemistry* 28 (3): 486–489.

GUILARTE T R, MCINTYRE P A and TSAN M F (1980), 'Growth response of the yeasts *Saccharomyces uvarium* and *Kloeckera brevis* to the free biologically active forms of vitamin B–6'. *Journal of Nutrition* 110 (5): 954–958.

IFC (2011), 'Infant Formula Council FAQs: Breastfeeding and Infant Nutrition' Retrieved From: http://www.infantformula.org/faqs Date of Download: 24 April 2011.

INDYK H E, EDWARDS M J and WOOLLARD D C (1996). 'High performance liquid chromatographic analysis of lactose–hydrolysed milk.' *Food Chemistry* 57 (4): 575–580.

INDYK H E, PERSSON M S, BOSTROM CASELUNGHE M C, MOBERG A, FILONZI E L and WOOLLARD D C (2002), Determination of vitamin B_{12} in milk products and selected foods by optical biosensor protein–binding assay: method comparison. *Journal of AOAC International* 85 (2002), 72–81.

JACOBSEN N E (2007), 'Fundamentals of NMR spectroscopy in liquids' In: *NMR Spectroscopy Explained: Simplified Theory, Applications and Examples for Organic Chemistry and Structural Biology*. Wiley–Interscience, Hoboken, NJ, 668 p.

JUNG M Y, LEE K H and KIM S Y (1998), 'Retinyl palmitate isomers in skim milk during light storage as affected by ascorbic acid'. *Journal of Food Science* 63 (4): 597–600.

KOLETZKO B (2003), 'Report of the Scientific Committee on Food on the Revision of Essential Requirements of Infant Formulae and Follow–on Formulae', European Commission: 213.

LIEN E (1992), 'The fatty acid profile of infant formulas: present facts and future possibilities', In: *Essential Fatty Acids and Eicosanoids*: invited papers from the Third International Congress Eds. ANDREW SINCLAIR, ROBERT GIBSON, The American Oil Chemists Society, 482 p.

LUCAS A and SAMPSON H A (2006), 'Infant nutrition and primary prevention: current and future perspectives' In: *Primary Prevention by Nutrition Intervention in Infancy and Childhood*, Ed: A. Hugh Sampson. Nestec, Switzerland 273 p.

MACRAE J I and FERGUSON M A J (2005), 'A robust and selective method for the quantification of glycosylphosphatidylinositols in biological samples.' *Glycobiology* 15 (2): 131–138.

MCCLEARY B V, MURPHY A and MUGFORD D C (2000), 'Measurement of total fructan in foods by enzymatic/spectrophotometric method: collaborative study.' *Journal of AOAC International* 83 (2): 356–364.

MCCORMACK A, SCHIELTZ D M, GOODE B, YANG S, BARNES G, DRUBIN D and YATES J R (1997), 'Direct analysis and identification of proteins in mixtures by LC/MS/MS and database searching at the low – femtomole level.' *Analytical Chemistry* **69** (4): 767 – 776.

NESTLE (2008), 'DHA & ARA: Nutrients naturally found in breast milk.' Retrieved 13 December 2013, from https: //www. nestle – baby. ca/Templates/ Article. aspx? NRMODE = Published&NRNODEGUID = {5B6271CE – 5AC9 – 44A3 – AAF0 – 7027EB86B8A8} &NRORIGINALURL =/en/baby/birth/labour/ health + nutrition + DHA + and + ARA. htm&NRCACHEHINT = Guest.

NIELSEN S (2010), Food Analysis. Ed. SUZANNE NIELSEN 2010. Springer LLC. 602 p.

NISHIMURA S, NAGANO S, CRAI C A, YOKOCHI N, YOSHIKANE Y, GE F and YAGI T (2008), 'Determination of individual vitamin B_6 compounds based on enzymatic conversion to 4 – pyridoxolactone'. *Journal of Nutritional Science and Vitaminology* **54** (1): 18 – 24.

OLIVARES J and VERDYS M (1988), 'Isocratic high – performance liquid chromatographic method for studying the metabolism of blood plasma pyrimidine nucleosides and bases: concentration and radioactivity measurements.' *Journal of Chromatography B: Biomedical Sciences and Applications* **434** (1): 111 – 121.

PANFILI G, MANZI P and PIZZOFERRATO L (1998), 'Influence of thermal and other manufacturing stresses on retinol isomerization in milk and dairy products'. *Journal of Dairy Research* **65** (02): 253 – 260.

RAMSAY J A, BROWN R H J and CROGHAN P C (1955), 'Electrometric titration of chloride in small volumes'. *Journal of Experimental Biology* **32**: 822 – 829.

SATCHITHANANDAM S, FRITSCHE J and RADER J I (2001), 'Extension of AOAC Official Method 996. 01 to the analysis of Standard Reference Material (SRM) 1846 and infant formulas'. *Journal of AOAC International* **84**, 805 – 814.

SCHLIMME E, MARTIN D and MEISEL H (2000), 'Nucleosides and nucleotides: natural bioactive substances in milk and colostrum'. *British Journal of Nutrition* **84** (S1): 59 – 68.

SCHREINER M (2006), 'Principles for the analysis of omega – 3 fatty acids'. In: *Omega 3 Fatty Acid Research* Ed: M. C. Teale. New York, Nova Science Publishers: xii, 301 p.

SNITKOFF G G (2005), 'Biological testing' In: *Remington: Part 4: Pharmaceutical Testing Analysis and Control In: The Science and Practice of Pharmacy 21st Edn*, Section Ed. P. K. GUPTA Ed. : TROY, DAVID B, Lippincott Williams and Willkins, Philadelphia PA pp 560 – 561, 2393 p.

SØRENSEN L K (2010), 'Determination of sialic acids in infant formula by liquid chromatography tandem mass spectrometry'. *Biomedical Chromatography* **24** (11): 1208 – 1212.

STEELE R (2004), 'Understanding and measuring the shelf – life of foods', Woodhead Publishing Limited, Cambridge, England, 407 p.

SULLIVAN D (2010), SPIFAN Working Group for Inositol. AOAC International Draft Working Group Githersburg, AOAC International: 6.

SZABO A, STOLZ L and GRANZOW R (1995), 'Surface plasmon resonance and its use in biomolecular interaction analysis (BIA)'. *Current Opinions in Structural Biology* **5** (5): 699 – 705.

TEHRANY E A and SONNVELD K (2010), 'Packaging and the shelf life of milk powders', In: *Food Packaging and Shelf Life: A Practical Guide*, Ed: G. Robertson, Taylor and Francis Boca Raton, FL. 404 p.

TOPPING J (2011), 'Determination of chloride: gravimetric and volumetric methods', Towson University. Retrieved From: http: //pages. towson. edu/topping/

VANDENPLAS Y (2002). 'Oligosaccharides in infant formula'. *British Journal of Nutrition* **87**: S293 –

S296.

WANG B, BRAND – MILLER J, MCVEAGH P and PETOCZ P (2001), 'Concentration and distribution of sialic acid in human milk and infant formulas'. *The American Journal of Clinical Nutrition* **74** (4): 510 – 515.

WHO (2004), 'Bioavailability of vitamin K', In: *Vitamin and Mineral Requirements in Human Nutrition*. WHO, Food and Agriculture Organization of the United Nations, Bangkok, Thailand. 341 p.

ZEISEL S H (2004), 'Nutritional importance of choline for brain development.' *Journal of the American College of Nutrition* **23** (suppl 6): 621S – 626S.

13 婴儿配方乳粉与过敏

M. Guo, University of Vermont, USA and Jilin University, People's Republic of China and S. Ahmad, University of Agriculture Faisalabad, Pakistan

摘　要：如今，市场上充斥着琳琅满目的婴儿配方乳粉，使得家长和医生们无从选择，尤其是涉及过敏问题时。最常见的婴幼儿过敏症是过敏性皮炎、哮喘、变态性鼻结膜炎以及食物过敏。婴幼儿是弱势群体，对婴儿配方乳粉的过敏有时会导致紧急住院治疗。本章解释了婴幼儿会患的各种类型的过敏症，并概述了与婴儿配方乳粉及其配料相关的婴儿过敏问题。

关键词：婴儿配方乳粉　过敏　配料　成分　预防措施

13.1 引言

如果父母的任一方具有过敏史，对婴幼儿过敏的关注应从妊娠期开始，特别是对于食物的选择。在孕期、哺乳期和周岁前，营养的选择可能会影响过敏性疾病的发展，如过敏性皮炎（AD）、哮喘和食物过敏。对于食物过敏没有公认的定义。根据美国国家过敏和传染病研究所（NIAID）给出"食物过敏是持续暴露于一种给定食物时反复发生的一种不良免疫反应，它不同于对食物的不良反应，如食物耐受不良、药理学反应和毒素激发的反应"（Shekelle 等，2010）。食物过敏通常发生较早，但也可以在任何年龄发生（NIAID，2010a）。在过去的 20 年里，食物过敏的发生率显著增加而且现在正在影响着近 4% 的总人口，不分年龄（Rance 和 Dutau，2008）。

人们对于幼年食物过敏的患病率关注度最高，约 8% 的 3 岁以内的婴幼儿患有食物过敏（Bock，1987）。据报道，最大的原因是许多婴幼儿不再母乳喂养，而是用婴儿配方乳粉进行短期或长期的补充或单一喂养（通常是牛乳或豆乳），或者从母乳喂养断乳后改为乳粉喂养。虽然任何食物都有可能触发过敏反应，但是有一些食物更易引起大部分婴幼儿的食物过敏，比如牛乳蛋白、鸡蛋、花生、核桃、大豆（主要对于婴儿）和小麦，85%~90% 确诊的食物过敏反应由这些食物引起（Bergmann 等，1994；Brunekreef 等，2002；Høst 等，2002a；Muraro 等，2004a；Rona 等，2007；Brockow 等，2009；NIAID，2010a）。

不同过敏原导致的相对患病频率因婴儿喂养方式的不同而不同。通常来说，包含多肽或蛋白质的食物可能会引起过敏反应。大约 2.5% 的新生儿在 1 岁前对牛乳有超敏反应，而其中大约 80% 的儿童将伴随这种超敏反应直到 5 岁。约 60% 的牛乳过敏反应是由免疫球蛋白（IgE）引起的。将近 25% 的婴儿将伴随这种超敏反应到 20 岁，而35% 的这些儿童可能会患有其他的食物过敏症。大约 35% 的儿童患有严重的过敏性湿疹，6%的儿童患有食物引起的哮喘（Motala，2004）。

许多幼年确诊的过敏症一直持续到成年，大约50%的婴幼儿哮喘患者（Strachan，1996；Barbee和Murphy，1998；Sears，1998）和80%的花粉热患者（Greisner，1998）将持续表现症状。25%～50%儿童湿疹患者持续到16岁，对牛乳过敏的10岁儿童中有45%在婴幼儿期患有过敏症（Tikkanen等，2000）。许多具有特异反应性的婴幼儿没有患有特异反应性的家族病史（Bergmann等，1994；Sears等，1996；Tariq等，1998）。然而，如果一个直系亲属（父母或兄弟姐妹）患有特异反应性，那么发生特异反应性的风险将增加1/3，如果父母双方具有特异反应性，那么风险将增加到70%（Bergmann等，1994，1998；Sears等，1996；Tariq等，1998；Ronmark，2001）。据过去20年的报道数据，特异反应性的临床表现，如儿童过敏性疾病的患病率和严重程度明显增加（Huovinen等，1999；Sly，1999；Downs等，2001；Kuehni等，2001；Acevedo等，2012）。Chafen等（2010）却表明食物过敏的患病率和严重程度是否增加尚不明确。

然而，婴幼儿过敏性疾病发病率的增加意味着生产商业化的健康、有效的"防过敏"食品越来越重要，这一点已取得了普遍的共识。得益于先进的蛋白质生物化学、免疫学、临床科学知识，它们为我们通过饮食管理来有效治疗和预防过敏性疾病提供了更好的思路。在子宫内或在初期喂养时对完整蛋白质敏感的婴儿需要一个食谱能够在一段时间内可以明显的降低过敏性。可以通过不同的方法来回避过敏原，如使用替代原料或者低致敏性的配方，或者将乳类蛋白质酶解直到几乎所有的抗原表位不再被婴儿的免疫系统识别（Sampson等，1991）。之后这种"防过敏"蛋白与其他非致敏性配料一起使用来做配方膳食，这个配方膳食可以满足婴幼儿在特殊恢复期对必需营养物质的需求，这种特殊恢复期通常是在12个月或大于12个月（Hudson，1995）。

在婴幼儿食物转换阶段初期需要精心照顾，尤其在婴幼儿发育异常时，咨询卫生保健人员是非常必要的。在婴幼儿的膳食中，需要增加补充物和固体食物来提供合理营养。尤其是对于那些无法得到足够的母乳来满足营养需求的婴儿。对早产儿来说（妊娠期<37周）这一重要的膳食转变期需要考虑到他们推迟的早期运动发育、营养需求的增加、不成熟的器官、肠道渗透性的增加以及由于感染和/或过敏而增加的住院治疗风险（Palmer和Makrides，2012a）。对于具有家族过敏病史的婴幼儿来说，良好的头部控制对于婴儿配方乳粉类型的安全选择非常重要。配方乳粉主要用于从出生到4个月的婴儿；强化的配方乳粉经常被重回职场的母亲用于短期母乳喂养过4个月以内的婴幼儿。不同种婴儿配方乳粉的应用似乎主要取决于父母的选择（Betoko等，2012）。如果婴幼儿对同一种的配方乳粉出现低血压发作或者多重反应，甚至被确诊为确定的疾病，如中度到重度过敏性皮炎、嗜酸性粒细胞性食管炎（EoE）、小肠结肠炎、肠下垂或过敏性直肠结肠炎，基于可信的患病史及将诱发食物从食谱中移除后症状消失（NIAID，2010b）即可作出食物过敏的诊断。

13.2　婴幼儿过敏的类型和诱发因素

一些可能出现的婴幼儿过敏症和相关的术语定义如下所示（Greer等，2008；

NIAID，2011）：

过敏是一种由免疫机制介导的超敏反应。

过敏体质是一种个人的或家族具有的，对于低剂量的过敏原产生 IgE 抗体的倾向，在皮肤点刺试验中结果呈阳性。

过敏性疾病的特点是具有特异性；通常指过敏感性皮炎、哮喘、过敏性鼻炎和食物过敏。

过敏感性皮炎（AD）是一种瘙痒型慢性炎症性皮肤病，常在幼年期发病并通常与个人或家族病史以及其他特应性疾病相关。

哮喘是一种在支气管中发生的过敏性反应并伴随肺功能变化，自发或者在服用支气管扩张药物后发生。

过敏性直肠结肠炎（AP）是一种婴幼儿疾病，患者看似健康但在粪便中具有可见的斑点或条纹型血和黏液混合物。因现如今仍没有一种实验测试来诊断食物引起的过敏感性直肠结肠炎，因此医护人员必须依靠病史来确定哪些食物会引起症状的发生。很多婴儿在母乳喂养期间患上过敏性直肠结肠炎，其原因可能是由于母亲的膳食使得母乳中含有可引起婴儿过敏反应的食物蛋白质。

血管性水肿是由于皮下、腹部器官或上呼吸道（鼻子、喉底、喉头）里体液堆积而引起的肿胀。它常伴随着麻疹一起发生，如果是由食物引起的，那么通常是 IgE 介导的。如果过敏反应涉及到上呼吸道，喉头肿胀会造成紧急情况，必须立即就医。急性血管性水肿是过敏反应的一个常见特点（一种涉及多个身体系统的严重的过敏反应），如皮肤和呼吸道和/或胃肠道水肿，急性血管性水肿发病快速，而且可能会造成死亡。

小肠结肠炎是一种大肠和小肠的炎症，而肠下垂是一种肠道疾病。

嗜酸性粒细胞性食管炎（EoE）是一种与食物过敏相关的疾病，但其相关性仍未知。当免疫细胞嗜酸性粒细胞集中在食管时将会发病。IgE 介导和非 IgE 介导机制都与嗜酸性粒细胞性食管炎相关。在婴幼儿中，这种疾病可能会造成发育不良。

食物过敏是一种机体免疫介导的对食物产生的超敏反应，包含 IgE 介导和/或非 IgE 介导的过敏反应。

牛乳过敏是一种机体免疫介导的对牛乳产生的超敏反应，包含 IgE 介导和/或非 IgE 介导的过敏反应。

食物蛋白质引起的小肠结肠炎综合征（FPIES）是一种非 IgE 介导的疾病，它通常发生在婴幼儿。症状包括慢性呕吐、腹泻、无法增高或增重。当致敏食物从婴幼儿食谱中移除后，这些症状将会消失。牛乳和大豆蛋白是最常见的致敏物，但有一些研究表明一些婴儿配方乳粉中的部分配料如大米、燕麦或其他谷物也会造成这种过敏反应。

变应原特异性免疫疗法，通过让患者摄入递增剂量的一种过敏原，如牛乳、鸡蛋或花生过敏原。它的目的是为了诱导免疫耐受（免疫系统忽略一种或多种食物蛋白质过敏原的存在，但仍保留对不相关蛋白质敏感性的能力）（NIAID，2011）。

潜在过敏症的高风险婴幼儿是指至少有一个一级亲属（父母或兄弟姐妹）患有确诊的过敏性疾病的婴幼儿。

低致敏性是指降低的致敏性或降低刺激 IgE 反应能力和减少 IgE 介导的反应。

部分水解的配方乳粉包含有分子质量小于 5000u 的寡肽。

大部分水解的配方乳粉只包含分子质量小于 300u 的肽。

基于游离氨基酸的配方乳粉是一种不含肽的配方乳粉，它包含有必需和非必需氨基酸的混合物。

通常来说，过敏是对一种无害物质，过敏原的特殊反应，过敏原的特征是能诱导特定的 IgE 反应。一般而言，不良的食物反应包括任何由于食物的摄入而引起的异常反应。虽然对食物的反应因反应机制的不同而有不同的分类和不良反应，但是，食物过敏和食物耐受不良是最多见的两种。食物过敏和食物耐受不良的区别如表 13.1 所示。食物过敏的临床表现可以被归类为 IgE 介导和非 IgE 介导。在 IgE 介导的食物过敏中，食物过敏原与驻留在肥大细胞和嗜碱性粒细胞的食物特异性 IgE 抗体结合，激活细胞释放大量介质。在非 IgE 介导的食物过敏中，淋巴细胞和嗜酸性粒细胞的激活和补充是基本功能，并且症状通常是迟发型（Ozol 和 Mete，2008）。食物不耐受是由宿主独特的生理特征引起的一种不良反应，如由非免疫机制引起的代谢障碍（乳糖不耐受个体发生的腹泻）。

表 13.1　食物过敏与食物耐受不良的比较

	食物过敏	食物耐受不良
机制	免疫反应	非免疫反应 缺乏消化酶
历史	过敏特异反应性	偏头痛 肠易激症状
流行性	8% 的 12 个月以下的婴儿，3% 的 5 岁以下儿童	更普遍
食物种类	牛乳 鸡蛋 花生 鱼	牛乳 食用化学品 亚硫酸盐防腐剂
时间	通常很快	可以延迟到 48h
症状	痒 肿胀 皮疹 蔓延性麻疹 呕吐 腹泻 哮喘 荨麻疹	皮疹 肿胀 肠易激症状 疝气 腹胀 腹泻 呕吐 偏头痛 头痛

资料来源：Ozdemir 等（2009）。

过敏性疾病，包括湿疹、哮喘、花粉热和食物过敏，是一种复杂的多因素疾病，涉及到基因和环境的相互作用。婴儿的营养以及其他的环境因素对婴幼儿过敏有着深远的影响。最近，Branum 等（2012）通过大量的有关过敏的材料综述发现，79%的论文指出食物过敏与 IgE 介导反应相关，66%论文指出食物过敏与非 IgE 介导的免疫反应有关。在患有食物过敏的婴幼儿中，过敏的严重性因社会人口学特征和医疗保健特性的潜在差异而不同。过敏的严重性与护理相关变量的联系在种族/族裔、收入水平以及母亲的受教育程度方面没有显著差异。过敏的婴儿根据其过敏程度可分为轻度、中度和重度。

在婴幼儿中，一个特异性表型可能与某些多态基因标记有关。许多基因与过敏有关（Barnes，2000）。一些基因位点表现与一些族群的过敏有关，而其他位点则表现为普遍的易感性标记。这些片段包括：11q13，编码高亲和力 IgE 受体的 β - 链（Shirakawa 等，1994；Daniels 等，1996）；5q31 - 33，包含细胞因子基因簇和编码 β - 肾上腺素和类固醇受体 CD14 以及纤维母细胞生长因子的基因；12q（Shek 等，2001），包含编码 γ 干扰素（IFN）的基因和 6p21。总 IgE 表现出与染色体 6p21 有关联。这个片段包含一些重要的基因，这些基因与 IgE 的调节呈生物相关性。在过敏性家庭的基因组谱中已发现与嗜酸粒细胞的关联性，并且也发现了与肿瘤坏死因子（TNF）基因的关联性，这些在介导炎症反应中发挥着重要作用，类似于人类白细胞抗原（HLA）的抗原递呈性。

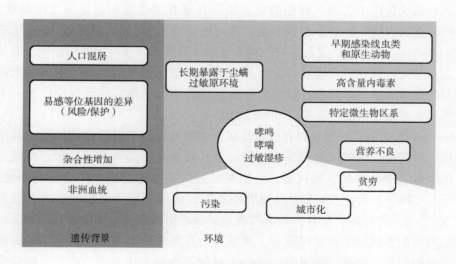

图 13.1　热带欠发达地区婴儿过敏症原因概况
（资料来源：Acevedo 等，2012）

虽然对于基因与过敏症之间的相关性已得到很好验证，但如何运用这些知识确定哪些婴儿可以作为介入者防治食物过敏仍不明确。虽然通过基因测试确定过敏风险仍遥遥无期，但是，实际上，家族史仍然是最有效的确定婴儿患过敏风险的临床诊断方法。自 1970 年以来的研究报道，父母中一个患有过敏症那么后代患有过敏的风险为

38%~58%，如果父母双方都患有过敏症，那么后代患病的几率高达60%~80%。一个没有家族病史的婴幼儿患有过敏症的几率大约为5%。Mavroudi和Xinias（2011）发现脐带血IgE测试对于诊断患过敏症的风险不太实用，它只有26%的敏感性和74%的特异性。Acevedo等（2012）在卡塔赫纳德印第亚斯（哥伦比亚）设计了出生队列研究，来调查环境和遗传因素对过敏的风险，并考虑了当地人常年接触螨虫、寄生虫感染和恶劣的生活条件等特点。

13.2.1 过敏性皮炎（AD）（湿疹）

最常见的湿疹类型为过敏性皮炎或过敏性湿疹（AE），并且此病在婴幼儿中最为常见（NIAID，2011）。过敏性皮炎是湿疹的一种，过敏性皮炎是由于对食品添加剂或食品分子产生的过敏反应而引起的。这种过敏反应包括细胞免疫但不包括IgE抗体。过敏性皮炎是一种皮肤病，其症状表现为皮肤发红、肿胀并有小范围凸起，可能包含或不包含流液、鳞屑、发痒的皮疹以及起泡、皮炎、渗出及脱皮，其特点是渗出性病变然后变硬。这时，皮肤将很难保持一个有效的屏障来抵抗环境因素，如刺激物、细菌和过敏原。

尽管在这个问题上已有大量的研究报道，这种病的确切病因仍不清楚。如果一个人，他的生父或兄弟姐妹具有过敏史，那么他将很容易患过敏性湿疹。美国儿科学会（AAP）建议过敏性皮炎高风险婴儿哺乳期母亲，应该避免接触花生和坚果，并将鸡蛋、牛乳和鱼从食谱中去掉。有些研究表明母乳喂养会有效预防婴儿患过敏性皮炎，但有一些研究则表明母乳喂养对孩子是否患过敏性皮炎无影响，甚至具有相反的作用（Lien和Goldman，2011）。婴儿早期的营养对患过敏性皮炎具有重要的影响。有证据表明在婴儿4个月之前就引入辅食，会增加婴儿患过敏性皮炎的风险。因为早期的营养可能会对长期健康以及以后患过敏症产生深远的影响，早期的营养也提供了一个机会来防止或延缓过敏性疾病的发生（Miíak，2011）。

Schoetzau等（2002）发现患有过敏性皮炎的婴儿，对牛乳过敏的风险比其他婴儿高出4倍，对鸡蛋过敏的风险则高出8倍。婴儿可能会对膳食抗原敏感，即使是母乳喂养。因为母乳中存在的饮食抗原，可能对特应性婴儿的肠道屏障功能有不良影响。Arvola等人（2004）为调查将婴儿从母乳喂养方式转换到配方乳粉喂养方式是否更有利，对56个（平均年龄5个月）母乳喂养期间表现出过敏性湿疹的婴儿在断乳后用可容忍的低致敏配方乳粉喂养期间进行了评估。对在母乳喂养期间和断乳后的口服乳果糖和甘露醇的尿液回收率、粪便中alpha-1抗胰蛋白酶和尿中甲基组胺、嗜酸性粒细胞蛋白X的浓度进行了评估。粪便中alpha-1抗胰蛋白酶的中值浓度在母乳期间为2.3mg/g（范围：1.2~3.3mg/g），在断奶后用可容忍的低致敏配方乳粉喂养期间为0（0.0~1.9mg/g）。乳果糖和甘露醇的尿液回收率从0.029（范围：0.021~0.042）下降到了0.023（范围：0.016~0.031）。同时，过敏性湿疹的状况改善了，尿中的嗜酸性粒细胞蛋白X的浓度明显下降。将特应性母乳喂养的婴儿从母乳喂养转换到低致敏配方乳粉喂养后，它们的肠道屏蔽功能有所改善。

Brockow 等人（2009）调查了12个月龄的婴儿的致敏与6岁前发展为过敏性疾病的相关性，被测婴儿都具有过敏性家族病史。通过对两个年龄段都具有的可测的特定 IgE 抗体，发现大约11%的被测婴儿发展成了过敏；有约21%早期有过敏史的六岁儿童患了过敏性湿疹，而在没有过敏史的儿童中，只有约9%患了过敏性湿疹。对于其他过敏症，如过敏性鼻炎的比例15%：7%；哮喘的比例10%：3%。对于早期对气源性过敏原过敏的孩子来说，他们随后发生过敏性疾病的风险是最大的。早期的致敏对于一岁的没有过敏性湿疹的儿童来说，不会增加他们患过敏性疾病的风险。低特异性 IgE 水平（0.18~0.34kU/L）与任何被测结果都没有明显相关。对普通食物过敏原和气源性过敏原过敏的孩子，特别是1岁以内的孩子，人们发现具有家族遗传性过敏史的孩子到6岁时会有极大的可能发生特应性疾病。

Lien 和 Goldman（2011）阐述了过敏性湿疹是一种常见的、慢性的、复发性的皮肤炎症，而且它比较常见于小婴儿。在过去的30年，婴儿患过敏性湿疹的比率增加了，包括过敏性皮炎（过敏性湿疹的一种类型）。约20%的北美洲学龄儿童和约10%的西欧儿童患有过敏性湿疹（Eichenfield 等，2003）。在其他工业化国家的发病率也大约是20%（Finch 等，2010）。有越来越多的数据证明遗传和家族史是患过敏性湿疹的危险因素，给家庭提供合理建议至关重要。虽然长期以来，食物被认为是引起或加重过敏性湿疹的因素，但通过早期营养干预来预防过敏性皮炎的研究仍然很少。

多年以来，配方乳粉喂养被认为是引发过敏性湿疹的因素，因此导致因节食造成的营养不良和情绪紧张（Finch 等，2010）。根据美国儿科学会报道，固体食物的添加时机也会影响过敏性皮炎的发病。因此有人建议应将固体食物的添加推迟到4~6月龄，而全脂牛乳的引入则推迟到12月龄（Greer 等，2008）。一些研究对水解配方乳粉降低患过敏疾病的风险与牛乳进行了比较。在一个随机双盲试验中，德国婴儿营养干预（GINI）发现，在从出生到一岁用水解配方乳粉喂养的2000多个孩子中，那些用酪蛋白深度水解配方乳粉喂养的孩子和用乳清蛋白部分水解的配方乳粉喂养的孩子，与那些用牛乳喂养的孩子相比，他们患过敏性皮炎的几率明显降低（Von Berg 等，2003）。

据多方研究，婴儿在不完全母乳喂养时，部分水解配方乳粉可以作为降低患过敏性皮炎风险的一个有效手段（Grimshaw 等，2009；Von Berg，2009；Von Berg 等，2010；Alexander 等，2010b）。在一项比较了大豆配方乳粉和牛乳配方乳粉的 Cochrane 评价研究中，Osborn 和 Sinn（2004）对875名0~6个月的没有临床过敏症或食物不耐受的婴儿做了3项研究。在比较了接受大豆配方食品与母乳、牛乳配方乳粉和蛋白质水解配方乳粉喂养后过敏的发病率，他们发现大豆配方食品在预防婴幼儿过敏性皮炎方面没有显著的作用。

Ferreira 和 Seidman（2007）表明过敏性皮炎和食物过敏之间的关系需要特别注意。大约1/3的过敏性皮炎患者对牛乳过敏，而大约1/2的牛乳过敏患者患有过敏性皮炎。这意味着对于过敏性皮炎患者的皮肤测试将不可靠，因为已有多达24%的假阳性报告（Saarinen 等，2001）。即使对于母乳喂养的婴儿来说，如果这些婴儿有中度到重度过敏性皮炎，对食物尤其是鸡蛋白的皮肤测试阳性是常见的（Rennick 等，2006）。在这种情况下，对过敏原 - 特异性血清 IgE 的分析是非常有用的（Bock，2000）。

最近的研究表明，在 17 周前对早产儿添加 4 种或更多固体食物，或在 10 周前对婴儿添加任何固体食物，都将加大它们患过敏性湿疹的风险。考虑到固体食物的营养和增加患过敏性湿疹的风险，在 13 周开始添加固体食物算一个折中的办法。根据已有的证据，对于早产儿，3 个月（13 周）被认为是引入营养配方乳粉和固体食物最适当的年龄（Palmer 和 Makrides，2012a）。威斯科特 - 奥尔德里奇综合征（WAS）是一种罕见的和 X 染色体相关的免疫缺陷病，它的特点是拥有小型血小板的血小板减少症、过敏性湿疹和反复感染。最近，Suri 等（2012）指出，在威斯科特 - 奥尔德里奇综合征确诊病人中 6/8 的病人有复发性感染、7/8 的患者有腹泻，而过敏性湿疹具有不确定性。

对新生儿过敏体质的风险筛查显示出较低的预测价值。如果早期过敏性症状和体征可以用来预测未来预期的过敏性疾病，那么可以进行二级预防。在 3 个月患过敏性皮炎对于 5 岁气源性过敏原过敏将是一个风险因素，如果有家族过敏性疾病史，那么这种风险将增加。77% 过敏性体质父母和早期患有过敏性皮炎的孩子，在 5 岁时对气源性过敏原过敏，这种过敏在婴儿期可以不用任何测试即可预测到。如果婴儿在初期就有过敏性皮炎的特征或者具有家族病史，则它也需要对呼吸道过敏性疾病进行早期的预防治疗（Bergmann 等，1998）。

13.2.2 哮喘

早期哮喘是热带地区非常重要的健康问题。螨虫致敏是一个重要的危险因素，但与贫困相关的其他因素的作用仍不明确。Acevedo 等（2012）对卡塔赫纳德印第亚斯（哥伦比亚）通过出生队列研究，来调查患过敏症的环境和遗传因素，并考虑到他们常年接触螨虫、寄生虫感染和恶劣的生活条件等独有特点。在他们的研究中显示 94% 的家庭是来自城市的最贫困社区、40% 的家庭没有下水道、11% 的家庭没有自来水。在婴儿 3 个月时在他们体内就发现有肠寄生虫；在 2 岁时，就发现有 38% 的儿童感染了寄生虫；而且在 5.2% 的儿童粪便中可检测到蛔虫卵。6 个月龄的婴儿的哮喘患病率是 17.5%，12 个月龄的婴儿的哮喘患病率是 31.1%，而 24 个月龄的婴儿的哮喘患病率是 38.3%。12 个月龄的婴儿和 24 个月龄的幼儿的复发性哮喘（3 次或大于 3 次）的患病率分别是 7.1% 和 14.2%。母亲鼻炎和男性性别增加了 6 个月龄婴儿患气喘的风险，气喘也是 24 个月以下幼儿的常见表型，它与母亲哮喘密切相关（Acevedo 等，2012）。

哮喘的病因仍然未知。基因学和遗传病学研究表明对于这种多因素疾病不同表型的表达取决于易感基因和环境之间复杂的相互作用（von Mutius，2009）。过敏疾病的患病率和自然史世界范围内存在的广泛差异也反映了这一点（Pearce 等，2007）。在拉丁美洲的许多地区，哮喘作为一个公众健康问题影响着在城市居住的儿童和青少年；气喘、哮喘和过敏性鼻炎在一些地区是非常常见的（Mallol 等，2000），这些疾病的发病率与工业化国家相似甚至更高（Sole 等，2007；Pitrez 和 Stein，2008）。

Hsu 等（2012）开展了一项研究来探究使用冲调婴儿乳粉的奶瓶或婴儿奶嘴的使用期长短与呼吸道患病率和过敏的发病率之间的关系。同时权衡考虑了各种因素，如年龄、性别、孕龄、出生体重、母乳喂养的时间长度，第一次喂养婴儿乳粉或辅食的年龄、家族史、父母受教育程度以及吸烟状况等，研究发现长期使用奶瓶会增加学龄前儿童患哮喘、过敏性鼻炎和过敏性湿疹症状的风险。根据 Brunerkreef 等（2002）的研究表明，过敏家庭远离致敏物如宠物、抽烟和地毯等，患有过敏症状或哮喘风险越小。

Halken（2004）评估了在童年预防过敏疾病的可能措施，包括对于过敏性哮喘和过敏性鼻炎儿童的一级预防和对一些特定的过敏治疗作为二级预防。为了探究全母乳喂养和/或水解牛乳配方乳粉喂养对于 4~6 个月大的高风险婴儿的影响，作者从以下几个方面进行了研究：（1）与普通的以牛乳为基本成分的乳粉相比，母乳/完全水解乳粉的过敏预防作用；（2）对乳清蛋白（Profylac）和酪蛋白（Nutramigen）两种不同的完全水解乳粉展开牛乳蛋白的过敏性研究；（3）全水解乳粉（Profylac/Nutramigen）和以部分水解牛乳为基本成分的乳粉（NanHA）对牛乳蛋白过敏的预防效果的比较。

Halken（2004）分别评价了移除特殊过敏原和特定的免疫治疗对儿童过敏性哮喘和过敏性鼻炎的预防效果。特应性遗传结合脐带血中 IgE 的升高可以作为辨别过敏性疾病的最佳预测指标。父母双方过敏性体质或一方过敏性体质同时脐带血中的 IgE ⩾ 0.3kU/L，认为是最高风险组。对 66% 非敏感婴儿每天暴露在二手烟中也是患复发性气喘重要危险因素，直到 1.5 岁。与非敏感婴儿相比，高风险婴幼儿应该延长母乳喂养并减少在二手烟中的暴露时间。用完全母乳/完全水解乳粉喂养了至少 4 个月后，在 5 周岁前，牛乳过敏的患病率显著减少，与对照组相比为 3.6%：20%。两种不同的完全水解配方乳粉的作用相似。对于预防牛乳过敏，部分水解配方乳粉很明显没有完全水解配方乳粉的效果好。4 个月的膳食期与 6 个月或 6 个月以上的膳食期相比一样有效。

过敏性皮炎和哮喘有着流行病学相关性。在 2003 年，一个包括来自美国各地的皮肤病、过敏、哮喘、免疫学和儿科的 7 人专家小组，分别对过敏性皮炎和哮喘的流行病学、过敏性疾病的遗传倾向、当前对过敏性皮炎免疫病理生理学的理解、过敏性皮炎和哮喘病理通路间的相互关系、关于过敏性皮炎的治疗概念和选择以及哮喘治疗模式的适用性和它是如何指导治疗过敏性皮炎等方面提出了观点。过敏性皮炎和哮喘间存在着明确的流行病学相关性。重要的是，过敏性皮炎通常是特应性体质的第一个表现，它易发于遗传易感个体以及哮喘和过敏性鼻炎患者。高达 80% 的患有过敏性皮炎的儿童最终也会患有哮喘和过敏性鼻炎。这种典型的"过敏性三合体"有许多生理病理上的相似元素，包括环核苷酸调控异常、免疫细胞变化以及炎症介质和变态反应。过敏性皮炎和哮喘之间的许多相似之处表明哮喘治疗的步骤和方法也适用于过敏性皮炎（Eichenfield 等，2003）。过敏性皮炎与哮喘的重要的特征、因素和免疫机制如表 13.2 所示，这两种过敏性疾病都是 IgE 反应。Ozdemir 等（2008）综述了文献里有关治疗婴幼儿食物不耐受和嗜酸性食管炎（EE）的实用方法。患有嗜酸性食管炎的病人是单纯性嗜酸性粒细胞浸润，同时具有类似回流症状和正常 pH，研究表明不适合用酸抑制法治疗。研究者发现食物过敏、不正常的免疫应答和自身免疫通常被认为是嗜酸性食管炎可能的病因。

表 13.2　　过敏性皮炎和哮喘的特点、因素和免疫机制

参数	过敏性皮炎 IgE 反应	哮喘 IgE 反应
IgE 总水平	↑↑IgE	↑IgE
过敏原	多种过敏原 • 食物 • 气源性过敏原 • 微生物	气源性过敏原
病毒性感染	有	有
自身抗原	有	无
超级过敏原	有	无
发作	通常早于哮喘	延迟发作
母乳喂养	预防作用	预防作用
黏附分子的表达	更长期的 E 选择 ↓血管细胞黏附分子在内皮的表达	
上皮屏障功能障碍	主要缺陷（↓神经酰胺）	次要缺陷（炎后）
嗜酸性粒细胞	病变处较多的脱粒 ↓↓细胞凋亡	较少的脱粒 ↓细胞凋亡
遗传	家族性 + 母体遗传	家族性 + 母体遗传
过敏原侵入路径	消化道、呼吸道、皮肤	呼吸道
非过敏原触发	有	有

资料来源：Eichenfield 等（2003）。

13.3　营养成分诱发的过敏

牛乳蛋白过敏是婴儿食物过敏中最常见的，通过食用牛乳后出现的通过各种各样的症状即可以证明这一点。而过敏的症状取决于免疫应答的类型是否为免疫球蛋白调节的（Caldeira 等，2011）。最近，De Boer 和 Rake 的研究报道，199 人中有 130 人被诊断出患有牛乳蛋白过敏，其中 77 人为免疫球蛋白调节的免疫应答，53 人为非免疫球蛋白调节的免疫应答，分别有 45% 和 36% 的阳性家族遗传性过敏史。总之，婴儿配方乳粉是主要的引发症状的乳制品（分别为 71% 和 81%）。其中，最常见的症状表现在皮肤（分别为 85.7% 和 50.6%），尤其是荨麻疹、血管性水肿和胃肠道不适（分别为

40%和38%），包括上吐下泻。

最近，Rosti等（2011）的研究中显示，大约一个月大的女婴出现了面部发红皮疹，手脚急性肿胀的症状。在症状出现前逐步摄入过配方乳。该病人被证明患有罕见而严重的牛乳过敏。钙卫蛋白被作为是炎症性肠病的炎性标志，配方乳中的牛乳蛋白可能会增加这种蛋白的肠道释放，从而导致亚临床炎症反应。在第12周时，通过免疫酶法分别检测38个完全母乳喂养和32个配方乳粉喂养的婴儿粪便中的钙卫蛋白，虽然有急腹痛和家族过敏史的婴儿粪便中钙卫蛋白的含量偏高，但是这两组婴儿粪便钙卫蛋白的含量没有差异。结果表明，虽然对婴儿来讲亚临床肠道炎症反应增加了过敏性疾病风险，但是，一般情况下，配方乳和母乳一样不会促进肠道炎症反应的激活。

Høst（2002b）根据美国国家医学图书馆三十多年来关于牛乳过敏的文章，综述了儿童早期牛乳过敏的临床特征、诊断、自然病程和预后，及其与吸入剂过敏发展的关系。对牛乳蛋白反复性不良反应的诊断仍有待通过可控制的消除和挑战程序确认。在发展中国家，婴儿牛乳蛋白过敏的发病率为2%～3%。在幼儿中，有牛乳过敏临床症状的很少，只有约2%（Acevedo等，2012）。症状暗示了5%～15%的婴儿可能会遇到牛乳蛋白过敏，这强调了可控制的消除/挑战程序的重要性。

有报道显示，在母乳喂养的婴儿中，接近0.5%对牛乳蛋白过敏有反复的临床反应。牛乳蛋白过敏的婴儿往往是在出生一个月内，在摄入以牛乳蛋白为主的配方乳之后一周之内出现症状。大多数婴幼儿的两个或两个以上器官系统会表现出两个或两个以上的症状。50%～60%出现皮肤症状，50%～60%出现胃肠道症状，20%～30%出现呼吸道症状。速发型反应会在摄入牛乳或配方乳后1h之内出现症状，迟发型会在1h之后出现症状。牛乳蛋白过敏的预后良好，特别是胃肠道症状。45%～50%患者在1年左右得到缓解，60%～75%在2年左右，85%～90%需要3年。

早期对牛乳蛋白IgE应答增加与牛乳蛋白持续性过敏的风险呈正相关，从而也会产生对其他食物的不良反应，也与儿童后期的哮喘和鼻炎发作有关。根据NIAID（2010a）报道，出生几天到几个月的婴儿对牛乳过敏是常见疾病。儿童对牛乳过敏会导致腹痛、荨麻疹和湿疹。这些症状通常与牛乳IgE有关。因为腹痛也是乳糖不耐受的症状之一，只有医疗专业人员可以确定婴儿的症状是否由牛乳过敏引起。牛乳会导致绞痛、失眠、便血和发育不良。这些反应与非IgE介导的免疫应答有关。美国的医疗专家指出，没有确凿证据表明应该将摄入潜在过敏食物（牛乳、鸡蛋、花生）由出生4个月后推迟到出生6个月以后。延迟摄入不能保证孩子将来不过敏（NIAID，2010）。

Van Odijk等（2004）对家长进行了断乳的问卷调查，问卷重点强调引入牛乳、较大婴儿配方食品、粥、鱼和鸡蛋的时间。问卷涉及到家庭过敏症的问题、母亲和孩子的花生消费量、兄弟姐妹数、种族背景、父母教育程度等。在受访人的当中，对于引入谷蛋白的建议依从度低，45%的人在6个月前避免给孩子摄入谷蛋白，包括配方乳粉喂养的孩子。只有33%有家族过敏的家长在孩子出生第一年避免给孩子摄入鱼，23%的家长避免给孩子摄入鸡蛋。但是接近50%的没有接受到相关建议也没有家族过敏史的母亲在怀孕期间避免摄入花生。Acevedo等（2012）发现只有约2%的婴儿有鸡蛋过敏临床症状。

婴儿型肉毒杆菌中毒是由于摄入了肉毒梭状芽胞杆菌的孢子而引起，患儿一般通过食用蜂蜜而引起（蜂蜜被认为是这种疾病的唯一危险食品）。它主要侵袭新生儿和婴儿。摄入的孢子在消化道繁殖并产生肉毒杆菌毒素，然后引发临床症状。这种疾病很罕见，但是非常严重。在过去10年中，法国的一些病例表明，患有这种疾病的婴儿平均年龄为119天，且患儿都是女性，便秘和眼球运动是其主要症状（King 等，2010）。

大豆被认为是一种主要的食物过敏原，但大豆过敏症的儿童患病率并不确定。在儿童皮试测验中，对大豆呈阳性的儿童具有较低的中值年龄，而且它们基本上过去或正在患有牛乳过敏症，并曾有大豆过敏史。对大豆过敏的儿童大部分表现出皮肤及胃肠道症状；这些症状通常为速发型，但偶尔也有迟发型（Magnolfi 等，1996）。

欧洲儿科胃肠病学、肝脏病学和营养学会（ESPGHAN）有关营养部门对一些有用信息作了总结，包括把大豆蛋白配方食品作为母乳和牛乳蛋白配方乳粉的替代品，以及保证婴儿能够健康生长发育的有关适用性和安全性信息（ESPGHAN，1991）。作为蛋白质的来源，大豆的消化率和生物效价以及甲硫氨酸含量都不如牛乳好。目前欧盟（EU）法规规定只有大豆分离蛋白可以用于婴儿配方乳粉，且最低蛋白质含量要高于牛乳配方乳粉的含量（2.3g/100kcal 对 1.8g/100kcal）。

大豆蛋白配方食品包含高浓度的肌醇六磷酸盐、铝和植物雌激素（异黄酮），这些物质可能会导致一些不好的影响。大豆蛋白配方乳粉的问题包括重度持续性乳糖不耐症、半乳糖血症和伦理学问题（如素食主义）。大豆蛋白配方食品对于过敏性疾病的预防没有任何作用，而且它不建议用来给小于6个月的患有食物过敏症的婴儿食用。因其具有较低的成本和更好的接受度，如果想要把大豆蛋白食品用来给大于6个月的儿童治疗食物过敏症，首先要进行大豆蛋白的耐受性临床试验。

没有证据表明，大豆蛋白配方食品在婴儿肠绞痛、胃返流或长时间啼哭方面具有预防或控制作用（Agostoni 等，2006）。大豆婴儿配方食品的医学指征仅限于半乳糖血症和遗传性乳糖不耐症。在治疗牛乳过敏症过程中，出于经济方面的考虑，大豆配方食品通常被用作替代品，因为完全水解乳粉非常的昂贵。然而，大豆婴儿配方食品是不被推荐使用的，主要是因为它的植物雌激素成分。纯的大豆异黄酮会使动物的生育能力下降，但没有报道指出大豆婴幼儿食品对婴幼儿具有临床相关的不利影响。对于足月儿来说，在母乳喂养不太可能的情况下或者是婴儿对牛乳蛋白过敏，大豆婴儿配方食品仍是一个选择。

许多科研组织，包括欧洲儿科胃肠病学、肝脏病学和营养学会和美国儿科学会都发表声明表示大豆对婴儿的潜在危害不能排除（Agostoni 等，2006；Bhatia 等，2008）。有10%~50%患有牛乳过敏症的儿童都具有抗大豆的IgE抗体。因此，虽然大豆配方食品有营养而且对非敏感型婴幼儿无害，但大豆配方乳粉不能用作疾病的初级预防（Osborn 和 Sinn，2006）。然而，它能作为牛乳的安全替代物，给大多数患有牛乳过敏症且确认没有大豆过敏症的儿童食用（Mavroudi 和 Xinias，2011）。

13.4 组成成分诱发的过敏

蛋白质是导致婴儿过敏的主要食物成分，对牛乳过敏又没有完全母乳喂养的婴幼儿，需要完全水解蛋白或氨基酸替代品来代替牛乳。Saito 等提供的实验结论表明，通过改善牛乳的配方，三个婴儿除了乳糖不耐受外没有其他的肝损伤症状。三个婴儿体内的牛乳蛋白特异性淋巴细胞增殖水平明显加快。这些结果表明食物过敏在判定蛋白质的功能时具有一定的重要性。

Mamada 等报道过一个 4 个月大具有生物素缺陷的小女孩在出生两周后被诊断为牛乳过敏，原因是氨基酸配方不当而且缺乏维生素 H，换了氨基酸配方之后，她的症状和实验数据都恢复了正常。但是在更换氨基酸配方 3 周后，她的眼睛、嘴巴、脖子和肛门等区域出现了严重的皮肤病，通过测量一些微量元素，由于有机酸尿症和较低的血清生物素浓度，她被断定患有生物素缺乏症。她的血清生物素酶水平是正常的。通过口服补充生物素，她的症状和检测结果得到了明显改善。由于氨基酸配方中生物素含量极低，因此生物素会一直有缺乏，因此婴儿在必要时应补充生物素。

Palmer 等考虑是否可以通过孕妇饮食中补充 $n-3$ 系列长链不饱和脂肪酸，使过敏疾病的高风险婴儿在一岁内减少发生 IgE 介导的湿疹或食物过敏。他们研究了 706 名患有遗传性食物过敏的婴儿。孕妇在怀孕 21 周至婴儿出生这段期间服用鱼油胶囊（900mg $n-3$ 长链多不饱和脂肪酸/d）和不含有 $n-3$ 不饱和脂肪酸的植物油胶囊。结果，尽管 $n-3$ 不饱和脂肪酸组的过敏性湿疹发病低一些（9%∶15%），但两组的 IgE 相关的过敏病发生没有差别（9%∶13%）。在怀孕期间补充 $n-3$ 不饱和脂肪酸可以降低过敏性湿疹和鸡蛋过敏的风险。作者认为有必要进行长期的随访研究来判定补充不饱和脂肪酸对婴儿的呼吸道过敏性疾病和气源性过敏原致敏是否有作用。

Grüber 发现在配方乳粉中添加酸性和中性寡糖可以起到有效的早期预防作用，这对低过敏风险的婴儿也有效。作者认为这种配方在刚出生后甚至以后的生活中都能降低呼吸道过敏。根据 Arslanoglu 等的研究，混合有短链中性低聚半乳糖和长链低聚糖的婴儿配方可以减少新生儿出生最初 6 个月过敏性皮炎的发病率，这可以说明免疫调节的主要作用机制是通过肠道菌群实现的。他们给父母有过敏史的健康足月儿在 6 个月到 2 岁时食用添加益生元（8g/L 低聚半乳糖/多聚果糖）和添加安慰剂（8g/L 麦芽糊精）的配方乳粉。在这一时期，低聚半乳糖/多聚果糖（scGOS/lcFOS）组的婴儿过敏症状显著降低。统计结果表明，安慰剂组过敏性皮炎、复发性气喘以及过敏性荨麻疹的发病率（27.9%，20.6%，10.3%）均高于干预组（13.6%，7.6%，1.5%）。干预组上呼吸道感染和发热都有减少，抗生素处方量也降低。早期的低聚糖膳食干预食谱对过敏和感染具有预防作用。早期的研究也证明了这点（Arslanoglu 等，2008）。

在最近的研究中，Kiefte-de 等评估了亚甲基四氢叶酸还原酶（MTHFR C677T）多态性、补充叶酸以及孕期母体血液中叶酸盐与维生素 B_{12} 浓度与后代气喘、气短以及过敏性皮炎有关。这是一项基于人群的出生队列研究，这项研究实验人群是从胎儿到

48个月龄的婴幼儿。母体叶酸含量大于 16.2nmol/L、维生素 B_{12} 含量大于 178pmol/L 与后代的过敏性皮炎有关。

在低致敏配方乳粉喂养的婴儿中出现较多的维生素 K 缺乏案例，Van Hasselt 等用超过15年的时间研究在配方乳粉喂养的婴儿中维生素 K 缺乏与胆汁淤积之间的联系。研究认为婴儿的胆汁淤积性黄疸与胆管闭锁和抗胰蛋白酶缺少有关。对比不同类型配方乳粉喂养的患有胆管闭锁和抗胰蛋白酶缺失婴儿中维生素 K 缺乏性出血情况。结果发现，那些使用水解蛋白配方，尤其是乳清水解配方的婴儿相比那些使用常规的配方乳粉喂养的婴儿患有维生素 K 缺乏性出血的风险更高。维生素 K 的缺乏性出血会导致严重的失血。所以，当婴儿食用此类含水解乳清蛋白的食物就需要额外补充维生素 K。

食物不耐受对于特定的食物和原料是一种不良反应，可能与免疫系统和过敏反应有关或无关，而过敏反应可由于一些消化酶的缺失导致。例如乳糖和谷蛋白不耐症。这些将会导致一些不良症状，包括恶心、腹胀、腹痛以及腹泻等，通常发生于食用该类食物半个小时或者更久时。这是对食物耐受不良的遗传性反应，并且这些反应与食物化学性质有关，然而婴儿的敏感性是不同的。食物耐受不良通过控制食物的摄入是可以调控的，例如患有乳糖不耐症的婴儿可以给予豆乳或低致敏性牛乳配方食品来代替牛乳。

13.5 减轻婴儿过敏的方法

全世界越来越多的婴儿患过敏性疾病，如何在关键时期防止或减少过敏的风险引起了大家的关注。婴儿对食物的过敏反应是普遍存在的，并且与食物组成有关。食物过敏可以在早期出现，并且可以经常出现。因此，预防应该尽早进行。在产后进行营养预防可以减少婴儿期的食物过敏和婴儿的一系列疾病。

完全母乳喂养有助于预防过敏性疾病，阻断外源性抗原，减少风险，防止感染，促进胃肠道黏膜成熟和肠道微生物群的发展，促进免疫调节和抗过敏。然而，Szajewska 等（Szajewska，2012）指出，现有研究观点不一，有些认为有防护作用，有些认为没有效果，甚至有些研究认为还有诱发效应。根据 greer 等的（2008）研究，营养干预的好处是可能延缓或预防高危婴儿过敏性疾病的发生。

13.5.1 母乳喂养的重要性

母乳被公认为是最理想的婴儿食品，虽然在过敏性疾病的预防效果上还没有被证明。有证据表明，母乳喂养至少4个月后，与喂养配方乳的婴儿相比，阻止或延迟了过敏性皮炎、牛乳过敏、儿童哮喘的发生。然而，母乳喂养有一定伦理和方法研究的局限性，因此目前的情况将有待改进。欧洲儿科胃肠病学、肝脏病学和营养学会和欧洲儿科过敏反应与临床免疫学学会共同推荐母乳喂养4~6个月以预防过敏，世界卫生组织建议母乳喂养6个月。

母乳在过敏反应方面的作用还存在争议。母乳无力预防的变态反应可能归因于遗传倾向、环境因素以及母乳的免疫成分差异。婴儿期的几个饮食模式，如长期的母乳喂养、孕产妇在妊娠和哺乳期间的饮食禁忌、防过敏配方乳粉的使用等，已经被提议作为平衡 Th1/Th2 的方式，而且取得了不同程度的成功。如 Muraro 等（2004b）所述，在过去的 40 年里，过敏性疾病的一级预防一直是一个有争议的问题。

母乳喂养应该强烈推荐给所有的婴儿，无论是否有过敏性遗传，并且作为饮食养生法在预防婴儿过敏性疾病上有明确的效果。在这些患者中，母乳喂养，结合至少在 4~6 个月避免固体食物和牛乳，是最有效的预防方案。在缺乏母乳的情况下，采用各种方法减少过敏至少坚持 4~6 个月。Mavroudi 等指出，过敏的预防是一个棘手的问题，以目前的研究来看，母乳喂养的影响和预防过敏的效果仍然是不确定的。不过，他们认为，母乳喂养应该提升其营养、免疫和心理上的优势。根据 Grimshaw 等（2009）和 Alexander and Cabana（2010a）的研究成果，应该鼓励母乳喂养作为婴儿第一个月营养标准。表 13.3 中给出母乳中诱发或预防食物过敏的因素。

表 13.3 母乳中诱发或防止食物过敏的因素

因素	诱发	保护
抗原	致敏过敏原	耐受过敏原
细胞因子	IL-4 IL-5 IL-13	TGF-β Scd14
免疫球蛋白		卵清蛋白 s-IgA
多不饱和脂肪酸	花生四烯酸	十二碳五烯酸 亚油酸 n-3 多不饱和脂肪酸
趋化因子	RANTES	IL-8
多胺		精胺 亚精胺

资料来源：Mavroudi 和 Xinias（2011）。

IL，白介素；TGF-β，转化生长因子 β；RANTES，活化调节，正常 T 细胞表达和分泌。

13.5.2 在特定婴儿期添加或取消特定配方的作用

过去，流行的预防高危婴儿食物过敏的方法是通过避免接触高敏食物而减少致敏，直到婴儿的免疫系统和消化系统生长健全，足以应对过敏原为止。消除诱发过敏的食品配料，仍然是治疗食物过敏（Koletzko，2009）的基础。有遗传性过敏症风险的婴儿如果不能全靠母乳喂养，饮食应该有目的地减少过敏原。

以前，作为辅食，婴儿早期接触固体食物与过敏性疾病的发展有关，尤其是过敏性湿疹。目前，国际组织制定的指南详细解释食物过敏的形成和作用，并告诉大众在婴儿期不同配方的使用和禁忌。没有确切的科学证据证明，高危或者非高危的婴儿中避免/延迟食用可能会引起过敏的食物至4~6个月可以减少过敏。适当的诊断评估是必要的，至少可以避免潜在的不良反应。而这需要一个详细的个人病史、过敏原排除、疑似食物的诱发试验以及减少使用或消除试验。

食物过敏的流行和控制的数据非常有限，缺乏统一的诊断标准。完全消除诱发食品组分依赖于对病人和家庭的专业咨询和培训以及透明的食品标签。限制饮食存在导致重要营养物质供应不足的风险，尤其是那些主要依赖配方乳粉喂养的婴儿和多种食物过敏的婴儿。例如，对牛乳过敏而又未得到完全母乳喂养的婴幼儿，必须采用完全水解蛋白配方乳粉或氨基酸配方乳粉。

饮食限制必须像药物治疗一样严格监管。而持续的饮食限制则需要定期检测并改进方案。根据Moro等（2002）的研究表明，牛乳蛋白过敏在婴儿期发病率高，因此有必要使用如大豆蛋白质或水解牛乳蛋白等防过敏配方乳粉喂养婴儿。对高危婴幼儿，水解配方可以防止牛乳过敏，但高风险和水解配方还没有标准定义。

尽管这些替代方法能提供充足的营养，但仍存在一些问题有待解决。例如，相当比例对牛乳过敏的婴儿也可能出现对大豆蛋白以及水解牛乳蛋白的过敏反应。因此，选择最合适的配方预防婴儿牛乳过敏仍然是非常困难的。从母亲饮食限制牛乳、鸡蛋、鱼、花生和坚果等食物可以解决婴儿的过敏症状。当前认为早期食品暴露可以诱导免疫耐受。对过敏婴儿可以通过临床低剂量的食物暴露来实现食物耐受。免疫治疗是有前景的，但尚不成熟。除了大豆和水解蛋白，大米蛋白、益生菌和益生元有望成为新的有效选择。

尽管缺乏证据，在过去的40年里，婴儿第一次接触固体食物时间点有很大变化。20世纪60年代，大多数婴儿以4个月作为接触固体食物的年龄，而在20世纪70年代建议推迟引入固体食物时间至4个月后。20世纪90年代末，专家开始推荐推迟到6月龄（Koplin等，2010）。直到最近，专家建议对有过家族史的婴儿推迟过敏性食物的摄入（两岁前避免摄入鸡蛋，3岁前避免摄入坚果），以及将摄入固体食物时间推迟到6个月后，并且至少坚持12个月的母乳喂养（Greer等，2008；Koplin等，2010；McLean和Sheikh，2010）。最近，这些建议已经受到人口学研究的挑战，反对意见认为，婴儿6个月后接受固态食物，可能会增加，而不是降低免疫紊乱的风险（Greer等，2008；Prescott等，2008；Zutavern等，2008；Anderson等，2009；Cochrane等，2009；Nwaru等，2010）。

Tarini等（2006）发现早期添加固体食物（4个月龄前）和过敏性湿疹的发病呈高度正相关，与花粉过敏相关性稍弱，但没有报道表明早期添加固体食物和过敏性疾病发展的相关性。Prescott等（2008）发现，在3~4个月之前介入固体食物会增加过敏的风险；相反，最近Sariachvili等（2010）研究表明早期介入（在4个月之前）固体食物可以降低父母为过敏体质的儿童患过敏性湿疹的风险，但对父母为非过敏体质的儿童没有显著影响。

其他前瞻性研究既不支持长期的母乳喂养也不支持延迟固体食物的添加来预防儿

童过敏疾病（Zutavern 等，2008；Nwaru 等，2010）。一些作者提供了延迟引入固体食物会增加食物和吸入性过敏原过敏风险的证据（Poole 等，2006；Nwaru 等，2010）。Koplin（2010）等曾获得一致结论，在 4~6 月给婴儿提供鸡蛋比在之后时期（10~12 个月或者 12 个月后）提供鸡蛋可以降低鸡蛋过敏的风险。在德国进行的一个大型前瞻性基于人群的出生队列研究，认为没有证据表明 6 个月后添加固态食物能够预防哮喘和过敏性疾病。然而，通过儿童 6 岁时的数据分析，延迟固体食物只会增加对食物过敏原过敏的风险，而与吸入过敏原过敏、过敏性湿疹、哮喘或过敏性鼻炎无关（Zutavern 等，2008）。

Poole 等人研究表明，直到 6 个月之后给予小麦食品，只会增加婴儿时小麦过敏的风险（Poole 等，2006）。也有报道表明，在孩子早期饮食中加鱼有降低湿疹和哮喘的倾向；而过敏与鱼的介入时间无关（Hesselmar 等，2010）。一些国家将花生作为断乳食品，如以色列，其花生过敏的发生率低（Du Toit 等，2008）。英国的一项研究调查了五岁半儿童，延迟固体食物介入与哮喘、湿疹和过敏的相关性。结果表明太晚引入鸡蛋和牛乳与增加过敏性湿疹风险有关。然而，这样的研究中引入固体食物数据的回顾性收集可能存在回忆偏倚（recall bias）（Nwaru 等，2010）。

基于当前的数据，Grimshaw 等（2009）建议早期补充食品可能加速和/或维持口腔黏膜耐受性而不是增加食物过敏的风险。食物过敏原耐受性似乎是由常规的、早期的，即"关键性早期窗口"的蛋白质暴露（Prescott 等，2008）；目前尚不清楚这个窗口在哪里，但目前有证据表明，最佳时机可能是婴儿出生后的 4~6 个月，超过这段时期可能会增加食物过敏、腹腔疾病和胰岛细胞自身免疫的风险（Prescott 等，2008；Anderson 等，2009；Koplin 等，2010）。证据也表明了其他因素的作用，如在辅食添加期间继续母乳喂养能够起到促进耐受性和保护作用（Prescott 等，2008）。

关于推迟介入过敏性食物（牛乳、鱼、蛋、花生）直至婴儿 6 个月后益处的证据是存在矛盾的（Greer 等，2008；Grimshaw 等，2009）。在 2008 年，基于有效数据，美国儿科学会的营养委员会重申观点：尽管不应该在婴儿 4~6 个月引入固体食物，但目前还没有有力证据表明，延迟固体食物的引入对预防过敏性疾病有显著作用，不管婴儿是配方乳粉喂养还是母乳喂养。这里所说的延迟引入的食品是指高度过敏的固体食物，比如鱼、鸡蛋和含有花生蛋白的食物（Greer 等，2008；Cochrane 等，2009）。欧洲儿科胃肠病学、肝脏病学和营养学会最近表示，婴儿在 4~6 个月引入辅助食品是安全的，6 个月后完全母乳喂养可能并不是最优和最具营养的喂养方式（Agostoni 等，2008）。

13.5.3 益生菌的作用

目前的研究集中在益生菌对免疫调节的影响上，通常指乳酸杆菌和双歧杆菌。尽管其功效具有不确定性，但越来越多的婴儿配方食品添加益生菌、益生元或合生元（Cochrane 等，2009）。一些试验显示益生菌对过敏性湿疹有有益结果，有报道称产前及产后补充益生菌预防婴儿的第一年过敏性湿疹是有效的（Grimshaw 等，2009；Kim

等，2010）。Joneja（2012）发现，一些益生菌，如鼠李糖乳杆菌 GG（LGG）和乳酸菌 F_{19}，可以减少婴儿过敏。胃肠道微生物群落是消化道黏膜防御屏障的重要组成部分，Majamaa Isolauri（1997）发现人类肠道菌株鼠李糖乳杆菌 GG 可以促进局部的抗原特异性免疫反应（尤其是 IgA 类），防止渗透缺陷和控制抗原的吸收。他们对于过敏性湿疹和牛乳过敏的婴儿，研究了在完全水解乳清婴儿配方乳粉中添加和不添加鼠李糖乳杆菌 GG（5×10^8 CFU/g）对婴儿临床和免疫的影响。过敏性湿疹的临床评分在鼠李糖乳杆菌 GG 组得到了显著提高。

因此，婴儿食品中补充益生菌对于父母患有过敏性皮炎和食物过敏的患者可以促进自身生理性屏障作用，从而缓解肠道炎症及有效地治疗食物过敏。一个首创的安慰剂对照研究表明，母亲围产期和婴儿的饮食补充鼠李糖乳杆菌 GG 可以降低儿童早期过敏性皮炎的发生（Kalliomäki 等，2001）。与之相反，Gruber 等（2010）发现益生菌在高风险过敏性的婴儿中不具有预防作用。此外，没有证据表明益生菌对哮喘有预防效果（Vael 和 Desager，2009）。欧洲儿科胃肠病学、肝脏病学和营养学会不建议在婴儿配方乳粉中使用益生菌（Braegger 等，2011）。

Gruber 等（2010）表明，在配方乳粉中添加酸性和中性寡糖能有效预防过敏性皮炎，对低过敏性风险的婴儿也是如此。作者认为这种效果在出生后继续延续，甚至可能终生降低呼吸道过敏的发病率。Arslanoglu 等（2008）发现，在代致敏配方乳粉中添加中性的低聚半乳糖（scGOS）和多聚果糖（lcFOS）可以在出生后的最初六个月降低过敏性皮炎发病率和感染。因此他们认为，早期的低聚糖益生元饮食可预防过敏和感染。这种保护会超过干预期，这表明该作用机制可能是因肠道菌群的改变影响了免疫调节作用。

Cochrane 等（2009）通过膳食干预方式来防止过敏反应，使用益生菌、益生元调节婴儿肠道菌群从而促进免疫系统的健康成熟，包括对食物抗原口服耐受的脱敏过程。目前普遍认为肠道微生物菌群在婴儿出生后免疫系统的建立中扮演重要角色，很多方法被用来调节肠道菌群，从而影响过敏性症状的发生（Gruber 等，2010）。最近，Szajewska（2012）公布了通过试验获得的益生菌和益生元的益处证据，但目前缺少在配方食品中使用的证据。试验也不能作出补充长链多不饱和脂肪酸、抗氧化剂、叶酸和维生素 D 的建议。

虽然理论上可以认为益生菌和益生元对过敏性疾病具有预防效果，但是目前还缺少免疫或治疗效果的数据，来支持其用于临床实践（Cochrane 等，2009；Grimshaw 等，2009；Vael Desager，2009；Braegger 等，2011）。在对益生元、益生菌的使用和预防过敏性疾病的有效性作出明确的建议之前，还需要进一步的临床结果（Cochrane 等，2009）。

13.5.4 水解的作用

特定的营养干预可以预防或延迟过敏高风险婴儿过敏性疾病的发生，例如对不能完全母乳喂养的婴儿采用水解配方乳粉被认为是有效减少过敏性皮炎发生风险的措施。

已经发现含部分水解乳清蛋白的牛乳配方减少了婴儿患过敏性皮炎的风险，尤其是对有过敏家族史的婴儿。根据水解的程度，完全和部分水解乳清或酪蛋白牛乳是有区别的。使用完全水解配方喂养过敏高危婴儿是首选。

Mavroudi 等（2011）认为，水解乳清粉添加益生菌和益生元需要进一步的研究才能有前景。有较有利的证据证明，对不完全母乳喂养的 4~6 个月婴儿，使用水解蛋白配方乳粉喂养比使用牛乳酪蛋白配方乳粉喂养能更有效预防或延迟过敏的发生，特别是对于过敏性皮炎。比较研究表明，不是所有的水解配方乳粉都能达到同样的预期的效果（Greer 等，2008）。

Jirapinyo 等（2012）报道，对牛乳过敏婴儿的有效治疗处理方法是使用完全水解蛋白配方乳粉或氨基酸配方乳粉进行喂养。然而，在这些婴儿中仍有大约 10% 对完全水解蛋白配方乳粉过敏；此外，氨基酸配方乳粉也很昂贵。

Osborn 和 Sinn（2006）通过大量的研究报道，对比可以适应牛乳或母乳的婴儿，总结了使用水解配方乳粉对婴儿和儿童的影响。他们的观点是，如果水解配方乳粉是有效的，那么还应知道什么类型的水解配方是最有效的，是完全水解的还是部分水解配方；考虑受益婴儿情况也很重要，具体到发生临床过敏的风险是高还是低，其具体的过敏和食物不耐受是什么情况，以及婴儿是否能接受早期、短期或长期配方乳粉喂养。

部分水解配方乳粉比牛乳可以显著减少婴儿过敏，但不能减少儿童期过敏或婴儿和儿童哮喘、过敏性湿疹或鼻炎。完全水解配方乳粉和牛乳配方乳粉在过敏或食物不耐受上没有表现出显著差异，而完全水解婴儿配方比部分水解配方显著减少食物过敏。含酪蛋白的完全水解配方与牛乳配方相比，儿童过敏的发生率显著降低。对无法完全母乳喂养的高危婴儿，还缺少长期水解配方乳粉喂养的数据。

Vandenplas 和 Plaskie（2010）用完全水解配方乳粉治疗婴儿的牛乳过敏性肠病。他们用蛋白质水解方法获得氨基酸，并开发一种含有核苷酸的配方乳粉，该配方比以前的配方更接近母乳。他们观察到年龄别体质指数（BMI-for-age）Z 评分平均值和血清白蛋白浓度显著增加。平均血清苏氨酸浓度显著下降而色氨酸浓度显著上升。这个新产品既安全又营养，适合患有牛乳过敏性肠病的婴儿。对有过敏性湿疹遗传风险的婴儿，在前 4 个月用该特殊配方乳粉喂养，比普通乳粉喂养发病率明显降低。利用部分水解乳清配方乳粉预防过敏性湿疹具有成本效益，甚至可节约成本（Mertens 等，2012）。水解蛋白或大豆配方乳粉似乎对预防小儿疝气有效，但豆乳可以诱发过敏。最能有效的治疗小儿疝气是用水解配方乳粉替代牛乳，同时使用罗伊氏乳杆菌或茴香提取物（Bruyas-Bertholon 等，2012）。

完全水解配方乳和部分水解配方乳在预防婴儿的过敏性疾病上，不管是在配方乳粉喂养还是母乳喂养的研究课题中，都是许多研究的主题（Greer 等，2008）。Von Berg 等（2003）指出，完全和部分水解乳粉可用于初级预防高危婴儿的过敏，而只有完全水解配方可用于牛乳过敏患者的二级预防。如果与牛乳过敏有关的过敏性疾病已经发生，那么部分水解配方乳含潜在的过敏牛乳蛋白肽，因此推荐使用。同样的研究显示，使用基于酪蛋白的完全水解配方和基于乳清蛋白的部分水解配方（但不是基于乳清的完全水解配方），与牛乳配方组相比，婴儿过敏性皮炎的发病率大大降低。

  Von Berg 等（2010）也证明，易感性儿童在没有营养干预的情况下比非易感儿童得过敏性湿疹的风险高 2.1 倍。换句话说，早期采用完全水解婴儿配方进行营养干预基本弥补了过敏性湿疹家族易感性的风险（Von Berg 等，2010）。Alexander and Cabana（2010）汇总分析了 18 项关于水解配方乳粉和过敏性皮炎发生风险的临床试验和干预研究结果。统计结果表明，与牛乳配方相比，水解乳清蛋白配方显著降低过敏发生的风险（降低 44%）。

13.5.5 其他配方食品的作用

  基于饮食调理来降低过敏发生风险，已由原来的消极避免到通过特殊膳食配方来积极刺激免疫系统成熟（Agostoni 等，2008；Cochrane 等，2009）。人们已经认识到，儿童早期的一些因素，包括饮食，可能对儿童和成人的疾病有重要的影响。对过敏性疾病的婴儿来说，使用大豆配方乳粉有着悠久的历史。在最近的对五项随机或半随机研究汇总分析中，作者得出结论，对于过敏高风险婴儿，不应该建议使用大豆喂养去预防特应性疾病（Greer 等，2008）。

  药物也被用来减少或抑制婴儿的过敏反应；例如糖皮质激素，它与一种天然激素可的松类药物相似。这些药物也用于治疗其他炎症性疾病，如哮喘（NIAID，2011）。

13.6 结论

  过去，人们认为具有过敏风险的婴儿应当通过降低过敏反应、避免食用高过敏性食物来预防食物过敏，直到婴儿的免疫系统和消化系统得到充分发育完全可应对过敏原为止。目前，发育早期的食品暴露被认为是一个诱导耐受性的可能途径，但需低剂量且非常小心地使用，早期营养的选择，尤其是婴儿配方食品，对婴儿的长期健康以及一生的过敏都有深远的影响，也是防止或延缓过敏性疾病发病的机会。

  通过饮食调节，加强母乳喂养，延迟过敏性食物摄入，选用特殊的防过敏膳食成分，都能达到降低过敏风险的目的。许多益生菌被发现具有抗过敏作用，现在也被添加到婴儿配方乳粉中。完全水解配方乳粉，对高危过敏婴儿是优先选择。

  关于婴儿配方乳粉的使用和婴儿过敏的患病率仍有许多悬而未决的问题。还需要更多研究去验证在婴儿期使用膳食干预预防过敏的长期影响，同时考虑如何降低家庭的经济负担。

参考文献

ACEVEDO N, SÁNCHEZ J, ZAKZUK J, BORNACELLY A, QUIRÓZ C, ALVAREZ Á, PUELLO M, MENDOZA K, MARTÍNEZ D, MERCADO D, JIMÉNEZ S and CARABALLO L. (2012). Particular characteristics of allergic symptoms in tropical environments: follow up to 24 months in the FRAAT birth cohort study. *BMC Pulm Med* **12**: 13.

AGOSTONI C, AXELSSON I, GOULET O, KOLETZKO B, MICHAELSEN KF, PUNTIS J, RIEU D, RIGO J, SHAMIR R, SZAJEWSKA H, TURCK D and ESPGHAN COMMITTEE ON NUTRITION (2006). Soy protein infant formulae and follow – on formulae: a commentary by the ESPGHAN Committee on Nutrition. *J Pediatr Gastroenterol Nutr* **42** (4): 352 – 361.

AGOSTONI C, DECSI T, FEWTRELL M, GOULET O, KOLACEK S, KOLETZKO B, MICHAELSEN KF, MORENO L, PUNTIS J, RIGO J, SHAMIR R, SZAJEWSKA H, TURCK D, VAN GOUDOEVER J and ESPGHAN COMMITTEE ON NUTRITION. (2008). ESPGHAN Committee on Nutrition: Complementary feeding: a commentary by the ESPGHAN Committee on Nutrition. *J Pediatr Gastroenterol Nutr* **46** (1): 99 – 110.

ALEXANDER DD and CABANA MD. (2010a). Partially hydrolysed 100% whey protein infant formula and reduced risk of atopic dermatitis: a meta – analysis. *J Pediatr Gastroenterol Nutr* **50**: 422 – 430.

ALEXANDER DD, SCHMITT DF, TRAN NL, BARRAJ LM and CUSHING CA. (2010b). Partially hydrolyzed 100% whey protein infant formula and atopic dermatitis risk reduction: a systematic review of the literature. *Nutr Rev* **68**: 232 – 245.

ANDERSON J, MALLEY K and SNELL R. (2009). Is 6 months still the best for exclusive breastfeeding and introduction of solids? A literature review with consideration to the risk of the development of allergies. *Breastfeed Rev* **17**: 23 – 31.

ARSLANOGLU S, MORO GE, SCHMITT J, TANDOI L, RIZZARDI S and BOEHM G. (2008). Early dietary intervention with a mixture of prebiotic oligosaccharides reduces the incidence of allergic manifestations and infections during the first two years of life. *J Nutr* **138** (6): 1091 – 1095.

ARVOLA T, MOILANEN E, VUENTO R and ISOLAURI E. (2004). Weaning to hypoal – lergenic formula improves gut barrier function in breast – fed infants with atopiceczema. *J Pediatr Gastroenterol Nutr* **38** (1): 92 – 96.

BARBEE RA and MURPHY S. (1998). The natural history of asthma. *J Allergy Clin Immunol* **102** (Suppl 4): S65 – S72.

BARNES KC. (2000). Atopy and asthma genes – where do we stand? *Allergy* **55**: 803 – 817.

BERGMANN RL, BERGMANN KE, LAU – SCHADENSDORF S, LUCK W, DANNEMANN A, BAUER CP, DORSCH W, FORSTER J, SCHMIDT E, SCHULZ J and WAHN U. (1994). Atopic diseases in infancy. The German Multicenter Atopy Study (MAS – 90). *Pediatr Allergy Immunol* **5** (Suppl 6): 19 – 25.

BERGMANN RL, EDENHARTER G, BERGMANN KE, FORSTER J, BAUER CP, WAHN V, ZEPP F and WAHN U. (1998). Atopic dermatitis in early infancy predicts allergic airway disease at 5 years. *Clin Exp Allergy* **28** (8): 965 – 970.

BETOKO A, CHARLES MA, HANKARD R, FORHAN A, BONET M, REGNAULT N, BOTTON J, SAUREL – CUBIZOLLES MJ, DE LAUZON – GUILLAIN B and THE EDEN MOTHER – CHILD COHORT STUDY GROUP. (2012). Determinants of infant formula use and relation with growth in the first 4 months. *Matern Child Nutr* **10** (2): 267 – 279, doi: 10.1111/j.1740 – 8709.2012.00415.x.

BHATIA J, GREER F andAMERICAN ACADEMY OF PEDIATRICS COMMITTEE ON NUTRITION. (2008). Use of soy protein – based formulas in infant feeding. *Pediatrics* **121**: 1062 – 1068.

BOCK SA. (1987). Prospective appraisal of complaints of adverse reactions to foods in children during the first 3 years of life. *Pediatrics* **79** (5): 683 – 688.

BOCK SA. (2000). Evaluation of IgE – mediated food hypersensitivities. *J Pediatr Gastroenterol Nutr* **30** (Suppl): S20 – S7.

BRAEGGER C, CHMIELEWSKA A, DECSI T, KOLACEK S, MIHATSCH W, MORENO L, PIEĆIK M, PUNTIS J, SHAMIR R, SZAJEWSKA H, TURCK D, VAN GOUDOEVER J and ESPGHAN COMMITTEE ON NUTRITION. (2011). Supplementation of infant formula with probiotics and/or prebiotics: a systematic review and comment by the ESPGHAN committee on nutrition. *J Pediatr Gastroenterol Nutr* **52** (2): 238 – 250.

BRANUM AM, SIMON AE and LUKACS SL. (2012). Among children with food allergy, do sociodemographic factors and healthcare use differ by severity? *Matern Child Health J* **16** (Suppl 1): S44 – S50.

BROCKOW I, ZUTAVERN A, HOFFMANN U, GRÜBL A, VON BERG A, KOLETZKO S, FILIPIAK B, BAUER CP, WICHMANN HE, REINHARDT D, BERDEL D, KRÄMER U, HEINRICH J and GINIPLUS STUDY GROUP. (2009). Early allergic sensitizations and their relevance to atopic diseases in children aged 6 years: results of the GINI study. *J Investig Allergol Clin Immunol* **19** (3): 180 – 187.

BRUNEKREEF B, SMIT J, DE JONGSTE J, NEIJENS H, GERRITSEN J, POSTMA D, AALBERSE R, KOOPMAN L, KERKHOF M, WILGA A and VAN STRIEN R. (2002). The Prevention and Incidence of Asthma and Mite Allergy (PIAMA) birth cohort study: design and first results. *Pediatr Allergy Immunol* **13** (Suppl 15): 55 – 60.

BRUYAS – BERTHOLON V, LACHAUX A, DUBOIS JP, FOURNERET P and LETRILLIART L. (2012). Which treatments for infantile colics? *Presse Med July*; **41** (7 – 8): e404 – e410.

CALDEIRA F, DA CUNHA J and FERREIRA MG. (2011). Cow's milk protein allergy: a challenging diagnosis. *Acta Med Port* **24** (4): 505 – 510.

CHAFEN JJ, NEWBERRY SJ, RIEDL MA, BRAVATA DM, MAGLIONE M, SUTTORP MJ, SUNDARAM V, PAIGE NM, TOWFIGH A, HULLEY BJ and SHEKELLE PG. (2010). Diagnosing and managing common food allergies: a systematic review. *JAMA* **303** (18): 1848 – 1856.

COCHRANE S, BEYER K, CLAUSEN M, WJST M, HILLER R, NICOLETTI C, SZEPFALUSI Z, SAVELKOUL H, BREITENEDER H, MANIOS Y, CRITTENDEN R and BURNEY P. (2009). Factors influencing the incidence and prevalence of food allergy. *Allergy* **64** (9): 1246 – 1255.

DANIELS SE, BHATTACHARRYA S, JAMES A, LEAVES NI, YOUNG A, HILL MR, FAUX JA, RYAN GF, LE SÍUEF PN, LATHROP GM, MUSK AW and COOKSON WO. (1996). A genome – wide search for quantitative trait loci underlying asthma. *Nature* **383** (6597): 247 – 250.

DE BOER FA and RAKE JP. (2012). A neonate with acute swelling of hands and feet. *Ned Tijdschr Geneeskd* **156** (11): A2782.

DOWNS SH, MARKS GB, SPORIK R, BELOSOUVA EG, CAR NG and PEAT JK. (2001). Continued increase in the prevalence of asthma and atopy. *Arch Dis Child* **84**: 20 – 23.

DU TOIT G, KATZ Y, SASIENI P, MESHER D, MALEKI SJ, FISHER HR, FOX AT, TURCANU V, AMIR T, ZADIK – MNUHIN G, COHEN A, LIVNE I and LACK G. (2008). Early consumption of peanuts in infancy is associated with a low prevalence of peanut allergy. *J Allergy Clin Immunol* **122** (5): 984 – 991.

EICHENFIELD LF, HANIFIN JM, BECK LA, LEMANSKE RF JR, SAMPSON HA, WEISS ST and LEUNG DY. (2003). Atopic dermatitis and asthma: parallels in the evolution of treatment. *Pediatrics* **111**

(3): 608 – 616.

ESPGHAN (EUROPEAN SOCIETY FOR PEDIATRIC GASTROENTEROLOGY, HEPATOLOGY and NUTRITION). (1991). Committee on Nutrition: Aggett PJ, Haschke F, Heine W, Hernell O, Koletzko B, Launiala K, Rey J, Rubino A, Schích G, Senterre J and Tormo R. Comment on the content and composition of lipids in infant formulas. *Acta Paediatr Scand* **80**: 887 – 896.

FERREIRA CT and SEIDMAN E. (2007). Food allergy: a practical update from the gas – troenterological viewpoint. *J Pediatr (Rio J)* **83** (1): 7 – 20.

FINCH J, MUNHUTU MN and WHITAKER – WORTH DL. (2010). Atopic dermatitis and nutrition. *Clin Dermatol* **28** (6): 605 – 614.

GREER FR, SICHERER SH, BURKS AW and COMMITTEE ON NUTRITION and SECTION ON ALLERGY and IMMUNOLOGY. (2008). Effects of early nutritional interventions on the development of atopic disease in infants and children: the role of maternal dietary restriction, breastfeeding, timing of introduction of complementary foods, and hydrolyzed formulas. *Pediatrics* **121** (1): 183 – 191.

GRIMSHAW KE, ALLEN K, EDWARDS CA, BEYER K, BOULAY A, VAN DER AA LB, SPRIKKELMAN A, BELOHLAVKOVA S, CLAUSEN M, DUBAKIENE R, DUGGAN E, RECHE M, MARINO LV, NØRHEDE P, OGORODOVA L, SCHOEMAKER A, STANCZYK – PRZYLUSKA A, SZEPFALUSI Z, VASSILOPOULOU E, VEEHOF SH, VLIEG – BOERSTRA BJ, WJST M and DUBOIS AE. (2009). Infant feeding and allergy prevention: a review of current knowledge and recommendations. A EuroPrevall state of the art paper. *Allergy* **64** (10): 1407 – 1416.

GRÜBER C, VAN STUIJVENBERG M, MOSCA F, MORO G, CHIRICO G, BRAEGGER CP, RIEDLER J, BOEHM G, WAHN U and MIPS 1 WORKING GROUP. (2010). Reduced occurrence of early atopic dermatitis because of immunoactive prebiotics among low – atopy – risk infants. *J Allergy Clin Immunol* **126** (4): 791 – 797.

GREISNER WA 3RD, SETTIPANE RJ and SETTIPANE GA. (1998) Natural history of hay fever: a 23 – year follow – up of college students. *Allergy Asthma Proc* **19**: 271 – 275.

HALKEN S. (2004). Prevention of allergic disease in childhood: clinical and epidemiological aspects of primary and secondary allergy prevention. *Pediatr Allergy Immunol* 15 (Suppl 16): 4 – 5, 9 – 32.

HESSELMAR B, SAALMAN R, RUDIN A, ADLERBERTH I and WOLD A. (2010). Early fish introduction is associated with less eczema, but not sensitization, in infants. *Acta Paediatr* **99**: 1861 – 1867.

HOGENDORF A. (2011). Breastfeeding in primary prevention of atopic diseases – is it really protective? *Med Wieku Rozwoj* **15** (4): 487 – 492.

HØST A, HALKEN S, JACOBSEN HP, CHRISTENSEN AE, HERSKIND AM and PLESNER K. (2002a). Clinical course of cow's milk protein allergy/intolerance and atopic diseases in childhood. *Pediatr Allergy Immunol* **13** (Suppl 15): 23 – 28.

HØST A. (2002b). Frequency of cow's milk allergy in childhood. *Ann Allergy Asthma Immunol* **89** (6 Suppl 1): 33 – 37.

HSU NY, WU PC, BORNEHAG CG, SUNDELL J and SU HJ. (2012). Feeding bottles usage and the prevalence of childhood allergy and asthma. *Clin Dev Immunol* 2012: 158248 (8 pages).

HUDSON MJ. (1995). Product development horizons – a view from industry. *Eur J Clin Nutr.* **49** (Suppl 1): S64 – S70.

HUOVINEN E, KAPRIO J, LAITINEN LA and KOSKENVUO M. (1999). Incidence and prevalence of asthma among adult Finnish men and women of the Finnish Twin Cohort from 1975 to 1990, and their relation to hay fever and chronic bronchitis. *Chest* **115**: 928-936.

JIRAPINYO P, DENSUPSOONTORN N, KANGWANPORNSIRI C and WONGARN R. (2012). Chicken-based formula is better tolerated than extensively hydrolyzed casein formula for the management of cow's milk protein allergy in infants. *Asia Pac J Clin Nutr* **21** (2): 209-214.

JONEJA JM. (2012). Infant food allergy: where are we now? *JPEN J Parenter Enteral Nutr* **36** (1 Suppl): 49S-55S.

KALLIOMÄKI M, SALMINEN S, ARVILOMMI H, KERO P, KOSKINEN P and ISOLAURI E. (2001). Probiotics in primary prevention of atopic disease: a randomized placebo-controlled trial. *Lancet* **357** (9262): 1076-1079.

KIEFTE-DE JONG JC, TIMMERMANS S, JADDOE VW, HOFMAN A, TIEMEIER H, STEEGERS EA, DE JONGSTE JC and MOLL HA. (2012). High circulating folate and vitamin B-12 concentrations in women during pregnancy are associated with increased prevalence of atopic dermatitis in their offspring. *J Nutr* **142** (4): 731-738.

KIM JY, KWON JH, AHN SH, LEE SI, HAN YS, CHOI YO, LEE SY, AHN KM and JI GE. (2010). Effect of probiotic mix (Bifidobacterium bifidum, Bifidobacterium lactis, Lactobacillus acidophilus) in the primary prevention of eczema: a double-blind, randomized, placebo-controlled trial. *Pediatr Allergy Immunol* **21** (2 Pt2): E386-E393.

KING LA, POPOFF MR, MAZUET C, ESPIÉ E, VAILLANT V and DE VALK H. (2010). Infant botulism in France, 1991-2009. *Arch Pediatr* **17** (9): 1288-1292.

KOLETZKO S and KOLETZKO B. (2009). Allergen avoidance approaches in food allergy management. *Nestle Nutr Workshop Ser Pediatr Program* **64**: 169-180; discussion 180-184: 251-257.

KOPLIN JJ, OSBORNE NJ, WAKE M, MARTIN PE, GURRIN LC, ROBINSON MN, TEY D, SLAA M, THIELE L, MILES L, ANDERSON D, TAN T, DANG TD, HILL DJ, LOWE AJ, MATHESON MC, PONSONBY AL, TANG ML, DHARMAGE SC and ALLEN KJ. (2010). Can early introduction of egg prevent egg allergy in infants? A populationbased study. *J Allergy Clin Immunol* **126** (4): 807-813.

KUEHNI CE, DAVIS A, BROOKE AM and SILVERMAN M. (2001). Are all wheezing disorders in very young (preschool) children increasing in prevalence? *Lancet* **357**: 1821-1825.

LIEN TY andGOLDMAN RD. (2011). Breastfeeding and maternal diet in atopic dermatitis. *Can Fam Physician* **57** (12): 1403-1405.

MAGNOLFI CF, ZANI G, LACAVA L, PATRIA MF and BARDARE M. (1996). Soy allergy in atopic children. *Ann Allergy Asthma Immunol* **77** (3): 197-201.

MAJAMAA H and ISOLAURI E. (1997). Probiotics: a novel approach in the management of food allergy. *J Allergy Clin Immunol* **99** (2): 179-185.

MALLOL J, SOLE D, ASHER I, CLAYTON T, STEIN R and SOTO-QUIROZ M. (2000). Prevalence of asthma symptoms inLatin America: the International Study of Asthma and Allergies in Childhood (ISAAC). *Pediatr Pulmonol* **30** (6): 439-444.

MAMADA Y, MURATA T, TANIGUCHI A, HASEGAWA Y, SUZUKI T, KOHDA K, NASUNO K, WATANABE T, YAMAGUCHI S and ISHIGURO A. (2008). Biotin deficiency in amino acid formula nutrition for an infant with milk protein allergy. *Arerugi* **57** (5): 552-557.

MAVROUDI A andXINIAS I. (2011). Dietary interventions for primary allergy prevention in infants. *Hippokratia* **15** (3): 216-222.

MCLEAN S and SHEIKH A. (2010). Does avoidance of peanuts in early life reduce the risk of peanut allergy? *BMJ* **340**: c424.

MERTENS J, STOCK S, LÜNGEN M, BERG AV, KRÄMER U, FILIPIAK-PITTROFF B, HEINRICH J, KOLETZKO S, GRÜBL A, WICHMANN HE, BAUER CP, REINHARDT D, BERDEL D and GERBER A. (2012). Is prevention of atopic eczema with hydrolyzed formulas cost-effective? A health economic evaluation from Germany. *Pediatr Allergy Immunol* doi: 10. 1111/j. 1399-3038. 2012. 01304. x.

MIÍAK Z. (2011). Infant nutrition and allergy. *Proc Nutr Soc* **70** (4): 465-471.

MORO GE, WARM A, ARSLANOGLU S and MINIELLO V. (2002). Management of bovine protein allergy: new perspectives and nutritional aspects. *Ann Allergy Asthma Immunol* **89** (6 Suppl 1): 91-96.

MOTALA C. (2004). Disease summaries: food allergy. (LOCKEY R (ed.)). World Allergy Organization (WAO). Accessed at http://www. worldallergy. org/professional/aller-gic_ diseases_ center/foodallergy/. June14, 2012.

MURARO A, DREBORG S, HALKEN S, HØST A, NIGGEMANN B, AALBERSE R, ARSHAD SH, VON BERG A, CARLSEN KH, DUSCHÉN K, EIGENMANN P, HILL D, JONES C, MELLON M, OLDEUS G, ORANJE A, PASCUAL C, PRESCOTT S, SAMPSON H, SVARTENGREN M, VANDENPLAS Y, WAHN U, WARNER JA, WARNER JO, WICKMAN M and ZEIGER RS. (2004a). Dietary prevention of allergic diseases in infants and small children. Part II: evaluation of methods in allergy prevention studies and sensitization markers. Definitions and diagnostic criteria of allergic diseases. *Pediatric Allergy and Immunology* **15** (3): 196-205.

MURARO A, DREBORG S, HALKEN S, HØST A, NIGGEMANN B, AALBERSE R, ARSHAD SH, BERG AV A, CARLSEN KH, DUSCHÉN K, EIGENMANN P, HILL D, JONES C, MELLON M, OLDEUS G, ORANJE A, PASCUAL C, PRESCOTT S, SAMPSON H, SVARTENGREN M, VANDENPLAS Y, WAHN U, WARNER JA, WARNER JO, WICKMAN M and ZEIGER RS. (2004b). Dietary prevention of allergic diseases in infants and small children. Part III: critical review of published peer-reviewed observational and interventional studies and final recommendations. *Pediatr Allergy Immunol* **15** (4): 291-307.

NIAID (NATIONAL INSTITUTE OF ALLERGIC and INFECTIOUS DISEASES). (2010a). Food allergy: an overview. US Department Of Health And Human Services National Institutes Of Health. NIH publication no: 11-5518.

NIAID (NATIONAL INSTITUTE OF ALLERGIC and INFECTIOUS DISEASES). (2010b). Guidelines for the diagnosis and management of food allergy in the United States: Summary of the NIAID-Sponsored Expert Panel Report. US Department Of Health And Human Services National Institutes Of Health. NIH publication no: 11-7700.

NIAID (NATIONAL INSTITUTE OF ALLERGIC and INFECTIOUS DISEASES). (2011). Guidelines for the diagnosis and management of food allergy in the United States: Summary for patients, families and caregivers. US Department Of Health And Human Services National Institutes Of Health. NIH publication no: 11-7699.

NWARU BI, ERKKOLA M, AHONEN S, KAILA M, HAAPALA AM, KRONBERG-KIPPILÄ C, SALMELIN R, VEIJOLA R, ILONEN J, SIMELL O, KNIP M and VIRTANEN SM. (2010). Age at the introduction of solid foods during the first year and allergic sensitization at age 5 years. *Pediatrics* **125**

(1): 50-59.

OSBORN DA and SINN J. (2006). Formulas containing hydrolysed protein for prevention of allergy and food intolerance in infants. *Cochrane Database Syst Rev* (4): CD003664.

OZDEMIR O, METE E, CATAL F and OZOL D. (2008). Food intolerances and eosinophilic esophagitis in childhood. *Dig Dis Sci* **54** (1): 8-14.

OZOL D and METE E. (2008). Asthma and food allergy. *Current Opinion in Pulmonary Medicine* **14** (1): 9-12.

PALMER DJ and MAKRIDES M. (2012a). Introducing solid foods to preterm infants in developed countries. *Ann Nutr Metab* **60** (Suppl 2): 31-38.

PALMER DJ, SULLIVAN T, GOLD MS, PRESCOTT SL, HEDDLE R, GIBSON RA and MAKRIDES M. (2012b). Effect of n-3 long chain polyunsaturated fatty acid supplementation in pregnancy on infants' allergies in first year of life: randomised controlled trial. *BMJ* **344**: e184.

PEARCE N, AIT-KHALED N, BEASLEY R, MALLOL J, KEIL U, MITCHELL E and ROBERTSON C. (2007). Worldwide trends in the prevalence of asthma symptoms: phase III of the International Study of Asthma and Allergies in Childhood (ISAAC). *Thorax* **62** (9): 758-766.

PITREZ PM and STEIN RT. (2008). Asthma in Latin America: the dawn of a new epidemic. *Curr Opin Allergy Clin Immunol* **8** (5): 378-383.

POOLE JA, BARRIGA K, LEUNG DY, HOFFMAN M, EISENBARTH GS, REWERS M and NORRIS JM. (2006). Timing of initial exposure to cereal grains and the risk of wheat allergy. *Pediatrics* **117**: 2175-2182.

PRESCOTT SL, SMITH P, TANG M, PALMER DJ, SINN J, HUNTLEY SJ, CORMACK B, HEINE RG, GIBSON RA and MAKRIDES M. (2008). The importance of early complementary feeding in the development of oral tolerance: concerns and controversies. *Pediatr Allergy Immunol* **19**: 375-380.

RANCE F and DUTAU G. (2008). Food Allergy. Paris, France: Expansion Formation et Editions.

RENNICK GJ, MOORE E and ORCHARD DC. (2006). Skin prick testing to food allergens in breast-fed young infants with moderate to severe atopic dermatitis. *Australas J Dermatol* **47**: 41-45.

RONA RJ, KEIL T, SUMMERS C, GISLASON D, ZUIDMEER L, SODERGREN E, SIGURDARDOTTIR ST, LINDNER T, GOLDHAHN K, DAHLSTROM J, MCBRIDE D and MADSEN C. (2007). The prevalence of food allergy: a meta-analysis. *J Allergy Clin Immunol* **120** (3): 638-646.

ROSTI L, BRAGA M, FULCIERI C, SAMMARCO G, MANENTI B and COSTA E. (2011). Formula milk feeding does not increase the release of the inflammatory marker calprotectin, compared to human milk. *Pediatr Med Chir* **33** (4): 178-181.

SAARINEN KM, SUOMALAINEN H and SAVILAHTI E. (2001). Diagnostic value of skin-prick and patch tests and serum eosinophil cationic protein and cow's milk specific IgE in infants with cow's milk allergy. *Clin Exp Allergy* **31**: 423-429.

SAITO M, OBI M and KIMURA M. (2005). Infantile hepatic dysfunction improved by elimination of cows' milk formulas. *Pediatr Allergy Immunol* **16** (5): 445-448.

SAMPSON HA, BERNHISEL-BROADBENT J, YANG E and SCANLON SM. (1991). Safety of casein hydrolysate formula in children with cow's milk allergy. *J Pediatr* **118**: 520-525.

SARIACHVILI M, DROSTE J, DOM S, WIERINGA M, HAGENDORENS M, STEVENS W, VAN SPRUNDEL M, DESAGER K and WEYLER J. (2010). Early exposure to solid foods and the development of eczema in children up to 4 years of age. *Pediatr Allergy Immunol* **21** (1 Pt 1): 74 – 81.

SCHOETZAU A, FILIPIAK – PITTROFF B, FRANKE K, KOLETZKO S, VON BERG A, GRUEBL A, BAUER CP, BERDEL D, REINHARDT D, WICHMANN HE and GERMAN INFANT NUTRITIONAL INTERVENTION STUDY GROUP. (2002). German infant nutritional intervention study group. Effect of exclusive breast – feeding and early solid food avoidance on the incidence of atopic dermatitis in high – risk infants at 1 year of age. *Pediatr Allergy Immunol* **13**: 234 – 242.

SEARS MR, HOLDAWAY MD, FLANNERY EM, HERBISON GP and SILVA PA. (1996). Parental and neonatal risk factors for atopy, airway hyper – responsiveness, and asthma. *Arch Dis Child* **75**: 392 – 398.

SEARS MR. (1998). Evolution of asthma through childhood. *Clin Exp Allergy* **28** (Suppl 5): 82 – 91.

SHEK LP, TAY AH, CHEW FT, GOH DL and LEE BW. (2001). Genetic susceptibility to asthma and atopy among Chinese in Singapore linkage to markers on chromosome 5q31 – 33. *Allergy* **56**: 749 – 753.

SHEKELLE P, MAGLIONE M and RIEDL M. (2010). Food Allergy: Evidence Report. Accessed at http://www.rand.org/health/centers/epc/. 14 June 2012.

SHIRAKAWA T, LI A, DUBOWITZ M, DEKKER JW, SHAW AE, FAUX JA, RA C, COOKSON WO and HOPKIN JM. (1994). Association between atopy and variants of the beta subunit of the high affinity immunoglobulin E receptor. *Nat Genet* **7** (2): 125 – 129.

SNIJDERS BE, STELMA FF, REIJMERINK NE, THIJS C, VAN DER STEEGE G, DAMOISEAUX JG, VAN DEN BRANDT PA, VAN REE R, POSTMA DS and KOPPELMAN GH. (2010). CD14 polymorphisms in mother and infant, soluble CD14 in breast milk and atopy development in the infant (KOALA study). *Pediatr Allergy Immunol* **21** (3): 541 – 549.

SLY RM. (1998). Changing prevalence of allergic rhinitis and asthma. *Ann Allergy Asthma Immunol* **82**: 233 – 248.

SOLE D, MELO KC, CAMELO – NUNES IC, FREITAS LS, BRITTO M, ROSARIO NA, JONES M, FISCHER GB and NASPITZ CK. (2007). Changes in the prevalence of asthma and allergic diseases among Brazilian schoolchildren (13 – 14 years old): comparison between ISAAC Phases One and Three. *J Trop Pediatr* **53** (1): 13 – 21.

STRACHAN DP, BUTLAND BK andANDERSON HR. (1996). Incidence and prognosis of asthma and wheezing illness from early childhood to age 33 in a national British cohort. *BMJ* **312**: 1195 – 1199.

SURI D, SINGH S, RAWAT A, GUPTA A, KAMAE C, HONMA K, NAKAGAWA N, IMAI K, NONOYAMA S, OSHIMA K, MITSUIKI N, OHARA O, BILHOU – NABERA C, PROUST A, AHLUWALIA J, DOGRA S, SAIKIA B, MINZ RW and SEHGAL S. (2012). Clinical profile and genetic basis of Wiskott – Aldrich syndrome at Chandigarh, North India. *Asian Pac J Allergy Immunol* **30** (1): 71 – 78.

SZAJEWSKA H. (2011). Is allergy still a problem? *Ann Nutr Metab* **59** (Suppl 1): 5 – 6.

SZAJEWSKA H. (2012). Early nutritional strategies for preventing allergic disease. *Isr Med Assoc J* **14** (1): 58 – 62.

TARINI BA, CARROLL AE, SOX CM and CHRISTAKIS DA. (2006). Systematic review of the relationship between early introduction of solid foods to infants and the development of allergic disease. *Arch Pediatr Adolesc Med* **160** (5): 502 – 507.

TARIQ SM, MATTHEWS SM, HAKIM EA, STEVENS M, ARSHAD SH and HIDE DW. (1998). The prevalence of and risk factors for atopy in early childhood: a whole population birth cohort study. *J Allergy*

Clin Immunol **101**: 587-593.

TIKKANEN S, KOKKONEN J, JUNTTI H and NIINIMAKI A. (2001). Status of children with cow's milk allergy in infancy by 10 years of age. *Acta Paediatr* **89**: 1174-1180.

VAEL C and DESAGER K. (2009). The importance of the development of the intestinal microbiota in infancy. *Curr Opin Pediatr* **21** (6): 794-800.

VANHASSELT PM, DE VRIES W, DE VRIES E, KOK K, CRANENBURG EC, DE KONING TJ, SCHURGERS LJ, VERKADE HJ and HOUWEN RH. (2010). Hydrolysed formula is a risk factor for vitamin K deficiency in infants with unrecognised cholestasis. *J Pediatr Gastroenterol Nutr* **51** (6): 773-776.

VANDENPLAS Y and PLASKIE K. (2010). Safety and adequacy of an optimized formula for pediatric patients with cow's milk - sensitive enteropathy. *Minerva Pediatr* **62** (4): 339-345.

VANDENPLAS Y, DE GREEF E, DEVREKER T and HAUSER B. (2011). Soy infant formula: is it that bad? *Acta Paediatr* **100** (2): 162-166.

VAN ODIJK J, HULTHÉN L, AHLSTEDT S and BORRES MP. (2004). Introduction of food during the infant's first year: a study with emphasis on introduction of gluten and of egg, fish and peanut in allergy - risk families. *Acta Paediatr* **93** (4): 464-470.

VON BERG A. (2009). Modified proteins in allergy prevention. *Nestle Nutr Workshop Ser Pediatr Program* **64**: 239-247.

VON BERG A, KOLETZKO S, GRÜBL A, FILIPIAK - PITTROFF B, WICHMANN HE, BAUER CP, REINHARDT D, BERDEL D and GERMAN INFANT NUTRITIONAL INTERVENTION STUDY GROUP. (2003). The effect of hydrolyzed cow's milk formula for allergy prevention in the first year of life: the German Infant Nutritional Intervention study, arandomized double - blind trial. *J Allergy Clin Immunol* **111** (3): 533-540.

VON BERG A, KRAMER U, LINK E, BOLLRATH C, HEINRICH J, BROCKOW I, KOLETZKO S, GRÜBL A, FILIPIAK - PITTROFF B, WICHMANN HE, BAUER CP, REINHARDT D, BERDEL D and THE GINIPLUS STUDY GROUP. (2010). Impact of early feeding on childhood eczema: development after nutritional intervention compared with the natural course - the GINIplus study up to the age of 6 years. *Clin Exp Allergy* **40**: 627-636.

VON MUTIUS E. (2009). Gene - environment interactions in asthma. *J Allergy Clin Immunol* **123** (1): 3-11, quiz 12-13.

WILLIAMS HC and STRACHAN DP. (1998). The natural history of childhood eczema: observations from the British 1958 birth cohort study. *Br J Dermatol* **139**: 834-839.

ZUTAVERN A, BROCKOW I, SCHAAF B, VON BERG A, DIEZ U, BORTE M, KRAEMER U, HERBARTH O, BEHRENDT H, WICHMANN HE, HEINRICH J and LISA STUDY GROUP. (2008). Timing of olid food introduction in relation to eczema, asthma, allergic rhinitis, and food and inhalant sensitization at the age of 6 years: results from the prospective birth cohort study LISA. *Pediatrics* **121** (1): E44-E52.